上海市住房和城乡建设管理委员会

上海市安装工程概算定额

第五册　给排水、采暖、燃气及工业管道工程

SH 02—21(05)—2020

同济大学出版社

2021　上　海

图书在版编目(CIP)数据

上海市安装工程概算定额. 第五册，给排水、采暖、燃气及工业管道工程 SH 02—21(05)—2020/ 上海市建筑建材业市场管理总站主编. --上海：同济大学出版社，2021.4

ISBN 978-7-5608-9844-5

Ⅰ.①上… Ⅱ.①上… Ⅲ.①建筑安装—建筑概算定额—上海 ②给排水系统—设备安装—建筑概算定额—上海 ③采暖设备—设备安装—建筑概算定额—上海 ④燃气设备—设备安装—建筑概算定额—上海 Ⅳ.①TU723.34

中国版本图书馆 CIP 数据核字(2021)第 049288 号

上海市安装工程概算定额 第五册 给排水、采暖、燃气及工业管道工程 SH 02—21(05)—2020

上海市建筑建材业市场管理总站 主编

责任编辑 朱 勇 **责任校对** 徐春莲 **封面设计** 陈益平

出版发行 同济大学出版社 www.tongjipress.com.cn

(地址：上海市四平路 1239 号 邮编：200092 电话：021-65985622)

经 销 全国各地新华书店

印 刷 常熟市大宏印刷有限公司

开 本 890mm×1240mm 1/16

印 张 28.25

字 数 904 000

版 次 2021 年 4 月第 1 版 2021 年 4 月第 1 次印刷

书 号 ISBN 978-7-5608-9844-5

定 价 288.00 元

上海市建设工程概算定额修编委员会

主　　任： 黄永平

副 主 任： 裴　晓　王扣柱　董爱华　周建国　顾晓君　姜执伟

委　　员： 陈　雷　马　燕　金宏松　杨文悦　方　琪　孙晓东
苏耀军　应敏伟　杨志杰　汪结春　干　斌　徐　忠

上海市建设工程概算定额修编工作组

组　　长： 马　燕

副 组 长： 方　琪　孙晓东　涂荣秀　许倩华　应敏伟　曹虹宇
夏　杰　莫　非　汪崇庆

组　　员： 朱　迪　蒋宏彦　程德慧　汪一江　田洁莹　彭　磊
张　竹　康元鸣　黄　英　辛　隽　乐　翔　张红梅

上海市安装工程概算定额

主 编 单 位： 上海市建筑建材业市场管理总站

参 编 单 位： 上海鑫元建设工程咨询有限公司

主要编制人员： 蒋宏彦　汪一江　杨秋萍　乐嘉栋　徐　俊　陈霞娟　柳　欣　茹少勇　黄　芳　高淑玲　顾　捷　周　隽　李　颖　顾慧莹　吴舜伟　庄文浩　杨俊毅　汤励能　高玲玲　肖　娴　陈宏聪

审 查 专 家： 冯　闻　朱振宇　祝金阳　侯立新　王大春　朱钢敏　左琦炜　戴元夏　俞　洋　薛贵喜　吕　俭　杨伟鸣

上海市住房和城乡建设管理委员会文件

沪建标定〔2020〕795 号

上海市住房和城乡建设管理委员会
关于批准发布《上海市建筑和装饰工程概算定额(SH 01—21—2020)》《上海市市政工程概算定额(SH A1—21—2020)》等 4 本工程概算定额的通知

各有关单位：

为进一步完善本市建设工程计价依据，满足工程建设全生命周期的计价需求，根据《上海市建设工程定额体系表 2018》及《2017 年度上海市建设工程及城市基础设施养护维修定额编制计划》，《上海市建筑和装饰工程概算定额(SH 01—21—2020)》《上海市市政工程概算定额(SH A1—21—2020)》《上海市安装工程概算定额(SH 02—21—2020)》《上海市燃气管道工程概算定额(SH A6—21—2020)》(以下简称“新定额”)等 4 本工程概算定额编制完成并经有关部门会审，现予以发布，自 2021 年 5 月 1 日起实施。

原《上海市建筑和装饰工程概算定额(2010)》《上海市建筑和装饰工程概算定额(2010)装配式建筑补充定额》《上海市市政工程概算定额(2010)》《上海市安装工程概算定额(2010)》及《上海市公用管线工程概算定额(2010)》(燃气管线工程)同时废止。

本次发布的新定额由市住房城乡建设管理委负责管理，由上海市建筑建材业市场管理总站负责组织实施和解释。

特此通知。

上海市住房和城乡建设管理委员会

二〇二〇年十二月三十一日

总　说　明

一、《上海市安装工程概算定额》(以下简称本定额),包括电气设备安装工程,建筑智能化工程,通风空调工程,消防工程,给排水、采暖、燃气及工业管道工程,共五册。

二、本定额适用于本市行政区域范围内新建、改建、扩建的安装工程。

三、采用本定额进行概算编制的应遵循定额中定额编号、工程量计算规则、项目划分及计量单位。

四、本定额是编制设计概算(书)的参考依据,是进行项目建设投资评审、设计方案比选的参考依据,是编制估算指标的基础。

五、本定额以国家和本市现行建设工程强制性标准、推荐性标准、设计规范、标准图集、施工验收规范、技术操作规程、质量评定标准,产品标准和安全操作规程为依据编制,并参考了国家和本市行业标准,以及典型工程案例,具有代表性的工程设计、施工和其他资料。

六、本定额综合了本市安装工程预算定额的内容和含量,包括了安装工程的工料机消耗量,其他相关费用应依据国家和本市现行取费规定计算。

七、本定额主要是在《上海市安装工程预算定额(SH 02—31—2016)》基础上,以主要分项工程综合相关工序的综合定额,即按主要分项工程规定的计量单位、计算规则及综合相关工序的预算定额计算而得的人工、材料及制品、机械台班的消耗标准,体现了上海地区社会平均水平。

八、本定额中材料与机械消耗量均以主要工序用量为准。难以计量的零星材料与机械列入其他材料费或其他机械费中,以该项目材料或机械之和的百分率表示。

九、本定额所采用的材料(包括构配件、零件、半成品及成品)均为符合质量标准和设计要求的合格产品;若品种、规格、型号、强度等级与设计不符时,可按各章节规定调整。定额未注明材料规格、强度等级的应按设计要求选用。

十、本定额中的工作内容已说明了主要的施工工序,次要工序虽未说明,但均已包括在内。

十一、本定额与《上海市安装工程预算定额(SH 02—31—2016)》配套使用,在应用中有缺项的定额,可执行预算定额相应项目,或按设计需要,遵循编制原则进行补充与调整。

十二、关于水平和垂直运输:

(一) 工程设备:包括自安装现场指定堆放地点运至安装地点的水平和垂直运输。

(二) 材料、成品、半成品:包括施工单位现场仓库或现场指定堆放地点运至安装地点的水平和垂直运输。

(三) 垂直运输基准面:室内以室内地平面为基准面,室外以安装现场地平面为基准面。

(四) 安装操作物高度距离标准以各分册定额为依据。

十三、本定额中材料栏内带“(　　)”表示主材。

十四、本定额注有“××以内”或“××以下”者,均包括××本身;“××以外”或“××以上”者,则不包括××本身。

十五、凡本说明未尽事宜,详见各章节说明和附录。

上海市安装工程概算定额费用计算说明

一、直接费

直接费是施工过程中耗费的构成工程实体和部分有助于工程形成的各项费用[包括人工费、材料费、施工机械(机具)使用费和零星工程费]。直接费中不包含增值税可抵扣进项税额。

1. 人工费

人工费是指支付给直接从事建筑安装工程施工作业的生产工人的各项费用。

2. 材料费

材料费是指工程施工过程中耗费的各种原材料、半成品、构配件等的费用，以及周转材料等的摊销、租赁费用。

3. 施工机械(机具)使用费

施工机具(机械)使用费是指工程施工作业所发生的施工机具(机械)、仪器仪表使用费或其租赁费。

4. 零星工程费

零星工程费是指设计图纸未反映，定额直接费计算中未包括，可能发生的其他构成工程实体的费用。零星工程费是以直接费为基数，乘以相应的费率计算。

二、企业管理费和利润

1. 企业管理费

企业管理费是指施工单位为组织施工生产和经营管理所发生的费用。企业管理费不包含增值税可抵扣进项税额。

2. 利润

利润是指施工单位从事建筑安装工程施工所获得的盈利。

企业管理费和利润是以直接费中的人工费为基数，乘以相应的费率计算。

三、安全文明施工费

安全文明施工费是指在工程项目施工期间，施工单位为保证安全施工、文明施工和保护现场内外环境等所发生的措施项目费用。安全文明施工费中不包含增值税可抵扣进项税额。

安全文明施工费是以直接费与企业管理费和利润之和为基数，乘以相应的费率计算。

四、施工措施费

施工措施费是指为完成工程项目施工，发生于该工程施工前和施工过程中，非工程实体项目的费用。施工措施费中不包含增值税可抵扣进项税额。

施工措施费是以直接费与企业管理费和利润之和为基数，乘以相应的费率计算。

五、规费

规费是指按国家法律、法规规定，由上海市政府和上海市有关权力部门规定施工单位必须缴纳，应计入建筑安装工程造价的费用。主要包括：社会保险费(养老、失业、医疗、生育和工伤保险费)和住房公积金。

规费是以直接费中的人工费为基数，乘以相应的费率计算。

六、增值税

增值税即为当期销项税额。

当期销项税额是以税前工程造价为基数，乘以增值税税率计算。

七、上海市安装工程概算费用计算顺序表

上海市安装工程概算费用计算顺序表

序号	项目		计算式	备注
一	直接费	工、料、机费	按概算定额子目规定计算	包括说明
二		零星工程费	(一)×费率	
三		其中:人工费	概算定额人工费+零星工程人工费	零星工程人工费按零星工程费的20%计算
四	企业管理费和利润		(三)×费率	
五	安全文明施工费		[(一)+(二)+(四)]×费率	
六	施工措施费		[(一)+(二)+(四)]×费率(或按拟建工程计取)	
七	小计		(一)+(二)+(四)+(五)+(六)	
八	规费	社会保险费	(三)×费率	
九		住房公积金	(三)×费率	
十	增值税		[(七)+(八)+(九)]×增值税税率	
十一	安装工程费		(七)+(八)+(九)+(十)	

册 说 明

一、本册定额包括工业管道安装工程、民用管道安装工程、管道附件、卫生器具、采暖/给排水设备、燃气器具及其他、绝热工程，共七章。

二、本册定额适用范围：

（一）工业管道安装工程适用于厂区范围内的车间、装置、站、罐区及其相互之间各种生产用介质输送管道。

（二）民用管道安装工程适用于生活用给排水、采暖、燃气系统中的管道、附件、器具及附属设备等安装工程。

三、本册定额不包括以下内容：

（一）本册定额未包括的采暖、给排水设备安装应执行《上海市安装工程预算定额(SH 02—31(05)—2016)》相关定额项目。

（二）本册定额未包括的燃气系统的室外管道工程以及燃气表、阀门等设备和配件的安装，执行其他相关定额。

（三）挖土深度在1.5m以上的及其他涉及管沟、工作坑及井类的土方开挖、回填、运输、垫层、基础、砌筑、地沟盖板预制安装、路面开挖及修复、管道混凝土支墩的项目，以及混凝土管道、水泥管道安装执行其他相关定额。

四、关于下列各项费用调整系数的规定：

（一）脚手架搭拆费按定额人工的5%计算，其中人工占35%。室外埋地管道工程不计取该费用。

（二）工程超高费(即操作高度增加费)：按操作物高度离楼地面5m为限，超过5m时，超过部分工程量按定额人工乘以下表系数。工程超高费全部为人工费用。

操作物高度(m)	≤10	≤30	≤50
系数	1.10	1.20	1.50

（三）高层建筑增加费：高层建筑(指高度在6层或20m以上的工业和民用建筑)增加的费用按下表分别计取。

建筑层数(层)	≤12	≤18	≤24	≤30	≤36	≤42	≤48	≤54	≤60
按人工费的%	2	5	9	14	20	26	32	38	44

高层建筑增加费中，其中的65%为人工降效，其余为机械降效。

（四）在洞库、地沟、结构管道间(井)、管廊内安装的项目，定额人工、机械乘以系数1.20。

（五）采暖工程系统调整费按采暖系统工程人工费的10%计算，其中人工占35%。

五、本册定额与市政管网工程的界线划分：

（一）给水、采暖管道以与市政管道碰头点或以计量表、阀门(井)为界。

（二）室外排水管道以与市政管道碰头点为界。

（三）燃气管道定额以用户室内燃气表为界，适用于室内燃气表之后的镀锌钢管(螺纹连接)管道安装。

目　录

总说明

上海市安装工程概算定额费用计算说明

册说明

第一章　工业管道安装工程 …………………… 1
说　明 …………………………………………… 3
工程量计算规则 ………………………………… 3
第一节　定额消耗量 …………………………… 4
　一、低压管道 ………………………………… 4
　二、中压管道 ………………………………… 41
　三、高压管道 ………………………………… 61
　四、管道支架制作安装 ……………………… 77
第二节　定额含量 ……………………………… 78
　一、低压管道 ………………………………… 78
　二、中压管道 ………………………………… 102
　三、高压管道 ………………………………… 112
　四、管道支架制作安装 ……………………… 120

第二章　民用管道安装工程 …………………… 121
说　明 …………………………………………… 123
工程量计算规则 ………………………………… 124
第一节　定额消耗量 …………………………… 125
　一、给排水、采暖管道 ……………………… 125
　二、燃气管道 ………………………………… 201
　三、用水点管道 ……………………………… 206
第二节　定额含量 ……………………………… 246
　一、给排水、采暖管道 ……………………… 246
　二、燃气管道 ………………………………… 286
　三、用水点管道 ……………………………… 289

第三章　管道附件…………………………… 315
说　明 …………………………………………… 317
工程量计算规则 ………………………………… 317
第一节　定额消耗量 …………………………… 318
　一、螺纹阀门 ………………………………… 318
　二、法兰阀门 ………………………………… 320
　三、沟槽阀门 ………………………………… 324
　四、减压器 …………………………………… 326
　五、疏水器 …………………………………… 329
　六、除污器 …………………………………… 332
　七、水　表 …………………………………… 336
　八、热量表 …………………………………… 342
　九、倒流防止器 ……………………………… 345
　十、水锤消除器 ……………………………… 351
　十一、补偿器 ………………………………… 352
　十二、软接头(软管) ………………………… 354
　十三、塑料排水管消声器 …………………… 356
第二节　定额含量 ……………………………… 357
　一、螺纹阀门 ………………………………… 357
　二、法兰阀门 ………………………………… 358
　三、沟槽阀门 ………………………………… 360
　四、减压器 …………………………………… 361
　五、疏水器 …………………………………… 362
　六、除污器 …………………………………… 363
　七、水　表 …………………………………… 364
　八、热量表 …………………………………… 366

九、倒流防止器 …… 367
十、水锤消除器 …… 369
十一、补偿器 …… 370
十二、软接头(软管) …… 372
十三、塑料排水管消声器 …… 373

第四章　卫生器具 …… 375
说　明 …… 377
工程量计算规则 …… 377
第一节　定额消耗量 …… 378
一、浴缸(盆) …… 378
二、净身盆 …… 378
三、洗脸盆 …… 379
四、洗涤盆 …… 379
五、化验盆 …… 380
六、大便器 …… 380
七、小便器 …… 381
八、拖布池 …… 381
九、烘手器 …… 382
十、淋浴器 …… 382
十一、淋浴间 …… 383
十二、桑拿浴房 …… 383
十三、大、小便槽自动冲洗水水箱 …… 384
十四、给排水附件 …… 385
十五、隔油器 …… 386
第二节　定额含量 …… 386
一、浴缸(盆) …… 386
二、净身盆 …… 387
三、洗脸盆 …… 387
四、洗涤盆 …… 387
五、化验盆 …… 388
六、大便器 …… 388
七、小便器 …… 388
八、拖布池 …… 389
九、烘手器 …… 389
十、淋浴器 …… 389
十一、淋浴间 …… 389
十二、桑拿浴房 …… 390
十三、大、小便槽自动冲洗水水箱 …… 390
十四、给排水附件 …… 390
十五、隔油器 …… 391

第五章　采暖、给排水设备 …… 393
说　明 …… 395
工程量计算规则 …… 395
第一节　定额消耗量 …… 396
一、给排水泵安装 …… 396
二、变频给水设备 …… 403
三、稳压给水设备 …… 404
四、无负压给水设备 …… 405
五、气压罐 …… 406
六、太阳能集热装置 …… 406
七、热水器、开水炉、容积式热交换器安装 …… 407
八、消毒器、消毒锅 …… 408
九、直饮水设备 …… 408
十、水　箱 …… 409
第二节　定额含量 …… 409
一、给排水泵安装 …… 409
二、变频给水设备 …… 413
三、稳压给水设备 …… 413
四、无负压给水设备 …… 413
五、气压罐 …… 414
六、太阳能集热装置 …… 414
七、热水器、开水炉、容积式热交换器安装 …… 414
八、消毒器、消毒锅 …… 415
九、直饮水设备 …… 416
十、水　箱 …… 416

第六章　燃气器具及其他 …………………… 417
说　明 ………………………………………… 419
工程量计算规则 ……………………………… 419
第一节　定额消耗量 ………………………… 420
　一、燃气开水炉安装 ……………………… 420
　二、燃气采暖炉安装 ……………………… 420
　三、燃气快速热水器安装 ………………… 420
　四、燃气灶具 ……………………………… 421
第二节　定额含量 …………………………… 421
　一、燃气开水炉安装 ……………………… 421
　二、燃气采暖炉安装 ……………………… 421
　三、燃气快速热水器安装 ………………… 422
　四、燃气灶具 ……………………………… 422
第七章　绝热工程 ………………………… 423
说　明 ………………………………………… 425
工程量计算规则 ……………………………… 425
第一节　定额消耗量 ………………………… 426
　一、带铝箔离心玻璃棉安装 ……………… 426
　二、橡塑管壳安装(管道) ………………… 427
　三、防潮层、防护层安装 ………………… 428
第二节　定额含量 …………………………… 430
　一、带铝箔离心玻璃棉安装 ……………… 430
　二、橡塑管壳安装(管道) ………………… 432
　三、防潮层、防护层安装 ………………… 433

第一章　工业管道安装工程

说　　明

一、本章定额适用于本市新建、扩建项目中厂区范围内的车间、装置、站、罐区及其相互之间各种生产用介质输送管道安装工程，包括低、中、高压管道和管道支架制作安装。

厂区范围内的室外工业管道安装，应乘以下列系数：人工和机械分别乘以系数0.5，除主材外的次要材料乘以系数0.2。

二、本章定额的界面范围：

厂区第一个连接点以内的生产用（包括生产与生活共用）给水、排水、蒸汽输送管道的安装工程中，给水以入口水表井为界；排水以厂区围墙外第一个污水井为界；蒸汽以入口第一个计量表（阀门）为界；锅炉房、水泵房、空调制冷机房以外墙皮为界。

三、本章定额管道压力等级的划分：

低压：$0<P\leqslant1.6$MPa；中压：$1.6\text{MPa}<P\leqslant10$MPa；高压：$10\text{MPa}<P\leqslant42$MPa。蒸汽管道$P\geqslant$9MPa且工作温度≥500℃时为高压。

四、管道安装（包括低压管道、中压管道和高压管道），工作内容包括管道安装、管件安装、法兰安装、管口焊缝热处理、无损探伤、焊口局部充氩保护焊接、管道液压试验、吹（冲）洗、清洗、气密性试验、刷油等。

五、管道支架制作安装，工作内容包括管道支架制作、安装及刷油。

（一）一般管架制作安装定额包括所需螺栓、螺母的消耗量。

（二）除木垫式、弹簧式管架外，其他类型的管架，均执行“一般管架”定额。

（三）木垫式管架不包括木垫重量，但木垫的安装工料已包括在定额内。

（四）弹簧式管架制作，不包括弹簧本身价格，其价格应另行计算。

（五）适用于单件重量在100kg以内的管架制作安装，单件重量大于100kg的管架制作安装应执行《上海市安装工程预算定额（SH 02—31(05)—2016）》相关定额项目。

六、本章定额不包括以下工作内容，应执行其他相关定额项目：

（一）阀门安装。

（二）管道的保温、保冷。

（三）管道的脱脂、化学清洗。

（四）管道的静电接地。

（五）配合单体试车的水、电、汽的消耗（不包括特殊气体）。

工程量计算规则

一、各种管道安装工程量，按设计图示管道中心线以延长米长度计算，以“m”为计量单位，不扣除管件、阀门、法兰等所占长度。

二、管架制作安装区分单个重量，以“t”为计量单位。

第一节　定额消耗量

一、低压管道

工作内容：管道及管件安装，管道、管件试压和清洗，刷油。

定额编号				B-5-1-1	B-5-1-2	B-5-1-3	B-5-1-4
项目				低压碳钢管(螺纹连接)			
				公称直径(mm以内)			
				25	32	40	50
名称			单位	10m	10m	10m	10m
人工	00050101	综合人工 安装	工日	2.8427	3.1671	3.2115	3.7774
材料	Z17010103	焊接钢管	m	(10.0000)	(10.0000)	(10.0000)	(10.0000)
	18030112	钢制管件 DN25	个	7.9386			
	18030113	钢制管件 DN32	个		7.9386		
	18030114-1	钢制管件 DN40	个			6.3832	
	18030114	钢制管件 DN50	个				6.3832
	01290319	热轧钢板(中厚板) δ11～20	kg	0.3060	0.3060	0.3060	0.3060
	02010173	橡胶板(低中压) δ0.8～6	kg	0.1100	0.1100	0.1100	0.1100
	02130313	聚四氟乙烯带(生料带) 宽度40	m	1.8859	2.3921	2.2050	2.7715
	03014664	精制六角螺栓连母垫 M16～22×70～140	10套	0.2472	0.2472	0.2472	0.2472
	03014666	精制六角螺栓连母垫 M20～27×80～160	10套	0.3296	0.3296	0.3296	0.3296
	03110216	尼龙砂轮片 ϕ500	片	0.1035	0.1306	0.1240	0.1753
	03130101	电焊条	kg	0.0400	0.0400	0.0400	0.0400
	13010115	酚醛调和漆	kg	0.2000	0.2362	0.2990	0.3544
	13050511	醇酸防锈漆 C53-1	kg	0.2798	0.3305	0.4183	0.4958
	14050121	油漆溶剂油	kg	0.0279	0.0329	0.0417	0.0494
	14070101	机油	kg	0.0700	0.0900	0.0900	0.1200
	14390101	氧气	m^3	0.0450	0.0450	0.0450	0.0450
	14390302	乙炔气	kg	0.0150	0.0150	0.0150	0.0150
	34110101	水	m^3	0.2980	0.2980	0.2980	0.2980
	X0045	其他材料费	%	1.4300	1.3300	1.2300	1.2400
机械	99190230	立式钻床 ϕ25	台班	0.0030	0.0030	0.0030	0.0030
	99230180	砂轮切割机 ϕ500	台班	0.0279	0.0431	0.0378	0.0453
	99250005	电焊机	台班	0.0200	0.0200	0.0200	0.0200
	99440030	电动单级离心清水泵 ϕ100	台班	0.0020	0.0020	0.0020	0.0020
	99440490	试压泵 60MPa	台班	0.0100	0.0100	0.0100	0.0100

工作内容：管道及管件安装，法兰安装，无损探伤，管道、管件试压和清洗，刷油。

定额编号				B-5-1-5	B-5-1-6	B-5-1-7	B-5-1-8
项目				低压碳钢管(电弧焊)			
				公称直径(mm 以内)			
				25	50	65	80
名称			单位	10m	10m	10m	10m
人工	00050101	综合人工 安装	工日	2.7890	3.5440	4.0261	4.1971
材料	Z17013131	低压碳钢管	m	(9.1370)	(8.9960)	(8.9960)	(8.9960)
	18032511-3	低压碳钢对焊管件 DN25	个	3.8000			
	18032511-6	低压碳钢对焊管件 DN50	个		3.1500		
	18032511-7	低压碳钢对焊管件 DN65	个			3.1500	
	18032511-8	低压碳钢对焊管件 DN80	个				2.7700
	20010001-2	钢制法兰 DN25	片	4.2200			
	20010001-5	钢制法兰 DN50	片		4.2200		
	20010001-6	钢制法兰 DN65	片			4.2200	
	20010001-7	钢制法兰 DN80	片				3.4500
	01290319	热轧钢板(中厚板) δ11～20	kg	0.2938	0.3060	0.3577	0.4312
	01530172	铅板 80×300×3	块	0.0692	0.0590	0.0590	0.0530
	02010173	橡胶板(低中压) δ0.8～6	kg	0.1860	0.2577	0.3048	0.3698
	03014653	精制六角螺栓连母垫 M16×50～80	10 套				1.4214
	03014660	精制六角螺栓连母垫 M10～12×35～50	10 套	0.8693			
	03014662	精制六角螺栓连母垫 M12～16×60～90	10 套		0.8693	0.8693	
	03014664	精制六角螺栓连母垫 M16～22×70～140	10 套	0.1978	0.2472		
	03014666	精制六角螺栓连母垫 M20～27×80～160	10 套	0.3296	0.3296	0.5570	0.7053
	03110212	尼龙砂轮片 φ100	片	0.2030	0.3508	0.6072	0.6206
	03110216	尼龙砂轮片 φ500	片	0.0784	0.1478		
	03130101	电焊条	kg	0.4611	0.7820	1.3552	1.3850
	13010115	酚醛调和漆	kg	0.2000	0.3544	0.4732	0.5544
	13050511	醇酸防锈漆 C53-1	kg	0.2798	0.4958	0.6620	0.7756
	14050121	油漆溶剂油	kg	0.0279	0.0494	0.0660	0.0773
	14310721	硫化硫酸钠	g	37.6740	32.1264	32.1264	28.8765
	14390101	氧气	m^3	0.0434	0.1010	1.0662	1.0978
	14390302	乙炔气	kg	0.0154	0.0338	0.3542	0.3682
	14431511	压敏胶粘带	m	1.1102	0.9467	0.9467	0.8509
	16110512	X 射线胶片 80×300	张	2.1840	1.8624	1.8624	1.6740
	16110711	增感纸 80×300	张	0.0910	0.0776	0.0776	0.0698
	34110101	水	m^3	0.2548	0.2980	0.5912	0.9233
	X0045	其他材料费	%	4.7400	4.1000	3.7500	3.7600
机械	99190230	立式钻床 φ25	台班	0.0028	0.0030	0.0029	0.0035
	99230180	砂轮切割机 φ500	台班	0.0209	0.0389		
	99250005	电焊机	台班	0.3314	0.5071	0.7268	0.7673
	99270060	电焊条烘干箱 600×500×750	台班	0.0245	0.0407	0.0647	0.0663
	99290010	X 光胶片脱水烘干机 ZTH-340	台班	0.0146	0.0124	0.0124	0.0112
	99290050	X 光探伤机 2005	台班	0.2093	0.1785	0.1785	0.1604
	99440030	电动单级离心清水泵 φ100	台班	0.0016	0.0020	0.0023	0.0038
	99440490	试压泵 60MPa	台班	0.0100	0.0100	0.0100	0.0100

工作内容：管道及管件安装，法兰安装，无损探伤，管道、管件试压和清洗，刷油。

定额编号				B-5-1-9	B-5-1-10	B-5-1-11	B-5-1-12
项目				低压碳钢管(电弧焊)			
				公称直径(mm 以内)			
				100	125	150	200
名称			单位	10m	10m	10m	10m
人工	00050101	综合人工 安装	工日	4.9884	5.3798	6.7821	9.7867
材料	Z17013131	低压碳钢管	m	(8.9960)	(8.8450)	(8.8450)	(8.8450)
	18032511-9	低压碳钢对焊管件 DN100	个	2.7700			
	18032511-10	低压碳钢对焊管件 DN125	个		2.5200		
	18032511-11	低压碳钢对焊管件 DN150	个			2.9200	
	18032511-12	低压碳钢对焊管件 DN200	个				3.8000
	20010001-8	钢制法兰 DN100	片	3.4500			
	20010001-9	钢制法兰 DN125	片		3.5000		
	20010001-10	钢制法兰 DN150	片			3.5600	
	20010001-11	钢制法兰 DN200	片				3.5600
	01290319	热轧钢板(中厚板) δ11～20	kg	0.4900	1.0996	1.2841	1.4760
	01530172	铅板 80×300×3	块	0.0795	0.0736	0.0831	0.1383
	02010173	橡胶板(低中压) δ0.8～6	kg	0.4632	0.6315	0.7769	0.9174
	03014653	精制六角螺栓连母垫 M16×50～80	10套	1.4214	1.4420		
	03014663	精制六角螺栓连母垫 M16～20×65～110	10套			1.4667	2.2001
	03014666	精制六角螺栓连母垫 M20～27×80～160	10套	0.8240			
	03014669	精制六角螺栓连母垫 M27～36×95～220	10套		0.8578	1.0432	1.2360
	03110212	尼龙砂轮片 ϕ100	片	0.9448	0.9800	1.3997	2.4244
	03130101	电焊条	kg	1.9527	2.4662	3.3620	7.2606
	13010115	酚醛调和漆	kg	0.6712	0.9524	0.9900	1.3622
	13050511	醇酸防锈漆 C53-1	kg	0.9390	1.3324	1.3850	1.9058
	14050121	油漆溶剂油	kg	0.0936	0.1328	0.1380	0.1899
	14310721	硫化硫酸钠	g	43.3251	40.1166	45.2502	75.3273
	14390101	氧气	m^3	1.6036	1.5930	2.2410	4.0799
	14390302	乙炔气	kg	0.5347	0.5302	0.7467	1.3592
	14431511	压敏胶粘带	m	1.2767	1.1822	1.3335	2.2198
	16110512	X射线胶片 80×300	张	2.5116	2.3256	2.6232	4.3668
	16110711	增感纸 80×300	张	0.1047	0.0969	0.1093	0.1820
	34110101	水	m^3	1.1890	2.4673	3.5608	4.6980
	X0045	其他材料费	%	3.6700	3.0700	3.0700	3.0500
机械	99070550	载重汽车 8t	台班		0.0060	0.0080	0.0184
	99090005	吊装机械(综合)	台班	0.0280	0.0390	0.0450	0.0550
	99090360	汽车式起重机 8t	台班		0.0060	0.0080	0.0184
	99190230	立式钻床 ϕ25	台班	0.0040	0.0045	0.0052	0.0060
	99250005	电焊机	台班	1.0767	1.1320	1.5260	2.8177
	99270060	电焊条烘干箱 600×500×750	台班	0.0963	0.1000	0.1346	0.2556
	99290010	X光胶片脱水烘干机 ZTH-340	台班	0.0167	0.0155	0.0175	0.0291
	99290050	X光探伤机 2005	台班	0.2407	0.2229	0.2514	0.4185
	99440030	电动单级离心清水泵 ϕ100	台班	0.0050	0.0083	0.0126	0.0170
	99440490	试压泵 60MPa	台班	0.0100	0.0200	0.0200	0.0200

工作内容：管道及管件安装，法兰安装，无损探伤，管道、管件试压和清洗，刷油。

定额编号				B-5-1-13	B-5-1-14	B-5-1-15	B-5-1-16
项目				低压碳钢管(电弧焊)			
				公称直径(mm 以内)			
				250	300	350	400
名称			单位	10m	10m	10m	10m
人工	00050101	综合人工 安装	工日	11.3466	13.0421	14.8474	16.3407
材料	Z17013131	低压碳钢管	m	(8.7980)	(8.7980)	(8.7980)	(8.7980)
	18032511-13	低压碳钢对焊管件 DN250	个	2.9300			
	18032511-14	低压碳钢对焊管件 DN300	个		2.9500		
	18032511-15	低压碳钢对焊管件 DN350	个			2.9200	
	18032511-16	低压碳钢对焊管件 DN400	个				2.7800
	20010001-12	钢制法兰 DN250	片	3.5600			
	20010001-13	钢制法兰 DN300	片		3.5400		
	20010001-14	钢制法兰 DN350	片			3.5400	
	20010001-15	钢制法兰 DN400	片				3.5400
	01290319	热轧钢板(中厚板) δ11～20	kg	1.9986	2.3240	2.5436	2.8420
	01530172	铅板 80×300×3	块	0.1110	0.1117	0.1384	0.1329
	02010173	橡胶板(低中压) δ0.8～6	kg	0.9914	1.1080	1.5589	1.9113
	03014664	精制六角螺栓连母垫 M16～22×70～140	10 套	2.2001			
	03014665	精制六角螺栓连母垫 M20～22×70～95	10 套		2.1877	2.9170	
	03014666	精制六角螺栓连母垫 M20～27×80～160	10 套				2.9170
	03014670	精制六角螺栓连母垫 M27～42×115～240	10 套	1.1932	1.4008		
	03014672	精制六角螺栓连母垫 M30～42×130～220	10 套			1.4404	1.6480
	03110212	尼龙砂轮片 ϕ100	片	2.6216	2.8528	4.2443	4.6874
	03130101	电焊条	kg	12.4891	15.1710	22.5094	24.8094
	13010115	酚醛调和漆	kg	1.6988	2.0196	2.3443	2.6492
	13050511	醇酸防锈漆 C53-1	kg	2.3767	2.8254	3.2797	3.7063
	14050121	油漆溶剂油	kg	0.2368	0.2815	0.3268	0.3693
	14310721	硫化硫酸钠	g	60.4854	60.8373	75.4101	72.4086
	14390101	氧气	m^3	5.0181	5.5615	6.7826	7.2350
	14390302	乙炔气	kg	1.6737	1.8547	2.2609	2.4112
	14431511	压敏胶粘带	m	1.7824	1.7928	2.2222	2.1338
	16110512	X 射线胶片 80×300	张	3.5064	3.5268	4.3716	4.1976
	16110711	增感纸 80×300	张	0.1461	0.1469	0.1822	0.1749
	34110101	水	m^3	7.8367	10.6000	14.5113	18.0380
	X0045	其他材料费	%	2.9600	2.8200	2.7900	2.7600
机械	99070550	载重汽车 8t	台班	0.0278	0.0360	0.0525	0.0617
	99090005	吊装机械(综合)	台班	0.0800	0.0800	0.0890	0.0980
	99090360	汽车式起重机 8t	台班	0.0278	0.0360	0.0525	0.0617
	99190230	立式钻床 ϕ25	台班	0.0069	0.0080	0.0089	0.0100
	99250005	电焊机	台班	3.3242	3.9677	4.5297	4.9768
	99270060	电焊条烘干箱 600×500×750	台班	0.3125	0.3714	0.4296	0.4703
	99290010	X 光胶片脱水烘干机 ZTH-340	台班	0.0234	0.0235	0.0291	0.0280
	99290050	X 光探伤机 2005	台班	0.3360	0.3380	0.4189	0.4023
	99440030	电动单级离心清水泵 ϕ100	台班	0.0288	0.0400		
	99440050	电动单级离心清水泵 ϕ200	台班			0.0245	0.0310
	99440490	试压泵 60MPa	台班	0.0200	0.0200	0.0300	0.0300

工作内容： 1,2. 管道及管件安装，法兰安装，无损探伤，管道、管件试压和清洗，刷油。
3,4. 管道及管件安装，法兰安装，无损探伤，焊口局部充氩保护焊接，管道、管件试压和清洗，管道刷油。

定额编号				B-5-1-17	B-5-1-18	B-5-1-19	B-5-1-20
项目				低压碳钢管(电弧焊)		低压碳钢管(氩电联焊)	
				公称直径(mm 以内)			
				450	500	25	50
名称			单位	10m	10m	10m	10m
人工	00050101	综合人工 安装	工日	19.2303	21.8578	3.5657	4.3904
材料	Z17013131	低压碳钢管	m	(8.6950)	(8.6950)	(9.1370)	(8.9960)
	18032511-17	低压碳钢对焊管件 DN450	个	2.7800			
	18032511-18	低压碳钢对焊管件 DN500	个		2.7800		
	18032511-3	低压碳钢对焊管件 DN25	个			3.8000	
	18032511-6	低压碳钢对焊管件 DN50	个				3.1500
	20010001-16	钢制法兰 DN450	片	3.5400			
	20010001-17	钢制法兰 DN500	片		3.5400		
	20010601-3	对焊钢法兰 DN25	片			4.2200	
	20010601-6	对焊钢法兰 DN50	片				4.2200
	01290319	热轧钢板(中厚板) δ11～20	kg	3.2689	3.6120	0.2938	0.3060
	01530172	铅板 80×300×3	块	0.1595	0.1861	0.0692	0.0590
	01610106	钍钨棒	g			1.0678	1.4500
	02010173	橡胶板(低中压) δ0.8～6	kg	2.1691	2.2991	0.2279	0.2832
	03014660	精制六角螺栓连母垫 M10～12×35～50	10 套			0.8693	
	03014662	精制六角螺栓连母垫 M12～16×60～90	10 套				0.8693
	03014664	精制六角螺栓连母垫 M16～22×70～140	10 套			0.1978	0.2472
	03014666	精制六角螺栓连母垫 M20～27×80～160	10 套	3.6462		0.3296	0.3296
	03014667	精制六角螺栓连母垫 M20～30×70～130	10 套		3.6462		
	03014673	精制六角螺栓连母垫 M36～42×150～210	10 套	1.8252	2.0600		
	03110212	尼龙砂轮片 φ100	片	6.1875	7.0505	0.2456	0.4563
	03110216	尼龙砂轮片 φ500	片			0.0784	0.1498
	03130101	电焊条	kg	34.0762	38.2620	0.0423	0.2788
	03130921	碳钢氩弧焊丝	kg			0.1902	0.2572

（续表）

定　额　编　号				B-5-1-17	B-5-1-18	B-5-1-19	B-5-1-20
项　　目				低压碳钢管（电弧焊）		低压碳钢管（氩电联焊）	
				公称直径（mm 以内）			
				450	500	25	50
名　　称			单位	10m	10m	10m	10m
材料	13010115	酚醛调和漆	kg	2.9740	3.2908	0.2000	0.3544
	13050511	醇酸防锈漆 C53-1	kg	4.1605	4.6037	0.2798	0.4958
	14050121	油漆溶剂油	kg	0.4146	0.4587	0.0279	0.0494
	14310721	硫化硫酸钠	g	86.8986	101.3886	37.6740	32.1264
	14390101	氧气	m^3	8.2457	9.3743	0.0434	0.1010
	14390302	乙炔气	kg	2.7477	3.1245	0.0154	0.0338
	14390701	氩气	m^3			1.2617	1.3488
	14410602	胶水	g			36.3920	31.0360
	14430101	胶布	m			2.5711	2.1927
	14431511	压敏胶粘带	m	2.5608	2.9878	1.1102	0.9467
	16110512	X 射线胶片 80×300	张	5.0376	5.8776	2.1840	1.8624
	16110711	增感纸 80×300	张	0.2099	0.2449	0.0910	0.0776
	34050801	水溶纸	m^2			0.2638	0.2250
	34110101	水	m^3	23.6208	28.6970	0.2548	0.2980
	X0045	其他材料费	%	2.5300	2.6100	4.6500	4.1200
机械	99070550	载重汽车 8t	台班	0.0797	0.0981		
	99090005	吊装机械（综合）	台班	0.1060	0.1060		
	99090360	汽车式起重机 8t	台班	0.0797	0.0981		
	99190230	立式钻床 ϕ25	台班	0.0109	0.0120	0.0028	0.0030
	99230180	砂轮切割机 ϕ500	台班			0.0209	0.0389
	99250005	电焊机	台班	5.8709	6.4005	0.0491	0.2100
	99250440	氩弧焊机 500A	台班			0.2788	0.3673
	99270060	电焊条烘干箱 600×500×750	台班	0.5545	0.6211	0.0025	0.0150
	99290010	X 光胶片脱水烘干机 ZTH-340	台班	0.0336	0.0392	0.0146	0.0124
	99290050	X 光探伤机 2005	台班	0.4828	0.5633	0.2093	0.1785
	99440030	电动单级离心清水泵 ϕ100	台班			0.0016	0.0020
	99440050	电动单级离心清水泵 ϕ200	台班	0.0381	0.0470		
	99440490	试压泵 60MPa	台班	0.0300	0.0300	0.0100	0.0100

工作内容： 管道及管件安装，法兰安装，无损探伤，焊口局部充氩保护焊接，管道、管件试压和清洗，管道刷油。

定额编号				B-5-1-21	B-5-1-22	B-5-1-23	B-5-1-24
项目				低压碳钢管(氩电联焊)			
				公称直径(mm 以内)			
				65	80	100	125
名称			单位	10m	10m	10m	10m
人工	00050101	综合人工 安装	工日	5.1273	5.2345	6.3708	7.1257
材料	Z17013131	低压碳钢管	m	(8.9960)	(8.9960)	(8.9960)	(8.8450)
	18032511-7	低压碳钢对焊管件 DN65	个	3.1500			
	18032511-8	低压碳钢对焊管件 DN80	个		2.7700		
	18032511-9	低压碳钢对焊管件 DN100	个			2.7700	
	18032511-10	低压碳钢对焊管件 DN125	个				2.5200
	20010601-7	对焊钢法兰 DN65	片	4.2200			
	20010601-8	对焊钢法兰 DN80	片		3.4500		
	20010601-9	对焊钢法兰 DN100	片			3.4500	
	20010601-10	对焊钢法兰 DN125	片				3.5000
	01290319	热轧钢板(中厚板) δ11～20	kg	0.3577	0.4239	0.4900	1.0996
	01530172	铅板 80×300×3	块	0.0590	0.0530	0.0795	0.0736
	01610106	铈钨棒	g	1.4973	1.5506	1.9122	2.2480
	02010173	橡胶板(低中压) δ0.8～6	kg	0.3899	0.4351	0.5213	0.7536
	03014653	精制六角螺栓连母垫 M16×50～80	10 套		1.4214	1.4214	1.4420
	03014662	精制六角螺栓连母垫 M12～16×60～90	10 套	0.8693			
	03014666	精制六角螺栓连母垫 M20～27×80～160	10 套	0.5570	0.6905	0.8240	
	03014669	精制六角螺栓连母垫 M27～36×95～220	10 套				0.8578
	03110212	尼龙砂轮片 ϕ100	片	0.7530	0.7669	1.0205	1.0021
	03110216	尼龙砂轮片 ϕ500	片	0.2189	0.2253	0.3207	0.3369
	03130101	电焊条	kg	0.6671	0.7053	1.6136	1.7045
	03130921	碳钢氩弧焊丝	kg	0.2678	0.2772	0.3406	0.4011
	13010115	酚醛调和漆	kg	0.4732	0.5544	0.6712	0.9524

（续表）

定　额　编　号			B-5-1-21	B-5-1-22	B-5-1-23	B-5-1-24
项　　目			低压碳钢管（氩电联焊）			
			公称直径（mm 以内）			
			65	80	100	125
名　　称		单位	10m	10m	10m	10m
材料	13050511 醇酸防锈漆 C53-1	kg	0.6620	0.7756	0.9390	1.3324
	14050121 油漆溶剂油	kg	0.0660	0.0773	0.0936	0.1328
	14310721 硫化硫酸钠	g	32.1264	28.8765	43.3251	40.1166
	14390101 氧气	m^3	1.0232	1.0390	1.5277	1.5040
	14390302 乙炔气	kg	0.3403	0.3489	0.5083	0.5000
	14390701 氩气	m^3	1.6808	1.6119	1.7924	2.5468
	14410602 胶水	g	66.7274	59.9936	59.9936	109.8370
	14430101 胶布	m	2.7777	2.4974	2.4974	4.4432
	14431511 压敏胶粘带	m	0.9467	0.8509	1.2767	1.1822
	16110512 X 射线胶片 80×300	张	1.8624	1.6740	2.5116	2.3256
	16110711 增感纸 80×300	张	0.0776	0.0698	0.1047	0.0969
	34050801 水溶纸	m^2	0.4733	0.4255	0.4255	1.0079
	34110101 水	m^3	0.5912	0.8901	1.1890	2.4673
	X0045 其他材料费	%	3.6000	3.5700	3.3900	3.0200
机械	99070550 载重汽车 8t	台班				0.0060
	99090005 吊装机械（综合）	台班			0.0260	0.0360
	99090360 汽车式起重机 8t	台班				0.0060
	99190230 立式钻床 ϕ25	台班	0.0029	0.0035	0.0040	0.0045
	99230180 砂轮切割机 ϕ500	台班	0.0498	0.0500	0.0762	0.0798
	99250005 电焊机	台班	0.4385	0.4435	0.8202	0.8228
	99250440 氩弧焊机 500A	台班	0.3859	0.3992	0.4978	0.5861
	99270060 电焊条烘干箱 600×500×750	台班	0.0359	0.0369	0.0732	0.0718
	99290010 X 光胶片脱水烘干机 ZTH-340	台班	0.0124	0.0112	0.0167	0.0155
	99290050 X 光探伤机 2005	台班	0.1785	0.1604	0.2407	0.2229
	99440030 电动单级离心清水泵 ϕ100	台班	0.0023	0.0037	0.0050	0.0083
	99440490 试压泵 60MPa	台班	0.0100	0.0100	0.0100	0.0200

工作内容：管道及管件安装，法兰安装，无损探伤，焊口局部充氩保护焊接，管道、管件试压和清洗，管道刷油。

定额编号				B-5-1-25	B-5-1-26	B-5-1-27	B-5-1-28
项目				低压碳钢管(电弧焊)			
				公称直径(mm 以内)			
				150	200	250	300
名称			单位	10m	10m	10m	10m
人工	00050101	综合人工 安装	工日	8.7728	12.3294	13.9591	15.7716
材料	Z17013131	低压碳钢管	m	(8.8450)	(8.8450)	(8.7980)	(8.7980)
	18032511-11	低压碳钢对焊管件 DN150	个	2.9200			
	18032511-12	低压碳钢对焊管件 DN200	个		3.8000		
	18032511-13	低压碳钢对焊管件 DN250	个			2.9300	
	18032511-14	低压碳钢对焊管件 DN300	个				2.9500
	20010601-11	对焊钢法兰 DN150	片	3.5600			
	20010601-12	对焊钢法兰 DN200	片		3.5600		
	20010601-13	对焊钢法兰 DN250	片			3.5600	
	20010601-14	对焊钢法兰 DN300	片				3.5400
	01290319	热轧钢板(中厚板) δ11～20	kg	1.2841	1.4760	1.9986	2.3240
	01530172	铅板 80×300×3	块	0.0831	0.1383	0.1110	0.1117
	01610106	铈钨棒	g	2.9141	4.6666	4.9948	5.8763
	02010173	橡胶板(低中压) δ0.8～6	kg	0.9069	1.0858	1.1419	1.2516
	03014663	精制六角螺栓连母垫 M16～20×65～110	10套	1.4667	2.2001		
	03014664	精制六角螺栓连母垫 M16～22×70～140	10套			2.2001	
	03014665	精制六角螺栓连母垫 M20～22×70～95	10套				2.1877
	03014669	精制六角螺栓连母垫 M27～36×95～220	10套	1.0432	1.2360		
	03014670	精制六角螺栓连母垫 M27～42×115～240	10套			1.1932	1.4008
	03110212	尼龙砂轮片 ϕ100	片	1.4589	2.8261	3.5105	4.0941
	03130101	电焊条	kg	2.5971	5.4036	9.9534	11.9826

（续表）

定额编号				B-5-1-25	B-5-1-26	B-5-1-27	B-5-1-28
项目				低压碳钢管（电弧焊）			
				公称直径（mm 以内）			
				150	200	250	300
名称			单位	10m	10m	10m	10m
材料	03130921	碳钢氩弧焊丝	kg	0.5212	0.8339	0.8908	1.0498
	13010115	酚醛调和漆	kg	0.9900	1.3622	1.6988	2.0196
	13050511	醇酸防锈漆 C53-1	kg	1.3850	1.9058	2.3767	2.8254
	14050121	油漆溶剂油	kg	0.1380	0.1899	0.2368	0.2815
	14310721	硫化硫酸钠	g	45.2502	75.3273	60.4854	60.8373
	14390101	氧气	m^3	2.6412	4.4732	5.6678	6.3439
	14390302	乙炔气	kg	0.8790	1.4909	1.8891	2.1149
	14390701	氩气	m^3	3.0606	4.3343	5.0545	5.5091
	14410602	胶水	g	123.8450	154.6660	219.1800	220.4100
	14430101	胶布	m	5.0099	6.2567	7.4558	7.4976
	14431511	压敏胶粘带	m	1.3335	2.2198	1.7824	1.7928
	16110512	X 射线胶片 80×300	张	2.6232	4.3668	3.5064	3.5268
	16110711	增感纸 80×300	张	0.1093	0.1820	0.1461	0.1469
	34050801	水溶纸	m^2	1.1365	1.4193	2.1626	2.1747
	34110101	水	m^3	3.5608	4.6980	7.8367	10.6000
	X0045	其他材料费	%	3.0400	3.0000	2.9100	2.7200
机械	99070550	载重汽车 8t	台班	0.0100	0.0204	0.0326	0.0372
	99090005	吊装机械（综合）	台班	0.0420	0.0550	0.0770	0.0770
	99090360	汽车式起重机 8t	台班	0.0100	0.0204	0.0326	0.0372
	99190230	立式钻床 ϕ25	台班	0.0052	0.0060	0.0069	0.0080
	99230050	半自动切割机 切割厚度 100	台班	0.2587	0.4181	0.5210	0.5658
	99250005	电焊机	台班	1.2452	2.1176	2.7461	3.2499
	99250440	氩弧焊机 500A	台班	0.7606	1.1933	1.2710	1.5013
	99270060	电焊条烘干箱 600×500×750	台班	0.1098	0.1934	0.2649	0.3125
	99290010	X 光胶片脱水烘干机 ZTH-340	台班	0.0175	0.0291	0.0234	0.0235
	99290050	X 光探伤机 2005	台班	0.2514	0.4185	0.3360	0.3380
	99440030	电动单级离心清水泵 ϕ100	台班	0.0126	0.0170	0.0288	0.0400
	99440490	试压泵 60MPa	台班	0.0200	0.0200	0.0200	0.0200

工作内容： 管道及管件安装，法兰安装，无损探伤，焊口局部充氩保护焊接，管道、管件试压和清洗，管道刷油。

定额编号				B-5-1-29	B-5-1-30	B-5-1-31	B-5-1-32
项目				低压碳钢管(电弧焊)			
				公称直径(mm 以内)			
				350	400	450	500
名称			单位	10m	10m	10m	10m
人工	00050101	综合人工 安装	工日	18.6886	20.6152	24.1475	27.9193
材料	Z17013131	低压碳钢管	m	(8.7980)	(8.7980)	(8.6950)	(8.6950)
	18032511-15	低压碳钢对焊管件 DN350	个	2.7800			
	18032511-16	低压碳钢对焊管件 DN400	个		2.7800		
	18032511-17	低压碳钢对焊管件 DN450	个			2.7800	
	18032511-18	低压碳钢对焊管件 DN500	个				2.7800
	20010601-15	对焊钢法兰 DN350	片	3.5400			
	20010601-16	对焊钢法兰 DN400	片		3.5400		
	20010601-17	对焊钢法兰 DN450	片			3.5400	
	20010601-18	对焊钢法兰 DN500	片				3.5400
	01290319	热轧钢板(中厚板) δ11～20	kg	2.5436	2.8420	3.2689	3.6120
	01530172	铅板 80×300×3	块	0.1329	0.1329	0.1595	0.1861
	01610106	铈钨棒	g	6.4703	7.3437	7.9720	9.1509
	02010173	橡胶板(低中压) δ0.8～6	kg	1.8262	2.1397	2.4489	2.5736
	03014665	精制六角螺栓连母垫 M20～22×70～95	10 套	2.9170			
	03014666	精制六角螺栓连母垫 M20～27×80～160	10 套		2.9170	3.6462	
	03014667	精制六角螺栓连母垫 M20～30×70～130	10 套				3.6462
	03014672	精制六角螺栓连母垫 M30～42×130～220	10 套	1.4404	1.6480		
	03014673	精制六角螺栓连母垫 M36～42×150～210	10 套			1.8252	2.0600
	03110212	尼龙砂轮片 ϕ100	片	6.0381	6.8442	9.4186	10.4251
	03130101	电焊条	kg	18.3100	20.7185	30.3818	34.7414

（续表）

定额编号				B-5-1-29	B-5-1-30	B-5-1-31	B-5-1-32
项目				低压碳钢管（电弧焊）			
				公称直径（mm 以内）			
				350	400	450	500
名称			单位	10m	10m	10m	10m
材料	03130921	碳钢氩弧焊丝	kg	1.1547	1.3112	1.4232	1.6333
	13010115	酚醛调和漆	kg	2.3443	2.6492	2.9740	3.2908
	13050511	醇酸防锈漆 C53-1	kg	3.2797	3.7063	4.1605	4.6037
	14050121	油漆溶剂油	kg	0.3268	0.3693	0.4146	0.4587
	14310721	硫化硫酸钠	g	72.4086	72.4086	86.8986	101.3886
	14390101	氧气	m^3	7.7644	8.5554	10.1513	11.5248
	14390302	乙炔气	kg	2.5873	2.8519	3.3821	3.8414
	14390701	氩气	m^3	6.5932	7.0304	8.1142	8.7037
	14410602	胶水	g	319.0632	319.0632	380.6368	380.6368
	14430101	胶布	m	9.3592	9.3592	11.6227	11.6227
	14431511	压敏胶粘带	m	2.1338	2.1338	2.5608	2.9878
	16110512	X 射线胶片 80×300	张	4.1976	4.1976	5.0376	5.8776
	16110711	增感纸 80×300	张	0.1749	0.1749	0.2099	0.2449
	34050801	水溶纸	m^2	3.3026	3.3026	4.8069	4.8069
	34110101	水	m^3	14.5113	18.0380	23.6208	28.6970
	X0045	其他材料费	%	2.6900	2.6300	2.2700	2.2800
机械	99070550	载重汽车 8t	台班	0.0524	0.0660	0.0860	0.1071
	99090005	吊装机械（综合）	台班	0.0850	0.0990	0.1080	0.1080
	99090360	汽车式起重机 8t	台班	0.0524	0.0660	0.0860	0.1071
	99190230	立式钻床 ϕ25	台班	0.0089	0.0100	0.0109	0.0120
	99230050	半自动切割机 切割厚度 100	台班	0.6669	0.7264	0.8312	0.9479
	99250005	电焊机	台班	3.9387	4.4887	5.2442	5.9958
	99250440	氩弧焊机 500A	台班	1.6563	1.8935	2.0545	2.3591
	99270060	电焊条烘干箱 600×500×750	台班	0.3847	0.4356	0.5090	0.5832
	99290010	X 光胶片脱水烘干机 ZTH-340	台班	0.0280	0.0280	0.0336	0.0392
	99290050	X 光探伤机 2005	台班	0.4023	0.4023	0.4828	0.5633
	99440050	电动单级离心清水泵 ϕ200	台班	0.0245	0.0310	0.0381	0.0470
	99440490	试压泵 60MPa	台班	0.0300	0.0300	0.0300	0.0300

工作内容： 管道及管件安装，法兰安装，管道、管件试压及管道预组装，刷油。

定额编号				B-5-1-33	B-5-1-34	B-5-1-35	B-5-1-36
项目				低压衬里钢管预制安装(电弧焊)			
				公称直径(mm 以内)			
				32	50	65	80
名称			单位	10m	10m	10m	10m
人工	00050101	综合人工　安装	工日	4.4474	5.3996	5.7021	6.3880
材料	Z17013131	低压碳钢管	m	(9.9200)	(9.9200)	(9.9200)	(9.9200)
	18037714	碳钢对焊管件　DN32	只	3.9300			
	18037716	碳钢对焊管件　DN50	只		3.9300		
	18037717	碳钢对焊管件　DN65	只			3.0400	
	18037718	碳钢对焊管件　DN80	只				3.0400
	20010001-3	钢制法兰　DN32	片	7.3700			
	20010001-5	钢制法兰　DN50	片		7.3700		
	20010001-6	钢制法兰　DN65	片			6.5960	
	20010001-7	钢制法兰　DN80	片				6.5960
	01290319	热轧钢板(中厚板)　δ11～20	kg	0.2450	0.2450	0.2450	0.2450
	02010173	橡胶板(低中压)　δ0.8～6	kg	0.0680	0.0680	0.0680	0.0680
	03014666	精制六角螺栓连母垫 M20～27×80～160	10套	0.3296	0.3296	0.3296	0.3296
	03110212	尼龙砂轮片　ϕ100	片	0.1180	0.1750	0.2140	0.2520
	03110216	尼龙砂轮片　ϕ500	片	0.3650	0.6080		
	03130101	电焊条	kg	1.8540	2.6870	4.2970	5.0240
	13010115	酚醛调和漆	kg	0.2362	0.3544	0.4732	0.5544
	13050511	醇酸防锈漆　C53-1	kg	0.3305	0.4958	0.6620	0.7756
	14050121	油漆溶剂油	kg	0.0329	0.0494	0.0660	0.0773
	14390101	氧气	m^3	0.0660	0.0720	1.7750	2.0010
	14390302	乙炔气	kg	0.0220	0.0240	0.5910	0.6680
	34110101	水	m^3	0.0820	0.0820	0.0820	0.0820
	X0045	其他材料费	%	2.0900	2.0900	2.1000	2.0800
机械	99190230	立式钻床　ϕ25	台班	0.0020	0.0020	0.0020	0.0020
	99230180	砂轮切割机　ϕ500	台班	0.1190	0.1570		
	99250005	电焊机	台班	1.0650	1.5140	1.7580	2.0500
	99270060	电焊条烘干箱　600×500×750	台班	0.1010	0.1450	0.1710	0.1990
	99440490	试压泵　60MPa	台班	0.0100	0.0100	0.0100	0.0100

工作内容：管道及管件安装，法兰安装，管道、管件试压及管道预组装，刷油。

定额编号				B-5-1-37	B-5-1-38	B-5-1-39	B-5-1-40
项目				低压衬里钢管预制安装（电弧焊）			
				公称直径（mm 以内）			
				100	125	150	200
名称			单位	10m	10m	10m	10m
人工	00050101	综合人工 安装	工日	7.4796	8.0069	10.8735	15.2280
材料	Z17013131	低压碳钢管	m	(9.9200)	(9.8100)	(9.8100)	(9.8100)
	18037719	碳钢对焊管件 DN100	只	2.8400			
	18037720	碳钢对焊管件 DN125	只		2.8400		
	18037721	碳钢对焊管件 DN150	只			3.5500	
	18037722	碳钢对焊管件 DN200	只				3.3400
	20010001-8	钢制法兰 DN100	片	6.5920			
	20010001-9	钢制法兰 DN125	片		6.5920		
	20010001-10	钢制法兰 DN150	片			5.7560	
	20010001-11	钢制法兰 DN200	片				4.8960
	01290319	热轧钢板（中厚板） δ11～20	kg	0.2450	0.7380	0.7380	0.7380
	02010173	橡胶板（低中压） δ0.8～6	kg	0.0680	0.1320	0.1320	0.1320
	03014666	精制六角螺栓连母垫 M20～27×80～160	10 套	0.3296			
	03014669	精制六角螺栓连母垫 M27～36×95～220	10 套		0.4944	0.4944	0.4944
	03110212	尼龙砂轮片 ϕ100	片	0.3940	0.4400	0.7560	1.1000
	03130101	电焊条	kg	7.1390	8.2190	11.4470	20.7370
	13010115	酚醛调和漆	kg	0.6712	0.9524	0.9900	1.3622
	13050511	醇酸防锈漆 C53-1	kg	0.9390	1.3324	1.3850	1.9058
	14050121	油漆溶剂油	kg	0.0936	0.1328	0.1380	0.1899
	14390101	氧气	m^3	3.0480	3.1990	6.1100	7.9430
	14390302	乙炔气	kg	1.0160	1.0660	2.0350	2.6490
	34110101	水	m^3	0.0820	0.3240	0.3240	0.3240
	X0045	其他材料费	%	1.1800	1.4900	1.3700	1.3600
机械	99070550	载重汽车 8t	台班		0.0070	0.0100	0.0160
	99090005	吊装机械（综合）	台班		0.0770	0.0770	0.0980
	99090360	汽车式起重机 8t	台班		0.0070	0.0100	0.0160
	99190230	立式钻床 ϕ25	台班	0.0020	0.0030	0.0030	0.0030
	99250005	电焊机	台班	2.7830	2.9990	4.4130	7.2830
	99270060	电焊条烘干箱 600×500×750	台班	0.2710	0.2910	0.4240	0.7050
	99440490	试压泵 60MPa	台班	0.0100	0.0200	0.0200	0.0200

工作内容：管道及管件安装，法兰安装，管道、管件试压及管道预组装，刷油。

定额编号				B-5-1-41	B-5-1-42	B-5-1-43	B-5-1-44
项目				低压衬里钢管预制安装(电弧焊)			
				公称直径(mm 以内)			
				250	300	350	400
名称			单位	10m	10m	10m	10m
人工	00050101	综合人工 安装	工日	19.0078	22.1295	23.5070	26.2117
材料	Z17013131	低压碳钢管	m	(9.8100)	(9.8100)	(9.8100)	(9.8100)
	18037723	碳钢对焊管件 DN250	只	3.1900			
	18037724	碳钢对焊管件 DN300	只		3.1900		
	18037725	碳钢对焊管件 DN350	只			2.2700	
	18037726	碳钢对焊管件 DN400	只				2.2700
	20010001-12	钢制法兰 DN250	片	4.1760			
	20010001-13	钢制法兰 DN300	片		4.1760		
	20010001-14	钢制法兰 DN350	片			3.3980	
	20010001-15	钢制法兰 DN400	片				3.3980
	01290319	热轧钢板(中厚板) δ11～20	kg	1.1620	1.1620	1.4210	1.4210
	02010173	橡胶板(低中压) δ0.8～6	kg	0.1600	0.1600	0.2760	0.2760
	03014670	精制六角螺栓连母垫 M27～42×115～240	10 套	0.6592	0.6592		
	03014672	精制六角螺栓连母垫 M30～42×130～220	10 套			0.6592	0.6592
	03110212	尼龙砂轮片 φ100	片	1.7160	2.0520	2.3850	2.7040
	03130101	电焊条	kg	37.4910	41.2960	51.6150	58.3380
	13010115	酚醛调和漆	kg	1.6988	2.0196	2.3443	2.6492
	13050511	醇酸防锈漆 C53-1	kg	2.3767	2.8254	3.2797	3.7063
	14050121	油漆溶剂油	kg	0.2368	0.2815	0.3268	0.3693
	14390101	氧气	m^3	11.5050	12.9620	13.0220	14.4620
	14390302	乙炔气	kg	3.8350	4.3220	4.3410	4.8200
	34110101	水	m^3	0.7310	0.7310	1.2440	1.2440
	X0045	其他材料费	%	1.4100	1.3800	1.4900	1.4600
机械	99070550	载重汽车 8t	台班	0.0270	0.0330	0.0470	0.0530
	99090005	吊装机械(综合)	台班	0.1370	0.1370	0.1520	0.1660
	99090360	汽车式起重机 8t	台班	0.0270	0.0330	0.0470	0.0530
	99190230	立式钻床 φ25	台班	0.0040	0.0040	0.0050	0.0050
	99250005	电焊机	台班	9.2740	9.8500	10.4250	11.7830
	99270060	电焊条烘干箱 600×500×750	台班	0.8980	0.9560	1.0140	1.1460
	99440490	试压泵 60MPa	台班	0.0200	0.0200	0.0300	0.0300

工作内容： 1,2. 管道及管件安装，法兰安装，管道、管件试压及管道预组装，刷油。
3,4. 管道及管件安装，法兰安装，管道、管件试压和清洗，刷油。

定额编号				B-5-1-45	B-5-1-46	B-5-1-47	B-5-1-48
项目				低压衬里钢管预制安装(电弧焊)		低压碳钢板卷管(电弧焊)	
				公称直径(mm以内)			
				450	500	200	250
名称			单位	10m	10m	10m	10m
人工	00050101	综合人工 安装	工日	28.7632	32.8032	6.2204	7.7770
材料	Z17010711	卷板钢管	m			(9.2870)	(9.2870)
	Z17013131	低压碳钢管	m	(9.8100)	(9.8100)		
	18037641-1	低压碳钢板卷管管件 DN200	只			2.0000	
	18037641-2	低压碳钢板卷管管件 DN250	只				2.0000
	18037727	碳钢对焊管件 DN450	只	2.2700			
	18037728	碳钢对焊管件 DN500	只		2.2700		
	20010001-11	钢制法兰 DN200	片			4.1200	
	20010001-12	钢制法兰 DN250	片				4.1200
	20010001-16	钢制法兰 DN450	片	3.3980			
	20010001-17	钢制法兰 DN500	片		3.3980		
	01290319	热轧钢板(中厚板) δ11～20	kg	1.8060	1.8060	1.4760	1.9986
	02010173	橡胶板(低中压) δ0.8～6	kg	0.3320	0.3320	1.0098	1.0950
	03014663	精制六角螺栓连母垫 M16～20×65～110	10套			2.5462	
	03014664	精制六角螺栓连母垫 M16～22×70～140	10套				2.5462
	03014669	精制六角螺栓连母垫 M27～36×95～220	10套			1.2360	
	03014670	精制六角螺栓连母垫 M27～42×115～240	10套				1.1932
	03014673	精制六角螺栓连母垫 M36～42×150～210	10套	0.8240	0.8240		
	03110212	尼龙砂轮片 φ100	片	3.4900	3.8630	1.7897	1.9900
	03130101	电焊条	kg	65.1580	89.9570	5.5811	8.9394
	13010115	酚醛调和漆	kg	2.9740	3.2908	1.3622	1.6988
	13050511	醇酸防锈漆 C53-1	kg	4.1605	4.6037	1.9058	2.3767
	14050121	油漆溶剂油	kg	0.4146	0.4587	0.1899	0.2368
	14390101	氧气	m^3	16.5870	19.4360	3.6241	4.1656
	14390302	乙炔气	kg	5.5300	6.4790	1.2065	1.3887
	34110101	水	m^3	1.9800	1.9800	4.6980	7.8367
	X0045	其他材料费	%	1.0600	1.0500	3.0100	2.9500
机械	99070550	载重汽车 8t	台班	0.0660	0.0730	0.0191	0.0237
	99090005	吊装机械(综合)	台班	0.1810	0.1810	0.0980	0.1050
	99090360	汽车式起重机 8t	台班	0.0660	0.0730	0.0191	0.0237
	99190230	立式钻床 φ25	台班	0.0060	0.0060	0.0060	0.0069
	99250005	电焊机	台班	13.5410	14.9560	1.5930	2.1016
	99270060	电焊条烘干箱 600×500×750	台班	1.3170	1.4550	0.1408	0.1887
	99440030	电动单级离心清水泵 φ100	台班			0.0170	0.0288
	99440490	试压泵 60MPa	台班	0.0300	0.0300	0.0200	0.0200

工作内容：管道及管件安装，法兰安装，管道、管件试压和清洗，刷油。

定额编号				B-5-1-49	B-5-1-50	B-5-1-51	B-5-1-52
项目				低压碳钢板卷管(电弧焊)			
				公称直径(mm以内)			
				300	350	400	450
名称			单位	10m	10m	10m	10m
人工	00050101	综合人工 安装	工日	9.4056	9.8616	11.1808	13.0536
材料	Z17010711	卷板钢管	m	(9.2870)	(9.2870)	(9.2870)	(9.1930)
	18037641-3	低压碳钢板卷管管件 DN300	只	2.0000			
	18037641-4	低压碳钢板卷管管件 DN350	只		2.0000		
	18037641-5	低压碳钢板卷管管件 DN400	只			2.0000	
	18037641-6	低压碳钢板卷管管件 DN450	只				2.0000
	20010001-13	钢制法兰 DN300	片	4.1200			
	20010001-14	钢制法兰 DN350	片		2.7800		
	20010001-15	钢制法兰 DN400	片			2.7800	
	20010001-16	钢制法兰 DN450	片				2.7800
	01290319	热轧钢板(中厚板) δ11～20	kg	2.3240	2.5436	2.8420	3.2689
	02010173	橡胶板(低中压) δ0.8～6	kg	1.2240	1.3537	1.6491	1.8613
	03014665	精制六角螺栓连母垫 M20～22×70～95	10套	2.5462	2.2907		
	03014666	精制六角螺栓连母垫 M20～27×80～160	10套			2.2907	2.8634
	03014670	精制六角螺栓连母垫 M27～42×115～240	10套	1.4008			
	03014672	精制六角螺栓连母垫 M30～42×130～220	10套		1.4404	1.6480	
	03014673	精制六角螺栓连母垫 M36～42×150～210	10套				1.8252
	03110212	尼龙砂轮片 ϕ100	片	2.1840	2.8642	3.2445	3.7999
	03130101	电焊条	kg	10.8841	14.6561	16.5701	19.0457
	13010115	酚醛调和漆	kg	2.0196	2.3443	2.6492	2.9740
	13050511	醇酸防锈漆 C53-1	kg	2.8254	3.2797	3.7063	4.1605
	14050121	油漆溶剂油	kg	0.2815	0.3268	0.3693	0.4146
	14390101	氧气	m^3	4.5299	5.4232	5.8928	6.3022
	14390302	乙炔气	kg	1.5111	1.8070	1.9640	2.0998
	34110101	水	m^3	10.6000	14.5113	18.0380	23.6208
	X0045	其他材料费	%	2.9700	2.9900	2.9900	3.0300
机械	99070550	载重汽车 8t	台班	0.0296	0.0338	0.0406	0.0563
	99090005	吊装机械(综合)	台班	0.1110	0.1200	0.1280	0.1390
	99090360	汽车式起重机 8t	台班	0.0296	0.0338	0.0406	0.0563
	99190230	立式钻床 ϕ25	台班	0.0080	0.0089	0.0100	0.0109
	99250005	电焊机	台班	2.5637	2.5408	2.8726	3.3095
	99270060	电焊条烘干箱 600×500×750	台班	0.2290	0.2297	0.2586	0.2963
	99440030	电动单级离心清水泵 ϕ100	台班	0.0400			
	99440050	电动单级离心清水泵 ϕ200	台班		0.0245	0.0310	0.0381
	99440490	试压泵 60MPa	台班	0.0200	0.0300	0.0300	0.0300

工作内容：管道及管件安装，法兰安装，管道、管件试压和清洗，刷油。

定额编号				B-5-1-53	B-5-1-54	B-5-1-55	B-5-1-56
项目				低压碳钢板卷管(电弧焊)			
				公称直径(mm 以内)			
				500	600	700	800
名称			单位	10m	10m	10m	10m
人工	00050101	综合人工 安装	工日	14.7335	16.3669	18.8646	21.9111
材料	Z17010711	卷板钢管	m	(9.1930)	(9.1930)	(9.0900)	(9.0900)
	18037641-7	低压碳钢板卷管管件 DN500	只	2.0000			
	18037641-8	低压碳钢板卷管管件 DN600	只		2.0000		
	18037641-9	低压碳钢板卷管管件 DN700	只			2.0000	
	18037641-10	低压碳钢板卷管管件 DN800	只				2.0000
	20010001-17	钢制法兰 DN500	片	2.7800			
	20011301-18	钢制法兰 DN600	片		2.7800		
	20011301-19	钢制法兰 DN700	片			2.7800	
	20011301-20	钢制法兰 DN800	片				2.7800
	01290319	热轧钢板(中厚板) δ11～20	kg	3.6120	4.1060	5.3961	6.2478
	02010173	橡胶板(低中压) δ0.8～6	kg	1.9837	2.0076	2.5811	2.9735
	03014656	精制六角螺栓连母垫 M27×85～100	10 套				3.4361
	03014667	精制六角螺栓连母垫 M20～30×70～130	10 套	2.8634			
	03014668	精制六角螺栓连母垫 M22～30×75～180	10 套		2.8634	3.4361	
	03014669	精制六角螺栓连母垫 M27～36×95～220	10 套		0.8240		
	03014670	精制六角螺栓连母垫 M27～42×115～240	10 套			0.9888	0.9888
	03014673	精制六角螺栓连母垫 M36～42×150～210	10 套	2.0600	1.2360	1.6810	2.2001
	03110212	尼龙砂轮片 ϕ100	片	4.3675	4.7341	5.2690	5.8213
	03130101	电焊条	kg	21.6568	26.5991	30.7347	39.4622
	13010115	酚醛调和漆	kg	3.2908	3.9145	4.4788	5.1005
	13050511	醇酸防锈漆 C53-1	kg	4.6037	5.4763	6.2657	7.1355
	14050121	油漆溶剂油	kg	0.4587	0.5457	0.6243	0.7110
	14390101	氧气	m^3	6.7126	8.0386	8.8429	10.5936
	14390302	乙炔气	kg	2.2389	2.6794	2.9541	3.5361
	34110101	水	m^3	28.6970	43.0010	59.7099	76.2777
	X0045	其他材料费	%	3.2900	2.6800	2.6500	2.5700
机械	99070550	载重汽车 8t	台班	0.0629	0.0771	0.0905	0.1139
	99090005	吊装机械(综合)	台班	0.1590	0.1800	0.2030	0.2210
	99090360	汽车式起重机 8t	台班	0.0629	0.0771	0.0905	0.1139
	99190230	立式钻床 ϕ25	台班	0.0120	0.0120	0.0152	0.0177
	99250005	电焊机	台班	3.6016	4.5590	5.0917	5.9979
	99270060	电焊条烘干箱 600×500×750	台班	0.3354	0.4525	0.5085	0.5668
	99440050	电动单级离心清水泵 ϕ200	台班	0.0470	0.0680	0.0925	0.1210
	99440490	试压泵 60MPa	台班	0.0300	0.0300	0.0300	0.0300

工作内容： 管道及管件安装，法兰安装，管道、管件试压和清洗，刷油。

定额编号				B-5-1-57	B-5-1-58	B-5-1-59	B-5-1-60
项目				低压碳钢板卷管(电弧焊)			
				公称直径(mm 以内)			
				900	1000	1200	1400
名称			单位	10m	10m	10m	10m
人工	00050101	综合人工 安装	工日	24.8248	25.3366	30.2315	37.0572
材料	Z17010711	卷板钢管	m	(9.0900)	(8.9960)	(8.9960)	(8.9960)
	18037641-11	低压碳钢板卷管管件 DN900	只	2.0000			
	18037641-12	低压碳钢板卷管管件 DN1000	只		2.0000		
	18037641-13	低压碳钢板卷管管件 DN1200	只			2.0000	
	18037641-14	低压碳钢板卷管管件 DN1400	只				2.0000
	20011301-21	钢制法兰 DN900	片	2.7800			
	20011301-22	钢制法兰 DN1000	片		1.6800		
	20011301-23	钢制法兰 DN1200	片			1.2000	
	20011301-24	钢制法兰 DN1400	片				1.2000
	01290319	热轧钢板(中厚板) δ11～20	kg	7.7030	8.7778	11.8800	14.8003
	02010173	橡胶板(低中压) δ0.8～6	kg	3.4650	3.0255	3.4760	4.6218
	03014647	精制六角螺栓连母垫 M27×120	10套		2.4226	1.9776	2.2248
	03014656	精制六角螺栓连母垫 M27×85～100	10套	4.5897	1.1536	1.3184	1.3184
	03014673	精制六角螺栓连母垫 M36～42×150～210	10套	2.7810	3.4361	4.9440	6.7238
	03110212	尼龙砂轮片 ϕ100	片	6.5396	6.9179	8.4906	11.9842
	03130101	电焊条	kg	44.3201	47.3761	58.1082	85.1014
	13010115	酚醛调和漆	kg	5.7222	6.3439	7.5893	8.8328
	13050511	醇酸防锈漆 C53-1	kg	8.0053	8.8751	10.6174	12.3570
	14050121	油漆溶剂油	kg	0.7976	0.8843	1.0579	1.2312
	14390101	氧气	m^3	11.7513	13.2183	17.4892	22.4934
	14390302	乙炔气	kg	3.9344	4.4685	5.8370	7.5050
	34110101	水	m^3	98.1808	119.0877	171.3600	228.1637
	X0045	其他材料费	%	2.8700	2.3000	2.3000	2.2500
机械	99070550	载重汽车 8t	台班	0.1377	0.1637	0.2020	0.2646
	99090005	吊装机械(综合)	台班	0.2400	0.3180	0.3820	0.4420
	99090360	汽车式起重机 8t	台班	0.1377	0.1637	0.2020	0.2646
	99190230	立式钻床 ϕ25	台班	0.0235	0.0267	0.0340	0.0426
	99250005	电焊机	台班	6.7341	6.7039	7.9754	9.9226
	99270060	电焊条烘干箱 600×500×750	台班	0.6359	0.6434	0.7676	0.9574
	99440050	电动单级离心清水泵 ϕ200	台班	0.1530	0.1890	0.2720	0.3699
	99440490	试压泵 60MPa	台班	0.0500	0.0500	0.0500	0.0500

工作内容： 1. 管道及管件安装，法兰安装，管道、管件试压和清洗，刷油。
2,3,4. 管道及管件安装，法兰安装，无损探伤，焊口局部充氩保护焊接，管道、管件试压，焊缝钝化。

定　额　编　号				B-5-1-61	B-5-1-62	B-5-1-63	B-5-1-64
项　　目				低压碳钢板卷管(电弧焊)	低压不锈钢管(氩电联焊)		
				公称直径(mm 以内)			
				1600	25	50	65
名　　称			单位	10m	10m	10m	10m
人工	00050101	综合人工 安装	工日	41.6287	3.9706	5.5952	6.6616
材料	Z17010711	卷板钢管	m	(8.7980)			
	Z17051701	低压不锈钢管	m		(9.2500)	(9.1560)	(9.1560)
	18037641-15	低压碳钢板卷管管件 DN1600	只	2.0000			
	18050501-3	低压不锈钢对焊管件 DN25	个		5.1000		
	18050501-6	低压不锈钢对焊管件 DN50	个			4.9000	
	18050501-7	低压不锈钢对焊管件 DN65	个				4.8000
	20011301-25	钢制法兰 DN1600	片	1.2000			
	20030101-3	平焊不锈钢法兰 DN25	片		2.5000		
	20030101-6	平焊不锈钢法兰 DN50	片			2.5000	
	20030101-7	平焊不锈钢法兰 DN65	片				2.5000
	01290319	热轧钢板(中厚板) δ11～20	kg	18.1871	0.2938	0.3060	0.3577
	01530172	铅板 80×300×3	块		0.0895	0.0864	0.0848
	01610106	铈钨棒	g		0.7069	1.0812	1.3744
	02010173	橡胶板(低中压) δ0.8～6	kg	5.6374	0.1723	0.1782	0.2767
	02010201	耐酸橡胶板	kg		0.0500	0.0875	0.1125
	03014647	精制六角螺栓连母垫 M27×120	10 套	2.4720			
	03014656	精制六角螺栓连母垫 M27×85～100	10 套	1.3184			
	03014660	精制六角螺栓连母垫 M10～12×35～50	10 套		0.5150		
	03014662	精制六角螺栓连母垫 M12～16×60～90	10 套			0.5150	0.5150
	03014664	精制六角螺栓连母垫 M16～22×70～140	10 套		0.1978	0.2472	
	03014666	精制六角螺栓连母垫 M20～27×80～160	10 套		0.3296	0.3296	0.5570
	03014673	精制六角螺栓连母垫 M36～42×150～210	10 套	8.7880			
	03110212	尼龙砂轮片 ϕ100	片	13.6868	0.3407	0.3514	0.8628
	03110216	尼龙砂轮片 ϕ500	片		0.1423	0.5086	0.2656
	03130101	电焊条	kg	98.4705	0.0360	0.0400	0.0292

（续表）

定额编号				B-5-1-61	B-5-1-62	B-5-1-63	B-5-1-64
项目				低压碳钢板卷管(电弧焊)	低压不锈钢管(氩电联焊)		
				公称直径(mm 以内)			
				1600	25	50	65
名称			单位	10m	10m	10m	10m
材料	03130201	不锈钢焊条	kg		0.0750	0.5978	0.8261
	03131301	不锈钢焊丝	kg		0.1353	0.2084	0.2675
	13010115	酚醛调和漆	kg	10.0762			
	13050511	醇酸防锈漆 C53-1	kg	14.0965			
	14050121	油漆溶剂油	kg	1.4046			
	14310721	硫化硫酸钠	g		48.7485	47.0511	46.2024
	14390101	氧气	m^3	26.5078	0.0420	0.0450	0.0438
	14390302	乙炔气	kg	8.8425	0.0140	0.0150	0.0146
	14390701	氩气	m^3		1.3205	1.4910	2.0894
	14410602	胶水	g		47.1040	45.4560	95.9588
	14430101	胶布	m		3.3279	3.2115	3.9946
	14431511	压敏胶粘带	m		1.4365	1.3865	1.3615
	16110512	X射线胶片 80×300	张		2.8260	2.7276	2.6784
	16110711	增感纸 80×300	张		0.1177	0.1137	0.1116
	34050801	水溶纸	m^2		0.3415	0.3296	0.6806
	34110101	水	m^3	294.0402	0.2548	0.2980	0.5912
	X0045	其他材料费	%	2.2200	4.3900	3.1800	3.1900
机械	99070550	载重汽车 8t	台班	0.3608			
	99090005	吊装机械(综合)	台班	0.5290			
	99090360	汽车式起重机 8t	台班	0.3608			
	99091730	电动葫芦 单速 3t	台班				0.1203
	99190060	普通车床 ϕ630×2000	台班			0.1024	0.1203
	99190230	立式钻床 ϕ25	台班	0.0527	0.0028	0.0030	0.0029
	99230180	砂轮切割机 ϕ500	台班		0.2961	0.0480	0.0912
	99250005	电焊机	台班	11.1098	0.0617	0.4470	0.5567
	99250440	氩弧焊机 500A	台班		0.3387	0.4217	0.5322
	99270060	电焊条烘干箱 600×500×750	台班	1.0732	0.0050	0.0419	0.0537
	99290010	X光胶片脱水烘干机 ZTH-340	台班		0.0188	0.0182	0.0179
	99290050	X光探伤机 2005	台班		0.2708	0.2614	0.2567
	99430230	电动空气压缩机 6m^3/min	台班		0.0372	0.0368	0.0366
	99440030	电动单级离心清水泵 ϕ100	台班		0.0016	0.0020	0.0023
	99440050	电动单级离心清水泵 ϕ200	台班	0.4835			
	99440490	试压泵 60MPa	台班	0.0500	0.0100	0.0100	0.0100

工作内容：管道及管件安装，法兰安装，无损探伤，焊口局部充氩保护焊接，管道、管件试压，焊缝钝化。

定　额　编　号				B-5-1-65	B-5-1-66	B-5-1-67	B-5-1-68
项　目				低压不锈钢管(氩电联焊)			
				公称直径(mm 以内)			
				80	100	125	150
名　称			单位	10m	10m	10m	10m
人工	00050101	综合人工 安装	工日	6.9890	7.1698	7.4869	8.3336
材料	Z17051701	低压不锈钢管	m	(8.9580)	(8.9580)	(8.9580)	(8.8170)
	18050501-8	低压不锈钢对焊管件 DN80	个	4.6000			
	18050501-9	低压不锈钢对焊管件 DN100	个		2.9900		
	18050501-10	低压不锈钢对焊管件 DN125	个			2.3700	
	18050501-11	低压不锈钢对焊管件 DN150	个				2.3700
	20030101-8	平焊不锈钢法兰 DN80	片	2.3500			
	20030101-9	平焊不锈钢法兰 DN100	片		2.3500		
	20030101-10	平焊不锈钢法兰 DN125	片			2.3500	
	20030101-11	平焊不锈钢法兰 DN150	片				2.3500
	01290319	热轧钢板(中厚板) δ11～20	kg	0.4239	0.4900	1.0996	1.2841
	01530172	铅板 80×300×3	块	0.0817	0.0847	0.0701	0.0701
	01610106	铈钨棒	g	1.5633	1.4283	1.4062	1.6811
	02010173	橡胶板(低中压) δ0.8～6	kg	0.2983	0.2777	0.4019	0.4514
	02010201	耐酸橡胶板	kg	0.1527	0.1998	0.2702	0.3290
	03014653	精制六角螺栓连母垫 M16×50～80	10套	0.9682	0.9682	0.9682	
	03014663	精制六角螺栓连母垫 M16～20×65～110	10套				0.9682
	03014666	精制六角螺栓连母垫 M20～27×80～160	10套	0.6905	0.8240		
	03014669	精制六角螺栓连母垫 M27～36×95～220	10套			0.8578	1.0432
	03110212	尼龙砂轮片 ϕ100	片	1.0260	1.0445	1.1489	1.4152
	03110216	尼龙砂轮片 ϕ500	片	0.3119	0.3410		
	03130101	电焊条	kg	0.0346	0.0400	0.0298	0.0348
	03130201	不锈钢焊条	kg	0.9163	0.9277	1.0637	1.6628
	03131301	不锈钢焊丝	kg	0.3140	0.2980	0.2975	0.3633
	14310721	硫化硫酸钠	g	44.4843	46.1403	38.2122	38.2122

（续表）

<table>
<tr><td colspan="3">定　额　编　号</td><td>B-5-1-65</td><td>B-5-1-66</td><td>B-5-1-67</td><td>B-5-1-68</td></tr>
<tr><td colspan="3" rowspan="3">项　　目</td><td colspan="4">低压不锈钢管(氩电联焊)</td></tr>
<tr><td colspan="4">公称直径(mm 以内)</td></tr>
<tr><td>80</td><td>100</td><td>125</td><td>150</td></tr>
<tr><td colspan="2">名　　称</td><td>单位</td><td>10m</td><td>10m</td><td>10m</td><td>10m</td></tr>
<tr><td rowspan="11">材料</td><td>14390101</td><td>氧气</td><td>m^3</td><td>0.0519</td><td>0.0600</td><td>0.0685</td><td>0.0800</td></tr>
<tr><td>14390302</td><td>乙炔气</td><td>kg</td><td>0.0173</td><td>0.0200</td><td>0.0223</td><td>0.0261</td></tr>
<tr><td>14390701</td><td>氩气</td><td>m^3</td><td>2.1690</td><td>1.7265</td><td>2.1887</td><td>2.3709</td></tr>
<tr><td>14410602</td><td>胶水</td><td>g</td><td>92.4156</td><td>63.8894</td><td>104.5840</td><td>104.5840</td></tr>
<tr><td>14430101</td><td>胶布</td><td>m</td><td>3.8471</td><td>2.6596</td><td>4.2307</td><td>4.2307</td></tr>
<tr><td>14431511</td><td>压敏胶粘带</td><td>m</td><td>1.3109</td><td>1.3597</td><td>1.1261</td><td>1.1261</td></tr>
<tr><td>16110512</td><td>X 射线胶片 80×300</td><td>张</td><td>2.5788</td><td>2.6748</td><td>2.2152</td><td>2.2152</td></tr>
<tr><td>16110711</td><td>增感纸 80×300</td><td>张</td><td>0.1075</td><td>0.1114</td><td>0.0923</td><td>0.0923</td></tr>
<tr><td>34050801</td><td>水溶纸</td><td>m^2</td><td>0.6555</td><td>0.4532</td><td>0.9597</td><td>0.9597</td></tr>
<tr><td>34110101</td><td>水</td><td>m^3</td><td>0.8901</td><td>1.1890</td><td>2.4673</td><td>3.5608</td></tr>
<tr><td>X0045</td><td>其他材料费</td><td>%</td><td>3.0700</td><td>2.7700</td><td>2.7500</td><td>2.5100</td></tr>
<tr><td rowspan="17">机械</td><td>99070550</td><td>载重汽车 8t</td><td>台班</td><td></td><td></td><td>0.0070</td><td>0.0090</td></tr>
<tr><td>99090005</td><td>吊装机械(综合)</td><td>台班</td><td></td><td></td><td>0.0770</td><td>0.0770</td></tr>
<tr><td>99090360</td><td>汽车式起重机 8t</td><td>台班</td><td></td><td></td><td>0.0070</td><td>0.0090</td></tr>
<tr><td>99091730</td><td>电动葫芦 单速 3t</td><td>台班</td><td>0.1222</td><td>0.1201</td><td>0.1124</td><td>0.1584</td></tr>
<tr><td>99190060</td><td>普通车床 ϕ630×2000</td><td>台班</td><td>0.1222</td><td>0.1201</td><td>0.1124</td><td>0.1584</td></tr>
<tr><td>99190230</td><td>立式钻床 ϕ25</td><td>台班</td><td>0.0035</td><td>0.0040</td><td>0.0045</td><td>0.0052</td></tr>
<tr><td>99230040</td><td>等离子切割机 400A</td><td>台班</td><td></td><td></td><td>0.0945</td><td>0.1208</td></tr>
<tr><td>99230180</td><td>砂轮切割机 ϕ500</td><td>台班</td><td>0.0922</td><td>0.1180</td><td></td><td></td></tr>
<tr><td>99250005</td><td>电焊机</td><td>台班</td><td>0.6276</td><td>0.6115</td><td>0.6418</td><td>0.9504</td></tr>
<tr><td>99250440</td><td>氩弧焊机 500A</td><td>台班</td><td>0.5981</td><td>0.5526</td><td>0.5474</td><td>0.6387</td></tr>
<tr><td>99270060</td><td>电焊条烘干箱 600×500×750</td><td>台班</td><td>0.0612</td><td>0.0588</td><td>0.0630</td><td>0.0914</td></tr>
<tr><td>99290010</td><td>X 光胶片脱水烘干机 ZTH-340</td><td>台班</td><td>0.0172</td><td>0.0178</td><td>0.0148</td><td>0.0148</td></tr>
<tr><td>99290050</td><td>X 光探伤机 2005</td><td>台班</td><td>0.2471</td><td>0.2563</td><td>0.2123</td><td>0.2123</td></tr>
<tr><td>99430210</td><td>电动空气压缩机 1m^3/min</td><td>台班</td><td></td><td></td><td>0.0945</td><td>0.1208</td></tr>
<tr><td>99430230</td><td>电动空气压缩机 6m^3/min</td><td>台班</td><td>0.0347</td><td>0.0315</td><td>0.0302</td><td>0.0302</td></tr>
<tr><td>99440030</td><td>电动单级离心清水泵 ϕ100</td><td>台班</td><td>0.0037</td><td>0.0050</td><td>0.0083</td><td>0.0126</td></tr>
<tr><td>99440490</td><td>试压泵 60MPa</td><td>台班</td><td>0.0100</td><td>0.0100</td><td>0.0200</td><td>0.0200</td></tr>
</table>

工作内容： 1,2,3. 管道及管件安装，法兰安装，无损探伤，焊口局部充氩保护焊接，管道、管件试压，焊缝钝化。

4. 管道及管件安装，法兰安装，焊口局部充氩保护焊接，管道、管件试压和清洗，焊缝钝化。

定额编号				B-5-1-69	B-5-1-70	B-5-1-71	B-5-1-72
项目				低压不锈钢管(氩电联焊)			低压不锈钢板卷管(氩电联焊)
				公称直径(mm 以内)			
				200	250	300	200
名称			单位	10m	10m	10m	10m
人工	00050101	综合人工 安装	工日	13.3042	18.7588	21.7991	7.7366
材料	Z17051101	不锈钢板卷管	m				(9.3810)
	Z17051701	低压不锈钢管	m	(8.8170)	(8.8170)	(8.8170)	
	18050101-1	不锈钢板卷管管件 DN200	个				1.5000
	18050501-12	低压不锈钢对焊管件 DN200	个	3.4700			
	18050501-13	低压不锈钢对焊管件 DN250	个		4.2000		
	18050501-14	低压不锈钢对焊管件 DN300	个			4.2000	
	20030101-12	平焊不锈钢法兰 DN200	片	2.3500			2.3500
	20030101-13	平焊不锈钢法兰 DN250	片		2.3500		
	20030101-14	平焊不锈钢法兰 DN300	片			2.3500	
	01290319	热轧钢板(中厚板) δ11～20	kg	1.4760	1.9986	2.3240	1.4760
	01530172	铅板 80×300×3	块	0.1279	0.1508	0.1508	
	01610106	铈钨棒	g	3.0971	4.5131	5.3728	1.8256
	02010173	橡胶板(低中压) δ0.8～6	kg	0.5665	0.6701	0.7373	0.4525
	02010201	耐酸橡胶板	kg	0.3877	0.4348	0.4700	0.3877
	03014663	精制六角螺栓连母垫 M16～20×65～110	10 套	1.4523			1.4523
	03014664	精制六角螺栓连母垫 M16～22×70～140	10 套		1.4523		
	03014665	精制六角螺栓连母垫 M20～22×70～95	10 套			1.4523	
	03014669	精制六角螺栓连母垫 M27～36×95～220	10 套	1.2360			1.2360
	03014670	精制六角螺栓连母垫 M27～42×115～240	10 套		1.1932	1.4008	
	03110212	尼龙砂轮片 φ100	片	2.8350	4.6176	6.1792	1.6212
	03130101	电焊条	kg	0.0400	0.0344	0.0400	0.0400
	03130201	不锈钢焊条	kg	4.5003	9.7843	14.1464	1.9326
	03131301	不锈钢焊丝	kg	0.6843	1.0187	1.2613	0.4650

（续表）

定额编号				B-5-1-69	B-5-1-70	B-5-1-71	B-5-1-72
项目				低压不锈钢管(氩电联焊)			低压不锈钢板卷管(氩电联焊)
				公称直径(mm 以内)			
				200	250	300	200
名称			单位	10m	10m	10m	10m
材料	14310721	硫化硫酸钠	g	69.6969	82.1583	82.1583	
	14390101	氧气	m^3	0.0920	0.0791	0.0920	0.0920
	14390302	乙炔气	kg	0.0300	0.0258	0.0300	0.0300
	14390701	氩气	m^3	3.7661	6.3232	7.0017	2.2614
	14410602	胶水	g	143.1060	297.6600	297.6600	74.1200
	14430101	胶布	m	5.7891	10.1254	10.1254	2.9984
	14431511	压敏胶粘带	m	2.0539	2.4211	2.4211	
	16110512	X射线胶片 80×300	张	4.0404	4.7628	4.7628	
	16110711	增感纸 80×300	张	0.1684	0.1984	0.1984	
	34050801	水溶纸	m^2	1.3132	2.9369	2.9369	0.6802
	34110101	水	m^3	4.6980	7.8367	10.6000	4.6980
	X0045	其他材料费	%	2.3000	2.1000	1.9400	2.1700
机械	99070550	载重汽车 8t	台班	0.0198	0.0339	0.0474	0.0131
	99090005	吊装机械(综合)	台班	0.0980	0.1370	0.1370	0.0980
	99090360	汽车式起重机 8t	台班	0.0198	0.0339	0.0474	0.0131
	99091730	电动葫芦 单速 3t	台班	0.2097	0.2560	0.2771	
	99190060	普通车床 ϕ630×2000	台班	0.2097	0.2560	0.2771	
	99190230	立式钻床 ϕ25	台班	0.0060	0.0069	0.0080	0.0060
	99230040	等离子切割机 400A	台班	0.2043	0.3001	0.3655	0.4502
	99250005	电焊机	台班	2.2009	3.6680	4.8475	0.8151
	99250440	氩弧焊机 500A	台班	1.1634	1.7480	2.0321	0.6066
	99270060	电焊条烘干箱 600×500×750	台班	0.2187	0.3654	0.4822	0.0801
	99290010	X光胶片脱水烘干机 ZTH-340	台班	0.0269	0.0318	0.0318	
	99290050	X光探伤机 2005	台班	0.3872	0.4564	0.4564	
	99430210	电动空气压缩机 1m^3/min	台班	0.2043	0.2699	0.3655	0.4502
	99430230	电动空气压缩机 6m^3/min	台班	0.0324	0.0339	0.0339	0.0285
	99440030	电动单级离心清水泵 ϕ100	台班	0.0170	0.0288	0.0400	0.0170
	99440490	试压泵 60MPa	台班	0.0200	0.0200	0.0200	0.0200

工作内容：管道及管件安装，法兰安装，焊口局部充氩保护焊接，管道、管件试压和清洗，焊缝钝化。

定额编号				B-5-1-73	B-5-1-74	B-5-1-75	B-5-1-76
项目				低压不锈钢板卷管(氩电联焊)			
				公称直径(mm 以内)			
				250	300	350	400
名称			单位	10m	10m	10m	10m
人工	00050101	综合人工 安装	工日	9.6444	11.4045	12.9997	13.3002
材料	Z17051101	不锈钢板卷管	m	(9.3810)	(9.3810)	(9.2870)	(9.2870)
	18050101-2	不锈钢板卷管管件 DN250	个	1.5000			
	18050101-3	不锈钢板卷管管件 DN300	个		1.5000		
	18050101-4	不锈钢板卷管管件 DN350	个			1.5000	
	18050101-5	不锈钢板卷管管件 DN400	个				1.5000
	20030101-13	平焊不锈钢法兰 DN250	片	2.3500			
	20030101-14	平焊不锈钢法兰 DN300	片		2.3500		
	20030101-15	平焊不锈钢法兰 DN350	片			2.3500	
	20030101-16	平焊不锈钢法兰 DN400	片				1.6000
	01290319	热轧钢板(中厚板) δ11～20	kg	1.9986	2.3240	2.5436	2.8420
	01610106	铈钨棒	g	2.2878	2.7272	3.1722	3.5900
	02010173	橡胶板(低中压) δ0.8～6	kg	0.4810	0.5482	0.8590	0.9459
	02010201	耐酸橡胶板	kg	0.4348	0.4700	0.6345	0.5520
	03014664	精制六角螺栓连母垫 M16～22×70～140	10 套	1.4523			
	03014665	精制六角螺栓连母垫 M20～22×70～95	10 套		1.4523	1.9364	
	03014666	精制六角螺栓连母垫 M20～27×80～160	10 套				1.3184
	03014670	精制六角螺栓连母垫 M27～42×115～240	10 套	1.1932	1.4008		
	03014672	精制六角螺栓连母垫 M30～42×130～220	10 套			1.4404	1.6480
	03110212	尼龙砂轮片 ϕ100	片	2.0542	2.6212	3.2986	3.2921
	03130101	电焊条	kg	0.0344	0.0400	0.0358	0.0400

（续表）

定额编号				B-5-1-73	B-5-1-74	B-5-1-75	B-5-1-76
项目				低压不锈钢板卷管（氩电联焊）			
				公称直径（mm以内）			
				250	300	350	400
名称			单位	10m	10m	10m	10m
材料	03130201	不锈钢焊条	kg	3.4886	4.6229	5.5285	4.7071
	03131301	不锈钢焊丝	kg	0.5831	0.6966	0.8097	0.9153
	14390101	氧气	m^3	0.0791	0.0920	0.1092	0.1220
	14390302	乙炔气	kg	0.0258	0.0300	0.0358	0.0400
	14390701	氩气	m^3	3.1604	3.4741	4.3587	4.6559
	14410602	胶水	g	130.8000	130.8000	198.8160	198.8160
	14430101	胶布	m	4.4494	4.4494	5.8319	5.8319
	34050801	水溶纸	m^2	1.2906	1.2906	2.0579	2.0579
	34110101	水	m^3	7.8367	10.6000	14.5113	18.0380
	X0045	其他材料费	%	2.0900	2.0300	2.1200	2.0500
机械	99070550	载重汽车 8t	台班	0.0155	0.0193	0.0241	0.0272
	99090005	吊装机械（综合）	台班	0.1050	0.1110	0.1200	0.1280
	99090360	汽车式起重机 8t	台班	0.0155	0.0193	0.0241	0.0272
	99190230	立式钻床 ϕ25	台班	0.0069	0.0080	0.0089	0.0100
	99230040	等离子切割机 400A	台班	0.5637	0.6724	0.7809	0.8527
	99250005	电焊机	台班	1.1345	1.4864	1.4001	1.2804
	99250440	氩弧焊机 500A	台班	0.7594	0.9178	1.0662	1.2078
	99270060	电焊条烘干箱 600×500×750	台班	0.1125	0.1471	0.1381	0.1259
	99430210	电动空气压缩机 1m^3/min	台班	0.5637	0.6724	0.7809	0.8527
	99430230	电动空气压缩机 6m^3/min	台班	0.0285	0.0285	0.0285	0.0210
	99440030	电动单级离心清水泵 ϕ100	台班	0.0288	0.0400		
	99440050	电动单级离心清水泵 ϕ200	台班			0.0245	0.0310
	99440490	试压泵 60MPa	台班	0.0200	0.0200	0.0300	0.0300

工作内容： 管道及管件安装，法兰安装，管道焊口热处理，无损探伤，焊口局部充氩保护焊接，管道、管件试压和清洗，刷油。

定额编号				B-5-1-77	B-5-1-78	B-5-1-79	B-5-1-80
项目				低压合金钢管(氩电联焊)			
				公称直径(mm 以内)			
				25	50	65	80
名称			单位	10m	10m	10m	10m
人工	00050101	综合人工 安装	工日	11.0160	10.2930	11.9902	15.7534
材料	Z17010231	合金钢管	m	(9.2500)	(9.2500)	(9.2500)	(8.9580)
	18032101-3	低压合金钢对焊管件 DN25	个	4.3700			
	18032101-6	低压合金钢对焊管件 DN50	个		3.3500		
	18032101-7	低压合金钢对焊管件 DN65	个			3.3500	
	18032101-8	低压合金钢对焊管件 DN80	个				3.6500
	20010801-3	平焊合金钢法兰 DN25	片	2.5000			
	20010801-6	平焊合金钢法兰 DN50	片		2.5000		
	20010801-7	平焊合金钢法兰 DN65	片			2.5000	
	20010801-8	平焊合金钢法兰 DN80	片				2.3500
	01290319	热轧钢板(中厚板) δ11～20	kg	0.2938	0.3060	0.3577	0.4239
	01530172	铅板 80×300×3	块	0.0781	0.0621	0.0621	0.0875
	01610106	铈钨棒	g	0.8245	0.7948	1.0294	1.3055
	02010173	橡胶板(低中压) δ0.8～6	kg	0.2132	0.2465	0.3459	0.4621
	03014653	精制六角螺栓连母垫 M16×50～80	10套				0.9682
	03014660	精制六角螺栓连母垫 M10～12×35～50	10套	0.5150			
	03014662	精制六角螺栓连母垫 M12～16×60～90	10套		0.5150	0.5150	
	03014664	精制六角螺栓连母垫 M16～22×70～140	10套	0.1978	0.2472		
	03014666	精制六角螺栓连母垫 M20～27×80～160	10套	0.3296	0.3296	0.5570	0.6905
	03110212	尼龙砂轮片 ϕ100	片	0.2673	0.3972	0.5300	0.6388
	03110216	尼龙砂轮片 ϕ500	片	0.0752	0.1326	0.1938	0.2401
	03130101	电焊条	kg	0.0360	0.0400	0.0292	0.0346
	03130331	合金钢焊条	kg	0.0900	0.4864	0.7116	0.8364
	03130941	合金钢氩弧焊丝	kg	0.0301	0.1422	0.1837	0.2331
	13010115	酚醛调和漆	kg	0.2000	0.3544	0.4732	0.5544
	14050121	油漆溶剂油	kg	0.0067	0.0118	0.0158	0.0185
	14310721	硫化硫酸钠	g	42.5178	33.8238	33.8238	47.6514

（续表）

定额编号				B-5-1-77	B-5-1-78	B-5-1-79	B-5-1-80
项目				低压合金钢管(氩电联焊)			
				公称直径(mm以内)			
				25	50	65	80
名称			单位	10m	10m	10m	10m
材料	14390101	氧气	m^3	0.0790	0.1000	0.1215	0.1431
	14390302	乙炔气	kg	0.0264	0.0331	0.0409	0.0479
	14390701	氩气	m^3	1.2340	1.1266	1.4952	2.0332
	14410602	胶水	g	41.0880	32.6840	70.2706	98.9688
	14430101	胶布	m	2.9029	2.3091	2.9252	4.1199
	14431511	压敏胶粘带	m	1.2529	0.9967	0.9967	1.4042
	16110512	X射线胶片 80×300	张	2.4648	1.9608	1.9608	2.7624
	16110711	增感纸 80×300	张	0.1027	0.0817	0.0817	0.1151
	24090911	热电偶 1000℃ 1m	个	0.5136	0.4086	0.4086	0.5754
	28010119	裸铜线 $120mm^2$	m	3.9311	3.1270	5.7687	8.1246
	32530111	保温布	m^2	0.9286	0.7387	1.2428	1.7504
	34050801	水溶纸	m^2	0.2979	0.2370	0.4984	0.7020
	34110101	水	m^3	0.2548	0.2980	0.5912	0.8901
	X0045	其他材料费	%	3.8300	3.5000	3.1100	3.1600
机械	98150220	光谱分析仪 ML9001A	台班	0.0296	0.0284	0.0284	0.0279
	99091730	电动葫芦 单速 3t	台班			0.0330	0.1124
	99190060	普通车床 ϕ630×2000	台班	0.0806	0.0789	0.0993	0.1124
	99190230	立式钻床 ϕ25	台班	0.0028	0.0030	0.0029	0.0035
	99230180	砂轮切割机 ϕ500	台班	0.0202	0.0342	0.0437	0.0532
	99250005	电焊机	台班	0.0767	0.3252	0.4200	0.5068
	99250440	氩弧焊机 500A	台班	0.2267	0.2182	0.2828	0.3593
	99270010	中频加热处理机 100kW	台班	1.2706	1.0108	1.1546	1.6261
	99270060	电焊条烘干箱 600×500×750	台班	0.0037	0.0270	0.0364	0.0436
	99290010	X光胶片脱水烘干机 ZTH-340	台班	0.0164	0.0131	0.0131	0.0184
	99290050	X光探伤机 2005	台班	0.2362	0.1879	0.1879	0.2647
	99440030	电动单级离心清水泵 ϕ100	台班	0.0016	0.0020	0.0023	0.0037
	99440490	试压泵 60MPa	台班	0.0100	0.0100	0.0100	0.0100

工作内容： 管道及管件安装，法兰安装，管道焊口热处理，无损探伤，焊口局部充氩保护焊接，管道、管件试压和清洗，刷油。

定额编号				B-5-1-81	B-5-1-82	B-5-1-83	B-5-1-84
项目				低压合金钢管(氩电联焊)			
				公称直径(mm 以内)			
				100	125	150	200
名称			单位	10m	10m	10m	10m
人工	00050101	综合人工 安装	工日	17.6416	17.7976	21.3566	25.0822
材料	Z17010231	合金钢管	m	(9.8580)	(8.9580)	(8.8170)	(8.8170)
	18032101-9	低压合金钢对焊管件 DN100	个	3.6500			
	18032101-10	低压合金钢对焊管件 DN125	个		3.6500		
	18032101-11	低压合金钢对焊管件 DN150	个			3.6500	
	18032101-12	低压合金钢对焊管件 DN200	个				3.6500
	20010801-9	平焊合金钢法兰 DN100	片	2.3500			
	20010801-10	平焊合金钢法兰 DN125	片		2.3500		
	20010801-11	平焊合金钢法兰 DN150	片			2.3500	
	20010801-12	平焊合金钢法兰 DN200	片				2.3500
	01290319	热轧钢板(中厚板) δ11～20	kg	0.4900	1.0996	1.2841	1.4760
	01530172	铅板 80×300×3	块	0.1312	0.1002	0.1253	0.1740
	01610106	铈钨棒	g	1.6630	1.9761	2.3630	3.2654
	02010173	橡胶板(低中压) δ0.8～6	kg	0.5366	0.7462	0.9164	1.0394
	03014653	精制六角螺栓连母垫 M16×50～80	10套	0.9682	0.9682		
	03014663	精制六角螺栓连母垫 M16～20×65～110	10套			0.9682	1.4523
	03014666	精制六角螺栓连母垫 M20～27×80～160	10套	0.8240			
	03014669	精制六角螺栓连母垫 M27～36×95～220	10套		0.8578	1.0432	1.2360
	03110212	尼龙砂轮片 ϕ100	片	0.9468	1.0559	1.2813	1.9301
	03110216	尼龙砂轮片 ϕ500	片	0.3521	0.3757		
	03130101	电焊条	kg	0.0400	0.0298	0.0348	0.0400
	03130331	合金钢焊条	kg	1.7153	1.8527	2.4653	4.9456
	03130941	合金钢氩弧焊丝	kg	0.2969	0.3532	0.4224	0.5830
	13010115	酚醛调和漆	kg	0.6712	0.9524	0.9900	1.3622
	14050121	油漆溶剂油	kg	0.0224	0.0317	0.0330	0.0454
	14310721	硫化硫酸钠	g	71.4564	54.5859	68.2686	94.7853
	14390101	氧气	m^3	0.1975	0.2218	0.8574	1.2799
	14390302	乙炔气	kg	0.0656	0.0738	0.2846	0.4253

（续表）

定额编号				B-5-1-81	B-5-1-82	B-5-1-83	B-5-1-84
项目				低压合金钢管(氩电联焊)			
				公称直径(mm 以内)			
				100	125	150	200
名称			单位	10m	10m	10m	10m
材料	14390701	氩气	m^3	2.2125	2.9221	3.6000	4.1503
	14410602	胶水	g	98.9688	149.4130	186.8810	194.5820
	14430101	胶布	m	4.1199	6.0442	7.5599	7.8714
	14431511	压敏胶粘带	m	2.1057	1.6086	2.0118	2.7932
	16110512	X 射线胶片 80×300	张	4.1424	3.1644	3.9576	5.4948
	16110711	增感纸 80×300	张	0.1726	0.1318	0.1649	0.2289
	24090911	热电偶 1000℃ 1m	个	0.5754	0.4395	0.5496	0.5723
	28010119	裸铜线 $120mm^2$	m	8.1246	11.3721	14.2238	14.8100
	32530111	保温布	m^2	1.7504	2.4838	3.1066	3.2346
	34050801	水溶纸	m^2	0.7020	1.3711	1.7149	1.7856
	34110101	水	m^3	1.1890	2.4673	3.5608	4.6980
	X0045	其他材料费	%	3.1300	2.5500	2.5600	2.4500
机械	98150220	光谱分析仪 ML9001A	台班	0.0279	0.0279	0.0279	0.0279
	99070550	载重汽车 8t	台班		0.0070	0.0100	0.0220
	99090005	吊装机械(综合)	台班		0.0770	0.0770	0.0980
	99090360	汽车式起重机 8t	台班		0.0070	0.0100	0.0220
	99091730	电动葫芦 单速 3t	台班	0.1539	0.1753	0.1929	0.2017
	99190060	普通车床 ϕ630×2000	台班	0.1539	0.1753	0.1929	0.2017
	99190230	立式钻床 ϕ25	台班	0.0040	0.0045	0.0052	0.0060
	99230050	半自动切割机 切割厚度 100	台班			0.0680	0.0944
	99230180	砂轮切割机 ϕ500	台班	0.0825	0.0889		
	99250005	电焊机	台班	0.9086	0.9234	1.2291	2.0369
	99250440	氩弧焊机 500A	台班	0.4568	0.5432	0.6501	0.8968
	99270010	中频加热处理机 100kW	台班	1.6261	1.5530	1.9425	2.0225
	99270060	电焊条烘干箱 600×500×750	台班	0.0810	0.0821	0.1133	0.1908
	99290010	X 光胶片脱水烘干机 ZTH-340	台班	0.0276	0.0211	0.0264	0.0366
	99290050	X 光探伤机 2005	台班	0.3970	0.3033	0.3793	0.5266
	99440030	电动单级离心清水泵 ϕ100	台班	0.0050	0.0083	0.0126	0.0170
	99440490	试压泵 60MPa	台班	0.0100	0.0200	0.0200	0.0200

工作内容： 管道及管件安装，法兰安装，管道焊口热处理，无损探伤，焊口局部充氩保护焊接，管道、管件试压和清洗，刷油。

定额编号				B-5-1-85	B-5-1-86	B-5-1-87	B-5-1-88
项目				低压合金钢管(氩电联焊)			
				公称直径(mm 以内)			
				250	300	350	400
名称			单位	10m	10m	10m	10m
人工	00050101	综合人工 安装	工日	25.2609	21.4990	23.7773	25.6140
材料	Z17010231	合金钢管	m	(8.8170)	(8.8170)	(8.8170)	(8.8170)
	18032101-13	低压合金钢对焊管件 DN250	个	2.7400			
	18032101-14	低压合金钢对焊管件 DN300	个		1.8300		
	18032101-15	低压合金钢对焊管件 DN350	个			1.8300	
	18032101-16	低压合金钢对焊管件 DN400	个				1.8300
	20010801-13	平焊合金钢法兰 DN250	片	2.3500			
	20010801-14	平焊合金钢法兰 DN300	片		2.3500		
	20010801-15	平焊合金钢法兰 DN350	片			2.3500	
	20010801-16	平焊合金钢法兰 DN400	片				2.3500
	01290319	热轧钢板(中厚板) δ11～20	kg	1.9986	2.3240	2.5436	2.8420
	01530172	铅板 80×300×3	块	0.1051	0.0766	0.0958	0.0958
	01610106	铈钨棒	g	3.1206	2.6745	3.0863	3.5027
	02010173	橡胶板(低中压) δ0.8～6	kg	1.0026	1.0414	1.5334	1.7966
	03014664	精制六角螺栓连母垫 M16～22×70～140	10 套	1.4523			
	03014665	精制六角螺栓连母垫 M20～22×70～95	10 套		1.4523	1.9364	
	03014666	精制六角螺栓连母垫 M20～27×80～160	10 套				1.9364
	03014670	精制六角螺栓连母垫 M27～42×115～240	10 套	1.1932	1.4008		
	03014672	精制六角螺栓连母垫 M30～42×130～220	10 套			1.4404	1.6480
	03110212	尼龙砂轮片 ϕ100	片	2.4078	2.6023	3.2165	4.0432
	03130101	电焊条	kg	0.0344	0.0400	0.0358	0.0400
	03130331	合金钢焊条	kg	8.5705	8.6344	13.7697	15.5739
	03130941	合金钢氩弧焊丝	kg	0.5575	0.4775	0.5506	0.6255
	13010115	酚醛调和漆	kg	1.6988	2.0196	2.3443	2.6492
	14050121	油漆溶剂油	kg	0.0566	0.0673	0.0781	0.0883
	14310721	硫化硫酸钠	g	57.2562	41.7312	52.1640	52.1640
	14390101	氧气	m^3	1.5178	1.3743	1.7487	1.9659

（续表）

定额编号				B-5-1-85	B-5-1-86	B-5-1-87	B-5-1-88
项目				低压合金钢管(氩电联焊)			
				公称直径(mm以内)			
				250	300	350	400
名称			单位	10m	10m	10m	10m
材料	14390302	乙炔气	kg	0.5054	0.4577	0.5820	0.6545
	14390701	氩气	m^3	3.9797	3.1007	3.9618	4.1705
	14410602	胶水	g	207.4200	151.2000	229.8240	229.8240
	14430101	胶布	m	7.0557	5.1433	6.7415	6.7415
	14431511	压敏胶粘带	m	1.6873	1.2298	1.5372	1.5372
	16110512	X射线胶片 80×300	张	3.3192	2.4192	3.0240	3.0240
	16110711	增感纸 80×300	张	0.1383	0.1008	0.1260	0.1260
	24090911	热电偶 1000℃ 1m	个	0.6914	0.5040	0.7560	0.7560
	28010119	裸铜线 $120mm^2$	m	13.0460	9.5100	12.3631	12.3631
	32530111	保温布	m^2	2.7532	2.0069	2.5633	2.5633
	34050801	水溶纸	m^2	2.0465	1.4918	2.3789	2.3789
	34110101	水	m^3	7.8367	10.6000	14.5113	18.0380
	X0045	其他材料费	%	2.1000	2.0100	1.9900	1.9500
机械	98150220	光谱分析仪 ML9001A	台班	0.0269	0.0259	0.0259	0.0259
	99070550	载重汽车 8t	台班	0.0343	0.0401	0.0588	0.0680
	99090005	吊装机械(综合)	台班	0.1370	0.1370	0.1520	0.1660
	99090360	汽车式起重机 8t	台班	0.0343	0.0401	0.0588	0.0680
	99091730	电动葫芦 单速 3t	台班	0.1796	0.1434	0.1594	0.1651
	99190060	普通车床 ϕ630×2000	台班	0.1796	0.1434	0.1594	0.1651
	99190230	立式钻床 ϕ25	台班	0.0069	0.0080	0.0089	0.0100
	99230050	半自动切割机 切割厚度100	台班	0.1107	0.0925	0.1118	0.1258
	99250005	电焊机	台班	2.5262	2.4594	2.9752	3.3608
	99250440	氩弧焊机 500A	台班	0.8572	0.7354	0.8475	0.9620
	99270010	中频加热处理机 100kW	台班	1.8322	1.3356	1.3749	1.3749
	99270060	电焊条烘干箱 600×500×750	台班	0.2385	0.2151	0.2807	0.3169
	99290010	X光胶片脱水烘干机 ZTH-340	台班	0.0221	0.0161	0.0202	0.0202
	99290050	X光探伤机 2005	台班	0.3181	0.2318	0.2898	0.2898
	99440030	电动单级离心清水泵 ϕ100	台班	0.0288	0.0400		
	99440050	电动单级离心清水泵 ϕ200	台班			0.0245	0.0310
	99440490	试压泵 60MPa	台班	0.0200	0.0200	0.0300	0.0300

工作内容： 1,2. 管道及管件安装，法兰安装，管道焊口热处理，无损探伤，焊口局部充氩保护焊接，管道、管件试压和清洗，刷油。
3,4. 管道及管件安装。

定额编号				B-5-1-89	B-5-1-90	B-5-1-91	B-5-1-92
项目				低压合金钢管(氩电联焊)		低压塑料管(热风焊)	
				公称直径(mm 以内)		管外径(mm 以内)	
				450	500	25	50
名称			单位	10m	10m	10m	10m
人工	00050101	综合人工 安装	工日	28.4669	31.4996	0.7322	1.2914
材料	Z17010231	合金钢管	m	(8.8170)	(8.8170)		
	Z17250151	硬聚氯乙烯管(PVC-U)	m			(10.0000)	(10.0000)
	18032101-17	低压合金钢对焊管件 DN450	个	1.8300			
	18032101-18	低压合金钢对焊管件 DN500	个		1.8300		
	18090101-2	塑料管管件 DN25	个			2.4000	
	18090101-5	塑料管管件 DN50	个				2.1500
	20010801-17	平焊合金钢法兰 DN450	片	2.3500			
	20010801-18	平焊合金钢法兰 DN500	片		2.3500		
	01290319	热轧钢板(中厚板) δ11～20	kg	3.2689	3.6120		
	01530172	铅板 80×300×3	块	0.1149	0.1341		
	01610106	铈钨棒	g	3.9366	4.3641		
	02010173	橡胶板(低中压) δ0.8～6	kg	2.0430	2.1611		
	03014666	精制六角螺栓连母垫 M20～27×80～160	10套	2.4205			
	03014667	精制六角螺栓连母垫 M20～30×70～130	10套		2.4205		
	03014673	精制六角螺栓连母垫 M36～42×150～210	10套	1.8252	2.0600		
	03110212	尼龙砂轮片 φ100	片	5.1982	5.8433		
	03130101	电焊条	kg	0.0362	0.0400		
	03130331	合金钢焊条	kg	22.0815	25.1055		
	03130941	合金钢氩弧焊丝	kg	0.7026	0.7790		
	03131731	硬聚氯乙烯焊条 φ4	kg			0.0083	0.0272
	13010115	酚醛调和漆	kg	2.9740	3.2908		
	14050121	油漆溶剂油	kg	0.0991	0.1097		
	14310721	硫化硫酸钠	g	62.5968	73.0296		
	14390101	氧气	m^3	2.3036	2.5871		
	14390302	乙炔气	kg	0.7673	0.8614		
	14390701	氩气	m^3	4.9419	5.1556		
	14410602	胶水	g	274.1760	274.1760		

（续表）

定额编号				B-5-1-89	B-5-1-90	B-5-1-91	B-5-1-92
项目				低压合金钢管(氩电联焊)		低压塑料管(热风焊)	
				公称直径(mm 以内)		管外径(mm 以内)	
				450	500	25	50
名称			单位	10m	10m	10m	10m
材料	14430101	胶布	m	8.3719	8.3719		
	14431511	压敏胶粘带	m	1.8446	2.1521		
	16110512	X 射线胶片 80×300	张	3.6288	4.2336		
	16110711	增感纸 80×300	张	0.1512	0.1764		
	24090911	热电偶 1000℃ 1m	个	0.7560	0.7560		
	27310107	电阻丝 0.3～4kW	根			0.0062	0.0090
	28010119	裸铜线 $120mm^2$	m	15.2994	15.2994		
	32530111	保温布	m^2	4.5970	4.5970		
	34050801	水溶纸	m^2	3.4625	3.4625		
	34110101	水	m^3	23.6208	28.6970		
	X0045	其他材料费	%	1.3500	1.3400	6.2000	5.4100
机械	98150220	光谱分析仪 ML9001A	台班	0.0259	0.0259		
	99070550	载重汽车 8t	台班	0.0870	0.1027		
	99090005	吊装机械(综合)	台班	0.1810	0.1810		
	99090360	汽车式起重机 8t	台班	0.0870	0.1027		
	99091730	电动葫芦 单速 3t	台班	0.2066	0.2165		
	99190060	普通车床 ϕ630×2000	台班	0.2066	0.2165		
	99190230	立式钻床 ϕ25	台班	0.0109	0.0120		
	99210010	木工圆锯机 ϕ500	台班			0.0010	0.0010
	99230050	半自动切割机 切割厚度 100	台班	0.1439	0.1695		
	99250005	电焊机	台班	4.0803	4.6199		
	99250440	氩弧焊机 500A	台班	1.0809	1.1986		
	99270010	中频加热处理机 100kW	台班	1.3749	1.3749		
	99270060	电焊条烘干箱 600×500×750	台班	0.3865	0.4374		
	99290010	X 光胶片脱水烘干机 ZTH-340	台班	0.0242	0.0282		
	99290050	X 光探伤机 2005	台班	0.3478	0.4057		
	99430200	电动空气压缩机 $0.6m^3/min$	台班			0.1606	0.3019
	99440050	电动单级离心清水泵 ϕ200	台班	0.0381	0.0470		
	99440490	试压泵 60MPa	台班	0.0300	0.0300		

工作内容： 管道及管件安装。

定额编号				B-5-1-93	B-5-1-94	B-5-1-95	B-5-1-96
项目				低压塑料管(热风焊)			
				管外径(mm 以内)			
				75	90	110	125
名称			单位	10m	10m	10m	10m
人工	00050101	综合人工 安装	工日	1.7068	2.0349	2.4766	2.6868
材料	Z17250151	硬聚氯乙烯管(PVC-U)	m	(10.0000)	(10.0000)	(10.0000)	(10.0000)
	18090101-6	塑料管管件 DN75	个	1.9400			
	18090101-7	塑料管管件 DN90	个		1.9400		
	18090101-8	塑料管管件 DN110	个			1.7700	
	18090101-9	塑料管管件 DN125	个				1.7700
	03131731	硬聚氯乙烯焊条 $\phi4$	kg	0.0528	0.0736	0.1413	0.1443
	27310107	电阻丝 0.3～4kW	根	0.0081	0.0109	0.0099	0.0103
	X0045	其他材料费	%	5.8100	5.7800	5.9200	5.4700
机械	99210010	木工圆锯机 $\phi500$	台班	0.0029	0.0029	0.0028	0.0028
	99430200	电动空气压缩机 0.6m^3/min	台班	0.4360	0.5644	0.7073	0.7193

工作内容： 管道及管件安装。

定额编号				B-5-1-97	B-5-1-98	B-5-1-99	B-5-1-100
项目				低压塑料管(热风焊)			低压塑料管(承插粘接)
				管外径(mm 以内)			
				150	200	250	25
名称			单位	10m	10m	10m	10m
人工	00050101	综合人工 安装	工日	3.4102	4.3545	7.0491	0.4826
材料	Z17250021	承插式塑料管	m				(10.0000)
	Z17250151	硬聚氯乙烯管(PVC-U)	m	(10.0000)	(10.0000)	(10.0000)	
	18090101-10	塑料管管件 DN150	个	1.6300			
	18090101-12	塑料管管件 DN200	个		1.6000		
	18090101-13	塑料管管件 DN250	个			1.6000	
	18091311-2	承插式塑料管件 DN25	个				2.4000
	03110606	铁砂布 0#～2#	张				0.1104
	03131731	硬聚氯乙烯焊条 $\phi4$	kg	0.2991	0.5345	0.9624	
	03211001	钢锯条	根				0.2000
	14411801	胶粘剂	kg				0.0151
	27310107	电阻丝 0.3～4kW	根	0.0108	0.0109	0.0122	
	X0045	其他材料费	%	5.2700	4.9300	5.3200	6.8600
机械	99070550	载重汽车 8t	台班		0.0016	0.0029	
	99090360	汽车式起重机 8t	台班		0.0016	0.0029	
	99210010	木工圆锯机 $\phi500$	台班	0.0026	0.0052	0.0052	
	99430200	电动空气压缩机 0.6m^3/min	台班	0.9821	1.2623	2.4134	

工作内容：管道及管件安装。

定额编号				B-5-1-101	B-5-1-102	B-5-1-103	B-5-1-104
项目				低压塑料管(承插粘接)			
				管外径(mm 以内)			
				50	75	90	110
名称			单位	10m	10m	10m	10m
人工	00050101	综合人工 安装	工日	0.7777	1.0348	1.1360	1.3641
材料	Z17250021	承插式塑料管	m	(10.0000)	(10.0000)	(10.0000)	(10.0000)
	18091311-5	承插式塑料管件 DN50	个	2.1500			
	18091311-6	承插式塑料管件 DN75	个		1.9400		
	18091311-7	承插式塑料管件 DN90	个			1.9400	
	18091311-8	承插式塑料管件 DN110	个				1.7700
	03110606	铁砂布 0#～2#	张	0.1204	0.1242	0.1397	0.1487
	03211001	钢锯条	根	0.4000			
	14411801	胶粘剂	kg	0.0276	0.0401	0.0477	0.0766
	X0045	其他材料费	%	8.7800	6.6200	6.6300	6.7200
机械	99210010	木工圆锯机 ϕ500	台班		0.0029	0.0029	0.0028

工作内容：管道及管件安装。

定额编号				B-5-1-105	B-5-1-106	B-5-1-107	B-5-1-108
项目				低压塑料管(承插粘接)			
				管外径(mm 以内)			
				125	150	200	250
名称			单位	10m	10m	10m	10m
人工	00050101	综合人工 安装	工日	1.5629	1.8452	2.1864	2.6138
材料	Z17250021	承插式塑料管	m	(10.0000)	(10.0000)	(10.0000)	(10.0000)
	18091311-9	承插式塑料管件 DN125	个	1.7700			
	18091311-10	承插式塑料管件 DN150	个		1.6300		
	18091311-12	承插式塑料管件 DN200	个			1.6000	
	18091311-13	承插式塑料管件 DN250	个				1.6000
	03110606	铁砂布 0#～2#	张	0.1628	0.2738	0.5536	0.8000
	14411801	胶粘剂	kg	0.0866	0.0991	0.1303	0.1635
	X0045	其他材料费	%	4.5300	4.4800	4.3900	4.0700
机械	99070550	载重汽车 8t	台班			0.0016	0.0029
	99090360	汽车式起重机 8t	台班			0.0016	0.0029
	99210010	木工圆锯机 ϕ500	台班	0.0028	0.0026	0.0052	0.0052

二、中 压 管 道

工作内容： 管道及管件安装，法兰安装，无损探伤，焊口局部充氩保护焊接，管道、管件试压和清洗，刷油。

定　额　编　号				B-5-1-109	B-5-1-110	B-5-1-111	B-5-1-112
项　　目				中压碳钢管(氩电联焊)			
				公称直径(mm 以内)			
				25	50	65	80
名　　称			单位	10m	10m	10m	10m
人工	00050101	综合人工 安装	工日	7.3732	8.0322	8.8702	8.7388
材料	Z17013151	中压碳钢管	m	(9.1370)	(8.9960)	(8.9960)	(8.9960)
	18032201-3	中压碳钢对焊管件 DN25	个	3.8000			
	18032201-6	中压碳钢对焊管件 DN50	个		3.1500		
	18032201-7	中压碳钢对焊管件 DN65	个			3.1500	
	18032201-8	中压碳钢对焊管件 DN80	个				2.7700
	20010601-3	对焊钢法兰 DN25	片	4.2200			
	20010601-6	对焊钢法兰 DN50	片		4.2200		
	20010601-7	对焊钢法兰 DN65	片			4.2200	
	20010601-8	对焊钢法兰 DN80	片				3.4500
	01290319	热轧钢板(中厚板) δ11～20	kg	0.2938	0.3060	0.3577	0.4239
	01530172	铅板 80×300×3	块	0.6914	0.5897	0.5897	0.5302
	01610106	铈钨棒	g	1.5617	1.0756	1.4104	1.4796
	02010173	橡胶板(低中压) δ0.8～6	kg	0.2406	0.3043	0.4173	0.4679
	03014662	精制六角螺栓连母垫 M12～16×60～90	10套	0.8693			
	03014664	精制六角螺栓连母垫 M16～22×70～140	10套	0.1978	1.1165	1.7386	1.4214
	03014666	精制六角螺栓连母垫 M20～27×80～160	10套	0.3296	0.3296	0.5570	0.6905
	03110212	尼龙砂轮片 ϕ100	片	0.2131	0.3967	0.5940	0.6256
	03110216	尼龙砂轮片 ϕ500	片	0.1026	0.1992	0.3186	0.3294
	03130101	电焊条	kg	0.0390	0.9625	1.6641	1.7171
	03130921	碳钢氩弧焊丝	kg	0.2803	0.1919	0.2513	0.2634

（续表）

定额编号				B-5-1-109	B-5-1-110	B-5-1-111	B-5-1-112
项目				中压碳钢管(氩电联焊)			
				公称直径(mm 以内)			
				25	50	65	80
名称			单位	10m	10m	10m	10m
材料	13010115	酚醛调和漆	kg	0.2000	0.3544	0.4732	0.5544
	13050511	醇酸防锈漆 C53-1	kg	0.2798	0.4958	0.6620	0.7756
	14050121	油漆溶剂油	kg	0.0279	0.0494	0.0660	0.0773
	14310721	硫化硫酸钠	g	376.6572	321.2226	321.2226	288.8064
	14390101	氧气	m^3	0.0434	0.1409	1.4226	1.4359
	14390302	乙炔气	kg	0.0154	0.0459	0.5026	0.5046
	14390701	氩气	m^3	1.4627	1.1590	1.6352	1.5765
	14410602	胶水	g	36.3920	31.0360	66.7274	59.9936
	14430101	胶布	m	2.5711	2.1927	2.7777	2.4974
	14431511	压敏胶粘带	m	11.0996	9.4660	9.4660	8.5107
	16110512	X 射线胶片 80×300	张	21.8352	18.6216	18.6216	16.7424
	16110711	增感纸 80×300	张	0.9098	0.7759	0.7759	0.6976
	34050801	水溶纸	m^2	0.2638	0.2250	0.4733	0.4255
	34110101	水	m^3	0.2548	0.2980	0.5912	0.8901
	X0045	其他材料费	%	4.5400	4.3200	3.6600	3.6100
机械	99190230	立式钻床 ϕ25	台班	0.0028	0.0030	0.0029	0.0035
	99230180	砂轮切割机 ϕ500	台班	0.0337	0.0480	0.0645	0.0660
	99250005	电焊机	台班	0.0250	0.4592	0.6518	0.6733
	99250440	氩弧焊机 500A	台班	0.3304	0.2829	0.3716	0.3890
	99270060	电焊条烘干箱 600×500×750	台班	0.0010	0.0413	0.0622	0.0639
	99290010	X 光胶片脱水烘干机 ZTH-340	台班	0.1456	0.1241	0.1241	0.1116
	99290050	X 光探伤机 2005	台班	2.0925	1.7846	1.7846	1.6045
	99440030	电动单级离心清水泵 ϕ100	台班	0.0016	0.0020	0.0023	0.0037
	99440490	试压泵 60MPa	台班	0.0100	0.0100	0.0100	0.0100

工作内容：管道及管件安装，法兰安装，无损探伤，焊口局部充氩保护焊接，管道、管件试压和清洗，刷油。

定额编号				B-5-1-113	B-5-1-114	B-5-1-115	B-5-1-116
项目				中压碳钢管(氩电联焊)			
				公称直径(mm以内)			
				100	125	150	200
名称			单位	10m	10m	10m	10m
人工	00050101	综合人工 安装	工日	11.1392	12.0908	13.7455	21.3409
材料	Z17013151	中压碳钢管	m	(8.9960)	(8.8450)	(8.8450)	(8.8450)
	18032201-9	中压碳钢对焊管件 DN100	个	2.7700			
	18032201-10	中压碳钢对焊管件 DN125	个		2.5200		
	18032201-11	中压碳钢对焊管件 DN150	个			2.9200	
	18032201-12	中压碳钢对焊管件 DN200	个				3.8000
	20010601-9	对焊钢法兰 DN100	片	3.4500			
	20010601-10	对焊钢法兰 DN125	片		3.5000		
	20010601-11	对焊钢法兰 DN150	片			3.5600	
	20010601-12	对焊钢法兰 DN200	片				3.5600
	01290319	热轧钢板(中厚板) δ11～20	kg	0.4900	1.0996	1.2841	1.4760
	01530172	铅板 80×300×3	块	0.7953	0.7366	0.8305	1.3829
	01610106	铈钨棒	g	1.8983	2.1562	2.8031	4.4863
	02010173	橡胶板(低中压) δ0.8～6	kg	0.5644	0.8131	0.9816	1.1731
	03014666	精制六角螺栓连母垫 M20～27×80～160	10套	2.2454			
	03014668	精制六角螺栓连母垫 M22～30×75～180	10套		1.4420	1.4667	
	03014669	精制六角螺栓连母垫 M27～36×95～220	10套		0.8578	1.0432	3.4361
	03110212	尼龙砂轮片 φ100	片	0.8163	0.9440	1.2829	1.9976
	03110216	尼龙砂轮片 φ500	片	0.4559	0.5142		
	03130101	电焊条	kg	3.1132	3.4779	5.5580	12.7182
	03130921	碳钢氩弧焊丝	kg	0.3383	0.3848	0.5006	0.8020
	13010115	酚醛调和漆	kg	0.6712	0.9524	0.9900	1.3622
	13050511	醇酸防锈漆 C53-1	kg	0.9390	1.3324	1.3850	1.9058

(续表)

定额编号				B-5-1-113	B-5-1-114	B-5-1-115	B-5-1-116
项目				中压碳钢管(氩电联焊)			
				公称直径(mm 以内)			
				100	125	150	200
名称			单位	10m	10m	10m	10m
材料	14050121	油漆溶剂油	kg	0.0936	0.1328	0.1380	0.1899
	14310721	硫化硫酸钠	g	433.2303	401.2488	452.4192	753.3144
	14390101	氧气	m^3	1.9524	2.1198	3.7025	6.5257
	14390302	乙炔气	kg	0.6880	0.7501	1.3111	2.2919
	14390701	氩气	m^3	1.7871	2.5004	3.0056	4.2442
	14410602	胶水	g	59.9936	109.8370	123.8450	154.6660
	14430101	胶布	m	2.4974	4.4432	5.0099	6.2567
	14431511	压敏胶粘带	m	12.7667	11.8242	13.3322	22.1991
	16110512	X 射线胶片 80×300	张	25.1148	23.2608	26.2272	43.6704
	16110711	增感纸 80×300	张	1.0465	0.9692	1.0928	1.8196
	34050801	水溶纸	m^2	0.4255	1.0079	1.1365	1.4193
	34110101	水	m^3	1.1890	2.4673	3.5608	4.6980
	X0045	其他材料费	%	3.4100	3.0200	3.0200	2.8100
机械	99070550	载重汽车 8t	台班		0.0130	0.0160	0.0344
	99090005	吊装机械(综合)	台班	0.0770	0.0920	0.0920	0.1180
	99090360	汽车式起重机 8t	台班		0.0130	0.0160	0.0344
	99190230	立式钻床 ϕ25	台班	0.0040	0.0045	0.0052	0.0060
	99230050	半自动切割机 切割厚度 100	台班			0.3724	0.6190
	99230180	砂轮切割机 ϕ500	台班	0.0985	0.0994		
	99250005	电焊机	台班	0.9915	1.1103	1.5677	2.7933
	99250440	氩弧焊机 500A	台班	0.4976	0.5670	0.7369	1.1779
	99270060	电焊条烘干箱 600×500×750	台班	0.0954	0.1077	0.1511	0.2744
	99290010	X 光胶片脱水烘干机 ZTH-340	台班	0.1674	0.1551	0.1748	0.2911
	99290050	X 光探伤机 2005	台班	2.4068	2.2292	2.5134	4.1851
	99440030	电动单级离心清水泵 ϕ100	台班	0.0050	0.0083	0.0126	0.0170
	99440490	试压泵 60MPa	台班	0.0100	0.0200	0.0200	0.0200

工作内容： 管道及管件安装，法兰安装，无损探伤，焊口局部充氩保护焊接，管道、管件试压和清洗，刷油。

定额编号				B-5-1-117	B-5-1-118	B-5-1-119	B-5-1-120
项目				中压碳钢管(氩电联焊)			
				公称直径(mm 以内)			
				250	300	350	400
名称			单位	10m	10m	10m	10m
人工	00050101	综合人工 安装	工日	22.2163	25.2991	29.1564	33.1620
材料	Z17013151	中压碳钢管	m	(8.7980)	(8.7980)	(8.7980)	(8.7980)
	18032201-13	中压碳钢对焊管件 DN250	个	2.9300			
	18032201-14	中压碳钢对焊管件 DN300	个		2.9500		
	18032201-15	中压碳钢对焊管件 DN350	个			2.7800	
	18032201-16	中压碳钢对焊管件 DN400	个				2.7800
	20010601-13	对焊钢法兰 DN250	片	3.5600			
	20010601-14	对焊钢法兰 DN300	片		3.5400		
	20010601-15	对焊钢法兰 DN350	片			3.5400	
	20010601-16	对焊钢法兰 DN400	片				3.5400
	01290319	热轧钢板(中厚板) δ11～20	kg	1.9986	2.3240	2.5436	2.8420
	01530172	铅板 80×300×3	块	1.1105	1.1167	1.3294	1.3294
	01610106	铈钨棒	g	4.8389	5.6562	6.2551	7.0630
	02010173	橡胶板(低中压) δ0.8～6	kg	1.2398	1.3578	1.9696	2.3220
	03014669	精制六角螺栓连母垫 M27～36×95～220	10 套	2.2001			
	03014670	精制六角螺栓连母垫 M27～42×115～240	10 套	1.1932	4.3178		
	03014671	精制六角螺栓连母垫 M30～36×120～200	10 套			2.9170	
	03014672	精制六角螺栓连母垫 M30～42×130～220	10 套			1.4404	4.5650
	03110212	尼龙砂轮片 ϕ100	片	2.4609	3.1383	4.2466	5.2554
	03130101	电焊条	kg	18.5555	27.6794	40.7603	54.3980
	03130921	碳钢氩弧焊丝	kg	0.8632	1.0098	1.1177	1.2625
	13010115	酚醛调和漆	kg	1.6988	2.0196	2.3443	2.6492
	13050511	醇酸防锈漆 C53-1	kg	2.3767	2.8254	3.2797	3.7063

(续表)

定额编号				B-5-1-117	B-5-1-118	B-5-1-119	B-5-1-120
项目				中压碳钢管(氩电联焊)			
				公称直径(mm 以内)			
				250	300	350	400
名称			单位	10m	10m	10m	10m
材料	14050121	油漆溶剂油	kg	0.2368	0.2815	0.3268	0.3693
	14310721	硫化硫酸钠	g	604.9161	608.3316	724.1688	724.1688
	14390101	氧气	m^3	7.6197	9.4187	10.8770	13.0048
	14390302	乙炔气	kg	2.7002	3.3408	3.8725	4.6219
	14390701	氩气	m^3	4.9765	5.4009	6.4852	6.8896
	14410602	胶水	g	219.1800	220.4100	319.0632	319.0632
	14430101	胶布	m	7.4558	7.4976	9.3592	9.3592
	14431511	压敏胶粘带	m	17.8260	17.9267	21.3402	21.3402
	16110512	X 射线胶片 80×300	张	35.0676	35.2656	41.9808	41.9808
	16110711	增感纸 80×300	张	1.4611	1.4694	1.7492	1.7492
	34050801	水溶纸	m^2	2.1626	2.1747	3.3026	3.3026
	34110101	水	m^3	7.8367	10.6000	14.5113	18.0380
	X0045	其他材料费	%	2.7500	2.5900	2.7100	2.5500
机械	99070550	载重汽车 8t	台班	0.0558	0.0752	0.0884	0.1150
	99090005	吊装机械(综合)	台班	0.1640	0.1640	0.1820	0.1990
	99090360	汽车式起重机 8t	台班	0.0558	0.0752	0.0884	0.1150
	99190230	立式钻床 ϕ25	台班	0.0069	0.0080	0.0089	0.0100
	99230050	半自动切割机 切割厚度 100	台班	0.6777	0.7983	0.8840	1.0214
	99250005	电焊机	台班	3.2412	4.0962	5.3327	6.9209
	99250440	氩弧焊机 500A	台班	1.2714	1.4850	1.6422	1.8558
	99270060	电焊条烘干箱 600×500×750	台班	0.3181	0.4032	0.5267	0.6860
	99290010	X 光胶片脱水烘干机 ZTH-340	台班	0.2338	0.2351	0.2799	0.2799
	99290050	X 光探伤机 2005	台班	3.3606	3.3796	4.0232	4.0232
	99440030	电动单级离心清水泵 ϕ100	台班	0.0288	0.0400		
	99440050	电动单级离心清水泵 ϕ200	台班			0.0245	0.0310
	99440490	试压泵 60MPa	台班	0.0200	0.0200	0.0300	0.0300

工作内容： 1,2. 管道及管件安装,法兰安装,无损探伤,焊口局部充氩保护焊接,管道、管件试压和清洗,刷油。

3,4. 管道及管件安装,法兰安装,无损探伤,焊口局部充氩保护焊接,管道、管件试压,焊缝钝化。

定　额　编　号				B-5-1-121	B-5-1-122	B-5-1-123	B-5-1-124
项　目				中压碳钢管(氩电联焊)		中压不锈钢管(氩电联焊)	
				公称直径(mm 以内)			
				450	500	25	50
名　称			单位	10m	10m	10m	10m
人工	00050101	综合人工 安装	工日	39.1854	45.6731	7.9712	9.7263
材料	Z17013151	中压碳钢管	m	(8.6950)	(8.6950)		
	Z17051801	中压不锈钢管	m			(9.2500)	(9.1560)
	18032201-17	中压碳钢对焊管件 DN450	个	2.7800			
	18032201-18	中压碳钢对焊管件 DN500	个		2.7800		
	18050601-3	中压不锈钢对焊管件 DN25	个			5.0000	
	18050601-6	中压不锈钢对焊管件 DN50	个				4.8000
	20010601-17	对焊钢法兰 DN450	片	3.5400			
	20010601-18	对焊钢法兰 DN500	片		3.5400		
	20030201-3	对焊不锈钢法兰 DN25	片			2.5000	
	20030201-6	对焊不锈钢法兰 DN50	片				2.5000
	01290319	热轧钢板(中厚板) δ11～20	kg	3.2689	3.6120	0.2938	0.3060
	01530172	铅板 80×300×3	块	1.5953	1.8612	0.8793	0.8480
	01610106	铈钨棒	g	7.9616	8.8591	1.2800	1.2673
	02010173	橡胶板(低中压) δ0.8～6	kg	2.6631	2.7931	0.1092	0.1176
	02010201	耐酸橡胶板	kg			0.0500	0.0875
	03014664	精制六角螺栓连母垫 M16～22×70～140	10 套			0.1978	0.2472
	03014666	精制六角螺栓连母垫 M20～27×80～160	10 套			0.3296	0.3296
	03014671	精制六角螺栓连母垫 M30～36×120～200	10 套	3.6462			
	03014673	精制六角螺栓连母垫 M36～42×150～210	10 套	1.8252	5.7062		
	03017440	双头螺栓连母垫 M20×110～160	10 套			0.5150	
	03017441	双头螺栓连母垫 M24×130～140	10 套				1.0300
	03110212	尼龙砂轮片 ϕ100	片	5.9207	6.5719	0.3535	0.6563
	03110216	尼龙砂轮片 ϕ500	片			0.1615	0.2475
	03130101	电焊条	kg	76.2733	84.4074	0.0360	0.0400
	03130201	不锈钢焊条	kg				0.9317
	03130921	碳钢氩弧焊丝	kg	1.4213	1.5818		
	03131301	不锈钢焊丝	kg			0.2432	0.2727

（续表）

定额编号				B-5-1-121	B-5-1-122	B-5-1-123	B-5-1-124
项目				中压碳钢管(氩电联焊)		中压不锈钢管(氩电联焊)	
				公称直径(mm 以内)			
				450	500	25	50
名称			单位	10m	10m	10m	10m
材料	13010115	酚醛调和漆	kg	2.9740	3.2908		
	13050511	醇酸防锈漆 C53-1	kg	4.1605	4.6037		
	14050121	油漆溶剂油	kg	0.4146	0.4587		
	14310721	硫化硫酸钠	g	869.0067	1013.8446	478.9980	461.9412
	14390101	氧气	m^3	13.8212	15.0547	0.0420	0.0450
	14390302	乙炔气	kg	5.7920	6.3128	0.0140	0.0150
	14390701	氩气	m^3	10.8999	11.5460	0.7859	0.8650
	14410602	胶水	g	380.6368	380.6368	5.0800	5.0800
	14430101	胶布	m	11.6227	11.6227	0.3589	0.3589
	14431511	压敏胶粘带	m	25.6084	29.8766	14.1154	13.6128
	16110512	X 射线胶片 80×300	张	50.3772	58.7736	27.7680	26.7792
	16110711	增感纸 80×300	张	2.0991	2.4489	1.1570	1.1158
	34050801	水溶纸	m^2	4.8069	4.8069	0.0368	0.0368
	34110101	水	m^3	23.6208	28.6970	0.2548	0.2980
	X0045	其他材料费	%	2.4300	2.3900	5.0300	4.1900
机械	99070550	载重汽车 8t	台班	0.1480	0.1891		
	99090005	吊装机械(综合)	台班	0.2170	0.2170		
	99090360	汽车式起重机 8t	台班	0.1480	0.1891		
	99091730	电动葫芦 单速 3t	台班				0.1436
	99190060	普通车床 ϕ630×2000	台班			0.1240	0.1711
	99190230	立式钻床 ϕ25	台班	0.0109	0.0120	0.0028	0.0030
	99230050	半自动切割机 切割厚度 100	台班	1.2015	1.2884		
	99230180	砂轮切割机 ϕ500	台班			0.0478	0.0823
	99250005	电焊机	台班	8.7208	9.6491	0.0180	0.5951
	99250440	氩弧焊机 500A	台班	2.0901	2.3260	0.4325	0.5452
	99270060	电焊条烘干箱 600×500×750	台班	0.8639	0.9572		0.0573
	99290010	X 光胶片脱水烘干机 ZTH-340	台班	0.3358	0.3918	0.1851	0.1785
	99290050	X 光探伤机 2005	台班	4.8278	5.6325	2.6611	2.5663
	99430230	电动空气压缩机 6m^3/min	台班			0.0145	0.0141
	99440030	电动单级离心清水泵 ϕ100	台班			0.0016	0.0020
	99440050	电动单级离心清水泵 ϕ200	台班	0.0381	0.0470		
	99440490	试压泵 60MPa	台班	0.0300	0.0300	0.0100	0.0100

工作内容：管道及管件安装，法兰安装，无损探伤，焊口局部充氩保护焊接，管道、管件试压，焊缝钝化。

定额编号				B-5-1-125	B-5-1-126	B-5-1-127	B-5-1-128
项目				中压不锈钢管（氩电联焊）			
				公称直径（mm 以内）			
				65	80	100	125
名称			单位	10m	10m	10m	10m
人工	00050101	综合人工 安装	工日	11.2022	11.7458	14.0185	13.9205
材料	Z17051801	中压不锈钢管	m	(9.1560)	(8.9580)	(8.9580)	(8.9580)
	18050601-7	中压不锈钢对焊管件 DN65	个	4.8000			
	18050601-8	中压不锈钢对焊管件 DN80	个		4.6000		
	18050601-9	中压不锈钢对焊管件 DN100	个			3.9900	
	18050601-10	中压不锈钢对焊管件 DN125	个				3.3700
	20030201-7	对焊不锈钢法兰 DN65	片	2.5000			
	20030201-8	对焊不锈钢法兰 DN80	片		2.3500		
	20030201-9	对焊不锈钢法兰 DN100	片			2.3500	
	20030201-10	对焊不锈钢法兰 DN125	片				2.3500
	01290319	热轧钢板（中厚板）δ11～20	kg	0.3577	0.4239	0.4900	1.0996
	01530172	铅板 80×300×3	块	0.8480	0.8167	1.0818	0.9362
	01610106	铈钨棒	g	1.5478	1.8018	2.0732	2.2486
	02010173	橡胶板（低中压）δ0.8～6	kg	0.1333	0.1609	0.1884	0.2647
	02010201	耐酸橡胶板	kg	0.1125	0.1527	0.1998	0.2702
	03014666	精制六角螺栓连母垫 M20～27×80～160	10 套	0.5570	0.6905	0.8240	
	03014669	精制六角螺栓连母垫 M27～36×95～220	10 套				0.8578
	03017435	双头螺栓连母垫 M27×170	10 套	1.0300	0.9682		
	03017442	双头螺栓连母垫 M30×80～180	10 套			0.9682	
	03017444	双头螺栓连母垫 M36×230	10 套				0.9682
	03110212	尼龙砂轮片 ϕ100	片	0.9534	1.1388	1.4480	1.5692
	03110216	尼龙砂轮片 ϕ500	片	0.4311	0.5185	0.6892	
	03130101	电焊条	kg	0.0292	0.0346	0.0400	0.0298
	03130201	不锈钢焊条	kg	1.8509	2.1286	3.4623	3.7096
	03131301	不锈钢焊丝	kg	0.3606	0.4442	0.5177	0.6005
	14310721	硫化硫酸钠	g	461.9412	444.8844	589.2876	509.9859
	14390101	氧气	m^3	0.0438	0.0519	0.0600	0.0685
	14390302	乙炔气	kg	0.0146	0.0173	0.0200	0.0223

（续表）

定额编号				B-5-1-125	B-5-1-126	B-5-1-127	B-5-1-128
项目				中压不锈钢管(氩电联焊)			
				公称直径(mm 以内)			
				65	80	100	125
名称			单位	10m	10m	10m	10m
材料	14390701	氩气	m^3	1.1607	1.3968	1.6025	1.9597
	14410602	胶水	g	10.9220	10.9220	10.9220	21.5900
	14430101	胶布	m	0.4547	0.4547	0.4547	0.8734
	14431511	压敏胶粘带	m	13.6128	13.1101	17.3655	15.0286
	16110512	X 射线胶片 80×300	张	26.7792	25.7904	34.1616	29.5644
	16110711	增感纸 80×300	张	1.1158	1.0746	1.4234	1.2318
	34050801	水溶纸	m^2	0.0775	0.0775	0.0775	0.1981
	34110101	水	m^3	0.5912	0.8901	1.1890	2.4673
	X0045	其他材料费	%	3.6700	3.6200	3.6800	3.0900
机械	99070550	载重汽车 8t	台班				0.0130
	99090005	吊装机械(综合)	台班				0.0920
	99090360	汽车式起重机 8t	台班				0.0130
	99091730	电动葫芦 单速 3t	台班	0.2541	0.2472	0.2290	0.2062
	99190060	普通车床 ϕ630×2000	台班	0.2979	0.2942	0.2760	0.2543
	99190230	立式钻床 ϕ25	台班	0.0029	0.0035	0.0040	0.0045
	99230040	等离子切割机 400A	台班				0.1253
	99230180	砂轮切割机 ϕ500	台班	0.1360	0.1757	0.1919	
	99250005	电焊机	台班	0.9400	1.0822	1.4276	1.5206
	99250440	氩弧焊机 500A	台班	0.6661	0.7573	0.8862	0.9620
	99270060	电焊条烘干箱 600×500×750	台班	0.0923	0.1064	0.1396	0.1513
	99290010	X 光胶片脱水烘干机 ZTH-340	台班	0.1785	0.1719	0.2277	0.1971
	99290050	X 光探伤机 2005	台班	2.5663	2.4716	3.2738	2.8333
	99430210	电动空气压缩机 $1m^3/min$	台班				0.1133
	99430230	电动空气压缩机 $6m^3/min$	台班	0.0141	0.0135	0.0123	0.0111
	99440030	电动单级离心清水泵 ϕ100	台班	0.0023	0.0037	0.0050	0.0083
	99440490	试压泵 60MPa	台班	0.0100	0.0100	0.0100	0.0200

工作内容：管道及管件安装，法兰安装，无损探伤，焊口局部充氩保护焊接，管道、管件试压，焊缝钝化。

定额编号				B-5-1-129	B-5-1-130	B-5-1-131	B-5-1-132
项目				中压不锈钢管(氩电联焊)			
				公称直径(mm 以内)			
				150	200	250	300
名称			单位	10m	10m	10m	10m
人工	00050101	综合人工 安装	工日	15.8487	25.0417	27.9195	31.1975
材料	Z17051801	中压不锈钢管	m	(8.8170)	(8.8170)	(8.8170)	(8.8170)
	18050601-11	中压不锈钢对焊管件 DN150	个	3.3700			
	18050601-12	中压不锈钢对焊管件 DN200	个		4.4700		
	18050601-13	中压不锈钢对焊管件 DN250	个			4.2000	
	18050601-14	中压不锈钢对焊管件 DN300	个				4.2000
	20030201-11	对焊不锈钢法兰 DN150	片	2.3500			
	20030201-12	对焊不锈钢法兰 DN200	片		2.3500		
	20030201-13	对焊不锈钢法兰 DN250	片			2.3500	
	20030201-14	对焊不锈钢法兰 DN300	片				2.3500
	01290319	热轧钢板(中厚板) δ11～20	kg	1.2841	1.4760	1.9986	2.3240
	01530172	铅板 80×300×3	块	0.9362	1.5927	1.5081	1.5081
	01610106	钍钨棒	g	2.6888	4.4735	5.3535	6.3723
	02010173	橡胶板(低中压) δ0.8～6	kg	0.5093	0.6244	0.6701	0.7373
	02010201	耐酸橡胶板	kg	0.3290	0.3877	0.4348	0.4700
	03014669	精制六角螺栓连母垫 M27～36×95～220	10 套	1.0432	1.2360		
	03014670	精制六角螺栓连母垫 M27～42×115～240	10 套			1.1932	1.4008
	03017436	双头螺栓连母垫 M42×260	10 套		1.4523		
	03017437	双头螺栓连母垫 M48×290	10 套			1.9364	1.9364
	03017444	双头螺栓连母垫 M36×230	10 套	1.4523			
	03110212	尼龙砂轮片 ϕ100	片	2.1893	4.5148	6.6285	7.9770
	03130101	电焊条	kg	0.0348	0.0400	0.0344	0.0400
	03130201	不锈钢焊条	kg	5.4831	13.0849	21.2078	32.8371
	03131301	不锈钢焊丝	kg	0.7212	1.2613	1.5172	1.8570
	14310721	硫化硫酸钠	g	509.9859	867.5991	821.5416	821.5416
	14390101	氧气	m^3	0.0800	0.0920	0.0791	0.0920

(续表)

定额编号				B-5-1-129	B-5-1-130	B-5-1-131	B-5-1-132
项目				中压不锈钢管(氩电联焊)			
				公称直径(mm 以内)			
				150	200	250	300
名称			单位	10m	10m	10m	10m
材料	14390302	乙炔气	kg	0.0261	0.0300	0.0258	0.0300
	14390701	氩气	m^3	3.8271	5.8381	7.7180	8.6723
	14410602	胶水	g	139.6040	178.1260	297.6600	297.6600
	14430101	胶布	m	5.6474	7.2057	10.1254	10.1254
	14431511	压敏胶粘带	m	15.0286	25.5669	24.2097	24.2097
	16110512	X射线胶片 80×300	张	29.5644	50.2956	47.6256	47.6256
	16110711	增感纸 80×300	张	1.2318	2.0957	1.9844	1.9844
	34050801	水溶纸	m^2	1.2811	1.6346	2.9369	2.9369
	34110101	水	m^3	3.5608	4.6980	7.8367	10.6000
	X0045	其他材料费	%	2.8700	2.8500	2.6800	2.6200
机械	99070550	载重汽车 8t	台班	0.0160	0.0338	0.0509	0.0693
	99090005	吊装机械(综合)	台班	0.0920	0.1180	0.1640	0.1640
	99090360	汽车式起重机 8t	台班	0.0160	0.0338	0.0509	0.0693
	99091730	电动葫芦 单速 3t	台班	0.2152	0.2972	0.3378	0.4160
	99190060	普通车床 ϕ630×2000	台班	0.2658	0.3548	0.4059	0.4995
	99190230	立式钻床 ϕ25	台班	0.0052	0.0060	0.0069	0.0080
	99230040	等离子切割机 400A	台班	0.1542	0.2704	0.3387	0.4263
	99250005	电焊机	台班	1.9981	3.7178	4.7710	6.1188
	99250440	氩弧焊机 500A	台班	1.1161	1.8237	2.2415	2.6295
	99270060	电焊条烘干箱 600×500×750	台班	0.1985	0.3698	0.4752	0.6098
	99290010	X光胶片脱水烘干机 ZTH-340	台班	0.1971	0.3353	0.3175	0.3175
	99290050	X光探伤机 2005	台班	2.8333	4.8200	4.5641	4.5641
	99430210	电动空气压缩机 $1m^3/min$	台班	0.1542	0.2704	0.3387	0.4263
	99430230	电动空气压缩机 $6m^3/min$	台班	0.0111	0.0133	0.0127	0.0127
	99440030	电动单级离心清水泵 ϕ100	台班	0.0126	0.0170	0.0288	0.0400
	99440490	试压泵 60MPa	台班	0.0200	0.0200	0.0200	0.0200

工作内容： 管道及管件安装，法兰安装，管道焊口热处理，无损探伤，焊口局部充氩保护焊接，管道、管件试压和清洗，刷油。

定额编号				B-5-1-133	B-5-1-134	B-5-1-135	B-5-1-136
项目				中压合金钢管(氩电联焊)			
				公称直径(mm以内)			
				25	50	65	80
名称			单位	10m	10m	10m	10m
人工	00050101	综合人工 安装	工日	16.1202	14.4355	17.4754	25.0117
材料	Z17010231	合金钢管	m	(9.2500)	(9.2500)	(9.2500)	(8.9580)
	18032301-3	中压合金钢对焊管件 DN25	个	4.3700			
	18032301-6	中压合金钢对焊管件 DN50	个		3.3500		
	18032301-7	中压合金钢对焊管件 DN65	个			3.3500	
	18032301-8	中压合金钢对焊管件 DN80	个				3.6500
	20010901-3	对焊合金钢法兰 DN25	片	2.5000			
	20010901-6	对焊合金钢法兰 DN50	片		2.5000		
	20010901-7	对焊合金钢法兰 DN65	片			2.5000	
	20010901-8	对焊合金钢法兰 DN80	片				2.3000
	01290319	热轧钢板(中厚板) δ11～20	kg	0.2938	0.3060	0.3577	0.4239
	01530172	铅板 80×300×3	块	0.7807	0.6210	0.6210	0.9733
	01610106	铈钨棒	g	2.6295	0.9710	1.2579	1.5639
	02010173	橡胶板(低中压) δ0.8～6	kg	0.2132	0.2465	0.3459	0.4776
	03014662	精制六角螺栓连母垫 M12～16×60～90	10套	0.5150			
	03014664	精制六角螺栓连母垫 M16～22×70～140	10套	0.1978	0.7622	1.0300	0.9476
	03014666	精制六角螺栓连母垫 M20～27×80～160	10套	0.3296	0.3296	0.5570	0.6905
	03110212	尼龙砂轮片 ϕ100	片	0.2624	0.4492	0.5971	0.7247
	03110216	尼龙砂轮片 ϕ500	片	0.0779	0.1839	0.2823	0.3494
	03130101	电焊条	kg	0.0360	0.0400	0.0292	0.0346
	03130331	合金钢焊条	kg		0.8283	1.4483	1.7651
	03130921	碳钢氩弧焊丝	kg		0.0280	0.0350	0.0420
	03130941	合金钢氩弧焊丝	kg	0.2784	0.1455	0.1893	0.2367
	13010115	酚醛调和漆	kg	0.2000	0.3544	0.4732	0.5544
	14050121	油漆溶剂油	kg	0.0067	0.0118	0.0158	0.0185

（续表）

		定额编号		B-5-1-133	B-5-1-134	B-5-1-135	B-5-1-136
		项目		中压合金钢管(氩电联焊)			
				公称直径(mm 以内)			
				25	50	65	80
		名称	单位	10m	10m	10m	10m
材料	14310721	硫化硫酸钠	g	425.2608	338.2794	338.2794	530.1684
	14390101	氧气	m^3	0.1027	0.1247	0.1759	0.2052
	14390302	乙炔气	kg	0.0336	0.0413	0.0584	0.0685
	14390701	氩气	m^3	1.5865	1.1397	1.6089	2.3186
	14410602	胶水	g	41.0880	32.6840	70.2706	110.1316
	14430101	胶布	m	2.9029	2.3091	2.9252	4.5845
	14431511	压敏胶粘带	m	12.5318	9.9686	9.9686	15.6233
	16110512	X 射线胶片 80×300	张	24.6528	19.6104	19.6104	30.7344
	16110711	增感纸 80×300	张	1.0272	0.8171	0.8171	1.2806
	24090911	热电偶 1000℃ 1m	个	0.5136	0.4086	0.4086	0.6403
	28010119	裸铜线 $120mm^2$	m	4.5197	3.5952	6.6349	10.3985
	32530111	保温布	m^2	1.0683	0.8498	1.4299	2.2410
	34050801	水溶纸	m^2	0.2979	0.2370	0.4984	0.7812
	34110101	水	m^3	0.2548	0.2980	0.5912	0.8901
	X0045	其他材料费	%	3.5200	3.5000	3.2200	3.2500
机械	98150220	光谱分析仪 ML9001A	台班	0.0296	0.0284	0.0284	0.0277
	99091730	电动葫芦 单速 3t	台班		0.1157	0.1813	0.1929
	99190060	普通车床 ϕ630×2000	台班	0.1048	0.1520	0.2375	0.2446
	99190230	立式钻床 ϕ25	台班	0.0028	0.0030	0.0029	0.0035
	99230180	砂轮切割机 ϕ500	台班	0.0262	0.0466	0.0610	0.0736
	99250005	电焊机	台班	0.0180	0.5087	0.7276	0.8776
	99250440	氩弧焊机 500A	台班	0.3752	0.2812	0.3639	0.4516
	99270010	中频加热处理机 100kW	台班	1.3610	1.0827	1.3368	2.0951
	99270060	电焊条烘干箱 600×500×750	台班		0.0638	0.0925	0.1075
	99290010	X 光胶片脱水烘干机 ZTH-340	台班	0.1644	0.1307	0.1307	0.2049
	99290050	X 光探伤机 2005	台班	2.3626	1.8793	1.8793	2.9454
	99440030	电动单级离心清水泵 ϕ100	台班	0.0016	0.0020	0.0023	0.0037
	99440490	试压泵 60MPa	台班	0.0100	0.0100	0.0100	0.0100

工作内容： 管道及管件安装，法兰安装，管道焊口热处理，无损探伤，焊口局部充氩保护焊接，管道、管件试压和清洗，刷油。

定　额　编　号				B-5-1-137	B-5-1-138	B-5-1-139	B-5-1-140
项　目				中压合金钢管(氩电联焊)			
				公称直径(mm 以内)			
				100	125	150	200
名　称			单位	10m	10m	10m	10m
人工	00050101	综合人工 安装	工日	29.4560	27.3444	32.9659	39.4589
材料	Z17010231	合金钢管	m	(8.9580)	(8.9580)	(8.9580)	(8.8170)
	18032301-9	中压合金钢对焊管件 DN100	个	3.6500			
	18032301-10	中压合金钢对焊管件 DN125	个		3.6500		
	18032301-11	中压合金钢对焊管件 DN150	个			3.6500	
	18032301-12	中压合金钢对焊管件 DN200	个				3.6500
	20010901-9	对焊合金钢法兰 DN100	片	2.3000			
	20010901-10	对焊合金钢法兰 DN125	片		2.3000		
	20010901-11	对焊合金钢法兰 DN150	片			2.3000	
	20010901-12	对焊合金钢法兰 DN200	片				2.3000
	01290319	热轧钢板(中厚板) δ11～20	kg	0.4900	1.0996	1.2841	1.4760
	01530172	铅板 80×300×3	块	1.4599	1.0019	1.2532	1.7399
	01610106	铈钨棒	g	2.0067	2.3795	2.8537	3.9419
	02010173	橡胶板(低中压) δ0.8～6	kg	0.5512	0.7405	0.9094	1.0311
	03014666	精制六角螺栓连母垫 M20～27×80～160	10套	1.7716			
	03014668	精制六角螺栓连母垫 M22～30×75～180	10套		0.9476	0.9476	
	03014669	精制六角螺栓连母垫 M27～36×95～220	10套		0.8578	1.0432	2.6574
	03110212	尼龙砂轮片 φ100	片	1.0666	1.4444	1.6186	2.8093
	03110216	尼龙砂轮片 φ500	片	0.4839	0.5709		
	03130101	电焊条	kg	0.0400	0.0298	0.0348	0.0400
	03130331	合金钢焊条	kg	3.2275	3.7785	5.5831	11.0682
	03130921	碳钢氩弧焊丝	kg	0.0540	0.0640	0.0770	0.1060
	03130941	合金钢氩弧焊丝	kg	0.3039	0.3607	0.4327	0.5985
	13010115	酚醛调和漆	kg	0.6712	0.9524	0.9900	1.3622
	14050121	油漆溶剂油	kg	0.0224	0.0317	0.0330	0.0454
	14310721	硫化硫酸钠	g	795.2526	545.7969	682.6860	947.7702
	14390101	氧气	m^3	0.2671	0.3003	1.2907	2.0027

（续表）

定额编号				B-5-1-137	B-5-1-138	B-5-1-139	B-5-1-140
项目				中压合金钢管(氩电联焊)			
				公称直径(mm 以内)			
				100	125	150	200
名称			单位	10m	10m	10m	10m
材料	14390302	乙炔气	kg	0.0883	0.1001	0.4295	0.6677
	14390701	氩气	m^3	2.5407	3.1239	3.8464	4.4886
	14410602	胶水	g	110.1316	149.4130	186.8810	194.5820
	14430101	胶布	m	4.5845	6.0442	7.5599	7.8714
	14431511	压敏胶粘带	m	23.4350	16.0839	20.1178	27.9295
	16110512	X 射线胶片 80×300	张	46.1016	31.6404	39.5760	54.9432
	16110711	增感纸 80×300	张	1.9209	1.3183	1.6490	2.2893
	24090911	热电偶 1000℃ 1m	个	0.6403	0.4395	0.5496	0.5723
	28010119	裸铜线 $120mm^2$	m	10.3985	13.0780	16.3576	17.0316
	32530111	保温布	m^2	2.2410	2.8564	3.5727	3.7199
	34050801	水溶纸	m^2	0.7812	1.3711	1.7149	1.7856
	34110101	水	m^3	1.1890	2.4673	3.5608	4.6980
	X0045	其他材料费	%	3.3600	2.8000	2.8100	2.7600
机械	98150220	光谱分析仪 ML9001A	台班	0.0277	0.0277	0.0277	0.0277
	99070550	载重汽车 8t	台班	0.0011	0.0141	0.0171	0.0330
	99090005	吊装机械(综合)	台班		0.0920	0.0920	0.1180
	99090360	汽车式起重机 8t	台班	0.0011	0.0141	0.0171	0.0330
	99091730	电动葫芦 单速 3t	台班	0.1968	0.1992	0.2081	0.2368
	99190060	普通车床 ϕ630×2000	台班	0.2497	0.2533	0.2644	0.3012
	99190230	立式钻床 ϕ25	台班	0.0040	0.0045	0.0052	0.0060
	99230050	半自动切割机 切割厚度 100	台班			0.1015	0.1572
	99230180	砂轮切割机 ϕ500	台班	0.1099	0.1162		
	99250005	电焊机	台班	1.2934	1.4994	1.9325	2.9672
	99250440	氩弧焊机 500A	台班	0.5795	0.6874	0.8236	1.1379
	99270010	中频加热处理机 100kW	台班	2.0951	2.0891	2.6130	2.7207
	99270060	电焊条烘干箱 600×500×750	台班	0.1598	0.1867	0.2397	0.3695
	99290010	X 光胶片脱水烘干机 ZTH-340	台班	0.3073	0.2109	0.2638	0.3663
	99290050	X 光探伤机 2005	台班	4.4181	3.0322	3.7927	5.2654
	99440030	电动单级离心清水泵 ϕ100	台班	0.0050	0.0083	0.0126	0.0170
	99440490	试压泵 60MPa	台班	0.0100	0.0200	0.0200	0.0200

工作内容： 管道及管件安装，法兰安装，管道焊口热处理，无损探伤，焊口局部充氩保护焊接，管道、管件试压和清洗，刷油。

定额编号				B-5-1-141	B-5-1-142	B-5-1-143	B-5-1-144
项目				中压合金钢管(氩电联焊)			
				公称直径(mm 以内)			
				250	300	350	400
名称			单位	10m	10m	10m	10m
人工	00050101	综合人工 安装	工日	37.7776	31.7288	36.3182	40.1062
材料	Z17010231	合金钢管	m	(8.8170)	(8.8170)	(8.8170)	(8.8170)
	18032301-13	中压合金钢对焊管件 DN250	个	2.7400			
	18032301-14	中压合金钢对焊管件 DN300	个		1.8300		
	18032301-15	中压合金钢对焊管件 DN350	个			1.8300	
	18032301-16	中压合金钢对焊管件 DN400	个				1.8300
	20010901-13	对焊合金钢法兰 DN250	片	2.3000			
	20010901-14	对焊合金钢法兰 DN300	片		2.3000		
	20010901-15	对焊合金钢法兰 DN350	片			2.3000	
	20010901-16	对焊合金钢法兰 DN400	片				2.3000
	01290319	热轧钢板(中厚板) δ11～20	kg	1.9986	2.3240	2.5436	2.8420
	01530172	铅板 80×300×3	块	1.0510	0.7660	0.9576	0.9576
	01610106	铈钨棒	g	4.1254	3.8516	4.3666	4.9306
	02010173	橡胶板(低中压) δ0.8～6	kg	0.9934	1.0314	1.5199	1.7793
	03014669	精制六角螺栓连母垫 M27～36×95～220	10套	1.4214			
	03014670	精制六角螺栓连母垫 M27～42×115～240	10套	1.1932	3.2960		
	03014671	精制六角螺栓连母垫 M30～36×120～200	10套			1.8952	
	03014672	精制六角螺栓连母垫 M30～42×130～220	10套			1.4404	3.5432
	03110212	尼龙砂轮片 ϕ100	片	3.1792	3.2269	4.1225	5.4343
	03130101	电焊条	kg	0.0344	0.0400	0.0358	0.0400
	03130331	合金钢焊条	kg	15.7025	18.6207	28.3534	39.2306
	03130921	碳钢氩弧焊丝	kg	0.1320	0.1360	0.1400	0.1580
	03130941	合金钢氩弧焊丝	kg	0.6040	0.5517	0.6403	0.7234
	13010115	酚醛调和漆	kg	1.6988	2.0196	2.3443	2.6492
	14050121	油漆溶剂油	kg	0.0566	0.0673	0.0781	0.0883
	14310721	硫化硫酸钠	g	572.5206	417.2913	521.6193	521.6193
	14390101	氧气	m^3	2.2996	2.3022	2.7171	3.3831
	14390302	乙炔气	kg	0.7690	0.7665	0.9053	1.1275

(续表)

定额编号				B-5-1-141	B-5-1-142	B-5-1-143	B-5-1-144
项目				中压合金钢管(氩电联焊)			
				公称直径(mm 以内)			
				250	300	350	400
名称			单位	10m	10m	10m	10m
材料	14390701	氩气	m^3	4.4826	3.6909	4.6019	4.8840
	14410602	胶水	g	207.4200	151.2000	229.8240	229.8240
	14430101	胶布	m	7.0557	5.1433	6.7415	6.7415
	14431511	压敏胶粘带	m	16.8714	12.2970	15.3714	15.3714
	16110512	X 射线胶片 80×300	张	33.1896	24.1908	30.2388	30.2388
	16110711	增感纸 80×300	张	1.3829	1.0079	1.2599	1.2599
	24090911	热电偶 1000℃ 1m	个	0.6914	0.5040	0.7560	0.7560
	28010119	裸铜线 $120mm^2$	m	15.0034	10.9368	14.2178	14.2178
	32530111	保温布	m^2	3.1666	2.3083	2.9484	2.9484
	34050801	水溶纸	m^2	2.0465	1.4918	2.3789	2.3789
	34110101	水	m^3	7.8367	10.6000	14.5113	18.0380
	X0045	其他材料费	%	2.6700	1.8400	1.8700	1.7400
机械	98150220	光谱分析仪 ML9001A	台班	0.0267	0.0257	0.0257	0.0257
	99070550	载重汽车 8t	台班	0.0542	0.0711	0.0834	0.1077
	99090005	吊装机械(综合)	台班	0.1640	0.1640	0.1820	0.1990
	99090360	汽车式起重机 8t	台班	0.0542	0.0711	0.0834	0.1077
	99091730	电动葫芦 单速 3t	台班	0.2322	0.2143	0.2534	0.3200
	99190060	普通车床 φ630×2000	台班	0.2932	0.2891	0.3477	0.4396
	99190230	立式钻床 φ25	台班	0.0069	0.0080	0.0089	0.0100
	99230050	半自动切割机 切割厚度 100	台班	0.1405	0.1259	0.1352	0.1543
	99250005	电焊机	台班	3.1873	3.1089	4.1212	5.3366
	99250440	氩弧焊机 500A	台班	1.1327	1.0583	1.1991	1.3549
	99270010	中频加热处理机 100kW	台班	2.8022	2.0427	2.1017	2.1017
	99270060	电焊条烘干箱 600×500×750	台班	0.4390	0.3036	0.4060	0.5261
	99290010	X 光胶片脱水烘干机 ZTH-340	台班	0.2213	0.1613	0.2016	0.2016
	99290050	X 光探伤机 2005	台班	3.1807	2.3183	2.8979	2.8979
	99440030	电动单级离心清水泵 φ100	台班	0.0288	0.0400		
	99440050	电动单级离心清水泵 φ200	台班			0.0245	0.0310
	99440490	试压泵 60MPa	台班	0.0200	0.0200	0.0300	0.0300

工作内容： 管道及管件安装，法兰安装，管道焊口热处理，无损探伤，焊口局部充氩保护焊接，管道、管件试压和清洗，刷油。

定额编号				B-5-1-145	B-5-1-146
项目				中压合金钢管(氩电联焊)	
				公称直径(mm 以内)	
				450	500
名称			单位	10m	10m
人工	00050101	综合人工 安装	工日	52.6915	58.4046
材料	Z17010231	合金钢管	m	(8.8170)	(8.8170)
	18032301-17	中压合金钢对焊管件 DN450	个	1.8300	
	18032301-18	中压合金钢对焊管件 DN500	个		1.8300
	20010901-17	对焊合金钢法兰 DN450	片	2.3000	
	20010901-18	对焊合金钢法兰 DN500	片		2.3000
	01290319	热轧钢板(中厚板) δ11～20	kg	3.2689	3.6120
	01530172	铅板 80×300×3	块	1.1491	1.3406
	01610106	钍钨棒	g	5.5577	6.1842
	02010173	橡胶板(低中压) δ0.8～6	kg	2.0227	2.1403
	03014672	精制六角螺栓连母垫 M30～42×130～220	10 套	2.3690	
	03014673	精制六角螺栓连母垫 M36～42×150～210	10 套	1.8252	4.4290
	03110212	尼龙砂轮片 ϕ100	片	6.6674	7.4068
	03130101	电焊条	kg	0.0362	0.0400
	03130331	合金钢焊条	kg	53.1236	58.7688
	03130921	碳钢氩弧焊丝	kg	0.1780	0.1980
	03130941	合金钢氩弧焊丝	kg	0.8143	0.9063
	13010115	酚醛调和漆	kg	2.9740	3.2908
	14050121	油漆溶剂油	kg	0.0991	0.1097
	14310721	硫化硫酸钠	g	625.9473	730.2753
	14390101	氧气	m^3	3.8203	4.2098
	14390302	乙炔气	kg	1.2731	1.4034
	14390701	氩气	m^3	5.7535	6.0662
	14410602	胶水	g	274.1760	274.1760

(续表)

定额编号				B-5-1-145	B-5-1-146
项目				中压合金钢管(氩电联焊)	
				公称直径(mm 以内)	
				450	500
名称			单位	10m	10m
材料	14430101	胶布	m	8.3719	8.3719
	14431511	压敏胶粘带	m	18.4458	21.5202
	16110512	X 射线胶片 80×300	张	36.2868	42.3348
	16110711	增感纸 80×300	张	1.5119	1.7639
	24090911	热电偶 1000℃ 1m	个	0.7560	0.7560
	28010119	裸铜线 $120mm^2$	m	21.9946	21.9946
	32530111	保温布	m^2	5.2870	5.2870
	34050801	水溶纸	m^2	3.4625	3.4625
	34110101	水	m^3	23.6208	28.6970
	X0045	其他材料费	%	1.2800	1.2900
机械	98150220	光谱分析仪 ML9001A	台班	0.0257	0.0257
	99070550	载重汽车 8t	台班	0.1377	0.1736
	99090005	吊装机械(综合)	台班	0.2170	0.2170
	99090360	汽车式起重机 8t	台班	0.1377	0.1736
	99091001	电动双梁起重机 5t	台班	0.2423	0.4403
	99091730	电动葫芦 单速 3t	台班	0.1660	
	99190060	普通车床 ϕ630×2000	台班	0.5601	0.6048
	99190230	立式钻床 ϕ25	台班	0.0109	0.0120
	99230050	半自动切割机 切割厚度 100	台班	0.1936	0.2129
	99250005	电焊机	台班	6.7223	7.4383
	99250440	氩弧焊机 500A	台班	1.5268	1.6986
	99270010	中频加热处理机 100kW	台班	3.3027	3.3027
	99270060	电焊条烘干箱 600×500×750	台班	0.6643	0.7347
	99290010	X 光胶片脱水烘干机 ZTH-340	台班	0.2419	0.2822
	99290050	X 光探伤机 2005	台班	3.4775	4.0571
	99440050	电动单级离心清水泵 ϕ200	台班	0.0381	0.0470
	99440490	试压泵 60MPa	台班	0.0300	0.0300

三、高压管道

工作内容：管道及管件安装，法兰安装，无损探伤，管道焊口热处理，焊口局部充氩保护焊接，管道、管件试压和清洗，刷油。

定额编号				B-5-1-147	B-5-1-148	B-5-1-149	B-5-1-150
项目				高压碳钢管(氩电联焊)			
				公称直径(mm以内)			
				25	50	65	80
名称			单位	10m	10m	10m	10m
人工	00050101	综合人工 安装	工日	17.7061	20.8300	23.6855	25.5099
材料	Z17013171	高压碳钢管	m	(9.1090)	(8.9580)	(8.9580)	(8.9580)
	18032401-3	高压碳钢对焊管件 DN25	个	3.9400			
	18032401-6	高压碳钢对焊管件 DN50	个		3.9400		
	18032401-7	高压碳钢对焊管件 DN65	个			3.9400	
	18032401-8	高压碳钢对焊管件 DN80	个				3.9400
	20010601-3	对焊钢法兰 DN25	片	7.5200			
	20010601-6	对焊钢法兰 DN50	片		7.5200		
	20010601-7	对焊钢法兰 DN65	片			7.5200	
	20010601-8	对焊钢法兰 DN80	片				7.5200
	01290319	热轧钢板(中厚板) δ11～20	kg	0.0488	0.0610	0.1127	0.1789
	01290409	热轧钢板(厚板) δ31～40	kg	0.0940	0.0940	0.4080	0.4080
	01530172	铅板 80×300×3	块	0.7134	0.7134	0.7134	0.7134
	01610106	铈钨棒	g	5.8261	1.1474	1.4783	1.8629
	02010173	橡胶板(低中压) δ0.8～6	kg	0.0899	0.0983	0.1830	0.2106
	03014664	精制六角螺栓连母垫 M16～22×70～140	10套	0.1978	0.2472		
	03014666	精制六角螺栓连母垫 M20～27×80～160	10套			0.2274	0.3609
	03017435	双头螺栓连母垫 M27×170	10套			3.0982	3.0982
	03017440	双头螺栓连母垫 M20×110～160	10套	1.5491			
	03017441	双头螺栓连母垫 M24×130～140	10套	0.4944	3.5926		
	03017442	双头螺栓连母垫 M30×80～180	10套			0.4944	0.4944
	03110212	尼龙砂轮片 ϕ100	片	0.4513	0.9185	1.3684	1.6815
	03110216	尼龙砂轮片 ϕ500	片	0.2464	0.6155	0.8954	1.2088
	03130101	电焊条	kg	0.3540	5.9676	9.5991	13.2089
	03130921	碳钢氩弧焊丝	kg	1.0436	0.2048	0.2643	0.3313
	13010115	酚醛调和漆	kg	0.2000	0.3544	0.4732	0.5544
	13050511	醇酸防锈漆 C53-1	kg	0.2798	0.4958	0.6620	0.7756

（续表）

定额编号				B-5-1-147	B-5-1-148	B-5-1-149	B-5-1-150
项目				高压碳钢管(氩电联焊)			
				公称直径(mm 以内)			
				25	50	65	80
名称			单位	10m	10m	10m	10m
材料	14050121	油漆溶剂油	kg	0.0279	0.0494	0.0660	0.0773
	14310721	硫化硫酸钠	g	388.6011	388.6011	388.6011	388.6011
	14390101	氧气	m^3	0.0270	0.0300	0.0438	0.0519
	14390302	乙炔气	kg	0.0090	0.0100	0.0146	0.0173
	14390701	氩气	m^3	3.6619	1.3246	1.8655	2.0552
	14410602	胶水	g	37.5440	37.5440	80.7196	80.7196
	14430101	胶布	m	2.6525	2.6525	3.3602	3.3602
	14431511	压敏胶粘带	m	11.4515	11.4515	11.4515	11.4515
	16110512	X 射线胶片 80×300	张	22.5276	22.5276	22.5276	22.5276
	16110711	增感纸 80×300	张	0.9386	0.9386	0.9386	0.9386
	18230210	透镜垫	个	4.3600	4.3600	4.3600	4.3600
	24090911	热电偶 1000℃ 1m	个	0.4693	0.4693	0.4693	0.4693
	28010119	裸铜线 120mm²	m	3.5920	3.5920	6.6265	6.6265
	32530111	保温布	m^2	0.8485	0.8485	1.4276	1.4276
	34050801	水溶纸	m^2	0.2722	0.2722	0.5725	0.5725
	34110101	水	m^3	0.2018	0.2450	0.5912	0.8901
	X0045	其他材料费	%	5.1000	4.7600	4.8800	4.7200
机械	99070550	载重汽车 8t	台班				0.0152
	99090005	吊装机械(综合)	台班				0.0700
	99090360	汽车式起重机 8t	台班				0.0152
	99091730	电动葫芦 单速 3t	台班	0.1840	0.3275	0.3538	0.3845
	99190060	普通车床 ϕ630×2000	台班	0.3281	0.3475	0.3838	0.4145
	99190230	立式钻床 ϕ25	台班	0.0008	0.0010	0.0009	0.0015
	99230180	砂轮切割机 ϕ500	台班	0.0672	0.1057	0.1118	0.1328
	99250005	电焊机	台班	0.0270	1.1942	1.5589	2.0459
	99250440	氩弧焊机 500A	台班	0.8675	0.3011	0.3873	0.4898
	99270010	中频加热处理机 100kW	台班	1.1610	1.1610	1.3262	1.3262
	99270060	电焊条烘干箱 600×500×750	台班	0.0080	0.1008	0.1317	0.1744
	99290010	X 光胶片脱水烘干机 ZTH-340	台班	0.1502	0.1502	0.1502	0.1502
	99290050	X 光探伤机 2005	台班	2.1589	2.1589	2.1589	2.1589
	99440030	电动单级离心清水泵 ϕ100	台班	0.0016	0.0020	0.0023	0.0037
	99440490	试压泵 60MPa	台班	0.0260	0.0260	0.0310	0.0310

工作内容：管道及管件安装，法兰安装，无损探伤，管道焊口热处理，焊口局部充氩保护焊接，管道、管件试压和清洗，刷油。

定额编号				B-5-1-151	B-5-1-152	B-5-1-153	B-5-1-154
项目				高压碳钢管(氩电联焊)			
				公称直径(mm以内)			
				100	125	150	200
名称			单位	10m	10m	10m	10m
人工	00050101	综合人工 安装	工日	32.4596	41.1222	48.6867	59.4670
材料	Z17013171	高压碳钢管	m	(8.9580)	(8.8170)	(8.8170)	(8.8170)
	18032401-9	高压碳钢对焊管件 DN100	个	3.9400			
	18032401-10	高压碳钢对焊管件 DN125	个		3.9400		
	18032401-11	高压碳钢对焊管件 DN150	个			3.9400	
	18032401-12	高压碳钢对焊管件 DN200	个				3.9400
	20010601-9	对焊钢法兰 DN100	片	7.5200			
	20010601-10	对焊钢法兰 DN125	片		7.5200		
	20010601-11	对焊钢法兰 DN150	片			7.5200	
	20010601-12	对焊钢法兰 DN200	片				7.5200
	01290319	热轧钢板(中厚板) δ11～20	kg	0.2450	0.3616	0.5461	0.7380
	01290409	热轧钢板(厚板) δ31～40	kg	0.4080	1.5070	1.5070	1.5070
	01530172	铅板 80×300×3	块	1.0700	1.0700	1.0700	1.4267
	01610106	钍钨棒	g	2.4777	3.0812	3.5562	5.4281
	02010173	橡胶板(低中压) δ0.8～6	kg	0.2381	0.3608	0.4103	0.4617
	03014666	精制六角螺栓连母垫 M20～27×80～160	10套	0.4944			
	03014669	精制六角螺栓连母垫 M27～36×95～220	10套		0.3634	0.5488	0.7416
	03017436	双头螺栓连母垫 M42×260	10套		0.7416	0.7416	5.3890
	03017442	双头螺栓连母垫 M30×80～180	10套	3.5926			
	03017444	双头螺栓连母垫 M36×230	10套		3.0982	4.6474	
	03110212	尼龙砂轮片 ϕ100	片	2.2942	2.9274	4.0965	7.3559
	03130101	电焊条	kg	21.4631	38.9608	61.6558	96.0368
	03130921	碳钢氩弧焊丝	kg	0.4442	0.5488	0.6350	0.9677
	13010115	酚醛调和漆	kg	0.6712	0.9524	0.9900	1.3622
	13050511	醇酸防锈漆 C53-1	kg	0.9390	1.3324	1.3850	1.9058
	14050121	油漆溶剂油	kg	0.0936	0.1328	0.1380	0.1899
	14310721	硫化硫酸钠	g	582.8913	582.8913	582.8913	777.2022
	14390101	氧气	m^3	2.4252	2.9279	4.4584	5.9669

(续表)

定额编号				B-5-1-151	B-5-1-152	B-5-1-153	B-5-1-154
项目				高压碳钢管(氩电联焊)			
				公称直径(mm 以内)			
				100	125	150	200
名称			单位	10m	10m	10m	10m
材料	14390302	乙炔气	kg	0.8093	0.9768	1.4857	1.9872
	14390701	氩气	m^3	2.3652	3.6055	3.8435	4.7816
	14410602	胶水	g	80.7196	159.5620	159.5620	159.5620
	14430101	胶布	m	3.3602	6.4548	6.4548	6.4548
	14431511	压敏胶粘带	m	17.1770	17.1770	17.1770	22.9031
	16110512	X 射线胶片 80×300	张	33.7908	33.7908	33.7908	45.0552
	16110711	增感纸 80×300	张	1.4080	1.4080	1.4080	1.8773
	18230210	透镜垫	个	4.3600	4.3600	4.3600	4.3600
	24090911	热电偶 1000℃ 1m	个	0.4693	0.4693	0.4693	0.4693
	28010119	裸铜线 $120mm^2$	m	6.6265	12.1445	12.1445	12.1445
	32530111	保温布	m^2	1.4276	2.6525	2.6525	2.6525
	34050801	水溶纸	m^2	0.5725	1.4642	1.4642	1.4642
	34110101	水	m^3	1.1890	2.3133	3.4068	4.5440
	X0045	其他材料费	%	4.6000	4.8000	4.5300	4.0200
机械	99070550	载重汽车 8t	台班	0.0239	0.0354	0.0488	0.1172
	99090005	吊装机械(综合)	台班	0.0900	0.0900	0.1200	0.1300
	99090360	汽车式起重机 8t	台班	0.0239	0.0354	0.0488	0.1172
	99091730	电动葫芦 单速 3t	台班	0.4470	0.9350	1.0205	1.4639
	99190060	普通车床 ϕ630×2000	台班	0.4770	0.9750	1.0605	1.5039
	99190230	立式钻床 ϕ25	台班	0.0020	0.0015	0.0022	0.0030
	99230050	半自动切割机 切割厚度 100	台班			0.2029	0.3039
	99250005	电焊机	台班	3.0766	4.5846	6.6047	10.0375
	99250440	氩弧焊机 500A	台班	0.6506	0.8066	0.9368	1.4230
	99270010	中频加热处理机 100kW	台班	1.3262	1.6585	1.6585	1.6585
	99270060	电焊条烘干箱 600×500×750	台班	0.2623	0.4064	0.6002	0.9232
	99290010	X 光胶片脱水烘干机 ZTH-340	台班	0.2253	0.2253	0.2253	0.3004
	99290050	X 光探伤机 2005	台班	3.2383	3.2383	3.2383	4.3178
	99440030	电动单级离心清水泵 ϕ100	台班	0.0050	0.0083	0.0126	0.0170
	99440490	试压泵 60MPa	台班	0.0310	0.0460	0.0460	0.0460

工作内容： 1,2. 管道及管件安装，法兰安装，无损探伤，管道焊口热处理，焊口局部充氩保护焊接，管道、管件试压和清洗，刷油。

3,4. 管道及管件安装，法兰安装，无损探伤，焊口局部充氩保护焊接，管道、管件试压，焊缝钝化。

定额编号				B-5-1-155	B-5-1-156	B-5-1-157	B-5-1-158
项目				高压碳钢管(氩电联焊)		高压不锈钢管(氩电联焊)	
				公称直径(mm以内)			
				250	300	25	50
名称			单位	10m	10m	10m	10m
人工	00050101	综合人工 安装	工日	77.0816	93.0852	11.1474	15.1544
材料	Z17013171	高压碳钢管	m	(8.7610)	(8.7610)		
	Z17051901	高压不锈钢管	m			(9.2500)	(9.1560)
	18032401-13	高压碳钢对焊管件 DN250	个	3.9400			
	18032401-14	高压碳钢对焊管件 DN300	个		3.9400		
	18050701-3	高压不锈钢对焊管件 DN25	个			3.9400	
	18050701-6	高压不锈钢对焊管件 DN50	个				3.9400
	20010601-13	对焊钢法兰 DN250	片	7.5200			
	20010601-14	对焊钢法兰 DN300	片		7.5200		
	20030201-3	对焊不锈钢法兰 DN25	片			7.5200	
	20030201-6	对焊不锈钢法兰 DN50	片				7.5200
	01290319	热轧钢板(中厚板) δ11～20	kg	0.8366	1.1620	0.0488	0.0610
	01290409	热轧钢板(厚板) δ31～40	kg	2.3240	2.3240	0.0940	0.0940
	01530172	铅板 80×300×3	块	1.4267	1.4267	0.7134	0.7134
	01610106	钸钨棒	g	6.7057	8.0274	4.6721	6.2701
	02010173	橡胶板(低中压) δ0.8～6	kg	0.4919	0.5591	0.0899	0.0983
	03014664	精制六角螺栓连母垫 M16～22×70～140	10套			0.1978	0.2472
	03014670	精制六角螺栓连母垫 M27～42×115～240	10套	0.5340	0.7416		
	03017437	双头螺栓连母垫 M48×290	10套	6.1965	6.1965		
	03017440	双头螺栓连母垫 M20×110～160	10套			1.5491	
	03017441	双头螺栓连母垫 M24×130～140	10套			0.4944	3.5926
	03017443	双头螺栓连母垫 M36×150～210	10套	0.1880	0.1880		
	03110212	尼龙砂轮片 ϕ100	片	10.8594	15.2232	0.6337	1.2114
	03110216	尼龙砂轮片 ϕ500	片			0.3456	0.4926
	03130101	电焊条	kg	137.9522	218.1799	0.0360	0.0400
	03130201	不锈钢焊条	kg				1.7979
	03130921	碳钢氩弧焊丝	kg	1.2011	1.4310		
	03131301	不锈钢焊丝	kg			0.8851	1.2563
	13010115	酚醛调和漆	kg	1.6988	2.0196		
	13050511	醇酸防锈漆 C53-1	kg	2.3767	2.8254		
	14050121	油漆溶剂油	kg	0.2368	0.2815		
	14310721	硫化硫酸钠	g	777.2022	777.2022	388.6011	388.6011

（续表）

定额编号				B-5-1-155	B-5-1-156	B-5-1-157	B-5-1-158
项目				高压碳钢管（氩电联焊）		高压不锈钢管（氩电联焊）	
				公称直径（mm 以内）			
				250	300	25	50
名称			单位	10m	10m	10m	10m
材料	14390101	氧气	m^3	8.4014	9.3876	0.0270	0.0300
	14390302	乙炔气	kg	2.8020	3.1245	0.0090	0.0100
	14390701	氩气	m^3	6.6371	7.3010	3.2357	4.2782
	14410602	胶水	g	281.5800	281.5800	37.5440	37.5440
	14430101	胶布	m	9.5784	9.5784	2.6525	2.6525
	14431511	压敏胶粘带	m	22.9031	22.9031	11.4515	11.4515
	16110512	X射线胶片 80×300	张	45.0552	45.0552	22.5276	22.5276
	16110711	增感纸 80×300	张	1.8773	1.8773	0.9386	0.9386
	18230210	透镜垫	个	4.3600	4.3600	4.3600	4.3600
	24090911	热电偶 1000℃ 1m	个	0.9386	0.9386		
	28010119	裸铜线 $120mm^2$	m	17.7104	17.7104		
	32530111	保温布	m^2	3.7375	3.7375		
	34050801	水溶纸	m^2	2.7783	2.7783	0.2722	0.2722
	34110101	水	m^3	7.8367	10.6000	0.2018	0.2450
	X0045	其他材料费	%	2.9600	2.4100	5.1400	3.5900
机械	99070550	载重汽车 8t	台班	0.1908	0.2712		
	99090005	吊装机械(综合)	台班	0.1700	0.1700		
	99090360	汽车式起重机 8t	台班	0.1908	0.2712		
	99091001	电动双梁起重机 5t	台班	1.8163	2.2046		
	99091730	电动葫芦 单速 3t	台班				0.3766
	99190060	普通车床 φ630×2000	台班	1.8653	2.2646	0.2952	0.3966
	99190230	立式钻床 φ25	台班	0.0029	0.0040	0.0008	0.0010
	99230050	半自动切割机 切割厚度 100	台班	0.6811	0.8579		
	99230180	砂轮切割机 φ500	台班			0.0893	0.1420
	99250005	电焊机	台班	14.0991	21.0594	0.0180	0.6284
	99250440	氩弧焊机 500A	台班	1.7629	2.1090	1.0332	1.4827
	99270010	中频加热处理机 100kW	台班	2.4873	2.4873		
	99270060	电焊条烘干箱 600×500×750	台班	1.3049	1.9750		0.0606
	99290010	X光胶片脱水烘干机 ZTH-340	台班	0.3004	0.3004	0.1502	0.1502
	99290050	X光探伤机 2005	台班	4.3178	4.3178	2.1589	2.1589
	99430230	电动空气压缩机 $6m^3/min$	台班			0.0174	0.0174
	99440030	电动单级离心清水泵 φ100	台班	0.0288	0.0400	0.0016	0.0020
	99440490	试压泵 60MPa	台班	0.0550	0.0550	0.0260	0.0260

工作内容：管道及管件安装，法兰安装，无损探伤，焊口局部充氩保护焊接，管道、管件试压，焊缝钝化。

定额编号				B-5-1-159	B-5-1-160	B-5-1-161	B-5-1-162
项目				高压不锈钢管(氩电联焊)			
				公称直径(mm 以内)			
				65	80	100	125
名称			单位	10m	10m	10m	10m
人工	00050101	综合人工 安装	工日	18.4766	21.6711	27.7672	32.6978
材料	Z17051901	高压不锈钢管	m	(9.1560)	(8.9580)	(8.9580)	(8.9580)
	18050701-7	高压不锈钢对焊管件 DN65	个	3.9400			
	18050701-8	高压不锈钢对焊管件 DN80	个		3.9400		
	18050701-9	高压不锈钢对焊管件 DN100	个			3.9400	
	18050701-10	高压不锈钢对焊管件 DN125	个				3.9400
	20030201-7	对焊不锈钢法兰 DN65	片	7.5200			
	20030201-8	对焊不锈钢法兰 DN80	片		7.5200		
	20030201-9	对焊不锈钢法兰 DN100	片			7.5200	
	20030201-10	对焊不锈钢法兰 DN125	片				7.5200
	01290319	热轧钢板(中厚板) δ11～20	kg	0.1127	0.1789	0.2450	0.3616
	01290409	热轧钢板(厚板) δ31～40	kg	0.4080	0.4080	0.4080	1.5070
	01530172	铅板 80×300×3	块	0.7134	0.7134	1.0700	1.0700
	01610106	铈钨棒	g	2.1237	2.3887	2.5972	2.8375
	02010173	橡胶板(低中压) δ0.8～6	kg	0.1830	0.2106	0.2381	0.3608
	03014666	精制六角螺栓连母垫 M20～27×80～160	10 套	0.2274	0.3609	0.4944	
	03014669	精制六角螺栓连母垫 M27～36×95～220	10 套				0.3634
	03017435	双头螺栓连母垫 M27×170	10 套	3.0982	3.0982		
	03017436	双头螺栓连母垫 M42×260	10 套				0.7416
	03017442	双头螺栓连母垫 M30×80～180	10 套	0.4944	0.4944	3.5926	
	03017444	双头螺栓连母垫 M36×230	10 套				3.0982
	03110212	尼龙砂轮片 φ100	片	2.0502	2.3269	3.3081	4.7926
	03110216	尼龙砂轮片 φ500	片	0.9590	1.3463		
	03130101	电焊条	kg	0.0292	0.0346	0.0400	0.0298
	03130201	不锈钢焊条	kg	5.8283	7.9637	15.1235	27.3184
	03131301	不锈钢焊丝	kg	0.6337	0.7661	1.1017	1.2621
	14310721	硫化硫酸钠	g	388.6011	388.6011	582.8913	582.8913

(续表)

定额编号				B-5-1-159	B-5-1-160	B-5-1-161	B-5-1-162
项目				高压不锈钢管(氩电联焊)			
				公称直径(mm 以内)			
				65	80	100	125
名称			单位	10m	10m	10m	10m
材料	14390101	氧气	m^3	0.0438	0.0519	0.0600	0.0685
	14390302	乙炔气	kg	0.0146	0.0173	0.0200	0.0223
	14390701	氩气	m^3	2.8986	3.2673	4.2134	5.6035
	14410602	胶水	g	80.7196	80.7196	80.7196	159.5620
	14430101	胶布	m	3.3602	3.3602	3.3602	6.4548
	14431511	压敏胶粘带	m	11.4515	11.4515	17.1770	17.1770
	16110512	X 射线胶片 80×300	张	22.5276	22.5276	33.7908	33.7908
	16110711	增感纸 80×300	张	0.9386	0.9386	1.4080	1.4080
	18230210	透镜垫	个	4.3600	4.3600	4.3600	4.3600
	34050801	水溶纸	m^2	0.5725	0.5725	0.5725	1.4642
	34110101	水	m^3	0.5912	0.8901	1.1890	2.3133
	X0045	其他材料费	%	3.7400	3.4300	3.0400	3.5000
机械	99070550	载重汽车 8t	台班		0.0032	0.0239	0.0354
	99090005	吊装机械(综合)	台班			0.0900	0.0900
	99090360	汽车式起重机 8t	台班		0.0032	0.0239	0.0354
	99091730	电动葫芦 单速 3t	台班	0.4174	0.4409	0.4834	0.5582
	99190060	普通车床 ϕ630×2000	台班	0.4474	0.4709	0.5134	0.5982
	99190230	立式钻床 ϕ25	台班	0.0009	0.0015	0.0020	0.0015
	99230040	等离子切割机 400A	台班			0.2071	0.2669
	99230180	砂轮切割机 ϕ500	台班	0.2445	0.3150		
	99250005	电焊机	台班	1.8598	2.2683	2.8262	4.3469
	99250440	氩弧焊机 500A	台班	1.1060	1.2847	1.6679	1.9177
	99270060	电焊条烘干箱 600×500×750	台班	0.1831	0.2248	0.2813	0.4329
	99290010	X 光胶片脱水烘干机 ZTH-340	台班	0.1502	0.1502	0.2253	0.2253
	99290050	X 光探伤机 2005	台班	2.1589	2.1589	3.2383	3.2383
	99430210	电动空气压缩机 $1m^3/min$	台班			0.2071	0.2669
	99430230	电动空气压缩机 $6m^3/min$	台班	0.0174	0.0174	0.0174	0.0174
	99440030	电动单级离心清水泵 ϕ100	台班	0.0023	0.0037	0.0050	0.0083
	99440490	试压泵 60MPa	台班	0.0310	0.0310	0.0310	0.0460

工作内容：管道及管件安装，法兰安装，无损探伤，焊口局部充氩保护焊接，管道、管件试压，焊缝钝化。

定额编号				B-5-1-163	B-5-1-164	B-5-1-165	B-5-1-166
项目				高压不锈钢管(氩电联焊)			
				公称直径(mm 以内)			
				150	200	250	300
名称			单位	10m	10m	10m	10m
人工	00050101	综合人工 安装	工日	38.5154	57.0661	71.0384	90.4317
材料	Z17051901	高压不锈钢管	m	(8.8170)	(8.8170)	(8.8170)	(8.8170)
	18050701-11	高压不锈钢对焊管件 DN150	个	3.9400			
	18050701-12	高压不锈钢对焊管件 DN200	个		3.9400		
	18050701-13	高压不锈钢对焊管件 DN250	个			3.9400	
	18050701-14	高压不锈钢对焊管件 DN300	个				3.9400
	20030201-11	对焊不锈钢法兰 DN150	片	7.5200			
	20030201-12	对焊不锈钢法兰 DN200	片		7.5200		
	20030201-13	对焊不锈钢法兰 DN250	片			7.5200	
	20030201-14	对焊不锈钢法兰 DN300	片				7.5200
	01290319	热轧钢板(中厚板) δ11～20	kg	0.5461	0.7380	0.8366	1.1620
	01290409	热轧钢板(厚板) δ31～40	kg	1.5070	1.5070	2.3240	2.3240
	01530172	铅板 80×300×3	块	1.0700	1.4267	1.4267	1.4267
	01610106	铈钨棒	g	3.5641	6.4110	8.1554	11.8611
	02010173	橡胶板(低中压) δ0.8～6	kg	0.4103	0.4617	0.4919	0.5591
	03014669	精制六角螺栓连母垫 M27～36×95～220	10套	0.5488	0.7416		
	03014670	精制六角螺栓连母垫 M27～42×115～240	10套			0.5340	0.7416
	03017436	双头螺栓连母垫 M42×260	10套	0.7416	5.3890		
	03017437	双头螺栓连母垫 M48×290	10套			6.1965	6.1965
	03017443	双头螺栓连母垫 M36×150～210	10套			0.1880	0.1880
	03017444	双头螺栓连母垫 M36×230	10套	4.6474			
	03110212	尼龙砂轮片 ϕ100	片	6.4547	11.0514	16.0564	23.2289
	03130101	电焊条	kg	0.0348	0.0400	0.0344	0.0400
	03130201	不锈钢焊条	kg	40.5798	84.8020	129.5592	183.8195
	03131301	不锈钢焊丝	kg	1.5363	2.3874	3.0012	3.9628
	14310721	硫化硫酸钠	g	582.8913	777.2022	777.2022	777.2022
	14390101	氧气	m^3	0.0800	0.0920	0.0861	0.0990

（续表）

定额编号				B-5-1-163	B-5-1-164	B-5-1-165	B-5-1-166
项目				高压不锈钢管(氩电联焊)			
				公称直径(mm以内)			
				150	200	250	300
名称			单位	10m	10m	10m	10m
材料	14390302	乙炔气	kg	0.0261	0.0300	0.0288	0.0330
	14390701	氩气	m^3	6.3742	8.7475	11.6877	14.3664
	14410602	胶水	g	159.5620	159.5620	281.5800	281.5800
	14430101	胶布	m	6.4548	6.4548	9.5784	9.5784
	14431511	压敏胶粘带	m	17.1770	22.9031	22.9031	22.9031
	16110512	X射线胶片 80×300	张	33.7908	45.0552	45.0552	45.0552
	16110711	增感纸 80×300	张	1.4080	1.8773	1.8773	1.8773
	18230210	透镜垫	个	4.3600	4.3600	4.3600	4.3600
	34050801	水溶纸	m^2	1.4642	1.4642	2.7783	2.7783
	34110101	水	m^3	3.4068	4.5440	7.8367	10.6000
	X0045	其他材料费	%	2.2500	1.6100	0.8800	0.7600
机械	99070550	载重汽车 8t	台班	0.0488	0.1172	0.1918	0.2692
	99090005	吊装机械(综合)	台班	0.1200	0.1300	0.1700	0.1700
	99090360	汽车式起重机 8t	台班	0.0488	0.1172	0.1918	0.2692
	99091001	电动双梁起重机 5t	台班				2.7437
	99091730	电动葫芦 单速 3t	台班	0.6716	1.5215	2.1848	
	99190060	普通车床 ϕ630×2000	台班	0.7116	1.5615	2.2448	2.8037
	99190230	立式钻床 ϕ25	台班	0.0022	0.0030	0.0029	0.0040
	99230040	等离子切割机 400A	台班	0.3337	0.5217	0.7410	1.0110
	99250005	电焊机	台班	6.0119	11.6306	16.6106	23.5640
	99250440	氩弧焊机 500A	台班	2.3056	3.7776	4.7074	6.5461
	99270060	电焊条烘干箱 600×500×750	台班	0.5998	1.1381	1.6572	2.3553
	99290010	X光胶片脱水烘干机 ZTH-340	台班	0.2253	0.3004	0.3004	0.3004
	99290050	X光探伤机 2005	台班	3.2383	4.3178	4.3178	4.3178
	99430210	电动空气压缩机 $1m^3$/min	台班	0.3337	0.5217	0.7410	1.0110
	99430230	电动空气压缩机 $6m^3$/min	台班	0.0174	0.0174	0.0174	0.0174
	99440030	电动单级离心清水泵 ϕ100	台班	0.0126	0.0170	0.0288	0.0400
	99440490	试压泵 60MPa	台班	0.0460	0.0460	0.0550	0.0550

工作内容：管道及管件安装，法兰安装，管道焊口热处理，无损探伤，焊口局部充氩保护焊接，管道、管件试压和清洗，刷油。

定　额　编　号				B-5-1-167	B-5-1-168	B-5-1-169	B-5-1-170
项　　目				高压合金钢管(氩电联焊)			
				公称直径(mm 以内)			
				25	50	65	80
名　　称			单位	10m	10m	10m	10m
人工	00050101	综合人工 安装	工日	18.4722	22.2003	26.2620	28.4757
材料	Z17010231	合金钢管	m	(9.2500)	(9.2500)	(9.2500)	(8.9580)
	18032370-3	高压合金钢对焊管件 DN25	个	3.9400			
	18032370-6	高压合金钢对焊管件 DN50	个		3.9400		
	18032370-7	高压合金钢对焊管件 DN65	个			3.9400	
	18032370-8	高压合金钢对焊管件 DN80	个				3.9400
	20010901-3	对焊合金钢法兰 DN25	片	7.5200			
	20010901-6	对焊合金钢法兰 DN50	片		7.5200		
	20010901-7	对焊合金钢法兰 DN65	片			7.5200	
	20010901-8	对焊合金钢法兰 DN80	片				7.5200
	01290319	热轧钢板(中厚板) δ11～20	kg	0.0488	0.0610	0.1127	0.1789
	01290409	热轧钢板(厚板) δ31～40	kg	0.0940	0.0940	0.4080	0.4080
	01530172	铅板 80×300×3	块	0.7134	0.7134	0.7134	0.7134
	01610106	铈钨棒	g	4.7191	5.5380	1.6171	1.8889
	02010173	橡胶板(低中压) δ0.8～6	kg	0.0899	0.0983	0.1830	0.2106
	03014664	精制六角螺栓连母垫 M16～22×70～140	10 套	0.1978	0.2472		
	03014666	精制六角螺栓连母垫 M20～27×80～160	10 套			0.2274	0.3609
	03017435	双头螺栓连母垫 M27×170	10 套			3.0982	3.0982
	03017440	双头螺栓连母垫 M20×110～160	10 套	1.5491			
	03017441	双头螺栓连母垫 M24×130～140	10 套	0.4944	3.5926		
	03017442	双头螺栓连母垫 M30×80～180	10 套			0.4944	0.4944
	03110212	尼龙砂轮片 ϕ100	片	0.5328	0.9909	1.6438	1.9286
	03110216	尼龙砂轮片 ϕ500	片	0.2067	0.4920	0.8299	1.1403
	03130101	电焊条	kg	0.0360	0.0400	0.0292	0.0346
	03130331	合金钢焊条	kg	0.3480	2.1956	7.6891	11.5785
	03130941	合金钢氩弧焊丝	kg	0.8403	0.9898	0.2900	0.3349
	13010115	酚醛调和漆	kg	0.2119	0.3742	0.4732	0.5544
	14050121	油漆溶剂油	kg	0.0071	0.0125	0.0158	0.0185
	14310721	硫化硫酸钠	g	388.6011	388.6011	388.6011	388.6011
	14390101	氧气	m^3	0.0270	0.0300	0.0438	0.0519

（续表）

定额编号				B-5-1-167	B-5-1-168	B-5-1-169	B-5-1-170
项目				高压合金钢管(氩电联焊)			
				公称直径(mm 以内)			
				25	50	65	80
名称			单位	10m	10m	10m	10m
材料	14390302	乙炔气	kg	0.0090	0.0100	0.0146	0.0173
	14390701	氩气	m^3	3.1041	3.5199	1.9362	2.0689
	14410602	胶水	g	37.5440	37.5440	80.7196	80.7196
	14430101	胶布	m	2.6525	2.6525	3.3602	3.3602
	14431511	压敏胶粘带	m	11.4515	11.4515	11.4515	11.4515
	16110512	X 射线胶片 80×300	张	22.5276	22.5276	22.5276	22.5276
	16110711	增感纸 80×300	张	0.9386	0.9386	0.9386	0.9386
	18230210	透镜垫	个	4.3600	4.3600	4.3600	4.3600
	24090911	热电偶 1000℃ 1m	个	0.4693	0.4693	0.4693	0.4693
	28010119	裸铜线 $120mm^2$	m	4.1298	4.1298	7.6214	7.6214
	32530111	保温布	m^2	0.9761	0.9761	1.6425	1.6425
	34050801	水溶纸	m^2	0.2722	0.2722	0.5725	0.5725
	34110101	水	m^3	0.2018	0.2450	0.5912	0.8901
	X0045	其他材料费	%	4.6600	4.2500	4.2300	3.9700
机械	98150220	光谱分析仪 ML9001A	台班	0.0567	0.0567	0.0567	0.0567
	99070550	载重汽车 8t	台班				0.0152
	99090005	吊装机械(综合)	台班				0.0700
	99090360	汽车式起重机 8t	台班				0.0152
	99091730	电动葫芦 单速 3t	台班		0.3459	0.3732	0.4021
	99190060	普通车床 ϕ630×2000	台班	0.2737	0.3659	0.4032	0.4321
	99190230	立式钻床 ϕ25	台班	0.0008	0.0010	0.0009	0.0015
	99230180	砂轮切割机 ϕ500	台班	0.0648	0.0836	0.1144	0.1381
	99250005	电焊机	台班	0.0240	0.7566	1.6545	2.0588
	99250440	氩弧焊机 500A	台班	0.7708	0.9439	0.4444	0.5201
	99270010	中频加热处理机 100kW	台班	1.2436	1.2436	1.5355	1.5355
	99270060	电焊条烘干箱 600×500×750	台班	0.0010	0.0551	0.1388	0.1781
	99290010	X 光胶片脱水烘干机 ZTH-340	台班	0.1502	0.1502	0.1502	0.1502
	99290050	X 光探伤机 2005	台班	2.1589	2.1589	2.1589	2.1589
	99440030	电动单级离心清水泵 ϕ100	台班	0.0016	0.0020	0.0023	0.0037
	99440490	试压泵 60MPa	台班	0.0260	0.0260	0.0310	0.0310

工作内容： 管道及管件安装，法兰安装，管道焊口热处理，无损探伤，焊口局部充氩保护焊接，管道、管件试压和清洗，刷油。

定额编号				B-5-1-171	B-5-1-172	B-5-1-173	B-5-1-174
项目				高压合金钢管(氩电联焊)			
				公称直径(mm以内)			
				100	125	150	200
名称			单位	10m	10m	10m	10m
人工	00050101	综合人工 安装	工日	36.6898	44.0764	50.5856	68.7895
材料	Z17010231	合金钢管	m	(8.9580)	(8.9580)	(8.9580)	(8.8170)
	18032370-9	高压合金钢对焊管件 DN100	个	3.9400			
	18032370-10	高压合金钢对焊管件 DN125	个		3.9400		
	18032370-11	高压合金钢对焊管件 DN150	个			3.9400	
	18032370-12	高压合金钢对焊管件 DN200	个				3.9400
	20010901-9	对焊合金钢法兰 DN100	片	7.5200			
	20010901-10	对焊合金钢法兰 DN125	片		7.5200		
	20010901-11	对焊合金钢法兰 DN150	片			7.5200	
	20010901-12	对焊合金钢法兰 DN200	片				7.5200
	01290319	热轧钢板(中厚板) δ11～20	kg	0.2450	0.3616	0.5461	0.7380
	01290409	热轧钢板(厚板) δ31～40	kg	0.4080	1.5070	1.5070	1.5070
	01530172	铅板 80×300×3	块	1.0700	1.0700	1.0700	1.4267
	01610106	铈钨棒	g	2.6336	2.8051	3.5795	5.4695
	02010173	橡胶板(低中压) δ0.8～6	kg	0.2381	0.3608	0.4103	0.4617
	03014666	精制六角螺栓连母垫 M20～27×80～160	10套	0.4944			
	03014669	精制六角螺栓连母垫 M27～36×95～220	10套		0.3634	0.5488	0.7416
	03017436	双头螺栓连母垫 M42×260	10套		0.7416	0.7416	5.3890
	03017442	双头螺栓连母垫 M30×80～180	10套	3.5926			
	03017444	双头螺栓连母垫 M36×230	10套		3.0982	4.6474	
	03110212	尼龙砂轮片 ϕ100	片	2.7565	3.7962	5.1657	9.1573
	03130101	电焊条	kg	0.0400	0.0298	0.0348	0.0400
	03130331	合金钢焊条	kg	15.1258	26.5105	39.7892	87.3100
	03130941	合金钢氩弧焊丝	kg	0.4705	0.5025	0.6383	0.9762
	13010115	酚醛调和漆	kg	0.7088	0.9524	1.0256	1.3622
	14050121	油漆溶剂油	kg	0.0236	0.0317	0.0342	0.0454
	14310721	硫化硫酸钠	g	582.8913	582.8913	582.8913	777.2022
	14390101	氧气	m^3	2.0695	2.9713	3.3589	5.2068

(续表)

定额编号				B-5-1-171	B-5-1-172	B-5-1-173	B-5-1-174
项目				高压合金钢管(氩电联焊)			
				公称直径(mm 以内)			
				100	125	150	200
名称			单位	10m	10m	10m	10m
材料	14390302	乙炔气	kg	0.6912	0.9899	1.1180	1.7348
	14390701	氩气	m^3	2.4431	3.4677	3.8560	4.7973
	14410602	胶水	g	80.7196	159.5620	159.5620	159.5620
	14430101	胶布	m	3.3602	6.4548	6.4548	6.4548
	14431511	压敏胶粘带	m	17.1770	17.1770	17.1770	22.9031
	16110512	X 射线胶片 80×300	张	33.7908	33.7908	33.7908	45.0552
	16110711	增感纸 80×300	张	1.4080	1.4080	1.4080	1.8773
	18230210	透镜垫	个	4.3600	4.3600	4.3600	4.3600
	24090911	热电偶 1000℃ 1m	个	0.4693	0.4693	0.4693	0.4693
	28010119	裸铜线 $120mm^2$	m	7.6214	13.9664	13.9664	13.9664
	32530111	保温布	m^2	1.6425	3.0505	3.0505	3.0505
	34050801	水溶纸	m^2	0.5725	1.4642	1.4642	1.4642
	34110101	水	m^3	1.1890	2.3133	3.4068	4.5440
	X0045	其他材料费	%	3.8500	3.6500	3.2600	2.5100
机械	98150220	光谱分析仪 ML9001A	台班	0.0567	0.0567	0.0567	0.0567
	99070550	载重汽车 8t	台班	0.0239	0.0354	0.0488	0.1172
	99090005	吊装机械(综合)	台班	0.0900	0.0900	0.1200	0.1300
	99090360	汽车式起重机 8t	台班	0.0239	0.0354	0.0488	0.1172
	99091730	电动葫芦 单速 3t	台班	0.4223	0.5086	0.6164	1.3216
	99190060	普通车床 ϕ630×2000	台班	0.4523	0.5486	0.6564	1.4404
	99190230	立式钻床 ϕ25	台班	0.0020	0.0015	0.0022	0.0030
	99230050	半自动切割机 切割厚度 100	台班	0.0090	0.0100	0.1960	0.3120
	99250005	电焊机	台班	2.8142	4.0921	5.6227	10.4678
	99250440	氩弧焊机 500A	台班	0.7249	0.7706	0.9854	1.5030
	99270010	中频加热处理机 100kW	台班	1.5355	2.2311	2.2311	2.2311
	99270060	电焊条烘干箱 600×500×750	台班	0.2309	0.3497	0.4910	0.9360
	99290010	X 光胶片脱水烘干机 ZTH-340	台班	0.2253	0.2253	0.2253	0.3004
	99290050	X 光探伤机 2005	台班	3.2383	3.2383	3.2383	4.3178
	99440030	电动单级离心清水泵 ϕ100	台班	0.0050	0.0083	0.0126	0.0170
	99440490	试压泵 60MPa	台班	0.0310	0.0460	0.0460	0.0460

工作内容： 管道及管件安装，法兰安装，管道焊口热处理，无损探伤，焊口局部充氩保护焊接，管道、管件试压和清洗，刷油。

定　额　编　号				B-5-1-175	B-5-1-176
项　　目				高压合金钢管（氩电联焊）	
				公称直径（mm 以内）	
				250	300
名　　称			单位	10m	10m
人工	00050101	综合人工 安装	工日	92.7341	111.9970
材料	Z17010231	合金钢管	m	(8.8170)	(8.8170)
	18032370-13	高压合金钢对焊管件 DN250	个	3.9400	
	18032370-14	高压合金钢对焊管件 DN300	个		3.9400
	20010901-13	对焊合金钢法兰 DN250	片	7.5200	
	20010901-14	对焊合金钢法兰 DN300	片		7.5200
	01290319	热轧钢板（中厚板） δ11～20	kg	0.8366	1.1620
	01290409	热轧钢板（厚板） δ31～40	kg	2.3240	2.3240
	01530172	铅板 80×300×3	块	1.4267	1.4267
	01610106	铈钨棒	g	6.9509	8.1908
	02010173	橡胶板（低中压） δ0.8～6	kg	0.4919	0.5591
	03014670	精制六角螺栓连母垫 M27～42×115～240	10 套	0.5340	0.7416
	03017436	双头螺栓连母垫 M42×260	10 套	6.1965	
	03017437	双头螺栓连母垫 M48×290	10 套		6.1965
	03017443	双头螺栓连母垫 M36×150～210	10 套	0.1880	0.1880
	03110212	尼龙砂轮片 ϕ100	片	13.0927	19.1708
	03130101	电焊条	kg	0.0344	0.0400
	03130331	合金钢焊条	kg	132.0928	203.8562
	03130941	合金钢氩弧焊丝	kg	1.2439	1.4651
	13010115	酚醛调和漆	kg	1.6988	2.0196
	14050121	油漆溶剂油	kg	0.0566	0.0673
	14310721	硫化硫酸钠	g	777.2022	777.2022
	14390101	氧气	m^3	7.7838	9.5756
	14390302	乙炔气	kg	2.5936	3.1847
	14390701	氩气	m^3	6.7582	7.3805
	14410602	胶水	g	281.5800	281.5800

(续表)

定额编号				B-5-1-175	B-5-1-176
项目				高压合金钢管(氩电联焊)	
				公称直径(mm 以内)	
				250	300
名称			单位	10m	10m
材料	14430101	胶布	m	9.5784	9.5784
	14431511	压敏胶粘带	m	22.9031	22.9031
	16110512	X 射线胶片 80×300	张	45.0552	45.0552
	16110711	增感纸 80×300	张	1.8773	1.8773
	18230210	透镜垫	个	4.3600	4.3600
	24090911	热电偶 1000℃ 1m	个	0.9386	0.9386
	28010119	裸铜线 $120mm^2$	m	20.3676	20.3676
	32530111	保温布	m^2	4.2988	4.2988
	34050801	水溶纸	m^2	2.7783	2.7783
	34110101	水	m^3	7.8367	10.6000
	X0045	其他材料费	%	1.6500	0.9900
机械	98150220	光谱分析仪 ML9001A	台班	0.0567	0.0567
	99070550	载重汽车 8t	台班	0.1908	0.2712
	99090005	吊装机械(综合)	台班	0.1700	0.1700
	99090360	汽车式起重机 8t	台班	0.1908	0.2712
	99091001	电动双梁起重机 5t	台班	0.3973	2.3593
	99091730	电动葫芦 单速 3t	台班	1.6122	
	99190060	普通车床 ϕ630×2000	台班	1.9536	2.4193
	99190230	立式钻床 ϕ25	台班	0.0029	0.0040
	99230050	半自动切割机 切割厚度 100	台班	0.6236	0.8918
	99250005	电焊机	台班	15.2362	22.3168
	99250440	氩弧焊机 500A	台班	1.9125	2.2501
	99270010	中频加热处理机 100kW	台班	3.8041	3.8041
	99270060	电焊条烘干箱 600×500×750	台班	1.3862	2.0628
	99290010	X 光胶片脱水烘干机 ZTH-340	台班	0.3004	0.3004
	99290050	X 光探伤机 2005	台班	4.3178	4.3178
	99440030	电动单级离心清水泵 ϕ100	台班	0.0288	0.0400
	99440490	试压泵 60MPa	台班	0.0550	0.0550

四、管道支架制作安装

工作内容： 管道支架制作、安装及刷油。

定　额　编　号				B-5-1-177	B-5-1-178	B-5-1-179
项　　目				管道支架制作安装		
				一般式	木垫式	弹簧式
名　　称			单位	t	t	t
人工	00050101	综合人工 安装	工日	31.7850	30.4950	27.8150
材料	01150101	热轧型钢 综合	t	1.0600	1.0200	1.0200
	03014692	精制六角螺栓连母垫(包括弹簧垫) M12×14～75	10套	9.9640	50.1060	51.5000
	03110216	尼龙砂轮片 ϕ500	片	8.0000	8.3000	9.5000
	03130101	电焊条	kg	33.3100	20.0000	27.6000
	05031014	硬木方 30×60	m^3		0.4800	
	80271312	无收缩混凝土	kg	75.0000	90.0000	65.0000
	13010115	酚醛调和漆	kg	15.0000	15.0000	15.0000
	13050511	醇酸防锈漆 C53-1	kg	21.1000	21.1000	21.1000
	14050121	油漆溶剂油	kg	1.3800	1.3800	1.3800
	14390101	氧气	m^3	17.3690	19.0610	11.2220
	14390302	乙炔气	kg	5.7870	6.2830	3.6720
	X0045	其他材料费	%	6.5000	6.5000	6.5000
机械	99190060	普通车床 ϕ630×2000	台班	0.9000		1.0600
	99190230	立式钻床 ϕ25	台班	1.3000	0.5250	0.5300
	99230180	砂轮切割机 ϕ500	台班	2.5000	2.5940	2.5000
	99250005	电焊机	台班	4.1000	2.4000	2.0500
	99270060	电焊条烘干箱 600×500×750	台班	0.8200	0.4800	0.6100
	99450930	鼓风机 $18m^3/min$	台班	0.9000	1.5500	0.6250

第二节　定额含量

一、低压管道

工作内容： 管道及管件安装，管道、管件试压和清洗，刷油。

定额编号			B-5-1-1	B-5-1-2	B-5-1-3	B-5-1-4
项目			低压碳钢管(螺纹连接)			
			公称直径(mm 以内)			
			25	32	40	50
			10m	10m	10m	10m
预算定额编号	预算定额名称	预算定额单位	数量			
03-8-1-3	低压碳钢管 螺纹连接 公称直径 25mm 以内	10m	1.0000			
03-8-1-4	低压碳钢管 螺纹连接 公称直径 32mm 以内	10m		1.0000		
03-8-1-5	低压碳钢管 螺纹连接 公称直径 40mm 以内	10m			1.0000	
03-8-1-6	低压碳钢管 螺纹连接 公称直径 50mm 以内	10m				1.0000
03-8-4-3	低压碳钢管件 螺纹连接 公称直径 25mm 以内	10 个	0.7860			
03-8-4-4	低压碳钢管件 螺纹连接 公称直径 32mm 以内	10 个		0.7860		
03-8-4-5	低压碳钢管件 螺纹连接 公称直径 40mm 以内	10 个			0.6320	
03-8-4-6	低压碳钢管件 螺纹连接 公称直径 50mm 以内	10 个				0.6320
03-8-18-1	低中压管道液压试验 公称直径 100mm 以内	100m	0.1000	0.1000	0.1000	0.1000
03-8-18-49	管道系统水冲洗 公称直径 50mm 以内	100m	0.1000	0.1000	0.1000	0.1000
03-12-1-59	管道刷油 红丹防锈漆 第一遍	$10m^2$	0.1010	0.1193	0.1510	0.1790
03-12-1-60	管道刷油 红丹防锈漆 增一遍	$10m^2$	0.1010	0.1193	0.1510	0.1790
03-12-1-66	管道刷油 调和漆 第一遍	$10m^2$	0.1010	0.1193	0.1510	0.1790
03-12-1-67	管道刷油 调和漆 增一遍	$10m^2$	0.1010	0.1193	0.1510	0.1790

工作内容： 管道及管件安装，法兰安装，无损探伤，管道、管件试压和清洗，刷油。

定额编号			B-5-1-5	B-5-1-6	B-5-1-7	B-5-1-8
项目			低压碳钢管(电弧焊)			
			公称直径(mm 以内)			
			25	50	65	80
			10m	10m	10m	10m
预算定额编号	预算定额名称	预算定额单位	数量			
03-8-1-9	低压碳钢管 电弧焊 公称直径 25mm 以内	10m	1.0000			
03-8-1-12	低压碳钢管 电弧焊 公称直径 50mm 以内	10m		1.0000		
03-8-1-13	低压碳钢管 电弧焊 公称直径 65mm 以内	10m			1.0000	
03-8-1-14	低压碳钢管 电弧焊 公称直径 80mm 以内	10m				1.0000
03-8-4-9	低压碳钢管件 电弧焊 公称直径 25mm 以内	10 个	0.3800			
03-8-4-12	低压碳钢管件 电弧焊 公称直径 50mm 以内	10 个		0.3150		
03-8-4-13	低压碳钢管件 电弧焊 公称直径 65mm 以内	10 个			0.3150	
03-8-4-14	低压碳钢管件 电弧焊 公称直径 80mm 以内	10 个				0.2770
03-8-10-12	低压碳钢平焊法兰 电弧焊 公称直径 25mm 以内	副	2.1100			
03-8-10-15	低压碳钢平焊法兰 电弧焊 公称直径 50mm 以内	副		2.1100		
03-8-10-16	低压碳钢平焊法兰 电弧焊 公称直径 65mm 以内	副			2.1100	
03-8-10-17	低压碳钢平焊法兰 电弧焊 公称直径 80mm 以内	副				1.7250
03-8-16-9	焊缝 X 射线检测 80×300mm 管壁厚 16mm 以内	10 张	0.1820	0.1552	0.1552	0.1395
03-8-18-1	低中压管道液压试验 公称直径 100mm 以内	100m	0.1000	0.1000	0.1000	0.1000
03-8-18-49	管道系统水冲洗 公称直径 50mm 以内	100m	0.0800	0.1000		
03-8-18-50	管道系统水冲洗 公称直径 100mm 以内	100m			0.0460	0.0760
03-12-1-59	管道刷油 红丹防锈漆 第一遍	$10m^2$	0.1010	0.1790	0.2390	0.2800
03-12-1-60	管道刷油 红丹防锈漆 增一遍	$10m^2$	0.1010	0.1790	0.2390	0.2800
03-12-1-66	管道刷油 调和漆 第一遍	$10m^2$	0.1010	0.1790	0.2390	0.2800
03-12-1-67	管道刷油 调和漆 增一遍	$10m^2$	0.1010	0.1790	0.2390	0.2800

工作内容： 管道及管件安装，法兰安装，无损探伤，管道、管件试压和清洗，刷油。

定　额　编　号			B-5-1-9	B-5-1-10	B-5-1-11	B-5-1-12
项　目			低压碳钢管(电弧焊)			
			公称直径(mm 以内)			
			100	125	150	200
			10m	10m	10m	10m
预算定额编号	预算定额名称	预算定额单位	数　量			
03-8-1-15	低压碳钢管 电弧焊 公称直径 100mm 以内	10m	1.0000			
03-8-1-16	低压碳钢管 电弧焊 公称直径 125mm 以内	10m		1.0000		
03-8-1-17	低压碳钢管 电弧焊 公称直径 150mm 以内	10m			1.0000	
03-8-1-18	低压碳钢管 电弧焊 公称直径 200mm 以内	10m				1.0000
03-8-4-15	低压碳钢管件 电弧焊 公称直径 100mm 以内	10 个	0.2770			
03-8-4-16	低压碳钢管件 电弧焊 公称直径 125mm 以内	10 个		0.2520		
03-8-4-17	低压碳钢管件 电弧焊 公称直径 150mm 以内	10 个			0.2920	
03-8-4-18	低压碳钢管件 电弧焊 公称直径 200mm 以内	10 个				0.3800
03-8-10-18	低压碳钢平焊法兰 电弧焊 公称直径 100mm 以内	副	1.7250			
03-8-10-19	低压碳钢平焊法兰 电弧焊 公称直径 125mm 以内	副		1.7500		
03-8-10-20	低压碳钢平焊法兰 电弧焊 公称直径 150mm 以内	副			1.7800	
03-8-10-21	低压碳钢平焊法兰 电弧焊 公称直径 200mm 以内	副				1.7800
03-8-16-9	焊缝 X 射线检测 80×300mm 管壁厚 16mm 以内	10 张	0.2093	0.1938	0.2186	0.3639
03-8-18-1	低中压管道液压试验 公称直径 100mm 以内	100m	0.1000			
03-8-18-2	低中压管道液压试验 公称直径 200mm 以内	100m		0.1000	0.1000	0.1000
03-8-18-50	管道系统水冲洗 公称直径 100mm 以内	100m	0.1000			
03-8-18-51	管道系统水冲洗 公称直径 200mm 以内	100m		0.0490	0.0740	0.1000
03-12-1-59	管道刷油 红丹防锈漆 第一遍	$10m^2$	0.3390	0.4810	0.5000	0.6880
03-12-1-60	管道刷油 红丹防锈漆 增一遍	$10m^2$	0.3390	0.4810	0.5000	0.6880
03-12-1-66	管道刷油 调和漆 第一遍	$10m^2$	0.3390	0.4810	0.5000	0.6880
03-12-1-67	管道刷油 调和漆 增一遍	$10m^2$	0.3390	0.4810	0.5000	0.6880

工作内容： 管道及管件安装，法兰安装，无损探伤，管道、管件试压和清洗，刷油。

定额编号			B-5-1-13	B-5-1-14	B-5-1-15	B-5-1-16
项目			低压碳钢管(电弧焊)			
			公称直径(mm 以内)			
			250	300	350	400
			10m	10m	10m	10m
预算定额编号	预算定额名称	预算定额单位	数量			
03-8-1-19	低压碳钢管 电弧焊 公称直径 250mm 以内	10m	1.0000			
03-8-1-20	低压碳钢管 电弧焊 公称直径 300mm 以内	10m		1.0000		
03-8-1-21	低压碳钢管 电弧焊 公称直径 350mm 以内	10m			1.0000	
03-8-1-22	低压碳钢管 电弧焊 公称直径 400mm 以内	10m				1.0000
03-8-4-19	低压碳钢管件 电弧焊 公称直径 250mm 以内	10 个	0.2930			
03-8-4-20	低压碳钢管件 电弧焊 公称直径 300mm 以内	10 个		0.2950		
03-8-4-21	低压碳钢管件 电弧焊 公称直径 350mm 以内	10 个			0.2920	
03-8-4-22	低压碳钢管件 电弧焊 公称直径 400mm 以内	10 个				0.2780
03-8-10-22	低压碳钢平焊法兰 电弧焊 公称直径 250mm 以内	副	1.7800			
03-8-10-23	低压碳钢平焊法兰 电弧焊 公称直径 300mm 以内	副		1.7700		
03-8-10-24	低压碳钢平焊法兰 电弧焊 公称直径 350mm 以内	副			1.7700	
03-8-10-25	低压碳钢平焊法兰 电弧焊 公称直径 400mm 以内	副				1.7700
03-8-16-9	焊缝 X 射线检测 80×300mm 管壁厚 16mm 以内	10 张	0.2922	0.2939	0.3643	0.3498
03-8-18-3	低中压管道液压试验 公称直径 300mm 以内	100m	0.1000	0.1000		
03-8-18-4	低中压管道液压试验 公称直径 400mm 以内	100m			0.1000	0.1000
03-8-18-52	管道系统水冲洗 公称直径 300mm 以内	100m	0.0720	0.1000		
03-8-18-53	管道系统水冲洗 公称直径 400mm 以内	100m			0.0790	0.1000
03-12-1-59	管道刷油 红丹防锈漆 第一遍	$10m^2$	0.8580	1.0200	1.1840	1.3380
03-12-1-60	管道刷油 红丹防锈漆 增一遍	$10m^2$	0.8580	1.0200	1.1840	1.3380
03-12-1-66	管道刷油 调和漆 第一遍	$10m^2$	0.8580	1.0200	1.1840	1.3380
03-12-1-67	管道刷油 调和漆 增一遍	$10m^2$	0.8580	1.0200	1.1840	1.3380

工作内容： 1,2. 管道及管件安装，法兰安装，无损探伤，管道、管件试压和清洗，刷油。
3,4. 管道及管件安装，法兰安装，无损探伤，焊口局部充氩保护焊接，管道、管件试压和清洗，管道刷油。

定　额　编　号			B-5-1-17	B-5-1-18	B-5-1-19	B-5-1-20
项　　目			低压碳钢管(电弧焊)		低压碳钢管(氩电联焊)	
			公称直径(mm 以内)			
			450	500	25	50
			10m	10m	10m	10m
预算定额编号	预算定额名称	预算定额单位	数　　量			
03-8-1-23	低压碳钢管 电弧焊 公称直径 450mm 以内	10m	1.0000			
03-8-1-24	低压碳钢管 电弧焊 公称直径 500mm 以内	10m		1.0000		
03-8-1-27	低压碳钢管 氩电联焊 公称直径 25mm 以内	10m			1.0000	
03-8-1-30	低压碳钢管 氩电联焊 公称直径 50mm 以内	10m				1.0000
03-8-4-23	低压碳钢管件 电弧焊 公称直径 450mm 以内	10 个	0.2780			
03-8-4-24	低压碳钢管件 电弧焊 公称直径 500mm 以内	10 个		0.2780		
03-8-4-27	低压碳钢管件 氩电联焊 公称直径 25mm 以内	10 个			0.3800	
03-8-4-30	低压碳钢管件 氩电联焊 公称直径 50mm 以内	10 个				0.3150
03-8-10-26	低压碳钢平焊法兰 电弧焊 公称直径 450mm 以内	副	1.7700			
03-8-10-27	低压碳钢平焊法兰 电弧焊 公称直径 500mm 以内	副		1.7700		
03-8-10-58	低压碳钢对焊法兰 氩电联焊 公称直径 25mm 以内	副			2.1100	
03-8-10-61	低压碳钢对焊法兰 氩电联焊 公称直径 50mm 以内	副				2.1100
03-8-16-9	焊缝 X 射线检测 80×300mm 管壁厚 16mm 以内	10 张	0.4198	0.4898	0.1820	0.1552
03-8-18-1	低中压管道液压试验 公称直径 100mm 以内	100m			0.1000	0.1000
03-8-18-5	低中压管道液压试验 公称直径 500mm 以内	100m	0.1000	0.1000		
03-8-18-49	管道系统水冲洗 公称直径 50mm 以内	100m			0.0800	0.1000
03-8-18-54	管道系统水冲洗 公称直径 500mm 以内	100m	0.0810	0.1000		
03-8-18-166	管内局部充氩保护 公称直径 50mm 以内	10 口			0.9098	0.7759
03-12-1-59	管道刷油 红丹防锈漆 第一遍	$10m^2$	1.5020	1.6620	0.1010	0.1790
03-12-1-60	管道刷油 红丹防锈漆 增一遍	$10m^2$	1.5020	1.6620	0.1010	0.1790
03-12-1-66	管道刷油 调和漆 第一遍	$10m^2$	1.5020	1.6620	0.1010	0.1790
03-12-1-67	管道刷油 调和漆 增一遍	$10m^2$	1.5020	1.6620	0.1010	0.1790

工作内容：管道及管件安装，法兰安装，无损探伤，焊口局部充氩保护焊接，管道、管件试压和清洗，管道刷油。

定额编号			B-5-1-21	B-5-1-22	B-5-1-23	B-5-1-24
项目			低压碳钢管(电弧焊)			
			公称直径(mm 以内)			
			65	80	100	125
			10m	10m	10m	10m
预算定额编号	预算定额名称	预算定额单位	数量			
03-8-1-31	低压碳钢管 氩电联焊 公称直径 65mm 以内	10m	1.0000			
03-8-1-32	低压碳钢管 氩电联焊 公称直径 80mm 以内	10m		1.0000		
03-8-1-33	低压碳钢管 氩电联焊 公称直径 100mm 以内	10m			1.0000	
03-8-1-34	低压碳钢管 氩电联焊 公称直径 125mm 以内	10m				1.0000
03-8-4-31	低压碳钢管件 氩电联焊 公称直径 65mm 以内	10 个	0.3150			
03-8-4-32	低压碳钢管件 氩电联焊 公称直径 80mm 以内	10 个		0.2770		
03-8-4-33	低压碳钢管件 氩电联焊 公称直径 100mm 以内	10 个			0.2770	
03-8-4-34	低压碳钢管件 氩电联焊 公称直径 125mm 以内	10 个				0.2520
03-8-10-62	低压碳钢对焊法兰 氩电联焊 公称直径 65mm 以内	副	2.1100			
03-8-10-63	低压碳钢对焊法兰 氩电联焊 公称直径 80mm 以内	副		1.7250		
03-8-10-64	低压碳钢对焊法兰 氩电联焊 公称直径 100mm 以内	副			1.7250	
03-8-10-65	低压碳钢对焊法兰 氩电联焊 公称直径 125mm 以内	副				1.7500
03-8-16-9	焊缝 X 射线检测 80×300mm 管壁厚 16mm 以内	10 张	0.1552	0.1395	0.2093	0.1938
03-8-18-1	低中压管道液压试验 公称直径 100mm 以内	100m	0.1000	0.1000	0.1000	
03-8-18-2	低中压管道液压试验 公称直径 200mm 以内	100m				0.1000
03-8-18-50	管道系统水冲洗 公称直径 100mm 以内	100m	0.0460	0.0730	0.1000	
03-8-18-51	管道系统水冲洗 公称直径 200mm 以内	100m				0.0490
03-8-18-167	管内局部充氩保护 公称直径 100mm 以内	10 口	0.7759	0.6976	0.6976	
03-8-18-168	管内局部充氩保护 公称直径 200mm 以内	10 口				0.6461
03-12-1-59	管道刷油 红丹防锈漆 第一遍	$10m^2$	0.2390	0.2800	0.3390	0.4810
03-12-1-60	管道刷油 红丹防锈漆 增一遍	$10m^2$	0.2390	0.2800	0.3390	0.4810
03-12-1-66	管道刷油 调和漆 第一遍	$10m^2$	0.2390	0.2800	0.3390	0.4810
03-12-1-67	管道刷油 调和漆 增一遍	$10m^2$	0.2390	0.2800	0.3390	0.4810

工作内容： 管道及管件安装，法兰安装，无损探伤，焊口局部充氩保护焊接，管道、管件试压和清洗，管道刷油。

定额编号			B-5-1-25	B-5-1-26	B-5-1-27	B-5-1-28
项目			低压碳钢管(电弧焊)			
			公称直径(mm 以内)			
			150	200	250	300
			10m	10m	10m	10m
预算定额编号	预算定额名称	预算定额单位	数量			
03-8-1-35	低压碳钢管 氩电联焊 公称直径 150mm 以内	10m	1.0000			
03-8-1-36	低压碳钢管 氩电联焊 公称直径 200mm 以内	10m		1.0000		
03-8-1-37	低压碳钢管 氩电联焊 公称直径 250mm 以内	10m			1.0000	
03-8-1-38	低压碳钢管 氩电联焊 公称直径 300mm 以内	10m				1.0000
03-8-4-35	低压碳钢管件 氩电联焊 公称直径 150mm 以内	10 个	0.2920			
03-8-4-36	低压碳钢管件 氩电联焊 公称直径 200mm 以内	10 个		0.3800		
03-8-4-37	低压碳钢管件 氩电联焊 公称直径 250mm 以内	10 个			0.2930	
03-8-4-38	低压碳钢管件 氩电联焊 公称直径 300mm 以内	10 个				0.2950
03-8-10-66	低压碳钢对焊法兰 氩电联焊 公称直径 150mm 以内	副	1.7800			
03-8-10-67	低压碳钢对焊法兰 氩电联焊 公称直径 200mm 以内	副		1.7800		
03-8-10-68	低压碳钢对焊法兰 氩电联焊 公称直径 250mm 以内	副			1.7800	
03-8-10-69	低压碳钢对焊法兰 氩电联焊 公称直径 300mm 以内	副				1.7700
03-8-16-9	焊缝 X 射线检测 80×300mm 管壁厚 16mm 以内	10 张	0.2186	0.3639	0.2922	0.2939
03-8-18-2	低中压管道液压试验 公称直径 200mm 以内	100m	0.1000	0.1000		
03-8-18-3	低中压管道液压试验 公称直径 300mm 以内	100m			0.1000	0.1000
03-8-18-51	管道系统水冲洗 公称直径 200mm 以内	100m	0.0740	0.1000		
03-8-18-52	管道系统水冲洗 公称直径 300mm 以内	100m			0.0720	0.1000
03-8-18-168	管内局部充氩保护 公称直径 200mm 以内	10 口	0.7285	0.9098		
03-8-18-169	管内局部充氩保护 公称直径 300mm 以内	10 口			0.7306	0.7347
03-12-1-59	管道刷油 红丹防锈漆 第一遍	$10m^2$	0.5000	0.6880	0.8580	1.0200
03-12-1-60	管道刷油 红丹防锈漆 增一遍	$10m^2$	0.5000	0.6880	0.8580	1.0200
03-12-1-66	管道刷油 调和漆 第一遍	$10m^2$	0.5000	0.6880	0.8580	1.0200
03-12-1-67	管道刷油 调和漆 增一遍	$10m^2$	0.5000	0.6880	0.8580	1.0200

工作内容：管道及管件安装，法兰安装，无损探伤，焊口局部充氩保护焊接，管道、管件试压和清洗，管道刷油。

定额编号			B-5-1-29	B-5-1-30	B-5-1-31	B-5-1-32
项目			低压碳钢管(电弧焊)			
			公称直径(mm 以内)			
			350	400	450	500
			10m	10m	10m	10m
预算定额编号	预算定额名称	预算定额单位	数量			
03-8-1-39	低压碳钢管 氩电联焊 公称直径 350mm 以内	10m	1.0000			
03-8-1-40	低压碳钢管 氩电联焊 公称直径 400mm 以内	10m		1.0000		
03-8-1-41	低压碳钢管 氩电联焊 公称直径 450mm 以内	10m			1.0000	
03-8-1-42	低压碳钢管 氩电联焊 公称直径 500mm 以内	10m				1.0000
03-8-4-39	低压碳钢管件 氩电联焊 公称直径 350mm 以内	10 个	0.2780			
03-8-4-40	低压碳钢管件 氩电联焊 公称直径 400mm 以内	10 个		0.2780		
03-8-4-41	低压碳钢管件 氩电联焊 公称直径 450mm 以内	10 个			0.2780	
03-8-4-42	低压碳钢管件 氩电联焊 公称直径 500mm 以内	10 个				0.2780
03-8-10-70	低压碳钢对焊法兰 氩电联焊 公称直径 350mm 以内	副	1.7700			
03-8-10-71	低压碳钢对焊法兰 氩电联焊 公称直径 400mm 以内	副		1.7700		
03-8-10-72	低压碳钢对焊法兰 氩电联焊 公称直径 450mm 以内	副			1.7700	
03-8-10-73	低压碳钢对焊法兰 氩电联焊 公称直径 500mm 以内	副				1.7700
03-8-16-9	焊缝 X 射线检测 80×300mm 管壁厚 16mm 以内	10 张	0.3498	0.3498	0.4198	0.4898
03-8-18-4	低中压管道液压试验 公称直径 400mm 以内	100m	0.1000	0.1000		
03-8-18-5	低中压管道液压试验 公称直径 500mm 以内	100m			0.1000	0.1000
03-8-18-53	管道系统水冲洗 公称直径 400mm 以内	100m	0.0790	0.1000		
03-8-18-54	管道系统水冲洗 公称直径 500mm 以内	100m			0.0810	0.1000
03-8-18-170	管内局部充氩保护 公称直径 400mm 以内	10 口	0.6997	0.6997		
03-8-18-171	管内局部充氩保护 公称直径 500mm 以内	10 口			0.6997	0.6997
03-12-1-59	管道刷油 红丹防锈漆 第一遍	$10m^2$	1.1840	1.3380	1.5020	1.6620
03-12-1-60	管道刷油 红丹防锈漆 增一遍	$10m^2$	1.1840	1.3380	1.5020	1.6620
03-12-1-66	管道刷油 调和漆 第一遍	$10m^2$	1.1840	1.3380	1.5020	1.6620
03-12-1-67	管道刷油 调和漆 增一遍	$10m^2$	1.1840	1.3380	1.5020	1.6620

工作内容：管道及管件安装，法兰安装，管道、管件试压及管道预组装，刷油。

定额编号			B-5-1-33	B-5-1-34	B-5-1-35	B-5-1-36
项目			低压衬里钢管预制安装(电弧焊)			
			公称直径(mm 以内)			
			32	50	65	80
			10m	10m	10m	10m
预算定额编号	预算定额名称	预算定额单位	数量			
03-8-1-79	低压衬里钢管预制 电弧焊 公称直径 32mm 以内	10m	1.0000			
03-8-1-81	低压衬里钢管预制 电弧焊 公称直径 50mm 以内	10m		1.0000		
03-8-1-82	低压衬里钢管预制 电弧焊 公称直径 65mm 以内	10m			1.0000	
03-8-1-83	低压衬里钢管预制 电弧焊 公称直径 80mm 以内	10m				1.0000
03-8-18-1	低中压管道液压试验 公称直径 100mm 以内	100m	0.1000	0.1000	0.1000	0.1000
03-12-1-59	管道刷油 红丹防锈漆 第一遍	$10m^2$	0.1193	0.1790	0.2390	0.2800
03-12-1-60	管道刷油 红丹防锈漆 增一遍	$10m^2$	0.1193	0.1790	0.2390	0.2800
03-12-1-66	管道刷油 调和漆 第一遍	$10m^2$	0.1193	0.1790	0.2390	0.2800
03-12-1-67	管道刷油 调和漆 增一遍	$10m^2$	0.1193	0.1790	0.2390	0.2800

工作内容：管道及管件安装，法兰安装，管道、管件试压及管道预组装，刷油。

定额编号			B-5-1-37	B-5-1-38	B-5-1-39	B-5-1-40
项目			低压衬里钢管预制安装(电弧焊)			
			公称直径(mm 以内)			
			100	125	150	200
			10m	10m	10m	10m
预算定额编号	预算定额名称	预算定额单位	数量			
03-8-1-84	低压衬里钢管预制 电弧焊 公称直径 100mm 以内	10m	1.0000			
03-8-1-85	低压衬里钢管预制 电弧焊 公称直径 125mm 以内	10m		1.0000		
03-8-1-86	低压衬里钢管预制 电弧焊 公称直径 150mm 以内	10m			1.0000	
03-8-1-87	低压衬里钢管预制 电弧焊 公称直径 200mm 以内	10m				1.0000
03-8-18-1	低中压管道液压试验 公称直径 100mm 以内	100m	0.1000			
03-8-18-2	低中压管道液压试验 公称直径 200mm 以内	100m		0.1000	0.1000	0.1000
03-12-1-59	管道刷油 红丹防锈漆 第一遍	$10m^2$	0.3390	0.4810	0.5000	0.6880
03-12-1-60	管道刷油 红丹防锈漆 增一遍	$10m^2$	0.3390	0.4810	0.5000	0.6880
03-12-1-66	管道刷油 调和漆 第一遍	$10m^2$	0.3390	0.4810	0.5000	0.6880
03-12-1-67	管道刷油 调和漆 增一遍	$10m^2$	0.3390	0.4810	0.5000	0.6880

工作内容： 管道及管件安装，法兰安装，管道、管件试压及管道预组装，刷油。

定　额　编　号			B-5-1-41	B-5-1-42	B-5-1-43	B-5-1-44
项　　目			低压衬里钢管预制安装(电弧焊)			
			公称直径(mm以内)			
			250	300	350	400
			10m	10m	10m	10m
预算定额编号	预算定额名称	预算定额单位	数　　量			
03-8-1-88	低压衬里钢管预制 电弧焊 公称直径250mm以内	10m	1.0000			
03-8-1-89	低压衬里钢管预制 电弧焊 公称直径300mm以内	10m		1.0000		
03-8-1-90	低压衬里钢管预制 电弧焊 公称直径350mm以内	10m			1.0000	
03-8-1-91	低压衬里钢管预制 电弧焊 公称直径400mm以内	10m				1.0000
03-8-18-3	低中压管道液压试验 公称直径300mm以内	100m	0.1000	0.1000		
03-8-18-4	低中压管道液压试验 公称直径400mm以内	100m			0.1000	0.1000
03-12-1-59	管道刷油 红丹防锈漆 第一遍	$10m^2$	0.8580	1.0200	1.1840	1.3380
03-12-1-60	管道刷油 红丹防锈漆 增一遍	$10m^2$	0.8580	1.0200	1.1840	1.3380
03-12-1-66	管道刷油 调和漆 第一遍	$10m^2$	0.8580	1.0200	1.1840	1.3380
03-12-1-67	管道刷油 调和漆 增一遍	$10m^2$	0.8580	1.0200	1.1840	1.3380

工作内容：1,2. 管道及管件安装,法兰安装,管道、管件试压及管道预组装,刷油。
3,4. 管道及管件安装,法兰安装,管道、管件试压和清洗,刷油。

定额编号			B-5-1-45	B-5-1-46	B-5-1-47	B-5-1-48
项目			低压衬里钢管预制安装(电弧焊)		低压碳钢板卷管(电弧焊)	
			公称直径(mm 以内)			
			450	500	200	250
			10m	10m	10m	10m
预算定额编号	预算定额名称	预算定额单位	数量			
03-8-1-92	低压衬里钢管预制 电弧焊 公称直径 450mm 以内	10m	1.0000			
03-8-1-93	低压衬里钢管预制 电弧焊 公称直径 500mm 以内	10m		1.0000		
03-8-1-121	低压碳钢板卷管 电弧焊 公称直径 200mm 以内	10m			1.0000	
03-8-1-122	低压碳钢板卷管 电弧焊 公称直径 250mm 以内	10m				1.0000
03-8-4-73	低压碳钢板卷管件 电弧焊 公称直径 200mm 以内	10 个			0.2000	
03-8-4-74	低压碳钢板卷管件 电弧焊 公称直径 250mm 以内	10 个				0.2000
03-8-10-21	低压碳钢平焊法兰 电弧焊 公称直径 200mm 以内	副			2.0600	
03-8-10-22	低压碳钢平焊法兰 电弧焊 公称直径 250mm 以内	副				2.0600
03-8-18-2	低中压管道液压试验 公称直径 200mm 以内	100m			0.1000	
03-8-18-3	低中压管道液压试验 公称直径 300mm 以内	100m				0.1000
03-8-18-5	低中压管道液压试验 公称直径 500mm 以内	100m	0.1000	0.1000		
03-8-18-51	管道系统水冲洗 公称直径 200mm 以内	100m			0.1000	
03-8-18-52	管道系统水冲洗 公称直径 300mm 以内	100m				0.0720
03-12-1-59	管道刷油 红丹防锈漆 第一遍	$10m^2$	1.5020	1.6620	0.6880	0.8580
03-12-1-60	管道刷油 红丹防锈漆 增一遍	$10m^2$	1.5020	1.6620	0.6880	0.8580
03-12-1-66	管道刷油 调和漆 第一遍	$10m^2$	1.5020	1.6620	0.6880	0.8580
03-12-1-67	管道刷油 调和漆 增一遍	$10m^2$	1.5020	1.6620	0.6880	0.8580

工作内容：管道及管件安装，法兰安装，管道、管件试压和清洗，刷油。

定额编号			B-5-1-49	B-5-1-50	B-5-1-51	B-5-1-52
项目			低压碳钢板卷管(电弧焊)			
			公称直径(mm以内)			
			300	350	400	450
			10m	10m	10m	10m
预算定额编号	预算定额名称	预算定额单位	数量			
03-8-1-123	低压碳钢板卷管 电弧焊 公称直径300mm以内	10m	1.0000			
03-8-1-124	低压碳钢板卷管 电弧焊 公称直径350mm以内	10m		1.0000		
03-8-1-125	低压碳钢板卷管 电弧焊 公称直径400mm以内	10m			1.0000	
03-8-1-126	低压碳钢板卷管 电弧焊 公称直径450mm以内	10m				1.0000
03-8-4-75	低压碳钢板卷管件 电弧焊 公称直径300mm以内	10个	0.2000			
03-8-4-76	低压碳钢板卷管件 电弧焊 公称直径350mm以内	10个		0.2000		
03-8-4-77	低压碳钢板卷管件 电弧焊 公称直径400mm以内	10个			0.2000	
03-8-4-78	低压碳钢板卷管件 电弧焊 公称直径450mm以内	10个				0.2000
03-8-10-23	低压碳钢平焊法兰 电弧焊 公称直径300mm以内	副	2.0600			
03-8-10-24	低压碳钢平焊法兰 电弧焊 公称直径350mm以内	副		1.3900		
03-8-10-25	低压碳钢平焊法兰 电弧焊 公称直径400mm以内	副			1.3900	
03-8-10-26	低压碳钢平焊法兰 电弧焊 公称直径450mm以内	副				1.3900
03-8-18-3	低中压管道液压试验 公称直径300mm以内	100m	0.1000			
03-8-18-4	低中压管道液压试验 公称直径400mm以内	100m		0.1000	0.1000	
03-8-18-5	低中压管道液压试验 公称直径500mm以内	100m				0.1000
03-8-18-52	管道系统水冲洗 公称直径300mm以内	100m	0.1000			
03-8-18-53	管道系统水冲洗 公称直径400mm以内	100m		0.0790	0.1000	
03-8-18-54	管道系统水冲洗 公称直径500mm以内	100m				0.0810
03-12-1-59	管道刷油 红丹防锈漆 第一遍	$10m^2$	1.0200	1.1840	1.3380	1.5020
03-12-1-60	管道刷油 红丹防锈漆 增一遍	$10m^2$	1.0200	1.1840	1.3380	1.5020
03-12-1-66	管道刷油 调和漆 第一遍	$10m^2$	1.0200	1.1840	1.3380	1.5020
03-12-1-67	管道刷油 调和漆 增一遍	$10m^2$	1.0200	1.1840	1.3380	1.5020

工作内容： 管道及管件安装，法兰安装，管道、管件试压和清洗，刷油。

定额编号			B-5-1-53	B-5-1-54	B-5-1-55	B-5-1-56
项目			低压碳钢板卷管(电弧焊)			
			公称直径(mm 以内)			
			500	600	700	800
			10m	10m	10m	10m
预算定额编号	预算定额名称	预算定额单位	数量			
03-8-1-127	低压碳钢板卷管 电弧焊 公称直径 500mm 以内	10m	1.0000			
03-8-1-128	低压碳钢板卷管 电弧焊 公称直径 600mm 以内	10m		1.0000		
03-8-1-129	低压碳钢板卷管 电弧焊 公称直径 700mm 以内	10m			1.0000	
03-8-1-130	低压碳钢板卷管 电弧焊 公称直径 800mm 以内	10m				1.0000
03-8-4-79	低压碳钢板卷管件 电弧焊 公称直径 500mm 以内	10 个	0.2000			
03-8-4-80	低压碳钢板卷管件 电弧焊 公称直径 600mm 以内	10 个		0.2000		
03-8-4-81	低压碳钢板卷管件 电弧焊 公称直径 700mm 以内	10 个			0.2000	
03-8-4-82	低压碳钢板卷管件 电弧焊 公称直径 800mm 以内	10 个				0.2000
03-8-10-27	低压碳钢平焊法兰 电弧焊 公称直径 500mm 以内	副	1.3900			
03-8-10-28	低压碳钢平焊法兰 电弧焊 公称直径 600mm 以内	副		1.3900		
03-8-10-29	低压碳钢平焊法兰 电弧焊 公称直径 700mm 以内	副			1.3900	
03-8-10-30	低压碳钢平焊法兰 电弧焊 公称直径 800mm 以内	副				1.3900
03-8-18-5	低中压管道液压试验 公称直径 500mm 以内	100m	0.1000			
03-8-18-6	低中压管道液压试验 公称直径 600mm 以内	100m		0.1000		
03-8-18-7	低中压管道液压试验 公称直径 800mm 以内	100m			0.1000	0.1000
03-8-18-54	管道系统水冲洗 公称直径 500mm 以内	100m	0.1000			
03-8-18-55	管道系统水冲洗 公称直径 600mm 以内	100m		0.1000	0.1360	0.1780
03-12-1-59	管道刷油 红丹防锈漆 第一遍	$10m^2$	1.6620	1.9770	2.2620	2.5760
03-12-1-60	管道刷油 红丹防锈漆 增一遍	$10m^2$	1.6620	1.9770	2.2620	2.5760
03-12-1-66	管道刷油 调和漆 第一遍	$10m^2$	1.6620	1.9770	2.2620	2.5760
03-12-1-67	管道刷油 调和漆 增一遍	$10m^2$	1.6620	1.9770	2.2620	2.5760

工作内容： 管道及管件安装，法兰安装，管道、管件试压和清洗，刷油。

定额编号			B-5-1-57	B-5-1-58	B-5-1-59	B-5-1-60
项目			低压碳钢板卷管(电弧焊)			
			公称直径(mm 以内)			
			900	1000	1200	1400
			10m	10m	10m	10m
预算定额编号	预算定额名称	预算定额单位	数量			
03-8-1-131	低压碳钢板卷管 电弧焊 公称直径 900mm 以内	10m	1.0000			
03-8-1-132	低压碳钢板卷管 电弧焊 公称直径 1000mm 以内	10m		1.0000		
03-8-1-133	低压碳钢板卷管 电弧焊 公称直径 1200mm 以内	10m			1.0000	
03-8-1-134	低压碳钢板卷管 电弧焊 公称直径 1400mm 以内	10m				1.0000
03-8-4-83	低压碳钢板卷管件 电弧焊 公称直径 900mm 以内	10 个	0.2000			
03-8-4-84	低压碳钢板卷管件 电弧焊 公称直径 1000mm 以内	10 个		0.2000		
03-8-4-85	低压碳钢板卷管件 电弧焊 公称直径 1200mm 以内	10 个			0.2000	
03-8-4-86	低压碳钢板卷管件 电弧焊 公称直径 1400mm 以内	10 个				0.2000
03-8-10-31	低压碳钢平焊法兰 电弧焊 公称直径 900mm 以内	副	1.3900			
03-8-10-32	低压碳钢平焊法兰 电弧焊 公称直径 1000mm 以内	副		0.8400		
03-8-10-33	低压碳钢平焊法兰 电弧焊 公称直径 1200mm 以内	副			0.6000	
03-8-10-34	低压碳钢平焊法兰 电弧焊 公称直径 1400mm 以内	副				0.6000
03-8-18-8	低中压管道液压试验 公称直径 1000mm 以内	100m	0.1000	0.1000		
03-8-18-9	低中压管道液压试验 公称直径 1200mm 以内	100m			0.1000	0.1000
03-8-18-55	管道系统水冲洗 公称直径 600mm 以内	100m	0.2250	0.2780	0.4000	0.5440
03-12-1-59	管道刷油 红丹防锈漆 第一遍	$10m^2$	2.8900	3.2040	3.8330	4.4610
03-12-1-60	管道刷油 红丹防锈漆 增一遍	$10m^2$	2.8900	3.2040	3.8330	4.4610
03-12-1-66	管道刷油 调和漆 第一遍	$10m^2$	2.8900	3.2040	3.8330	4.4610
03-12-1-67	管道刷油 调和漆 增一遍	$10m^2$	2.8900	3.2040	3.8330	4.4610

工作内容：1. 管道及管件安装，法兰安装，管道、管件试压和清洗，刷油。
2,3,4. 管道及管件安装，法兰安装，无损探伤，焊口局部充氩保护焊接，管道、管件试压，焊缝钝化。

定额编号			B-5-1-61	B-5-1-62	B-5-1-63	B-5-1-64
项目			低压碳钢板卷管(电弧焊)	低压不锈钢管(氩电联焊)		
			公称直径(mm以内)			
			1600	25	50	65
			10m	10m	10m	10m
预算定额编号	预算定额名称	预算定额单位	数量			
03-8-1-135	低压碳钢板卷管 电弧焊 公称直径1600mm以内	10m	1.0000			
03-8-1-202	低压不锈钢管 氩电联焊 公称直径50mm以内	10m			1.0000	
03-8-1-203	低压不锈钢管 氩电联焊 公称直径65mm以内	10m				1.0000
03-8-1-215	低压不锈钢管 氩弧焊 公称直径25mm以内	10m		1.0000		
03-8-4-87	低压碳钢板卷管件 电弧焊 公称直径1600mm以内	10个	0.2000			
03-8-4-154	低压不锈钢管件 氩电联焊 公称直径50mm以内	10个			0.4900	
03-8-4-155	低压不锈钢管件 氩电联焊 公称直径65mm以内	10个				0.4800
03-8-4-167	低压不锈钢管件 氩弧焊 公称直径25mm以内	10个		0.5100		
03-8-10-35	低压碳钢平焊法兰 电弧焊 公称直径1600mm以内	副	0.6000			
03-8-10-108	低压不锈钢平焊法兰 电弧焊 公称直径25mm以内	副		1.2500		
03-8-10-111	低压不锈钢平焊法兰 电弧焊 公称直径50mm以内	副			1.2500	
03-8-10-112	低压不锈钢平焊法兰 电弧焊 公称直径65mm以内	副				1.2500
03-8-16-9	焊缝X射线检测 80×300mm 管壁厚16mm以内	10张		0.2355	0.2273	0.2232
03-8-18-1	低中压管道液压试验 公称直径100mm以内	100m		0.1000	0.1000	0.1000
03-8-18-9	低中压管道液压试验 公称直径1200mm以内	100m	0.1000			
03-8-18-49	管道系统水冲洗 公称直径50mm以内	100m		0.0800	0.1000	
03-8-18-50	管道系统水冲洗 公称直径100mm以内	100m				0.0460
03-8-18-55	管道系统水冲洗 公称直径600mm以内	100m	0.7110			
03-8-18-166	管内局部充氩保护 公称直径50mm以内	10口		1.1776	1.1364	
03-8-18-167	管内局部充氩保护 公称直径100mm以内	10口				1.1158
03-12-1-59	管道刷油 红丹防锈漆 第一遍	$10m^2$	5.0890			
03-12-1-60	管道刷油 红丹防锈漆 增一遍	$10m^2$	5.0890			
03-12-1-66	管道刷油 调和漆 第一遍	$10m^2$	5.0890			
03-12-1-67	管道刷油 调和漆 增一遍	$10m^2$	5.0890			

工作内容： 管道及管件安装，法兰安装，无损探伤，焊口局部充氩保护焊接，管道、管件试压，焊缝钝化。

定额编号			B-5-1-65	B-5-1-66	B-5-1-67	B-5-1-68
项目			低压不锈钢管（氩电联焊）			
			公称直径（mm 以内）			
			80	100	125	150
			10m	10m	10m	10m
预算定额编号	预算定额名称	预算定额单位	数量			
03-8-1-204	低压不锈钢管 氩电联焊 公称直径 80mm 以内	10m	1.0000			
03-8-1-205	低压不锈钢管 氩电联焊 公称直径 100mm 以内	10m		1.0000		
03-8-1-206	低压不锈钢管 氩电联焊 公称直径 125mm 以内	10m			1.0000	
03-8-1-207	低压不锈钢管 氩电联焊 公称直径 150mm 以内	10m				1.0000
03-8-4-156	低压不锈钢管件 氩电联焊 公称直径 80mm 以内	10 个	0.4600			
03-8-4-157	低压不锈钢管件 氩电联焊 公称直径 100mm 以内	10 个		0.2990		
03-8-4-158	低压不锈钢管件 氩电联焊 公称直径 125mm 以内	10 个			0.2370	
03-8-4-159	低压不锈钢管件 氩电联焊 公称直径 150mm 以内	10 个				0.2370
03-8-10-113	低压不锈钢平焊法兰 电弧焊 公称直径 80mm 以内	副	1.1750			
03-8-10-114	低压不锈钢平焊法兰 电弧焊 公称直径 100mm 以内	副		1.1750		
03-8-10-115	低压不锈钢平焊法兰 电弧焊 公称直径 125mm 以内	副			1.1750	
03-8-10-116	低压不锈钢平焊法兰 电弧焊 公称直径 150mm 以内	副				1.1750
03-8-16-9	焊缝 X 射线检测 80×300mm 管壁厚 16mm 以内	10 张	0.2149	0.2229	0.1846	0.1846
03-8-18-1	低中压管道液压试验 公称直径 100mm 以内	100m	0.1000	0.1000		
03-8-18-2	低中压管道液压试验 公称直径 200mm 以内	100m			0.1000	0.1000
03-8-18-50	管道系统水冲洗 公称直径 100mm 以内	100m	0.0730	0.1000		
03-8-18-51	管道系统水冲洗 公称直径 200mm 以内	100m			0.0490	0.0740
03-8-18-167	管内局部充氩保护 公称直径 100mm 以内	10 口	1.0746	0.7429		
03-8-18-168	管内局部充氩保护 公称直径 200mm 以内	10 口			0.6152	0.6152

工作内容：1,2,3. 管道及管件安装，法兰安装，无损探伤，焊口局部充氩保护焊接，管道、管件试压，焊缝钝化。

4. 管道及管件安装，法兰安装，焊口局部充氩保护焊接，管道、管件试压和清洗，焊缝钝化。

定额编号			B-5-1-69	B-5-1-70	B-5-1-71	B-5-1-72
项目			低压不锈钢管(氩电联焊)			低压不锈钢板卷管(氩电联焊)
			公称直径(mm以内)			
			200	250	300	200
			10m	10m	10m	10m
预算定额编号	预算定额名称	预算定额单位	数量			
03-8-1-208	低压不锈钢管 氩电联焊 公称直径200mm以内	10m	1.0000			
03-8-1-209	低压不锈钢管 氩电联焊 公称直径250mm以内	10m		1.0000		
03-8-1-210	低压不锈钢管 氩电联焊 公称直径300mm以内	10m			1.0000	
03-8-1-257	低压不锈钢板卷管 氩电联焊 公称直径200mm以内	10m				1.0000
03-8-4-160	低压不锈钢管件 氩电联焊 公称直径200mm以内	10个	0.3470			
03-8-4-161	低压不锈钢管件 氩电联焊 公称直径250mm以内	10个		0.4200		
03-8-4-162	低压不锈钢管件 氩电联焊 公称直径300mm以内	10个			0.4200	
03-8-4-219	低压不锈钢板卷管件 氩电联焊 公称直径200mm以内	10个				0.1500
03-8-10-117	低压不锈钢平焊法兰 电弧焊 公称直径200mm以内	副	1.1750			1.1750
03-8-10-118	低压不锈钢平焊法兰 电弧焊 公称直径250mm以内	副		1.1750		
03-8-10-119	低压不锈钢平焊法兰 电弧焊 公称直径300mm以内	副			1.1750	
03-8-16-9	焊缝X射线检测 80×300mm 管壁厚16mm以内	10张	0.3367	0.3969	0.3969	
03-8-18-2	低中压管道液压试验 公称直径200mm以内	100m	0.1000			0.1000
03-8-18-3	低中压管道液压试验 公称直径300mm以内	100m		0.1000	0.1000	
03-8-18-51	管道系统水冲洗 公称直径200mm以内	100m	0.1000			0.1000
03-8-18-52	管道系统水冲洗 公称直径300mm以内	100m		0.0720	0.1000	
03-8-18-168	管内局部充氩保护 公称直径200mm以内	10口	0.8418			0.4360
03-8-18-169	管内局部充氩保护 公称直径300mm以内	10口		0.9922	0.9922	

工作内容：管道及管件安装，法兰安装，焊口局部充氩保护焊接，管道、管件试压和清洗，焊缝钝化。

定额编号			B-5-1-73	B-5-1-74	B-5-1-75	B-5-1-76
项目			低压不锈钢板卷管(氩电联焊)			
			公称直径(mm 以内)			
			250	300	350	400
			10m	10m	10m	10m
预算定额编号	预算定额名称	预算定额单位	数量			
03-8-1-258	低压不锈钢板卷管 氩电联焊 公称直径 250mm 以内	10m	1.0000			
03-8-1-259	低压不锈钢板卷管 氩电联焊 公称直径 300mm 以内	10m		1.0000		
03-8-1-260	低压不锈钢板卷管 氩电联焊 公称直径 350mm 以内	10m			1.0000	
03-8-1-261	低压不锈钢板卷管 氩电联焊 公称直径 400mm 以内	10m				1.0000
03-8-4-220	低压不锈钢板卷管件 氩电联焊 公称直径 250mm 以内	10 个	0.1500			
03-8-4-221	低压不锈钢板卷管件 氩电联焊 公称直径 300mm 以内	10 个		0.1500		
03-8-4-222	低压不锈钢板卷管件 氩电联焊 公称直径 350mm 以内	10 个			0.1500	
03-8-4-223	低压不锈钢板卷管件 氩电联焊 公称直径 400mm 以内	10 个				0.1500
03-8-10-118	低压不锈钢平焊法兰 电弧焊 公称直径 250mm 以内	副	1.1750			
03-8-10-119	低压不锈钢平焊法兰 电弧焊 公称直径 300mm 以内	副		1.1750		
03-8-10-120	低压不锈钢平焊法兰 电弧焊 公称直径 350mm 以内	副			1.1750	
03-8-10-121	低压不锈钢平焊法兰 电弧焊 公称直径 400mm 以内	副				0.8000
03-8-18-3	低中压管道液压试验 公称直径 300mm 以内	100m	0.1000	0.1000		
03-8-18-4	低中压管道液压试验 公称直径 400mm 以内	100m			0.1000	0.1000
03-8-18-52	管道系统水冲洗 公称直径 300mm 以内	100m	0.0720	0.1000		
03-8-18-53	管道系统水冲洗 公称直径 400mm 以内	100m			0.0790	0.1000
03-8-18-169	管内局部充氩保护 公称直径 300mm 以内	10 口	0.4360	0.4360		
03-8-18-170	管内局部充氩保护 公称直径 400mm 以内	10 口			0.4360	0.4360

工作内容： 管道及管件安装，法兰安装，管道焊口热处理，无损探伤，焊口局部充氩保护焊接，管道、管件试压和清洗，刷油。

定额编号			B-5-1-77	B-5-1-78	B-5-1-79	B-5-1-80
项目			低压合金钢管(氩电联焊)			
			公称直径(mm 以内)			
			25	50	65	80
			10m	10m	10m	10m
预算定额编号	预算定额名称	预算定额单位	数量			
03-8-1-304	低压合金钢管 氩弧焊 公称直径 25mm 以内	10m	1.0000			
03-8-1-289	低压合金钢管 氩电联焊 公称直径 50mm 以内	10m		1.0000		
03-8-1-290	低压合金钢管 氩电联焊 公称直径 65mm 以内	10m			1.0000	
03-8-1-291	低压合金钢管 氩电联焊 公称直径 80mm 以内	10m				1.0000
03-8-4-253	低压合金钢管件 氩电联焊 公称直径 25mm 以内	10 个	0.4370			
03-8-4-256	低压合金钢管件 氩电联焊 公称直径 50mm 以内	10 个		0.3350		
03-8-4-257	低压合金钢管件 氩电联焊 公称直径 65mm 以内	10 个			0.3350	
03-8-4-258	低压合金钢管件 氩电联焊 公称直径 80mm 以内	10 个				0.3650
03-8-10-213	低压合金钢平焊法兰 电弧焊 公称直径 25mm 以内	副	1.2500			
03-8-10-216	低压合金钢平焊法兰 电弧焊 公称直径 50mm 以内	副		1.2500		
03-8-10-217	低压合金钢平焊法兰 电弧焊 公称直径 65mm 以内	副			1.2500	
03-8-10-218	低压合金钢平焊法兰 电弧焊 公称直径 80mm 以内	副				1.1750
03-8-16-9	焊缝 X 射线检测 80×300mm 管壁厚 16mm 以内	10 张	0.2054	0.1634	0.1634	0.2302
03-8-16-192	热处理 碳钢管电感应 公称直径 50mm 以内	10 口	1.0272	0.8171		
03-8-16-193	热处理 碳钢管电感应 公称直径 100mm 以内	10 口			0.8171	1.1508
03-8-18-1	低中压管道液压试验 公称直径 100mm 以内	100m	0.1000	0.1000	0.1000	0.1000
03-8-18-49	管道系统水冲洗 公称直径 50mm 以内	100m	0.0800	0.1000		
03-8-18-50	管道系统水冲洗 公称直径 100mm 以内	100m			0.0460	0.0730
03-8-18-166	管内局部充氩保护 公称直径 50mm 以内	10 口	1.0272	0.8171		
03-8-18-167	管内局部充氩保护 公称直径 100mm 以内	10 口			0.8171	1.1508
03-12-1-66	管道刷油 调和漆 第一遍	$10m^2$	0.1010	0.1790	0.2390	0.2800
03-12-1-67	管道刷油 调和漆 增一遍	$10m^2$	0.1010	0.1790	0.2390	0.2800

工作内容： 管道及管件安装，法兰安装，管道焊口热处理，无损探伤，焊口局部充氩保护焊接，管道、管件试压和清洗，刷油。

定额编号			B-5-1-81	B-5-1-82	B-5-1-83	B-5-1-84
项目			低压合金钢管（氩电联焊）			
			公称直径（mm 以内）			
			100	125	150	200
			10m	10m	10m	10m
预算定额编号	预算定额名称	预算定额单位	数量			
03-8-1-292	低压合金钢管 氩电联焊 公称直径 100mm 以内	10m	1.0000			
03-8-1-293	低压合金钢管 氩电联焊 公称直径 125mm 以内	10m		1.0000		
03-8-1-294	低压合金钢管 氩电联焊 公称直径 150mm 以内	10m			1.0000	
03-8-1-295	低压合金钢管 氩电联焊 公称直径 200mm 以内	10m				1.0000
03-8-4-259	低压合金钢管件 氩电联焊 公称直径 100mm 以内	10 个	0.3650			
03-8-4-260	低压合金钢管件 氩电联焊 公称直径 125mm 以内	10 个		0.3650		
03-8-4-261	低压合金钢管件 氩电联焊 公称直径 150mm 以内	10 个			0.3650	
03-8-4-262	低压合金钢管件 氩电联焊 公称直径 200mm 以内	10 个				0.3650
03-8-10-219	低压合金钢平焊法兰 电弧焊 公称直径 100mm 以内	副	1.1750			
03-8-10-220	低压合金钢平焊法兰 电弧焊 公称直径 125mm 以内	副		1.1750		
03-8-10-221	低压合金钢平焊法兰 电弧焊 公称直径 150mm 以内	副			1.1750	
03-8-10-222	低压合金钢平焊法兰 电弧焊 公称直径 200mm 以内	副				1.1750
03-8-16-9	焊缝 X 射线检测 80×300mm 管壁厚 16mm 以内	10 张	0.3452	0.2637	0.3298	0.4579
03-8-16-193	热处理 碳钢管电感应 公称直径 100mm 以内	10 口	1.1508			
03-8-16-194	热处理 碳钢管电感应 公称直径 200mm 以内	10 口		0.8789	1.0993	1.1446
03-8-18-1	低中压管道液压试验 公称直径 100mm 以内	100m	0.1000			
03-8-18-2	低中压管道液压试验 公称直径 200mm 以内	100m		0.1000	0.1000	0.1000
03-8-18-50	管道系统水冲洗 公称直径 100mm 以内	100m	0.1000			
03-8-18-51	管道系统水冲洗 公称直径 200mm 以内	100m		0.0490	0.0740	0.1000
03-8-18-167	管内局部充氩保护 公称直径 100mm 以内	10 口	1.1508			
03-8-18-168	管内局部充氩保护 公称直径 200mm 以内	10 口		0.8789	1.0993	1.1446
03-12-1-66	管道刷油 调和漆 第一遍	$10m^2$	0.3390	0.4810	0.5000	0.6880
03-12-1-67	管道刷油 调和漆 增一遍	$10m^2$	0.3390	0.4810	0.5000	0.6880

工作内容： 管道及管件安装，法兰安装，管道焊口热处理，无损探伤，焊口局部充氩保护焊接，管道、管件试压和清洗，刷油。

定额编号			B-5-1-85	B-5-1-86	B-5-1-87	B-5-1-88
项目			低压合金钢管(氩电联焊)			
			公称直径(mm以内)			
			250	300	350	400
			10m	10m	10m	10m
预算定额编号	预算定额名称	预算定额单位	数量			
03-8-1-296	低压合金钢管 氩电联焊 公称直径250mm以内	10m	1.0000			
03-8-1-297	低压合金钢管 氩电联焊 公称直径300mm以内	10m		1.0000		
03-8-1-298	低压合金钢管 氩电联焊 公称直径350mm以内	10m			1.0000	
03-8-1-299	低压合金钢管 氩电联焊 公称直径400mm以内	10m				1.0000
03-8-4-263	低压合金钢管件 氩电联焊 公称直径250mm以内	10个	0.2740			
03-8-4-264	低压合金钢管件 氩电联焊 公称直径300mm以内	10个		0.1830		
03-8-4-265	低压合金钢管件 氩电联焊 公称直径350mm以内	10个			0.1830	
03-8-4-266	低压合金钢管件 氩电联焊 公称直径400mm以内	10个				0.1830
03-8-10-223	低压合金钢平焊法兰 电弧焊 公称直径250mm以内	副	1.1750			
03-8-10-224	低压合金钢平焊法兰 电弧焊 公称直径300mm以内	副		1.1750		
03-8-10-225	低压合金钢平焊法兰 电弧焊 公称直径350mm以内	副			1.1750	
03-8-10-226	低压合金钢平焊法兰 电弧焊 公称直径400mm以内	副				1.1750
03-8-16-9	焊缝X射线检测 80×300mm 管壁厚16mm以内	10张	0.2766	0.2016	0.2520	0.2520
03-8-16-195	热处理 碳钢管电感应 公称直径300mm以内	10口	0.6914	0.5040		
03-8-16-196	热处理 碳钢管电感应 公称直径400mm以内	10口			0.5040	0.5040
03-8-18-169	管内局部充氩保护 公称直径300mm以内	10口	0.6914	0.5040		
03-8-18-170	管内局部充氩保护 公称直径400mm以内	10口			0.5040	0.5040
03-8-18-3	低中压管道液压试验 公称直径300mm以内	100m	0.1000	0.1000		
03-8-18-4	低中压管道液压试验 公称直径400mm以内	100m			0.1000	0.1000
03-8-18-52	管道系统水冲洗 公称直径300mm以内	100m	0.0720	0.1000		
03-8-18-53	管道系统水冲洗 公称直径400mm以内	100m			0.0790	0.1000
03-12-1-66	管道刷油 调和漆 第一遍	$10m^2$	0.8580	1.0200	1.1840	1.3380
03-12-1-67	管道刷油 调和漆 增一遍	$10m^2$	0.8580	1.0200	1.1840	1.3380

工作内容：1,2. 管道及管件安装，法兰安装，管道焊口热处理，无损探伤，焊口局部充氩保护焊接，管道、管件试压和清洗，刷油。

3,4. 管道及管件安装。

定额编号			B-5-1-89	B-5-1-90	B-5-1-91	B-5-1-92
项目			低压合金钢管(氩电联焊)		低压塑料管(热风焊)	
			公称直径(mm 以内)		管外径(mm 以内)	
			450	500	25	50
			10m	10m	10m	10m
预算定额编号	预算定额名称	预算定额单位	数量			
03-8-1-300	低压合金钢管　氩电联焊 公称直径 450mm 以内	10m	1.0000			
03-8-1-301	低压合金钢管　氩电联焊 公称直径 500mm 以内	10m		1.0000		
03-8-1-424	低压塑料管　热风焊 管外径 25mm 以内	10m			1.0000	
03-8-1-427	低压塑料管　热风焊 管外径 50mm 以内	10m				1.0000
03-8-4-267	低压合金钢管件　氩电联焊 公称直径 450mm 以内	10 个	0.1830			
03-8-4-268	低压合金钢管件　氩电联焊 公称直径 500mm 以内	10 个		0.1830		
03-8-4-453	低压塑料管件　热风焊 管外径 25mm 以内	10 个			0.2400	
03-8-4-456	低压塑料管件　热风焊 管外径 50mm 以内	10 个				0.2150
03-8-10-227	低压合金钢平焊法兰　电弧焊 公称直径 450mm 以内	副	1.1750			
03-8-10-228	低压合金钢平焊法兰　电弧焊 公称直径 500mm 以内	副		1.1750		
03-8-16-9	焊缝 X 射线检测　80×300mm 管壁厚 16mm 以内	10 张	0.3024	0.3528		
03-8-16-197	热处理　碳钢管电感应 公称直径 500mm 以内	10 口	0.5040	0.5040		
03-8-18-5	低中压管道液压试验 公称直径 500mm 以内	100m	0.1000	0.1000		
03-8-18-54	管道系统水冲洗 公称直径 500mm 以内	100m	0.0810	0.1000		
03-8-18-171	管内局部充氩保护 公称直径 500mm 以内	10 口	0.5040	0.5040		
03-12-1-66	管道刷油　调和漆　第一遍	$10m^2$	1.5020	1.6620		
03-12-1-67	管道刷油　调和漆　增一遍	$10m^2$	1.5020	1.6620		

工作内容：管道及管件安装。

定　额　编　号			B-5-1-93	B-5-1-94	B-5-1-95	B-5-1-96
项　　目			低压塑料管(热风焊)			
			管外径(mm 以内)			
			75	90	110	125
			10m	10m	10m	10m
预算定额编号	预算定额名称	预算定额单位	数　　量			
03-8-1-428	低压塑料管 热风焊 管外径 75mm 以内	10m	1.0000			
03-8-1-429	低压塑料管 热风焊 管外径 90mm 以内	10m		1.0000		
03-8-1-430	低压塑料管 热风焊 管外径 110mm 以内	10m			1.0000	
03-8-1-431	低压塑料管 热风焊 管外径 125mm 以内	10m				1.0000
03-8-4-457	低压塑料管件 热风焊 管外径 75mm 以内	10 个	0.1940			
03-8-4-458	低压塑料管件 热风焊 管外径 90mm 以内	10 个		0.1940		
03-8-4-459	低压塑料管件 热风焊 管外径 110mm 以内	10 个			0.1770	
03-8-4-460	低压塑料管件 热风焊 管外径 125mm 以内	10 个				0.1770

工作内容：管道及管件安装。

定　额　编　号			B-5-1-97	B-5-1-98	B-5-1-99	B-5-1-100
项　　目			低压塑料管(热风焊)			低压塑料管(承插粘接)
			管外径(mm 以内)			
			150	200	250	25
			10m	10m	10m	10m
预算定额编号	预算定额名称	预算定额单位	数　　量			
03-8-1-432	低压塑料管 热风焊 管外径 150mm 以内	10m	1.0000			
03-8-1-434	低压塑料管 热风焊 管外径 200mm 以内	10m		1.0000		
03-8-1-435	低压塑料管 热风焊 管外径 250mm 以内	10m			1.0000	
03-8-1-437	低压塑料管 承插粘接 管外径 25mm 以内	10m				1.0000
03-8-4-461	低压塑料管件 热风焊 管外径 150mm 以内	10 个	0.1630			
03-8-4-463	低压塑料管件 热风焊 管外径 200mm 以内	10 个		0.1600		
03-8-4-464	低压塑料管件 热风焊 管外径 250mm 以内	10 个			0.1600	
03-8-4-466	低压塑料管件 承插粘接 管外径 25mm 以内	10 个				0.2400

工作内容：管道及管件安装。

定额编号			B-5-1-101	B-5-1-102	B-5-1-103	B-5-1-104
项目			低压塑料管(承插粘接)			
			管外径(mm以内)			
			50	75	90	110
			10m	10m	10m	10m
预算定额编号	预算定额名称	预算定额单位	数量			
03-8-1-440	低压塑料管 承插粘接 管外径50mm以内	10m	1.0000			
03-8-1-441	低压塑料管 承插粘接 管外径75mm以内	10m		1.0000		
03-8-1-442	低压塑料管 承插粘接 管外径90mm以内	10m			1.0000	
03-8-1-443	低压塑料管 承插粘接 管外径110mm以内	10m				1.0000
03-8-4-469	低压塑料管件 承插粘接 管外径50mm以内	10个	0.2150			
03-8-4-470	低压塑料管件 承插粘接 管外径75mm以内	10个		0.1940		
03-8-4-471	低压塑料管件 承插粘接 管外径90mm以内	10个			0.1940	
03-8-4-472	低压塑料管件 承插粘接 管外径110mm以内	10个				0.1770

工作内容：管道及管件安装。

定额编号			B-5-1-105	B-5-1-106	B-5-1-107	B-5-1-108
项目			低压塑料管(承插粘接)			
			管外径(mm以内)			
			125	150	200	250
			10m	10m	10m	10m
预算定额编号	预算定额名称	预算定额单位	数量			
03-8-1-444	低压塑料管 承插粘接 管外径125mm以内	10m	1.0000			
03-8-1-445	低压塑料管 承插粘接 管外径150mm以内	10m		1.0000		
03-8-1-447	低压塑料管 承插粘接 管外径200mm以内	10m			1.0000	
03-8-1-448	低压塑料管 承插粘接 管外径250mm以内	10m				1.0000
03-8-4-473	低压塑料管件 承插粘接 管外径125mm以内	10个	0.1770			
03-8-4-474	低压塑料管件 承插粘接 管外径150mm以内	10个		0.1630		
03-8-4-476	低压塑料管件 承插粘接 管外径200mm以内	10个			0.1600	
03-8-4-477	低压塑料管件 承插粘接 管外径250mm以内	10个				0.1600

二、中压管道

工作内容： 管道及管件安装，法兰安装，无损探伤，焊口局部充氩保护焊接，管道、管件试压和清洗，刷油。

定额编号			B-5-1-109	B-5-1-110	B-5-1-111	B-5-1-112
项目			中压碳钢管(氩电联焊)			
			公称直径(mm 以内)			
			25	50	65	80
			10m	10m	10m	10m
预算定额编号	预算定额名称	预算定额单位	数量			
03-8-2-21	中压碳钢管 氩电联焊 公称直径 25mm 以内	10m	1.0000			
03-8-2-24	中压碳钢管 氩电联焊 公称直径 50mm 以内	10m		1.0000		
03-8-2-25	中压碳钢管 氩电联焊 公称直径 65mm 以内	10m			1.0000	
03-8-2-26	中压碳钢管 氩电联焊 公称直径 80mm 以内	10m				1.0000
03-8-5-21	中压碳钢管件 氩电联焊 公称直径 25mm 以内	10 个	0.3800			
03-8-5-24	中压碳钢管件 氩电联焊 公称直径 50mm 以内	10 个		0.3150		
03-8-5-25	中压碳钢管件 氩电联焊 公称直径 65mm 以内	10 个			0.3150	
03-8-5-26	中压碳钢管件 氩电联焊 公称直径 80mm 以内	10 个				0.2770
03-8-11-30	中压碳钢对焊法兰 氩电联焊 公称直径 25mm 以内	副	2.1100			
03-8-11-33	中压碳钢对焊法兰 氩电联焊 公称直径 50mm 以内	副		2.1100		
03-8-11-34	中压碳钢对焊法兰 氩电联焊 公称直径 65mm 以内	副			2.1100	
03-8-11-35	中压碳钢对焊法兰 氩电联焊 公称直径 80mm 以内	副				1.7250
03-8-16-9	焊缝 X 射线检测 80×300mm 管壁厚 16mm 以内	10 张	1.8196	1.5518	1.5518	1.3952
03-8-18-1	低中压管道液压试验 公称直径 100mm 以内	100m	0.1000	0.1000	0.1000	0.1000
03-8-18-49	管道系统水冲洗 公称直径 50mm 以内	100m	0.0800	0.1000		
03-8-18-50	管道系统水冲洗 公称直径 100mm 以内	100m			0.0460	0.0730
03-8-18-166	管内局部充氩保护 公称直径 50mm 以内	10 口	0.9098	0.7759		
03-8-18-167	管内局部充氩保护 公称直径 100mm 以内	10 口			0.7759	0.6976
03-12-1-59	管道刷油 红丹防锈漆 第一遍	$10m^2$	0.1010	0.1790	0.2390	0.2800
03-12-1-60	管道刷油 红丹防锈漆 增一遍	$10m^2$	0.1010	0.1790	0.2390	0.2800
03-12-1-66	管道刷油 调和漆 第一遍	$10m^2$	0.1010	0.1790	0.2390	0.2800
03-12-1-67	管道刷油 调和漆 增一遍	$10m^2$	0.1010	0.1790	0.2390	0.2800

工作内容：管道及管件安装，法兰安装，无损探伤，焊口局部充氩保护焊接，管道、管件试压和清洗，刷油。

定额编号			B-5-1-113	B-5-1-114	B-5-1-115	B-5-1-116
项目			中压碳钢管(氩电联焊)			
			公称直径(mm 以内)			
			100	125	150	200
			10m	10m	10m	10m
预算定额编号	预算定额名称	预算定额单位	数量			
03-8-2-27	中压碳钢管 氩电联焊 公称直径 100mm 以内	10m	1.0000			
03-8-2-28	中压碳钢管 氩电联焊 公称直径 125mm 以内	10m		1.0000		
03-8-2-29	中压碳钢管 氩电联焊 公称直径 150mm 以内	10m			1.0000	
03-8-2-30	中压碳钢管 氩电联焊 公称直径 200mm 以内	10m				1.0000
03-8-5-27	中压碳钢管件 氩电联焊 公称直径 100mm 以内	10 个	0.2770			
03-8-5-28	中压碳钢管件 氩电联焊 公称直径 125mm 以内	10 个		0.2520		
03-8-5-29	中压碳钢管件 氩电联焊 公称直径 150mm 以内	10 个			0.2920	
03-8-5-30	中压碳钢管件 氩电联焊 公称直径 200mm 以内	10 个				0.3800
03-8-11-36	中压碳钢对焊法兰 氩电联焊 公称直径 100mm 以内	副	1.7250			
03 8 11 37	中压碳钢对焊法兰 氩电联焊 公称直径 125mm 以内	副		1.7500		
03-8-11-38	中压碳钢对焊法兰 氩电联焊 公称直径 150mm 以内	副			1.7800	
03-8-11-39	中压碳钢对焊法兰 氩电联焊 公称直径 200mm 以内	副				1.7800
03-8-16-9	焊缝 X 射线检测 80×300mm 管壁厚 16mm 以内	10 张	2.0929	1.9384	2.1856	3.6392
03-8-18-1	低中压管道液压试验 公称直径 100mm 以内	100m	0.1000			
03-8-18-2	低中压管道液压试验 公称直径 200mm 以内	100m		0.1000	0.1000	0.1000
03-8-18-50	管道系统水冲洗 公称直径 100mm 以内	100m	0.1000			
03-8-18-51	管道系统水冲洗 公称直径 200mm 以内	100m		0.0490	0.0740	0.1000
03-8-18-167	管内局部充氩保护 公称直径 100mm 以内	10 口	0.6976			
03-8-18-168	管内局部充氩保护 公称直径 200mm 以内	10 口		0.6461	0.7285	0.9098
03-12-1-59	管道刷油 红丹防锈漆 第一遍	$10m^2$	0.3390	0.4810	0.5000	0.6880
03-12-1-60	管道刷油 红丹防锈漆 增一遍	$10m^2$	0.3390	0.4810	0.5000	0.6880
03-12-1-66	管道刷油 调和漆 第一遍	$10m^2$	0.3390	0.4810	0.5000	0.6880
03-12-1-67	管道刷油 调和漆 增一遍	$10m^2$	0.3390	0.4810	0.5000	0.6880

工作内容：管道及管件安装，法兰安装，无损探伤，焊口局部充氩保护焊接，管道、管件试压和清洗，刷油。

定额编号			B-5-1-117	B-5-1-118	B-5-1-119	B-5-1-120
项目			中压碳钢管(氩电联焊)			
			公称直径(mm 以内)			
			250	300	350	400
			10m	10m	10m	10m
预算定额编号	预算定额名称	预算定额单位	数量			
03-8-2-31	中压碳钢管 氩电联焊 公称直径 250mm 以内	10m	1.0000			
03-8-2-32	中压碳钢管 氩电联焊 公称直径 300mm 以内	10m		1.0000		
03-8-2-33	中压碳钢管 氩电联焊 公称直径 350mm 以内	10m			1.0000	
03-8-2-34	中压碳钢管 氩电联焊 公称直径 400mm 以内	10m				1.0000
03-8-5-31	中压碳钢管件 氩电联焊 公称直径 250mm 以内	10 个	0.2930			
03-8-5-32	中压碳钢管件 氩电联焊 公称直径 300mm 以内	10 个		0.2950		
03-8-5-33	中压碳钢管件 氩电联焊 公称直径 350mm 以内	10 个			0.2780	
03-8-5-34	中压碳钢管件 氩电联焊 公称直径 400mm 以内	10 个				0.2780
03-8-11-40	中压碳钢对焊法兰 氩电联焊 公称直径 250mm 以内	副	1.7800			
03-8-11-41	中压碳钢对焊法兰 氩电联焊 公称直径 300mm 以内	副		1.7700		
03-8-11-42	中压碳钢对焊法兰 氩电联焊 公称直径 350mm 以内	副			1.7700	
03-8-11-43	中压碳钢对焊法兰 氩电联焊 公称直径 400mm 以内	副				1.7700
03-8-16-9	焊缝 X 射线检测 80×300mm 管壁厚 16mm 以内	10 张	2.9223	2.9388	3.4984	3.4984
03-8-18-3	低中压管道液压试验 公称直径 300mm 以内	100m	0.1000	0.1000		
03-8-18-4	低中压管道液压试验 公称直径 400mm 以内	100m			0.1000	0.1000
03-8-18-52	管道系统水冲洗 公称直径 300mm 以内	100m	0.0720	0.1000		
03-8-18-53	管道系统水冲洗 公称直径 400mm 以内	100m			0.0790	0.1000
03-8-18-169	管内局部充氩保护 公称直径 300mm 以内	10 口	0.7306	0.7347		
03-8-18-170	管内局部充氩保护 公称直径 400mm 以内	10 口			0.6997	0.6997
03-12-1-59	管道刷油 红丹防锈漆 第一遍	$10m^2$	0.8580	1.0200	1.1840	1.3380
03-12-1-60	管道刷油 红丹防锈漆 增一遍	$10m^2$	0.8580	1.0200	1.1840	1.3380
03-12-1-66	管道刷油 调和漆 第一遍	$10m^2$	0.8580	1.0200	1.1840	1.3380
03-12-1-67	管道刷油 调和漆 增一遍	$10m^2$	0.8580	1.0200	1.1840	1.3380

工作内容：1,2. 管道及管件安装，法兰安装，无损探伤，焊口局部充氩保护焊接，管道、管件试压和清洗，刷油。

3,4. 管道及管件安装，法兰安装，无损探伤，焊口局部充氩保护焊接，管道、管件试压，焊缝钝化。

定　额　编　号			B-5-1-121	B-5-1-122	B-5-1-123	B-5-1-124
项　　目			中压碳钢管(氩电联焊)		中压不锈钢管(氩电联焊)	
			公称直径(mm 以内)			
			450	500	25	50
			10m	10m	10m	10m
预算定额编号	预算定额名称	预算定额单位	数　　量			
03-8-2-35	中压碳钢管 氩电联焊 公称直径 450mm 以内	10m	1.0000			
03-8-2-36	中压碳钢管 氩电联焊 公称直径 500mm 以内	10m		1.0000		
03-8-2-74	中压不锈钢管 氩弧焊 公称直径 25mm 以内	10m			1.0000	
03-8-2-84	中压不锈钢管 氩电联焊 公称直径 50mm 以内	10m				1.0000
03-8-5-35	中压碳钢管件 氩电联焊 公称直径 450mm 以内	10 个	0.2780			
03-8-5-36	中压碳钢管件 氩电联焊 公称直径 500mm 以内	10 个		0.2780		
03-8-5-72	中压不锈钢管件 氩电联焊 公称直径 50mm 以内	10 个				0.4800
03-8-5-85	中压不锈钢管件 氩弧焊 公称直径 25mm 以内	10 个			0.5000	
03-8-11-44	中压碳钢对焊法兰 氩电联焊 公称直径 450mm 以内	副	1.7700			
03-8-11-45	中压碳钢对焊法兰 氩电联焊 公称直径 500mm 以内	副		1.7700		
03-8-11-76	中压不锈钢对焊法兰 氩电联焊 公称直径 50mm 以内	副				1.2500
03-8-11-89	中压不锈钢对焊法兰 氩弧焊 公称直径 25mm 以内	副			1.2500	
03-8-16-9	焊缝 X 射线检测 80×300mm 管壁厚 16mm 以内	10 张	4.1981	4.8978	2.3140	2.2316
03-8-18-1	低中压管道液压试验 公称直径 100mm 以内	100m			0.1000	0.1000
03-8-18-5	低中压管道液压试验 公称直径 500mm 以内	100m	0.1000	0.1000		
03-8-18-49	管道系统水冲洗 公称直径 50mm 以内	100m			0.0800	0.1000
03-8-18-54	管道系统水冲洗 公称直径 500mm 以内	100m	0.0810	0.1000		
03-8-18-166	管内局部充氩保护 公称直径 50mm 以内	10 口			0.1270	0.1270
03-8-18-171	管内局部充氩保护 公称直径 500mm 以内	10 口	0.6997	0.6997		
03-12-1-59	管道刷油 红丹防锈漆 第一遍	$10m^2$	1.5020	1.6620		
03-12-1-60	管道刷油 红丹防锈漆 增一遍	$10m^2$	1.5020	1.6620		
03-12-1-66	管道刷油 调和漆 第一遍	$10m^2$	1.5020	1.6620		
03-12-1-67	管道刷油 调和漆 增一遍	$10m^2$	1.5020	1.6620		

工作内容： 管道及管件安装，法兰安装，无损探伤，焊口局部充氩保护焊接，管道、管件试压，焊缝钝化。

定额编号			B-5-1-125	B-5-1-126	B-5-1-127	B-5-1-128
项目			中压不锈钢管(氩电联焊)			
			公称直径(mm 以内)			
			65	80	100	125
			10m	10m	10m	10m
预算定额编号	预算定额名称	预算定额单位	数量			
03-8-2-85	中压不锈钢管 氩电联焊 公称直径 65mm 以内	10m	1.0000			
03-8-2-86	中压不锈钢管 氩电联焊 公称直径 80mm 以内	10m		1.0000		
03-8-2-87	中压不锈钢管 氩电联焊 公称直径 100mm 以内	10m			1.0000	
03-8-2-88	中压不锈钢管 氩电联焊 公称直径 125mm 以内	10m				1.0000
03-8-5-73	中压不锈钢管件 氩电联焊 公称直径 65mm 以内	10 个	0.4800			
03-8-5-74	中压不锈钢管件 氩电联焊 公称直径 80mm 以内	10 个		0.4600		
03-8-5-75	中压不锈钢管件 氩电联焊 公称直径 100mm 以内	10 个			0.3990	
03-8-5-76	中压不锈钢管件 氩电联焊 公称直径 125mm 以内	10 个				0.3370
03-8-11-77	中压不锈钢对焊法兰 氩电联焊 公称直径 65mm 以内	副	1.2500			
03-8-11-78	中压不锈钢对焊法兰 氩电联焊 公称直径 80mm 以内	副		1.1750		
03-8-11-79	中压不锈钢对焊法兰 氩电联焊 公称直径 100mm 以内	副			1.1750	
03-8-11-80	中压不锈钢对焊法兰 氩电联焊 公称直径 125mm 以内	副				1.1750
03-8-16-9	焊缝 X 射线检测 80×300mm 管壁厚 16mm 以内	10 张	2.2316	2.1492	2.8468	2.4637
03-8-18-1	低中压管道液压试验 公称直径 100mm 以内	100m	0.1000	0.1000	0.1000	
03-8-18-2	低中压管道液压试验 公称直径 200mm 以内	100m				0.1000
03-8-18-50	管道系统水冲洗 公称直径 100mm 以内	100m	0.0460	0.0730	0.1000	
03-8-18-51	管道系统水冲洗 公称直径 200mm 以内	100m				0.0490
03-8-18-167	管内局部充氩保护 公称直径 100mm 以内	10 口	0.1270	0.1270	0.1270	
03-8-18-168	管内局部充氩保护 公称直径 200mm 以内	10 口				0.1270

工作内容：管道及管件安装，法兰安装，无损探伤，焊口局部充氩保护焊接，管道、管件试压，焊缝钝化。

定额编号			B-5-1-129	B-5-1-130	B-5-1-131	B-5-1-132
项目			中压不锈钢管(氩电联焊)			
			公称直径(mm 以内)			
			150	200	250	300
			10m	10m	10m	10m
预算定额编号	预算定额名称	预算定额单位	数量			
03-8-2-89	中压不锈钢管 氩电联焊 公称直径 150mm 以内	10m	1.0000			
03-8-2-90	中压不锈钢管 氩电联焊 公称直径 200mm 以内	10m		1.0000		
03-8-2-91	中压不锈钢管 氩电联焊 公称直径 250mm 以内	10m			1.0000	
03-8-2-92	中压不锈钢管 氩电联焊 公称直径 300mm 以内	10m				1.0000
03-8-5-77	中压不锈钢管件 氩电联焊 公称直径 150mm 以内	10 个	0.3370			
03-8-5-78	中压不锈钢管件 氩电联焊 公称直径 200mm 以内	10 个		0.4470		
03-8-5-79	中压不锈钢管件 氩电联焊 公称直径 250mm 以内	10 个			0.4200	
03-8-5-80	中压不锈钢管件 氩电联焊 公称直径 300mm 以内	10 个				0.4200
03-8-11-81	中压不锈钢对焊法兰 氩电联焊 公称直径 150mm 以内	副	1.1750			
03-8-11-82	中压不锈钢对焊法兰 氩电联焊 公称直径 200mm 以内	副		1.1750		
03-8-11-83	中压不锈钢对焊法兰 氩电联焊 公称直径 250mm 以内	副			1.1750	
03-8-11-84	中压不锈钢对焊法兰 氩电联焊 公称直径 300mm 以内	副				1.1750
03-8-16-9	焊缝 X 射线检测 80×300mm 管壁厚 16mm 以内	10 张	2.4637	4.1913	3.9688	3.9688
03-8-18-2	低中压管道液压试验 公称直径 200mm 以内	100m	0.1000	0.1000		
03-8-18-3	低中压管道液压试验 公称直径 300mm 以内	100m			0.1000	0.1000
03-8-18-51	管道系统水冲洗 公称直径 200mm 以内	100m	0.0740	0.1000		
03-8-18-52	管道系统水冲洗 公称直径 300mm 以内	100m			0.0720	0.1000
03-8-18-168	管内局部充氩保护 公称直径 200mm 以内	10 口	0.8212	1.0478		
03-8-18-169	管内局部充氩保护 公称直径 300mm 以内	10 口			0.9922	0.9922

工作内容： 管道及管件安装，法兰安装，管道焊口热处理，无损探伤，焊口局部充氩保护焊接，管道、管件试压和清洗，刷油。

定额编号			B-5-1-133	B-5-1-134	B-5-1-135	B-5-1-136
项目			中压合金钢管(氩电联焊)			
			公称直径(mm 以内)			
			25	50	65	80
			10m	10m	10m	10m
预算定额编号	预算定额名称	预算定额单位	数量			
03-8-2-134	中压合金钢管 氩电联焊 公称直径 50mm 以内	10m		1.0000		
03-8-2-135	中压合金钢管 氩电联焊 公称直径 65mm 以内	10m			1.0000	
03-8-2-136	中压合金钢管 氩电联焊 公称直径 80mm 以内	10m				1.0000
03-8-2-149	中压合金钢管 氩弧焊 公称直径 25mm 以内	10m	1.0000			
03-8-5-134	中压合金钢管件 氩电联焊 公称直径 50mm 以内	10 个		0.3350		
03-8-5-135	中压合金钢管件 氩电联焊 公称直径 65mm 以内	10 个			0.3350	
03-8-5-136	中压合金钢管件 氩电联焊 公称直径 80mm 以内	10 个				0.3650
03-8-5-149	中压合金钢管件 氩弧焊 公称直径 25mm 以内	10 个	0.4370			
03-8-11-119	中压合金钢对焊法兰 氩电联焊 公称直径 25mm 以内	副	1.2500			
03-8-11-122	中压合金钢对焊法兰 氩电联焊 公称直径 50mm 以内	副		1.2500		
03-8-11-123	中压合金钢对焊法兰 氩电联焊 公称直径 65mm 以内	副			1.2500	
03-8-11-124	中压合金钢对焊法兰 氩电联焊 公称直径 80mm 以内	副				1.1500
03-8-16-9	焊缝 X 射线检测 80×300mm 管壁厚 16mm 以内	10 张	2.0544	1.6342	1.6342	2.5612
03-8-16-206	热处理 中高压合金钢管电感应 公称直径 50mm 以内	10 口	1.0272	0.8171		
03-8-16-207	热处理 中高压合金钢管电感应 公称直径 100mm 以内	10 口			0.8171	1.2806
03-8-18-1	低中压管道液压试验 公称直径 100mm 以内	100m	0.1000	0.1000	0.1000	0.1000
03-8-18-49	管道系统水冲洗 公称直径 50mm 以内	100m	0.0800	0.1000		
03-8-18-50	管道系统水冲洗 公称直径 100mm 以内	100m			0.0460	0.0730
03-8-18-166	管内局部充氩保护 公称直径 50mm 以内	10 口	1.0272	0.8171		
03-8-18-167	管内局部充氩保护 公称直径 100mm 以内	10 口			0.8171	1.2806
03-12-1-66	管道刷油 调和漆 第一遍	$10m^2$	0.1010	0.1790	0.2390	0.2800
03-12-1-67	管道刷油 调和漆 增一遍	$10m^2$	0.1010	0.1790	0.2390	0.2800

工作内容： 管道及管件安装，法兰安装，管道焊口热处理，无损探伤，焊口局部充氩保护焊接，管道、管件试压和清洗，刷油。

定　额　编　号			B-5-1-137	B-5-1-138	B-5-1-139	B-5-1-140
项　　目			中压合金钢管(氩电联焊)			
			公称直径(mm 以内)			
			100	125	150	200
			10m	10m	10m	10m
预算定额编号	预算定额名称	预算定额单位	数　　量			
03-8-2-137	中压合金钢管 氩电联焊 公称直径 100mm 以内	10m	1.0000			
03-8-2-138	中压合金钢管 氩电联焊 公称直径 125mm 以内	10m		1.0000		
03-8-2-139	中压合金钢管 氩电联焊 公称直径 150mm 以内	10m			1.0000	
03-8-2-140	中压合金钢管 氩电联焊 公称直径 200mm 以内	10m				1.0000
03-8-5-137	中压合金钢管件 氩电联焊 公称直径 100mm 以内	10 个	0.3650			
03-8-5-138	中压合金钢管件 氩电联焊 公称直径 125mm 以内	10 个		0.3650		
03-8-5-139	中压合金钢管件 氩电联焊 公称直径 150mm 以内	10 个			0.3650	
03-8-5-140	中压合金钢管件 氩电联焊 公称直径 200mm 以内	10 个				0.3650
03-8-11-125	中压合金钢对焊法兰 氩电联焊 公称直径 100mm 以内	副	1.1500			
03-8-11-126	中压合金钢对焊法兰 氩电联焊 公称直径 125mm 以内	副		1.1500		
03-8-11-127	中压合金钢对焊法兰 氩电联焊 公称直径 150mm 以内	副			1.1500	
03-8-11-128	中压合金钢对焊法兰 氩电联焊 公称直径 200mm 以内	副				1.1500
03-8-16-9	焊缝 X 射线检测 80×300mm 管壁厚 16mm 以内	10 张	3.8418	2.6367	3.2980	4.5786
03-8-16-207	热处理 中高压合金钢管电感应 公称直径 100mm 以内	10 口	1.2806			
03-8-16-208	热处理 中高压合金钢管电感应 公称直径 200mm 以内	10 口		0.8789	1.0993	1.1446
03-8-18-1	低中压管道液压试验 公称直径 100mm 以内	100m	0.1000			
03-8-18-2	低中压管道液压试验 公称直径 200mm 以内	100m		0.1000	0.1000	0.1000
03-8-18-50	管道系统水冲洗 公称直径 100mm 以内	100m	0.1000			
03-8-18-51	管道系统水冲洗 公称直径 200mm 以内	100m		0.0490	0.0740	0.1000
03-8-18-167	管内局部充氩保护 公称直径 100mm 以内	10 口	1.2806			
03-8-18-168	管内局部充氩保护 公称直径 200mm 以内	10 口		0.8789	1.0993	1.1446
03-12-1-66	管道刷油 调和漆 第一遍	$10m^2$	0.3390	0.4810	0.5000	0.6880
03-12-1-67	管道刷油 调和漆 增一遍	$10m^2$	0.3390	0.4810	0.5000	0.6880

工作内容： 管道及管件安装，法兰安装，管道焊口热处理，无损探伤，焊口局部充氩保护焊接，管道、管件试压和清洗，刷油。

定额编号			B-5-1-141	B-5-1-142	B-5-1-143	B-5-1-144
项目			中压合金钢管(氩电联焊)			
			公称直径(mm 以内)			
			250	300	350	400
			10m	10m	10m	10m
预算定额编号	预算定额名称	预算定额单位	数量			
03-8-2-141	中压合金钢管 氩电联焊 公称直径 250mm 以内	10m	1.0000			
03-8-2-142	中压合金钢管 氩电联焊 公称直径 300mm 以内	10m		1.0000		
03-8-2-143	中压合金钢管 氩电联焊 公称直径 350mm 以内	10m			1.0000	
03-8-2-144	中压合金钢管 氩电联焊 公称直径 400mm 以内	10m				1.0000
03-8-5-141	中压合金钢管件 氩电联焊 公称直径 250mm 以内	10 个	0.2740			
03-8-5-142	中压合金钢管件 氩电联焊 公称直径 300mm 以内	10 个		0.1830		
03-8-5-143	中压合金钢管件 氩电联焊 公称直径 350mm 以内	10 个			0.1830	
03-8-5-144	中压合金钢管件 氩电联焊 公称直径 400mm 以内	10 个				0.1830
03-8-11-129	中压合金钢对焊法兰 氩电联焊 公称直径 250mm 以内	副	1.1500			
03-8-11-130	中压合金钢对焊法兰 氩电联焊 公称直径 300mm 以内	副		1.1500		
03-8-11-131	中压合金钢对焊法兰 氩电联焊 公称直径 350mm 以内	副			1.1500	
03-8-11-132	中压合金钢对焊法兰 氩电联焊 公称直径 400mm 以内	副				1.1500
03-8-16-9	焊缝 X 射线检测 80×300mm 管壁厚 16mm 以内	10 张	2.7658	2.0159	2.5199	2.5199
03-8-16-209	热处理 中高压合金钢管电感应 公称直径 300mm 以内	10 口	0.6914	0.5040		
03-8-16-210	热处理 中高压合金钢管电感应 公称直径 400mm 以内	10 口			0.5040	0.5040
03-8-18-3	低中压管道液压试验 公称直径 300mm 以内	100m	0.1000	0.1000		
03-8-18-4	低中压管道液压试验 公称直径 400mm 以内	100m			0.1000	0.1000
03-8-18-52	管道系统水冲洗 公称直径 300mm 以内	100m	0.0720	0.1000		
03-8-18-53	管道系统水冲洗 公称直径 400mm 以内	100m			0.0790	0.1000
03-8-18-169	管内局部充氩保护 公称直径 300mm 以内	10 口	0.6914	0.5040		
03-8-18-170	管内局部充氩保护 公称直径 400mm 以内	10 口			0.5040	0.5040
03-12-1-66	管道刷油 调和漆 第一遍	$10m^2$	0.8580	1.0200	1.1840	1.3380
03-12-1-67	管道刷油 调和漆 增一遍	$10m^2$	0.8580	1.0200	1.1840	1.3380

工作内容： 管道及管件安装，法兰安装，管道焊口热处理，无损探伤，焊口局部充氩保护焊接，管道、管件试压和清洗，刷油。

定额编号			B-5-1-145	B-5-1-146
项目			中压合金钢管(氩电联焊)	
			公称直径(mm 以内)	
			450	500
			10m	10m
预算定额编号	预算定额名称	预算定额单位	数量	
03-8-2-145	中压合金钢管 氩电联焊 公称直径 450mm 以内	10m	1.0000	
03-8-2-146	中压合金钢管 氩电联焊 公称直径 500mm 以内	10m		1.0000
03-8-5-145	中压合金钢管件 氩电联焊 公称直径 450mm 以内	10 个	0.1830	
03-8-5-146	中压合金钢管件 氩电联焊 公称直径 500mm 以内	10 个		0.1830
03-8-11-133	中压合金钢对焊法兰 氩电联焊 公称直径 450mm 以内	副	1.1500	
03-8-11-134	中压合金钢对焊法兰 氩电联焊 公称直径 500mm 以内	副		1.1500
03-8-16-9	焊缝 X 射线检测 80×300mm 管壁厚 16mm 以内	10 张	3.0239	3.5279
03-8-16-211	热处理 中高压合金钢管电感应 公称直径 500mm 以内	10 口	0.5040	0.5040
03-8-18-5	低中压管道液压试验 公称直径 500mm 以内	100m	0.1000	0.1000
03-8-18-54	管道系统水冲洗 公称直径 500mm 以内	100m	0.0810	0.1000
03-8-18-171	管内局部充氩保护 公称直径 500mm 以内	10 口	0.5040	0.5040
03-12-1-66	管道刷油 调和漆 第一遍	$10m^2$	1.5020	1.6620
03-12-1-67	管道刷油 调和漆 增一遍	$10m^2$	1.5020	1.6620

三、高压管道

工作内容： 管道及管件安装，法兰安装，无损探伤，管道焊口热处理，焊口局部充氩保护焊接，管道、管件试压和清洗，刷油。

定额编号			B-5-1-147	B-5-1-148	B-5-1-149	B-5-1-150
项目			高压碳钢管(氩电联焊)			
			公称直径(mm以内)			
			25	50	65	80
			10m	10m	10m	10m
预算定额编号	预算定额名称	预算定额单位	数量			
03-8-3-21	高压碳钢管 氩电联焊 公称直径25mm以内	10m	1.0000			
03-8-3-24	高压碳钢管 氩电联焊 公称直径50mm以内	10m		1.0000		
03-8-3-25	高压碳钢管 氩电联焊 公称直径65mm以内	10m			1.0000	
03-8-3-26	高压碳钢管 氩电联焊 公称直径80mm以内	10m				1.0000
03-8-6-21	高压碳钢管件 氩电联焊 公称直径25mm以内	10个	0.3940			
03-8-6-24	高压碳钢管件 氩电联焊 公称直径50mm以内	10个		0.3940		
03-8-6-25	高压碳钢管件 氩电联焊 公称直径65mm以内	10个			0.3940	
03-8-6-26	高压碳钢管件 氩电联焊 公称直径80mm以内	10个				0.3940
03-8-12-33	高压碳钢对焊法兰 氩电联焊 公称直径25mm以内	副	3.7600			
03-8-12-36	高压碳钢对焊法兰 氩电联焊 公称直径50mm以内	副		3.7600		
03-8-12-37	高压碳钢对焊法兰 氩电联焊 公称直径65mm以内	副			3.7600	
03-8-12-38	高压碳钢对焊法兰 氩电联焊 公称直径80mm以内	副				3.7600
03-8-16-9	焊缝X射线检测 80×300mm 管壁厚16mm以内	10张	1.8773	1.8773	1.8773	1.8773
03-8-16-192	热处理 碳钢管电感应 公称直径50mm以内	10口	0.9386	0.9386		
03-8-16-193	热处理 碳钢管电感应 公称直径100mm以内	10口			0.9386	0.9386
03-8-18-10	高压管道液压试验 公称直径50mm以内	100m	0.1000	0.1000		
03-8-18-11	高压管道液压试验 公称直径100mm以内	100m			0.1000	0.1000
03-8-18-49	管道系统水冲洗 公称直径50mm以内	100m	0.0800	0.1000		
03-8-18-50	管道系统水冲洗 公称直径100mm以内	100m			0.0460	0.0730
03-8-18-166	管内局部充氩保护 公称直径50mm以内	10口	0.9386	0.9386		
03-8-18-167	管内局部充氩保护 公称直径100mm以内	10口			0.9386	0.9386
03-12-1-59	管道刷油 红丹防锈漆 第一遍	$10m^2$	0.1010	0.1790	0.2390	0.2800
03-12-1-60	管道刷油 红丹防锈漆 增一遍	$10m^2$	0.1010	0.1790	0.2390	0.2800
03-12-1-66	管道刷油 调和漆 第一遍	$10m^2$	0.1010	0.1790	0.2390	0.2800
03-12-1-67	管道刷油 调和漆 增一遍	$10m^2$	0.1010	0.1790	0.2390	0.2800

工作内容： 管道及管件安装，法兰安装，无损探伤，管道焊口热处理，焊口局部充氩保护焊接，管道、管件试压和清洗，刷油。

定额编号			B-5-1-151	B-5-1-152	B-5-1-153	B-5-1-154
项目			高压碳钢管(氩电联焊)			
			公称直径(mm 以内)			
			100	125	150	200
			10m	10m	10m	10m
预算定额编号	预算定额名称	预算定额单位	数量			
03-8-3-27	高压碳钢管 氩电联焊 公称直径 100mm 以内	10m	1.0000			
03-8-3-28	高压碳钢管 氩电联焊 公称直径 125mm 以内	10m		1.0000		
03-8-3-29	高压碳钢管 氩电联焊 公称直径 150mm 以内	10m			1.0000	
03-8-3-30	高压碳钢管 氩电联焊 公称直径 200mm 以内	10m				1.0000
03-8-6-27	高压碳钢管件 氩电联焊 公称直径 100mm 以内	10 个	0.3940			
03-8-6-28	高压碳钢管件 氩电联焊 公称直径 125mm 以内	10 个		0.3940		
03-8-6-29	高压碳钢管件 氩电联焊 公称直径 150mm 以内	10 个			0.3940	
03-8-6-30	高压碳钢管件 氩电联焊 公称直径 200mm 以内	10 个				0.3940
03-8-12-39	高压碳钢对焊法兰 氩电联焊 公称直径 100mm 以内	副	3.7600			
03-8-12-40	高压碳钢对焊法兰 氩电联焊 公称直径 125mm 以内	副		3.7600		
03-8-12-41	高压碳钢对焊法兰 氩电联焊 公称直径 150mm 以内	副			3.7600	
03-8-12-42	高压碳钢对焊法兰 氩电联焊 公称直径 200mm 以内	副				3.7600
03-8-16-9	焊缝 X 射线检测 80×300mm 管壁厚 16mm 以内	10 张	2.8159	2.8159	2.8159	3.7546
03-8-16-193	热处理 碳钢管电感应 公称直径 100mm 以内	10 口	0.9386			
03-8-16-194	热处理 碳钢管电感应 公称直径 200mm 以内	10 口		0.9386	0.9386	0.9386
03-8-18-11	高压管道液压试验 公称直径 100mm 以内	100m	0.1000			
03-8-18-12	高压管道液压试验 公称直径 200mm 以内	100m		0.1000	0.1000	0.1000
03-8-18-50	管道系统水冲洗 公称直径 100mm 以内	100m	0.1000			
03-8-18-51	管道系统水冲洗 公称直径 200mm 以内	100m		0.0490	0.0740	0.1000
03-8-18-167	管内局部充氩保护 公称直径 100mm 以内	10 口	0.9386			
03-8-18-168	管内局部充氩保护 公称直径 200mm 以内	10 口		0.9386	0.9386	0.9386
03-12-1-59	管道刷油 红丹防锈漆 第一遍	$10m^2$	0.3390	0.4810	0.5000	0.6880
03-12-1-60	管道刷油 红丹防锈漆 增一遍	$10m^2$	0.3390	0.4810	0.5000	0.6880
03-12-1-66	管道刷油 调和漆 第一遍	$10m^2$	0.3390	0.4810	0.5000	0.6880
03-12-1-67	管道刷油 调和漆 增一遍	$10m^2$	0.3390	0.4810	0.5000	0.6880

工作内容：1,2. 管道及管件安装，法兰安装，无损探伤，管道焊口热处理，焊口局部充氩保护焊接，管道、管件试压和清洗，刷油。

3,4. 管道及管件安装，法兰安装，无损探伤，焊口局部充氩保护焊接，管道、管件试压，焊缝钝化。

定　额　编　号			B-5-1-155	B-5-1-156	B-5-1-157	B-5-1-158
项　目			高压碳钢管(氩电联焊)		高压不锈钢管(氩电联焊)	
			公称直径(mm 以内)			
			250	300	25	50
			10m	10m	10m	10m
预算定额编号	预算定额名称	预算定额单位	数　量			
03-8-3-31	高压碳钢管 氩电联焊 公称直径 250mm 以内	10m	1.0000			
03-8-3-32	高压碳钢管 氩电联焊 公称直径 300mm 以内	10m		1.0000		
03-8-3-91	高压不锈钢管 氩电联焊 公称直径 25mm 以内	10m			1.0000	
03-8-3-94	高压不锈钢管 氩电联焊 公称直径 50mm 以内	10m				1.0000
03-8-6-31	高压碳钢管件 氩电联焊 公称直径 250mm 以内	10 个	0.3940			
03-8-6-32	高压碳钢管件 氩电联焊 公称直径 300mm 以内	10 个		0.3940		
03-8-6-55	高压不锈钢管件 氩电联焊 公称直径 25mm 以内	10 个			0.3940	
03-8-6-58	高压不锈钢管件 氩电联焊 公称直径 50mm 以内	10 个				0.3940
03-8-12-43	高压碳钢对焊法兰 氩电联焊 公称直径 250mm 以内	副	3.7600			
03-8-12-44	高压碳钢对焊法兰 氩电联焊 公称直径 300mm 以内	副		3.7600		
03-8-12-67	高压不锈钢对焊法兰 氩电联焊 公称直径 25mm 以内	副			3.7600	
03-8-12-70	高压不锈钢对焊法兰 氩电联焊 公称直径 50mm 以内	副				3.7600
03-8-16-9	焊缝 X 射线检测 80×300mm 管壁厚 16mm 以内	10 张	3.7546	3.7546	1.8773	1.8773
03-8-16-195	热处理 碳钢管电感应 公称直径 300mm 以内	10 口	0.9386	0.9386		
03-8-18-10	高压管道液压试验 公称直径 50mm 以内	100m			0.1000	0.1000
03-8-18-13	高压管道液压试验 公称直径 300mm 以内	100m	0.1000	0.1000		
03-8-18-49	管道系统水冲洗 公称直径 50mm 以内	100m			0.0800	0.1000
03-8-18-52	管道系统水冲洗 公称直径 300mm 以内	100m	0.0720	0.1000		
03-8-18-166	管内局部充氩保护 公称直径 50mm 以内	10 口			0.9386	0.9386
03-8-18-169	管内局部充氩保护 公称直径 300mm 以内	10 口	0.9386	0.9386		
03-12-1-59	管道刷油 红丹防锈漆 第一遍	$10m^2$	0.8580	1.0200		
03-12-1-60	管道刷油 红丹防锈漆 增一遍	$10m^2$	0.8580	1.0200		
03-12-1-66	管道刷油 调和漆 第一遍	$10m^2$	0.8580	1.0200		
03-12-1-67	管道刷油 调和漆 增一遍	$10m^2$	0.8580	1.0200		

工作内容：管道及管件安装，法兰安装，无损探伤，焊口局部充氩保护焊接，管道、管件试压，焊缝钝化。

定额编号			B-5-1-159	B-5-1-160	B-5-1-161	B-5-1-162
项目			高压不锈钢管(氩电联焊)			
			公称直径(mm 以内)			
			65	80	100	125
			10m	10m	10m	10m
预算定额编号	预算定额名称	预算定额单位	数量			
03-8-3-95	高压不锈钢管 氩电联焊 公称直径 65mm 以内	10m	1.0000			
03-8-3-96	高压不锈钢管 氩电联焊 公称直径 80mm 以内	10m		1.0000		
03-8-3-97	高压不锈钢管 氩电联焊 公称直径 100mm 以内	10m			1.0000	
03-8-3-98	高压不锈钢管 氩电联焊 公称直径 125mm 以内	10m				1.0000
03-8-6-59	高压不锈钢管件 氩电联焊 公称直径 65mm 以内	10 个	0.3940			
03-8-6-60	高压不锈钢管件 氩电联焊 公称直径 80mm 以内	10 个		0.3940		
03-8-6-61	高压不锈钢管件 氩电联焊 公称直径 100mm 以内	10 个			0.3940	
03-8-6-62	高压不锈钢管件 氩电联焊 公称直径 125mm 以内	10 个				0.3940
03-8-12-71	高压不锈钢对焊法兰 氩电联焊 公称直径 65mm 以内	副	3.7600			
03-8-12-72	高压不锈钢对焊法兰 氩电联焊 公称直径 80mm 以内	副		3.7600		
03-8-12-73	高压不锈钢对焊法兰 氩电联焊 公称直径 100mm 以内	副			3.7600	
03-8-12-74	高压不锈钢对焊法兰 氩电联焊 公称直径 125mm 以内	副				3.7600
03-8-16-9	焊缝 X 射线检测 80×300mm 管壁厚 16mm 以内	10 张	1.8773	1.8773	2.8159	2.8159
03-8-18-11	高压管道液压试验 公称直径 100mm 以内	100m	0.1000	0.1000	0.1000	
03-8-18-12	高压管道液压试验 公称直径 200mm 以内	100m				0.1000
03-8-18-50	管道系统水冲洗 公称直径 100mm 以内	100m	0.0460	0.0730	0.1000	
03-8-18-51	管道系统水冲洗 公称直径 200mm 以内	100m				0.0490
03-8-18-167	管内局部充氩保护 公称直径 100mm 以内	10 口	0.9386	0.9386	0.9386	
03-8-18-168	管内局部充氩保护 公称直径 200mm 以内	10 口				0.9386

工作内容：管道及管件安装，法兰安装，无损探伤，焊口局部充氩保护焊接，管道、管件试压，焊缝钝化。

定额编号			B-5-1-163	B-5-1-164	B-5-1-165	B-5-1-166
项目			高压不锈钢管(氩电联焊)			
			公称直径(mm 以内)			
			150	200	250	300
			10m	10m	10m	10m
预算定额编号	预算定额名称	预算定额单位	数量			
03-8-3-99	高压不锈钢管 氩电联焊 公称直径 150mm 以内	10m	1.0000			
03-8-3-100	高压不锈钢管 氩电联焊 公称直径 200mm 以内	10m		1.0000		
03-8-3-101	高压不锈钢管 氩电联焊 公称直径 250mm 以内	10m			1.0000	
03-8-3-102	高压不锈钢管 氩电联焊 公称直径 300mm 以内	10m				1.0000
03-8-6-63	高压不锈钢管件 氩电联焊 公称直径 150mm 以内	10 个	0.3940			
03-8-6-64	高压不锈钢管件 氩电联焊 公称直径 200mm 以内	10 个		0.3940		
03-8-6-65	高压不锈钢管件 氩电联焊 公称直径 250mm 以内	10 个			0.3940	
03-8-6-66	高压不锈钢管件 氩电联焊 公称直径 300mm 以内	10 个				0.3940
03-8-12-75	高压不锈钢对焊法兰 氩电联焊 公称直径 150mm 以内	副	3.7600			
03-8-12-76	高压不锈钢对焊法兰 氩电联焊 公称直径 200mm 以内	副		3.7600		
03-8-12-77	高压不锈钢对焊法兰 氩电联焊 公称直径 250mm 以内	副			3.7600	
03-8-12-78	高压不锈钢对焊法兰 氩电联焊 公称直径 300mm 以内	副				3.7600
03-8-16-9	焊缝 X 射线检测 80×300mm 管壁厚 16mm 以内	10 张	2.8159	3.7546	3.7546	3.7546
03-8-18-12	高压管道液压试验 公称直径 200mm 以内	100m	0.1000	0.1000		
03-8-18-13	高压管道液压试验 公称直径 300mm 以内	100m			0.1000	0.1000
03-8-18-51	管道系统水冲洗 公称直径 200mm 以内	100m	0.0740	0.1000		
03-8-18-52	管道系统水冲洗 公称直径 300mm 以内	100m			0.0720	0.1000
03-8-18-168	管内局部充氩保护 公称直径 200mm 以内	10 口	0.9386	0.9386		
03-8-18-169	管内局部充氩保护 公称直径 300mm 以内	10 口			0.9386	0.9386

工作内容： 管道及管件安装，法兰安装，管道焊口热处理，无损探伤，焊口局部充氩保护焊接，管道、管件试压和清洗，刷油。

定额编号			B-5-1-167	B-5-1-168	B-5-1-169	B-5-1-170
项目			高压合金钢管(氩电联焊)			
			公称直径(mm 以内)			
			25	50	65	80
			10m	10m	10m	10m
预算定额编号	预算定额名称	预算定额单位	数量			
03-8-3-57	高压合金钢管 氩电联焊 公称直径 25mm 以内	10m	1.0000			
03-8-3-60	高压合金钢管 氩电联焊 公称直径 50mm 以内	10m		1.0000		
03-8-3-61	高压合金钢管 氩电联焊 公称直径 65mm 以内	10m			1.0000	
03-8-3-62	高压合金钢管 氩电联焊 公称直径 80mm 以内	10m				1.0000
03-8-6-89	高压合金钢管件 氩电联焊 公称直径 25mm 以内	10 个	0.3940			
03-8-6-92	高压合金钢管件 氩电联焊 公称直径 50mm 以内	10 个		0.3940		
03-8-6-93	高压合金钢管件 氩电联焊 公称直径 65mm 以内	10 个			0.3940	
03-8-6-94	高压合金钢管件 氩电联焊 公称直径 80mm 以内	10 个				0.3940
03-8-12-101	高压合金钢对焊法兰 氩电联焊 公称直径 25mm 以内	副	3.7600			
03-8-12-104	高压合金钢对焊法兰 氩电联焊 公称直径 50mm 以内	副		3.7600		
03-8-12-105	高压合金钢对焊法兰 氩电联焊 公称直径 65mm 以内	副			3.7600	
03-8-12-106	高压合金钢对焊法兰 氩电联焊 公称直径 80mm 以内	副				3.7600
03-8-16-9	焊缝 X 射线检测 80×300mm 管壁厚 16mm 以内	10 张	1.8773	1.8773	1.8773	1.8773
03-8-16-206	热处理 中高压合金钢管电感应 公称直径 50mm 以内	10 口	0.9386	0.9386		
03-8-16-207	热处理 中高压合金钢管电感应 公称直径 100mm 以内	10 口			0.9386	0.9386
03-8-18-10	高压管道液压试验 公称直径 50mm 以内	100m	0.1000	0.1000		
03-8-18-11	高压管道液压试验 公称直径 100mm 以内	100m			0.1000	0.1000
03-8-18-49	管道系统水冲洗 公称直径 50mm 以内	100m	0.0800	0.1000		
03-8-18-50	管道系统水冲洗 公称直径 100mm 以内	100m			0.0460	0.0730
03-8-18-166	管内局部充氩保护 公称直径 50mm 以内	10 口	0.9386	0.9386		
03-8-18-167	管内局部充氩保护 公称直径 100mm 以内	10 口			0.9386	0.9386
03-12-1-66	管道刷油 调和漆 第一遍	$10m^2$	0.1070	0.1890	0.2390	0.2800
03-12-1-67	管道刷油 调和漆 增一遍	$10m^2$	0.1070	0.1890	0.2390	0.2800

工作内容： 管道及管件安装，法兰安装，管道焊口热处理，无损探伤，焊口局部充氩保护焊接，管道、管件试压和清洗，刷油。

定额编号			B-5-1-171	B-5-1-172	B-5-1-173	B-5-1-174
项目			高压合金钢管(氩电联焊)			
			公称直径(mm 以内)			
			100	125	150	200
			10m	10m	10m	10m
预算定额编号	预算定额名称	预算定额单位	数量			
03-8-3-63	高压合金钢管 氩电联焊 公称直径 100mm 以内	10m	1.0000			
03-8-3-64	高压合金钢管 氩电联焊 公称直径 125mm 以内	10m		1.0000		
03-8-3-65	高压合金钢管 氩电联焊 公称直径 150mm 以内	10m			1.0000	
03-8-3-66	高压合金钢管 氩电联焊 公称直径 200mm 以内	10m				1.0000
03-8-6-95	高压合金钢管件 氩电联焊 公称直径 100mm 以内	10 个	0.3940			
03-8-6-96	高压合金钢管件 氩电联焊 公称直径 125mm 以内	10 个		0.3940		
03-8-6-97	高压合金钢管件 氩电联焊 公称直径 150mm 以内	10 个			0.3940	
03-8-6-98	高压合金钢管件 氩电联焊 公称直径 200mm 以内	10 个				0.3940
03-8-12-107	高压合金钢对焊法兰 氩电联焊 公称直径 100mm 以内	副	3.7600			
03-8-12-108	高压合金钢对焊法兰 氩电联焊 公称直径 125mm 以内	副		3.7600		
03-8-12-109	高压合金钢对焊法兰 氩电联焊 公称直径 150mm 以内	副			3.7600	
03-8-12-110	高压合金钢对焊法兰 氩电联焊 公称直径 200mm 以内	副				3.7600
03-8-16-9	焊缝 X 射线检测 80×300mm 管壁厚 16mm 以内	10 张	2.8159	2.8159	2.8159	3.7546
03-8-16-207	热处理 中高压合金钢管电感应 公称直径 100mm 以内	10 口	0.9386			
03-8-16-208	热处理 中高压合金钢管电感应 公称直径 200mm 以内	10 口		0.9386	0.9386	0.9386
03-8-18-11	高压管道液压试验 公称直径 100mm 以内	100m	0.1000			
03-8-18-12	高压管道液压试验 公称直径 200mm 以内	100m		0.1000	0.1000	0.1000
03-8-18-50	管道系统水冲洗 公称直径 100mm 以内	100m	0.1000			
03-8-18-51	管道系统水冲洗 公称直径 200mm 以内	100m		0.0490	0.0740	0.1000
03-8-18-167	管内局部充氩保护 公称直径 100mm 以内	10 口	0.9386			
03-8-18-168	管内局部充氩保护 公称直径 200mm 以内	10 口		0.9386	0.9386	0.9386
03-12-1-66	管道刷油 调和漆 第一遍	$10m^2$	0.3580	0.4810	0.5180	0.6880
03-12-1-67	管道刷油 调和漆 增一遍	$10m^2$	0.3580	0.4810	0.5180	0.6880

工作内容： 管道及管件安装，法兰安装，管道焊口热处理，无损探伤，焊口局部充氩保护焊接，管道、管件试压和清洗，刷油。

定　额　编　号			B-5-1-175	B-5-1-176
项　目			高压合金钢管(氩电联焊)	
			公称直径(mm 以内)	
			250	300
			10m	10m
预算定额编号	预算定额名称	预算定额单位	数　量	
03-8-3-67	高压合金钢管　氩电联焊 公称直径 250mm 以内	10m	1.0000	
03-8-3-68	高压合金钢管　氩电联焊 公称直径 300mm 以内	10m		1.0000
03-8-6-99	高压合金钢管件　氩电联焊 公称直径 250mm 以内	10 个	0.3940	
03-8-6-100	高压合金钢管件　氩电联焊 公称直径 300mm 以内	10 个		0.3940
03-8-12-111	高压合金钢对焊法兰　氩电联焊 公称直径 250mm 以内	副	3.7600	
03-8-12-112	高压合金钢对焊法兰　氩电联焊 公称直径 300mm 以内	副		3.7600
03-8-16-9	焊缝 X 射线检测　80×300mm 管壁厚 16mm 以内	10 张	3.7546	3.7546
03-8-16-209	热处理　中高压合金钢管电感应 公称直径 300mm 以内	10 口	0.9386	0.9386
03-8-18-13	高压管道液压试验 公称直径 300mm 以内	100m	0.1000	0.1000
03-8-18-52	管道系统水冲洗 公称直径 300mm 以内	100m	0.0720	0.1000
03-8-18-169	管内局部充氩保护 公称直径 300mm 以内	10 口	0.9386	0.9386
03-12-1-66	管道刷油　调和漆　第一遍	$10m^2$	0.8580	1.0200
03-12-1-67	管道刷油　调和漆　增一遍	$10m^2$	0.8580	1.0200

四、管道支架制作安装

工作内容：管道支架制作、安装及刷油。

定　额　编　号			B-5-1-177	B-5-1-178	B-5-1-179
项　　目			管道支架制作安装		
			一般式	木垫式	弹簧式
			t	t	t
预算定额编号	预算定额名称	预算定额单位	数　　量		
03-8-15-1	管道支架制作与安装 一般管架制作	t	1.0000		
03-8-15-2	管道支架制作与安装 木垫式管架制作	t		1.0000	
03-8-15-3	管道支架制作与安装 弹簧式管架制作	t			1.0000
03-8-15-4	管道支架制作与安装 一般管架安装	t	1.0000		
03-8-15-5	管道支架制作与安装 木垫式管架安装	t		1.0000	
03-8-15-6	管道支架制作与安装 弹簧式管架安装	t			1.0000
03-12-1-107	金属结构刷油 一般钢结构 红丹防锈漆 第一遍	100kg	10.0000	10.0000	10.0000
03-12-1-108	金属结构刷油 一般钢结构 红丹防锈漆 增一遍	100kg	10.0000	10.0000	10.0000
03-12-1-116	金属结构刷油 一般钢结构 调和漆 第一遍	100kg	10.0000	10.0000	10.0000
03-12-1-117	金属结构刷油 一般钢结构 调和漆 增一遍	100kg	10.0000	10.0000	10.0000

第二章　民用管道安装工程

说　　明

一、本章定额包括给排水、采暖管道、燃气管道及用水点管道。

二、本章定额适用范围：

（一）给排水、采暖管道定额适用于室内外生活用给排水、采暖管道的安装，包括镀锌钢管、钢管、不锈钢管、铜管、铸铁管、塑料管、复合管等不同材质的管道安装。

（二）燃气管道定额适用于用户燃气表之后的室内燃气镀锌钢管螺纹连接的管道安装。

（三）空调室外管道执行本章给排水、采暖管道相关定额项目。

三、管道的界限划分：

（一）给排水管道的界限划分：

1. 室内外给水管道以建筑物外墙皮 1.5m 为界，建筑物入口处设阀门者以阀门为界。

2. 室内外排水管道以出户第一个排水检查井为界。

3. 与工业管道界线以与工业管道碰头点为界。

4. 与设在建筑物内的水泵房(间)管道以泵房(间)外墙皮为界。

（二）采暖管道的界限划分：

1. 室内外管道以建筑物外墙皮 1.5m 为界；建筑物入口处设阀门者以阀门为界，室外设有采暖入口装置者以入口装置循环管三通为界。

2. 与工业管道界限以锅炉房或热力站房外墙皮 1.5m 为界。

3. 与设在建筑物内的换热站管道以站房外墙皮为界。

（三）燃气管道的界限划分：

1. 室内设燃气表或阀门者，以其燃气表或阀门为界，后端为本章定额燃气管道的适用范围。

2. 引入室内的管道以室内第一个阀门或以外墙三通为界。

（四）用水点管道的界限划分：

1. 给水管道：卫生间阀门后管道计入用水点管道。

2. 排水：卫生间排水支管计入用水点管道。

3. 热水用水点管道适用于集中供热系统。

四、本章定额包括以下工程内容：

（一）室外管道挖填土。

（二）管道、管件及穿楼板套管安装。

（三）管道支架制作及安装。

（四）管道试压。

（五）管道消毒冲洗。

（六）管道刷油。

（七）管道支架刷油。

（八）热水管道保温。

（九）燃气管道强度试验、严密性试验、空气吹扫等。

五、本章定额不包括下列工程内容：

（一）二次镀锌。

（二）水箱、水池套管。

六、其他相关说明：

（一）室内薄壁不锈钢管(卡压/卡套连接)子目，适用于室内薄壁不锈钢管卡压式和卡套式两种连接方式。

（二）卫生器具及用水点内容有浴缸（盆）、净身盆、洗脸盆、洗涤盆、化验盆、拖布池、大便器、小便器、淋浴器、淋浴间、桑拿浴房、大/小便槽自动冲洗水箱、水龙头、开水器等的安装。

（三）地漏的排水管含量已包括在本章用水点管道子目中。

工程量计算规则

一、定额中铜管、塑料管、复合管(除钢塑复合管外)按公称外径表示，其他管道均按公称直径表示。

二、除用水点管道以外的各类管道安装工程量，均按设计图示管道中心线长度计算，以“m”为计量单位，不扣除阀门、管件及附件(包括器具组成)所占长度。

三、用水点管道安装，分材质、用途、建筑类别，按设计图示洁具数量计算，以“套”为计量单位。

第一节 定额消耗量

一、给排水、采暖管道

工作内容：1,2,3. 管道及管件安装，水压试验、水冲洗及挖填土。

4. 管道及管件安装，支架制作安装，一般钢套管制作安装，管道水压试验及水冲洗，管道及支架刷油。

定额编号				B-5-2-1	B-5-2-2	B-5-2-3	B-5-2-4
项目				室外镀锌钢管(螺纹连接)			室内镀锌钢管(螺纹连接)
				公称直径(mm 以内)			
				50	100	150	15
		名称	单位	10m	10m	10m	10m
人工	00050101	综合人工 安装	工日	3.9730	4.5980	5.1550	2.1520
材料	Z17030101	镀锌焊接钢管	m	(10.2000)	(10.1300)	(10.1300)	(9.8680)
	01010421	热轧光圆钢筋(HPB300) ϕ8～14	kg				0.1580
	01150103	热轧型钢 综合	kg				4.0740
	01290317	热轧钢板(中厚板) δ8～18	kg	0.0420	0.0490	0.1100	0.0300
	02010105	橡胶板 δ1～3	kg	0.0100	0.0120	0.0160	0.0070
	02130311	聚四氟乙烯带(生料带) 宽度 20	m	4.4700	10.0600	14.5600	8.7840
	02290701	线麻	kg				0.0018
	02290801	油麻	kg				0.0900
	03014101	六角螺栓连母垫	kg	0.0050	0.0060	0.0120	0.1686
	03018105	膨胀螺栓(钢制) M8～16	kg				0.1645
	03110212	尼龙砂轮片 ϕ100	片				0.0036
	03110215	尼龙砂轮片 ϕ400	片	0.0210	0.0460		0.1116
	03130114	电焊条 J422 ϕ3.2	kg	0.0020	0.0030	0.0030	0.2785
	03152508	镀锌铁丝 8#～12#	kg	0.0830	0.1010	0.1120	0.0400
	03210210	硬质合金冲击钻头 ϕ10～20	根				0.0524
	04090101	白灰	kg	1.2000	1.2000	1.2000	
	13010115	酚醛调和漆	kg				0.1907
	13050201	铅油	kg				0.0182
	13050511	醇酸防锈漆 C53-1	kg				0.0819
	13056131	酚醛防锈漆	kg				0.0140
	13350901	密封油膏	kg				0.1070
	14030101	汽油	kg				0.0030
	14050121	油漆溶剂油	kg				0.0098

(续表)

定额编号				B-5-2-1	B-5-2-2	B-5-2-3	B-5-2-4
项目				室外镀锌钢管(螺纹连接)			室内镀锌钢管(螺纹连接)
				公称直径(mm 以内)			
				50	100	150	15
名称			单位	10m	10m	10m	10m
材料	14070101	机油	kg	0.0570	0.0910	0.1210	0.1772
	14390101	氧气	m³	0.0060	0.0060	0.0060	0.1830
	14390302	乙炔气	kg	0.0020	0.0020	0.0020	0.0610
	17010136	焊接钢管 DN20	m	0.0170	0.0210	0.0230	0.0130
	17010138	焊接钢管 DN32	m				0.3180
	17271011	橡胶软管 DN20	m	0.0080	0.0090	0.0100	0.0060
	18034501-1	镀锌钢管螺纹管件 DN15	个				14.1680
	18034501-6	镀锌钢管螺纹管件 DN50	个	2.0500			
	18034501-9	镀锌钢管螺纹管件 DN100	个		1.8200		
	18034501-10	镀锌钢管螺纹管件 DN150	个			1.8200	
	19010013	螺纹阀门 DN20	只	0.0050	0.0060	0.0060	0.0040
	24110331	弹簧压力表 Y-100 0～1.6MPa	块	0.0030	0.0030	0.0030	0.0020
	24590123	压力表弯管 DN15	个	0.0030	0.0030	0.0030	0.0020
	34090311	破布	kg	0.2130	0.2980	0.3400	0.0820
	34091101	钢丝刷	把				0.0020
	34110101	水	m³	0.0880	0.3530	0.7640	0.0080
	34110301	电	kW·h				0.1304
	80060111	干混砌筑砂浆 DM M5.0	m³				0.0029
	X0045	其他材料费	%	2.0000	2.0000	2.0000	2.0000
机械	99070530	载重汽车 5t	台班	0.0030	0.0130	0.0220	
	99090005	吊装机械(综合)	台班				0.0020
	99090360	汽车式起重机 8t	台班	0.0030	0.0770	0.0990	
	99190200	台式钻床 ϕ16	台班				0.0414
	99190230	立式钻床 ϕ25	台班				0.0180
	99190710	管子切断机 ϕ150	台班			0.0220	
	99190750	管子切断套丝机 ϕ159	台班	0.0800	0.1430	0.2010	0.0666
	99230170	砂轮切割机 ϕ400	台班	0.0050	0.0090		0.0576
	99250005	电焊机	台班	0.0020	0.0020	0.0020	0.1594
	99440030	电动单级离心清水泵 ϕ100	台班	0.0010	0.0020	0.0050	0.0010
	99440420	试压泵 3MPa	台班	0.0020	0.0020	0.0030	0.0010

工作内容： 管道及管件安装，支架制作安装，一般钢套管制作安装，管道水压试验及水冲洗，管道及支架刷油。

定额编号				B-5-2-5	B-5-2-6	B-5-2-7	B-5-2-8
项目				室内镀锌钢管(螺纹连接)			
				公称直径(mm 以内)			
				20	25	32	40
名称			单位	10m	10m	10m	10m
人工	00050101	综合人工 安装	工日	2.1726	2.5270	2.6829	2.7593
材料	Z17030101	镀锌焊接钢管	m	(9.8680)	(9.8680)	(9.9220)	(10.0100)
	01010421	热轧光圆钢筋(HPB300) ϕ8～14	kg	0.1580	0.1580	0.1580	0.1580
	01150103	热轧型钢 综合	kg	3.5070	3.3180	3.1290	2.8350
	01290317	热轧钢板(中厚板) δ8～18	kg	0.0320	0.0340	0.0370	0.0390
	02010105	橡胶板 δ1～3	kg	0.0080	0.0080	0.0090	0.0100
	02130311	聚四氟乙烯带(生料带) 宽度 20	m	10.4320	12.4000	12.8160	12.9520
	02290701	线麻	kg	0.0022	0.0030	0.0038	0.0026
	02290801	油麻	kg	0.0900	0.1580	0.1580	0.6230
	03014101	六角螺栓连母垫	kg	0.1457	0.1381	0.1314	0.1196
	03018105	膨胀螺栓(钢制) M8～16	kg	0.1416	0.1340	0.1264	0.1145
	03110212	尼龙砂轮片 ϕ100	片	0.0031	0.0029	0.0027	0.0025
	03110215	尼龙砂轮片 ϕ400	片	0.1043	0.1612	0.1889	0.1919
	03130114	电焊条 J422 ϕ3.2	kg	0.2422	0.2311	0.2190	0.2023
	03152508	镀锌铁丝 $8^{\#}\sim12^{\#}$	kg	0.0450	0.0680	0.0750	0.0790
	03210210	硬质合金冲击钻头 ϕ10～20	根	0.0451	0.0427	0.0403	0.0365
	13010115	酚醛调和漆	kg	0.2168	0.2558	0.3078	0.3391
	13050201	铅油	kg	0.0250	0.0302	0.0324	0.0260
	13050511	醇酸防锈漆 C53-1	kg	0.0705	0.0667	0.0629	0.0570
	13056131	酚醛防锈漆	kg	0.0140	0.0170	0.0170	0.0200
	13350901	密封油膏	kg	0.1070	0.1530	0.1530	0.1630
	14030101	汽油	kg	0.0030	0.0040	0.0040	0.0050
	14050121	油漆溶剂油	kg	0.0102	0.0113	0.0129	0.0137
	14070101	机油	kg	0.1887	0.2217	0.2236	0.2247
	14390101	氧气	m^3	0.1605	0.1560	0.1514	0.1428
	14390302	乙炔气	kg	0.0535	0.0520	0.0505	0.0476
	17010136	焊接钢管 DN20	m	0.0140	0.0150	0.0160	0.0160

（续表）

定额编号				B-5-2-5	B-5-2-6	B-5-2-7	B-5-2-8
项目				室内镀锌钢管(螺纹连接)			
				公称直径(mm 以内)			
				20	25	32	40
名称			单位	10m	10m	10m	10m
材料	17010138	焊接钢管 DN32	m	0.3180			
	17010140	焊接钢管 DN50	m		0.3180	0.3180	
	17010143	焊接钢管 DN80	m				0.3180
	17271011	橡胶软管 DN20	m	0.0060	0.0070	0.0070	0.0070
	18034501-2	镀锌钢管螺纹管件 DN20	个	12.1880			
	18034501-3	镀锌钢管螺纹管件 DN25	个		11.5820		
	18034501-4	镀锌钢管螺纹管件 DN32	个			10.0500	
	18034501-5	镀锌钢管螺纹管件 DN40	个				7.6220
	19010013	螺纹阀门 DN20	只	0.0040	0.0048	0.0050	0.0050
	24110331	弹簧压力表 Y-100 0～1.6MPa	块	0.0020	0.0020	0.0020	0.0020
	24590123	压力表弯管 DN15	个	0.0020	0.0020	0.0020	0.0020
	34090311	破布	kg	0.0920	0.1520	0.1690	0.1900
	34091101	钢丝刷	把	0.0020	0.0020	0.0020	0.0030
	34110101	水	m^3	0.0140	0.0230	0.0400	0.0530
	34110301	电	kW·h	0.1123	0.1062	0.1002	0.0908
	80060111	干混砌筑砂浆 DM M5.0	m^3	0.0025	0.0024	0.0022	0.0020
	X0045	其他材料费	%	2.0000	2.0000	2.0000	2.0000
机械	99090005	吊装机械(综合)	台班	0.0020	0.0030	0.0040	0.0050
	99190200	台式钻床 ϕ16	台班	0.0356	0.0337	0.0318	0.0288
	99190230	立式钻床 ϕ25	台班	0.0155	0.0147	0.0138	0.0125
	99190750	管子切断套丝机 ϕ159	台班	0.0784	0.1960	0.2646	0.2836
	99230170	砂轮切割机 ϕ400	台班	0.0529	0.0642	0.0660	0.0668
	99250005	电焊机	台班	0.1385	0.1325	0.1255	0.1157
	99440030	电动单级离心清水泵 ϕ100	台班	0.0010	0.0010	0.0010	0.0010
	99440420	试压泵 3MPa	台班	0.0010	0.0010	0.0020	0.0020

工作内容： 管道及管件安装，支架制作安装，一般钢套管制作安装，管道水压试验及水冲洗，管道及支架刷油。

定额编号				B-5-2-9	B-5-2-10	B-5-2-11	B-5-2-12
项目				室内镀锌钢管(螺纹连接)			
				公称直径(mm 以内)			
				50	65	80	100
名称			单位	10m	10m	10m	10m
人工	00050101	综合人工 安装	工日	3.0898	3.3013	3.5436	4.1573
材料	Z17030101	镀锌焊接钢管	m	(10.0100)	(10.0200)	(10.0200)	(10.0200)
	01010421	热轧光圆钢筋(HPB300) ϕ8～14	kg	0.1580	0.1580	0.1580	0.1580
	01150103	热轧型钢 综合	kg	4.7040	4.7670	5.0820	6.1110
	01290317	热轧钢板(中厚板) δ8～18	kg	0.0420	0.0440	0.0470	0.0490
	02010105	橡胶板 δ1～3	kg	0.0100	0.0110	0.0110	0.0120
	02130311	聚四氟乙烯带(生料带) 宽度 20	m	13.2640	14.3600	15.4480	16.7040
	02290701	线麻	kg	0.0024	0.0032	0.0040	0.0048
	02290801	油麻	kg	0.6230	0.9570	2.1150	2.1940
	03014101	六角螺栓连母垫	kg	0.1951	0.1986	0.2114	0.2529
	03018105	膨胀螺栓(钢制) M8～16	kg	0.1900	0.1925	0.2052	0.2468
	03110212	尼龙砂轮片 ϕ100	片	0.0041	0.0042	0.0045	0.0054
	03110215	尼龙砂轮片 ϕ400	片	0.2276	0.2567	0.2818	0.3150
	03130114	电焊条 J422 ϕ3.2	kg	0.3217	0.3288	0.3529	0.4227
	03152508	镀锌铁丝 8#～12#	kg	0.0830	0.0850	0.0890	0.1010
	03210210	硬质合金冲击钻头 ϕ10～20	根	0.0605	0.0613	0.0654	0.0786
	13010115	酚醛调和漆	kg	0.4622	0.5377	0.6231	0.7964
	13050201	铅油	kg	0.0262	0.0264	0.0276	0.0286
	13050511	醇酸防锈漆 C53-1	kg	0.0945	0.0958	0.1021	0.1228
	13056131	酚醛防锈漆	kg	0.0200	0.0260	0.0350	0.0370
	13350901	密封油膏	kg	0.1630	0.2020	0.2540	0.2580
	14030101	汽油	kg	0.0050	0.0070	0.0090	0.0090
	14050121	油漆溶剂油	kg	0.0193	0.0219	0.0250	0.0317
	14070101	机油	kg	0.2392	0.2416	0.2480	0.2601
	14390101	氧气	m^3	0.2171	0.2316	0.2681	0.3390
	14390302	乙炔气	kg	0.0724	0.0772	0.0894	0.1130
	17010136	焊接钢管 DN20	m	0.0170	0.0190	0.0200	0.0210
	17010143	焊接钢管 DN80	m	0.3180			

(续表)

定额编号				B-5-2-9	B-5-2-10	B-5-2-11	B-5-2-12
项目				室内镀锌钢管(螺纹连接)			
				公称直径(mm 以内)			
				50	65	80	100
名称			单位	10m	10m	10m	10m
材料	17010144	焊接钢管 DN100	m		0.3180		
	17010145	焊接钢管 DN125	m			0.3180	
	17010146	焊接钢管 DN150	m				0.3180
	17271011	橡胶软管 DN20	m	0.0080	0.0080	0.0080	0.0090
	18034501-6	镀锌钢管螺纹管件 DN50	个	6.4240			
	18034501-7	镀锌钢管螺纹管件 DN65	个		5.1940		
	18034501-8	镀锌钢管螺纹管件 DN80	个			4.5780	
	18034501-9	镀锌钢管螺纹管件 DN100	个				4.0340
	19010013	螺纹阀门 DN20	只	0.0050	0.0050	0.0060	0.0060
	24110331	弹簧压力表 Y-100 0～1.6MPa	块	0.0030	0.0030	0.0030	0.0030
	24590123	压力表弯管 DN15	个	0.0030	0.0030	0.0030	0.0030
	34090311	破布	kg	0.2160	0.2440	0.2610	0.3040
	34091101	钢丝刷	把	0.0030	0.0060	0.0060	0.0060
	34110101	水	m^3	0.0880	0.1450	0.2040	0.3530
	34110301	电	kW·h	0.1506	0.1526	0.1627	0.1957
	80060111	干混砌筑砂浆 DM M5.0	m^3	0.0034	0.0034	0.0036	0.0044
	X0045	其他材料费	%	2.0000	2.0000	2.0000	2.0000
机械	99070530	载重汽车 5t	台班	0.0030	0.0040	0.0060	0.0130
	99090005	吊装机械(综合)	台班	0.0070	0.0090	0.0120	0.0840
	99190200	台式钻床 ϕ16	台班	0.0478	0.0484	0.0516	0.0621
	99190230	立式钻床 ϕ25	台班	0.0208	0.0211	0.0225	0.0270
	99190750	管子切断套丝机 ϕ159	台班	0.2916	0.2938	0.3164	0.3192
	99230170	砂轮切割机 ϕ400	台班	0.0895	0.0934	0.0999	0.1154
	99250005	电焊机	台班	0.1846	0.1870	0.2006	0.2406
	99440030	电动单级离心清水泵 ϕ100	台班	0.0010	0.0010	0.0020	0.0020
	99440420	试压泵 3MPa	台班	0.0020	0.0020	0.0020	0.0020

工作内容： 管道及管件安装，支架制作安装，一般钢套管制作安装，管道水压试验及水冲洗，管道及支架刷油。

定额编号				B-5-2-13	B-5-2-14	B-5-2-15	B-5-2-16
项目				室内镀锌钢管(螺纹连接)		室内钢管(沟槽连接)	
				公称直径(mm以内)			
				125	150	65	80
名称			单位	10m	10m	10m	10m
人工	00050101	综合人工 安装	工日	4.6410	5.2936	6.1322	3.4711
材料	Z17010801	钢管	m			(9.6800)	(9.6800)
	Z17030101	镀锌焊接钢管	m	(10.0200)	(10.0200)		
	01010421	热轧光圆钢筋(HPB300) ϕ8～14	kg	0.1580	0.1580	0.1580	0.1580
	01150103	热轧型钢 综合	kg	6.4470	7.6020	6.1950	6.5100
	01290317	热轧钢板(中厚板) δ8～18	kg	0.0730	0.1100	0.0440	0.0470
	02010105	橡胶板 δ1～3	kg	0.0140	0.0160	0.0110	0.0110
	02130311	聚四氟乙烯带(生料带) 宽度20	m	16.8160	16.9920		
	02290701	线麻	kg	0.0062	0.0076		
	02290801	油麻	kg	2.8490	3.1520	0.9570	2.1150
	03014101	六角螺栓连母垫	kg	0.2685	0.3192	4.4993	0.2691
	03018105	膨胀螺栓(钢制) M8～16	kg	0.2603	0.3070	4.4902	0.2629
	03110212	尼龙砂轮片 ϕ100	片	0.0056	0.0067	0.0054	0.0057
	03110215	尼龙砂轮片 ϕ400	片	0.1691	0.1251	0.1400	0.1601
	03130114	电焊条 J422 ϕ3.2	kg	0.4472	0.5230	4.0491	0.4442
	03152508	镀锌铁丝 8#～12#	kg	0.1070	0.1120	0.0850	0.0890
	03210130	硬质合金冲击钻头	根			0.0160	0.0180
	03210210	硬质合金冲击钻头 ϕ10～20	根	0.0830	0.0978	1.4307	0.0838
	13010115	酚醛调和漆	kg	0.9629	1.1536	0.5581	0.6435
	13050201	铅油	kg	0.0374	0.0504		
	13050511	醇酸防锈漆 C53-1	kg	0.1296	0.1528	0.7815	0.9009
	13056131	酚醛防锈漆	kg	0.0510	0.0510	0.0260	0.0350
	13350901	密封油膏	kg	0.2730	0.6120	0.2020	0.2540
	14030101	汽油	kg	0.0130	0.0130	0.0070	0.0090
	14050121	油漆溶剂油	kg	0.0375	0.0448	0.0736	0.0853
	14070101	机油	kg	0.2776	0.3127	0.6386	0.0374
	14070201	润滑油	kg			0.0440	0.0470
	14390101	氧气	m^3	0.4124	0.6323	1.7494	0.3249
	14390302	乙炔气	kg	0.1375	0.2108	0.5831	0.1083

（续表）

定额编号				B-5-2-13	B-5-2-14	B-5-2-15	B-5-2-16
项目				室内镀锌钢管(螺纹连接)		室内钢管(沟槽连接)	
				公称直径(mm 以内)			
				125	150	65	80
名称			单位	10m	10m	10m	10m
材料	17010136	焊接钢管 DN20	m	0.0220	0.0230	0.0190	0.0200
	17010144	焊接钢管 DN100	m			0.3180	
	17010145	焊接钢管 DN125	m				0.3180
	17010146	焊接钢管 DN150	m	0.3180			
	17070175	无缝钢管 ϕ219×6	m		0.3180		
	17271011	橡胶软管 DN20	m	0.0090	0.0100	0.0080	0.0080
	18031801-1	钢管沟槽管件 DN65	个			4.2600	
	18031801-2	钢管沟槽管件 DN80	个				4.1400
	18034501-11	镀锌钢管螺纹管件 DN125	个	3.5180			
	18034501-10	镀锌钢管螺纹管件 DN150	个		3.4160		
	18254551-6	卡箍连接件(含胶圈) DN65	套			10.0380	
	18254551-7	卡箍连接件(含胶圈) DN80	套				9.8100
	19010013	螺纹阀门 DN20	只	0.0060	0.0060	0.0050	0.0060
	24110331	弹簧压力表 Y-100 0～1.6MPa	块	0.0030	0.0030	0.0030	0.0030
	24590123	压力表弯管 DN15	个	0.0030	0.0030	0.0030	0.0030
	34090311	破布	kg	0.3310	0.3480	0.2440	0.2610
	34091101	钢丝刷	把	0.0080	0.0080	0.0060	0.0060
	34110101	水	m^3	0.5470	0.7640	0.1450	0.2040
	34110301	电	kW·h	0.2064	0.2434	3.4984	0.2084
	80060111	干混砌筑砂浆 DM M5.0	m^3	0.0046	0.0054	0.0794	0.0046
	X0045	其他材料费	%	2.0000	2.0000	1.9900	1.9900
机械	99030801	开孔机 DN200	台班			0.0070	0.0080
	99070530	载重汽车 5t	台班	0.0160	0.0220	0.0040	0.0060
	99090005	吊装机械(综合)	台班	0.1170	0.1230	0.0090	0.0120
	99190200	台式钻床 ϕ16	台班	0.0655	0.0773	0.0630	0.0662
	99190230	立式钻床 ϕ25	台班	0.0285	0.0336	0.0274	0.0288
	99190710	管子切断机 ϕ150	台班	0.0590	0.0666	0.0360	0.0400
	99190750	管子切断套丝机 ϕ159	台班	0.3836	0.4484		
	99191380	滚槽机	台班			0.2210	0.2380
	99230170	砂轮切割机 ϕ400	台班	0.0872	0.0851	0.0784	0.0839
	99250005	电焊机	台班	0.2540	0.3016	1.9447	0.2533
	99440030	电动单级离心清水泵 ϕ100	台班	0.0030	0.0050	0.0010	0.0020
	99440420	试压泵 3MPa	台班	0.0030	0.0030	0.0020	0.0020

工作内容： 管道及管件安装，支架制作安装，一般钢套管制作安装，管道水压试验及水冲洗，管道及支架刷油。

定　额　编　号				B-5-2-17	B-5-2-18	B-5-2-19	B-5-2-20
项　　目				室内钢管(沟槽连接)			
				公称直径(mm 以内)			
				100	125	150	200
名　　称			单位	10m	10m	10m	10m
人工	00050101	综合人工 安装	工日	4.0362	4.7777	5.3336	6.5559
材料	Z17010801	钢管	m	(9.6800)	(9.7800)	(9.7800)	(9.7800)
	01010421	热轧光圆钢筋(HPB300) ϕ8～14	kg	0.1580	0.1580	0.1580	0.3160
	01150103	热轧型钢 综合	kg	7.8750	7.8750	11.1300	17.4300
	01290317	热轧钢板(中厚板) δ8～18	kg	0.0490	0.0730	0.1100	0.1480
	02010105	橡胶板 δ1～3	kg	0.0120	0.0140	0.0160	0.0180
	02290801	油麻	kg	2.1940	2.8490	3.1520	3.2360
	03014101	六角螺栓连母垫	kg	0.3242	0.3262	0.4618	0.7223
	03018105	膨胀螺栓(钢制) M8～16	kg	0.3180	0.3180	0.4494	0.7038
	03110212	尼龙砂轮片 ϕ100	片	0.0069	0.0069	0.0098	0.0153
	03110215	尼龙砂轮片 ϕ400	片	0.1866	0.1926	0.1832	0.2868
	03130114	电焊条 J422 ϕ3.2	kg	0.5355	0.5385	0.7486	1.1524
	03152508	镀锌铁丝 8#～12#	kg	0.1010	0.1070	0.1070	0.1120
	03210130	使质合金冲击钻头	根	0.0200	0.0210	0.0230	0.0250
	03210210	硬质合金冲击钻头 ϕ10～20	根	0.1013	0.1013	0.1432	0.2243
	13010115	酚醛调和漆	kg	0.8216	0.9833	1.2040	1.6112
	13050511	醇酸防锈漆 C53-1	kg	1.1503	1.3765	1.6856	2.2560
	13056131	酚醛防锈漆	kg	0.0370	0.0510	0.0510	0.0630
	13350901	密封油膏	kg	0.2580	0.2730	0.6120	0.6350
	14030101	汽油	kg	0.0090	0.0130	0.0130	0.0160
	14050121	油漆溶剂油	kg	0.1092	0.1317	0.1603	0.2128
	14070101	机油	kg	0.0452	0.0452	0.0639	0.1001
	14070201	润滑油	kg	0.0500	0.0540	0.0590	0.0640
	14390101	氧气	m^3	0.4092	0.4692	0.7727	1.1162
	14390302	乙炔气	kg	0.1364	0.1564	0.2576	0.3721
	17010136	焊接钢管 DN20	m	0.0210	0.0220	0.0230	0.0240
	17010146	焊接钢管 DN150	m	0.3180	0.3180		
	17070175	无缝钢管 ϕ219×6	m			0.3180	
	17070178	无缝钢管 ϕ273×7	m				0.3180

（续表）

定额编号				B-5-2-17	B-5-2-18	B-5-2-19	B-5-2-20
项目				室内钢管（沟槽连接）			
				公称直径（mm 以内）			
				100	125	150	200
名称			单位	10m	10m	10m	10m
材料	17271011	橡胶软管 DN20	m	0.0090	0.0090	0.0100	0.0100
	18031801-3	钢管沟槽管件 DN100	个	3.6000			
	18031801-4	钢管沟槽管件 DN125	个		2.4000		
	18031801-5	钢管沟槽管件 DN150	个			1.8800	
	18031801-6	钢管沟槽管件 DN200	个				1.6700
	18254551-8	卡箍连接件（含胶圈） DN100	套	8.6560			
	18254551-9	卡箍连接件（含胶圈） DN125	套		6.0560		
	18254551-10	卡箍连接件（含胶圈） DN150	套			4.9040	
	18254551-11	卡箍连接件（含胶圈） DN200	套				4.4380
	19010013	螺纹阀门 DN20	只	0.0060	0.0060	0.0060	0.0070
	24110331	弹簧压力表 Y-100 0～1.6MPa	块	0.0030	0.0030	0.0030	0.0030
	24590123	压力表弯管 DN15	个	0.0030	0.0030	0.0030	0.0030
	34090311	破布	kg	0.3040	0.3310	0.3480	0.4180
	34091101	钢丝刷	把	0.0060	0.0080	0.0080	0.0100
	34110101	水	m^3	0.3530	0.5470	0.7640	1.3460
	34110301	电	kW·h	0.2521	0.2521	0.3564	0.5581
	80060111	干混砌筑砂浆 DM M5.0	m^3	0.0056	0.0056	0.0080	0.0124
	X0045	其他材料费	%	1.9900	1.9900	1.9900	1.9900
机械	99030801	开孔机 DN200	台班	0.0090	0.0100	0.0110	0.0120
	99070530	载重汽车 5t	台班	0.0130	0.0160	0.0220	0.0400
	99090005	吊装机械（综合）	台班	0.0840	0.1170	0.1230	0.1690
	99190200	台式钻床 ϕ16	台班	0.0800	0.0800	0.1131	0.1771
	99190230	立式钻床 ϕ25	台班	0.0348	0.0348	0.0492	0.0770
	99190710	管子切断机 ϕ150	台班	0.0460	0.0520	0.0600	
	99190720	管子切断机 ϕ250	台班				0.0660
	99191380	滚槽机	台班	0.2590	0.2840	0.3170	0.3340
	99230170	砂轮切割机 ϕ400	台班	0.1012	0.1032	0.1247	0.1952
	99250005	电焊机	台班	0.3057	0.3067	0.4319	0.6674
	99440030	电动单级离心清水泵 ϕ100	台班	0.0020	0.0030	0.0050	0.0070
	99440420	试压泵 3MPa	台班	0.0020	0.0030	0.0030	0.0030

工作内容： 管道及管件安装，支架制作安装，一般钢套管制作安装，管道水压试验及水冲洗，管道及支架刷油。

定额编号				B-5-2-21	B-5-2-22	B-5-2-23	B-5-2-24
项目				室内钢管(沟槽连接)			
				公称直径(mm以内)			
				250	300	350	400
名称			单位	10m	10m	10m	10m
人工	00050101	综合人工 安装	工日	8.0762	8.8221	10.8723	11.8382
材料	Z17010801	钢管	m	(9.7800)	(9.7800)	(9.4500)	(9.4500)
	01010421	热轧光圆钢筋(HPB300) ϕ8～14	kg	0.3160	0.3160	0.3160	0.4740
	01150103	热轧型钢 综合	kg	18.4800	19.0050	31.0800	32.2350
	01290317	热轧钢板(中厚板) δ8～18	kg	0.2320	0.2320	0.2840	0.2840
	02010105	橡胶板 δ1～3	kg	0.0210	0.0240	0.0380	0.0420
	02290801	油麻	kg	3.4430	3.7550	3.9770	4.6790
	03014101	六角螺栓连母垫	kg	0.7748	0.8060	1.3019	1.3566
	03018105	膨胀螺栓(钢制) M8～16	kg	0.7462	0.7674	1.2550	1.3017
	03110212	尼龙砂轮片 ϕ100	片	0.0162	0.0167	0.0272	0.0282
	03110215	尼龙砂轮片 ϕ400	片	0.3041	0.3128	0.5115	0.5305
	03130114	电焊条 J422 ϕ3.2	kg	1.2235	1.2591	2.0330	2.1069
	03152508	镀锌铁丝 8#～12#	kg	0.1400	0.1440	0.1480	0.1530
	03210130	硬质合金冲击钻头	根	0.0280	0.0310	0.0350	0.0390
	03210210	硬质合金冲击钻头 ϕ10～20	根	0.2378	0.2445	0.3999	0.4148
	13010115	酚醛调和漆	kg	1.9621	2.2931	2.7890	3.1103
	13050511	醇酸防锈漆 C53-1	kg	2.7470	3.2101	3.9052	4.3548
	13056131	酚醛防锈漆	kg	0.0750	0.0870	0.0990	0.1220
	13350901	密封油膏	kg	0.6610	0.7630	0.8650	0.9660
	14030101	汽油	kg	0.0190	0.0220	0.0250	0.0310
	14050121	油漆溶剂油	kg	0.2610	0.3068	0.3677	0.4117
	14070101	机油	kg	0.1061	0.1091	0.1785	0.1851
	14070201	润滑油	kg	0.0690	0.0740	0.0790	0.0850
	14390101	氧气	m^3	1.1730	1.2509	1.8671	2.1190
	14390302	乙炔气	kg	0.3910	0.4170	0.6290	0.7063
	17010136	焊接钢管 DN20	m	0.0250	0.0260	0.0270	0.0280
	17070182	无缝钢管 ϕ325×8	m	0.3180			
	17070184	无缝钢管 ϕ377×10	m		0.3180		
	17070188	无缝钢管 ϕ426×10	m			0.3180	

(续表)

定额编号				B-5-2-21	B-5-2-22	B-5-2-23	B-5-2-24
项目				室内钢管(沟槽连接)			
				公称直径(mm 以内)			
				250	300	350	400
名称			单位	10m	10m	10m	10m
材料	17070193	无缝钢管 ϕ480×10	m				0.3180
	17271011	橡胶软管 DN20	m	0.0110	0.0110	0.0110	0.0120
	18031801-7	钢管沟槽管件 DN250	个	1.6100			
	18031801-8	钢管沟槽管件 DN300	个		1.6100		
	18031801-9	钢管沟槽管件 DN350	个			1.6100	
	18031801-10	钢管沟槽管件 DN400	个				1.6100
	18254551-12	卡箍连接件(含胶圈) DN250	套	4.2580			
	18254551-13	卡箍连接件(含胶圈) DN300	套		4.2580		
	18254551-14	卡箍连接件(含胶圈) DN350	套			4.2580	
	18254551-15	卡箍连接件(含胶圈) DN400	套				4.2580
	19010013	螺纹阀门 DN20	只	0.0070	0.0070	0.0080	0.0080
	24110331	弹簧压力表 Y-100 0～1.6MPa	块	0.0030	0.0040	0.0040	0.0040
	24590123	压力表弯管 DN15	个	0.0030	0.0040	0.0040	0.0040
	34090311	破布	kg	0.4630	0.4820	0.5090	0.5300
	34091101	钢丝刷	把	0.0120	0.0140	0.0160	0.0200
	34110101	水	m^3	2.1390	3.0370	4.0470	5.2270
	34110301	电	kW·h	0.5917	0.6085	0.9952	1.0321
	80060111	干混砌筑砂浆 DM M5.0	m^3	0.0132	0.0136	0.0222	0.0230
	X0045	其他材料费	%	1.9900	1.9900	1.9900	1.9900
机械	99030803	开孔机 DN400	台班	0.0060	0.0060	0.0060	0.0060
	99070530	载重汽车 5t	台班	0.0580	0.0760	0.1010	0.1030
	99090005	吊装机械(综合)	台班	0.2390	0.2710	0.2980	0.3270
	99190200	台式钻床 ϕ16	台班	0.1878	0.1931	0.3158	0.3276
	99190230	立式钻床 ϕ25	台班	0.0817	0.0840	0.1373	0.1424
	99191380	滚槽机	台班	0.3490	0.3760	0.3950	0.4150
	99230170	砂轮切割机 ϕ400	台班	0.2070	0.2129	0.3481	0.3610
	99230520	管道切割坡口机 ISD-300	台班	0.0720	0.0810		
	99230530	管道切割坡口机 ISD-450	台班			0.0920	0.1030
	99250005	电焊机	台班	0.7082	0.7056	1.1513	1.1939
	99440030	电动单级离心清水泵 ϕ100	台班	0.0090	0.0120	0.0140	0.0160
	99440420	试压泵 3MPa	台班	0.0040	0.0040	0.0050	0.0060

工作内容： 管道及管件安装，支架制作安装，一般钢套管制作安装，管道水压试验及水冲洗，支架刷油。

定　额　编　号				B-5-2-25	B-5-2-26	B-5-2-27	B-5-2-28
项　　目				室内薄壁不锈钢管(卡压/卡套连接)			
				公称直径(mm 以内)			
				15	20	25	32
名　　称			单位	10m	10m	10m	10m
人工	00050101	综合人工　安装	工日	1.5201	1.5925	1.6794	1.7082
材料	Z17051001	薄壁不锈钢管	m	(9.8600)	(9.8600)	(9.8600)	(9.8600)
	01010421	热轧光圆钢筋(HPB300) ϕ8～14	kg	0.1580	0.1580	0.1580	0.1580
	01150103	热轧型钢　综合	kg	3.5700	3.1500	2.8350	2.5200
	01290317	热轧钢板(中厚板) δ8～18	kg	0.0300	0.0320	0.0340	0.0370
	02010105	橡胶板　δ1～3	kg	0.0070	0.0080	0.0080	0.0090
	02290801	油麻	kg	0.0900	0.0900	0.1580	0.1580
	03014101	六角螺栓连母垫	kg	0.1483	0.1313	0.1186	0.1068
	03018105	膨胀螺栓(钢制) M8～16	kg	0.1442	0.1272	0.1145	0.1018
	03110212	尼龙砂轮片 ϕ100	片	0.0031	0.0028	0.0025	0.0022
	03110215	尼龙砂轮片 ϕ400	片	0.0708	0.0638	0.0677	0.0625
	03130114	电焊条　J422 ϕ3.2	kg	0.2462	0.2194	0.2003	0.1801
	03152508	镀锌铁丝　8#～12#	kg	0.0400	0.0450	0.0680	0.0750
	03210210	硬质合金冲击钻头 ϕ10～20	根	0.0459	0.0405	0.0365	0.0324
	03210771	树脂砂轮切割片 ϕ400	片	0.0380	0.0450	0.0750	0.0890
	13010115	酚醛调和漆	kg	0.0510	0.0450	0.0405	0.0360
	13050511	醇酸防锈漆　C53-1	kg	0.0717	0.0633	0.0570	0.0506
	13056131	酚醛防锈漆	kg	0.0140	0.0140	0.0170	0.0170
	13350901	密封油膏	kg	0.1070	0.1070	0.1530	0.1530
	14030101	汽油	kg	0.0030	0.0030	0.0040	0.0040
	14050121	油漆溶剂油	kg	0.0047	0.0041	0.0037	0.0033
	14070101	机油	kg	0.0205	0.0181	0.0163	0.0145
	14390101	氧气	m^3	0.1630	0.1463	0.1368	0.1272
	14390302	乙炔气	kg	0.0543	0.0488	0.0456	0.0424
	17010136	焊接钢管　DN20	m	0.0130	0.0140	0.0150	0.0160

（续表）

定额编号				B-5-2-25	B-5-2-26	B-5-2-27	B-5-2-28
项目				室内薄壁不锈钢管(卡压/卡套连接)			
				公称直径(mm以内)			
				15	20	25	32
名称			单位	10m	10m	10m	10m
材料	17010138	焊接钢管 DN32	m	0.3180	0.3180		
	17010140	焊接钢管 DN50	m			0.3180	0.3180
	17271011	橡胶软管 DN20	m	0.0060	0.0060	0.0070	0.0070
	18051501-1	卡压式不锈钢管件 DN15	个	13.4100			
	18051501-2	卡压式不锈钢管件 DN20	个		11.1600		
	18051501-3	卡压式不锈钢管件 DN25	个			10.7500	
	18051501-4	卡压式不锈钢管件 DN32	个				9.3700
	19010013	螺纹阀门 DN20	只	0.0040	0.0040	0.0040	0.0050
	24110331	弹簧压力表 Y-100 0～1.6MPa	块	0.0020	0.0020	0.0020	0.0020
	24590123	压力表弯管 DN15	个	0.0020	0.0020	0.0020	0.0020
	34090311	破布	kg	0.0820	0.0920	0.1520	0.1690
	34091101	钢丝刷	把	0.0020	0.0020	0.0020	0.0020
	34110101	水	m^3	0.0080	0.0140	0.0230	0.0400
	34110301	电	kW·h	0.1143	0.1009	0.0908	0.0807
	80060111	干混砌筑砂浆 DM M5.0	m^3	0.0026	0.0022	0.0020	0.0018
	X0045	其他材料费	%	2.0000	2.0000	2.0000	2.0000
机械	99090005	吊装机械(综合)	台班	0.0020	0.0020	0.0030	0.0040
	99190200	台式钻床 ϕ16	台班	0.0363	0.0320	0.0288	0.0256
	99190230	立式钻床 ϕ25	台班	0.0158	0.0139	0.0125	0.0111
	99230170	砂轮切割机 ϕ400	台班	0.0610	0.0573	0.0578	0.0572
	99250005	电焊机	台班	0.1408	0.1253	0.1147	0.1030
	99440030	电动单级离心清水泵 ϕ100	台班	0.0010	0.0010	0.0010	0.0010
	99440420	试压泵 3MPa	台班	0.0010	0.0010	0.0010	0.0020

工作内容：管道及管件安装，支架制作安装，一般钢套管制作安装，管道水压试验及水冲洗，支架刷油。

定额编号				B-5-2-29	B-5-2-30	B-5-2-31	B-5-2-32
项目				室内薄壁不锈钢管(卡压/卡套连接)			
				公称直径(mm以内)			
				40	50	65	80
名称			单位	10m	10m	10m	10m
人工	00050101	综合人工 安装	工日	1.8515	2.1438	2.2932	2.4343
材料	Z17051001	薄壁不锈钢管	m	(9.9400)	(9.8700)	(9.8700)	(9.8700)
	01010421	热轧光圆钢筋(HPB300) ϕ8～14	kg	0.1580	0.1580	0.1580	0.1580
	01150103	热轧型钢 综合	kg	2.3100	4.3050	4.4100	4.7250
	01290317	热轧钢板(中厚板) δ8～18	kg	0.0390	0.0420	0.0440	0.0470
	02010105	橡胶板 δ1～3	kg	0.0100	0.0100	0.0110	0.0110
	02290801	油麻	kg	0.6230	0.6230	0.9570	2.1150
	03014101	六角螺栓连母垫	kg	0.0983	0.1790	0.1842	0.1969
	03018105	膨胀螺栓(钢制) M8～16	kg	0.0933	0.1738	0.1781	0.1908
	03110212	尼龙砂轮片 ϕ100	片	0.0020	0.0038	0.0039	0.0041
	03110215	尼龙砂轮片 ϕ400	片	0.0640	0.0968	0.1106	0.1308
	03130114	电焊条 J422 ϕ3.2	kg	0.1687	0.2962	0.3059	0.3301
	03152508	镀锌铁丝 8#～12#	kg	0.0790	0.0830	0.0850	0.0890
	03210210	硬质合金冲击钻头 ϕ10～20	根	0.0297	0.0554	0.0567	0.0608
	03210771	树脂砂轮切割片 ϕ400	片	0.1010	0.1200	0.1370	0.1450
	13010115	酚醛调和漆	kg	0.0330	0.0615	0.0630	0.0675
	13050511	醇酸防锈漆 C53-1	kg	0.0464	0.0865	0.0886	0.0950
	13056131	酚醛防锈漆	kg	0.0200	0.0200	0.0260	0.0350
	13350901	密封油膏	kg	0.1630	0.1630	0.2020	0.2540
	14030101	汽油	kg	0.0050	0.0050	0.0070	0.0090
	14050121	油漆溶剂油	kg	0.0030	0.0057	0.0058	0.0062
	14070101	机油	kg	0.0133	0.0247	0.0253	0.0271
	14390101	氧气	m^3	0.1219	0.2012	0.2174	0.2539
	14390302	乙炔气	kg	0.0406	0.0671	0.0725	0.0846
	17010136	焊接钢管 DN20	m	0.0160	0.0170	0.0190	0.0200

(续表)

定额编号				B-5-2-29	B-5-2-30	B-5-2-31	B-5-2-32
项目				室内薄壁不锈钢管(卡压/卡套连接)			
				公称直径(mm 以内)			
				40	50	65	80
名称			单位	10m	10m	10m	10m
材料	17010143	焊接钢管 DN80	m	0.3180	0.3180		
	17010144	焊接钢管 DN100	m			0.3180	
	17010145	焊接钢管 DN125	m				0.3180
	17271011	橡胶软管 DN20	m	0.0070	0.0080	0.0080	0.0080
	18051501-5	卡压式不锈钢管件 DN40	个	7.5200			
	18051501-6	卡压式不锈钢管件 DN50	个		6.3300		
	18051501-7	卡压式不锈钢管件 DN65	个			5.2600	
	18051501-8	卡压式不锈钢管件 DN80	个				4.6300
	19010013	螺纹阀门 DN20	只	0.0050	0.0050	0.0050	0.0060
	24110331	弹簧压力表 Y-100 0～1.6MPa	块	0.0020	0.0030	0.0030	0.0030
	24590123	压力表弯管 DN15	个	0.0020	0.0030	0.0030	0.0030
	34090311	破布	kg	0.1900	0.2160	0.2440	0.2610
	34091101	钢丝刷	把	0.0030	0.0030	0.0060	0.0060
	34110101	水	m^3	0.0530	0.0880	0.1450	0.2040
	34110301	电	kW·h	0.0740	0.1378	0.1412	0.1513
	80060111	干混砌筑砂浆 DM M5.0	m^3	0.0016	0.0031	0.0032	0.0034
	X0045	其他材料费	%	2.0000	2.0000	2.0000	2.0000
机械	99070530	载重汽车 5t	台班		0.0030	0.0040	0.0060
	99090005	吊装机械(综合)	台班	0.0050	0.0070	0.0090	0.0120
	99190200	台式钻床 ϕ16	台班	0.0235	0.0437	0.0448	0.0480
	99190230	立式钻床 ϕ25	台班	0.0102	0.0190	0.0195	0.0209
	99230170	砂轮切割机 ϕ400	台班	0.0589	0.0852	0.0884	0.0959
	99250005	电焊机	台班	0.0963	0.1699	0.1738	0.1874
	99440030	电动单级离心清水泵 ϕ100	台班	0.0010	0.0010	0.0010	0.0020
	99440420	试压泵 3MPa	台班	0.0020	0.0020	0.0020	0.0020

工作内容： 管道及管件安装，支架制作安装，一般钢套管制作安装，管道水压试验及水冲洗，支架刷油。

定额编号				B-5-2-33	B-5-2-34	B-5-2-35	B-5-2-36
项目				室内薄壁不锈钢管(卡压/卡套连接)	室内薄壁不锈钢管(承插氩弧焊)		
				公称直径(mm 以内)			
				100	15	20	25
名称			单位	10m	10m	10m	10m
人工	00050101	综合人工 安装	工日	2.9008	1.5091	1.5725	1.7054
材料	Z17051001	薄壁不锈钢管	m	(9.8700)	(9.8600)	(9.8600)	(9.8600)
	01010421	热轧光圆钢筋(HPB300) ϕ8～14	kg	0.1580	0.1580	0.1580	0.1580
	01150103	热轧型钢 综合	kg	5.6700	3.5700	3.1500	2.8350
	01290317	热轧钢板(中厚板) δ8～18	kg	0.0490	0.0300	0.0320	0.0340
	01610106	铈钨棒	g		0.3300	0.4600	0.4860
	02010105	橡胶板 δ1～3	kg	0.0120	0.0070	0.0080	0.0080
	02290801	油麻	kg	2.1940	0.0900	0.0900	0.1580
	03014101	六角螺栓连母垫	kg	0.2351	0.1483	0.1313	0.1186
	03018105	膨胀螺栓(钢制) M8～16	kg	0.2290	0.1442	0.1272	0.1145
	03110212	尼龙砂轮片 ϕ100	片	0.0050	0.1911	0.2658	0.2855
	03110215	尼龙砂轮片 ϕ400	片	0.1503	0.0708	0.0638	0.0677
	03130114	电焊条 J422 ϕ3.2	kg	0.3945	0.2462	0.2194	0.2003
	03152508	镀锌铁丝 8#～12#	kg	0.1010	0.0400	0.0450	0.0680
	03210210	硬质合金冲击钻头 ϕ10～20	根	0.0730	0.0459	0.0405	0.0365
	03210771	树脂砂轮切割片 ϕ400	片	0.1580	0.0720	0.0730	0.0750
	13010115	酚醛调和漆	kg	0.0810	0.0510	0.0450	0.0405
	13050511	醇酸防锈漆 C53-1	kg	0.1139	0.0717	0.0633	0.0570
	13056131	酚醛防锈漆	kg	0.0370	0.0140	0.0140	0.0170
	13350901	密封油膏	kg	0.2580	0.1070	0.1070	0.1530
	14030101	汽油	kg	0.0090	0.0030	0.0030	0.0040
	14050121	油漆溶剂油	kg	0.0075	0.0047	0.0041	0.0037
	14070101	机油	kg	0.0326	0.0205	0.0181	0.0163
	14330601	丙酮	kg		0.1080	0.1290	0.1570
	14390101	氧气	m^3	0.3215	0.1630	0.1463	0.1368
	14390302	乙炔气	kg	0.1072	0.0543	0.0488	0.0456
	14390701	氩气	m^3		0.1650	0.2300	0.2430
	17010136	焊接钢管 DN20	m	0.0210	0.0130	0.0140	0.0150
	17010138	焊接钢管 DN32	m		0.3180	0.3180	

（续表）

	定额编号			B-5-2-33	B-5-2-34	B-5-2-35	B-5-2-36
	项目			室内薄壁不锈钢管(卡压/卡套连接)	室内薄壁不锈钢管(承插氩弧焊)		
				公称直径(mm 以内)			
				100	15	20	25
	名称		单位	10m	10m	10m	10m
材料	17010140	焊接钢管 DN50	m				0.3180
	17010146	焊接钢管 DN150	m	0.3180			
	17271011	橡胶软管 DN20	m	0.0090	0.0060	0.0060	0.0070
	18051501-9	卡压式不锈钢管件 DN100	个	4.1500			
	18051701-1	承插式薄壁不锈钢焊接管件 DN15	个		13.4100		
	18051701-2	承插式薄壁不锈钢焊接管件 DN20	个			11.1600	
	18051701-3	承插式薄壁不锈钢焊接管件 DN25	个				10.7500
	19010013	螺纹阀门 DN20	只	0.0060	0.0040	0.0040	0.0040
	24110331	弹簧压力表 Y-100 0～1.6MPa	块	0.0030	0.0020	0.0020	0.0020
	24590123	压力表弯管 DN15	个	0.0030	0.0020	0.0020	0.0020
	34090311	破布	kg	0.3040	0.0820	0.0920	0.1520
	34091101	钢丝刷	把	0.0060	0.0020	0.0020	0.0020
	34110101	水	m^3	0.3530	0.0080	0.0140	0.0230
	34110301	电	kW·h	0.1815	0.1143	0.1009	0.0908
	80060111	干混砌筑砂浆 DM M5.0	m^3	0.0040	0.0026	0.0022	0.0020
	X0045	其他材料费	%	2.0000	2.0000	2.0000	2.0000
机械	99070530	载重汽车 5t	台班	0.0090			
	99090005	吊装机械(综合)	台班	0.0200	0.0020	0.0020	0.0030
	99190200	台式钻床 ϕ16	台班	0.0576	0.0363	0.0320	0.0288
	99190230	立式钻床 ϕ25	台班	0.0251	0.0158	0.0139	0.0125
	99230170	砂轮切割机 ϕ400	台班	0.1105	0.0610	0.0573	0.0578
	99250005	电焊机	台班	0.2243	0.1508	0.1353	0.1247
	99250440	氩弧焊机 500A	台班		0.1590	0.2110	0.2270
	99440030	电动单级离心清水泵 ϕ100	台班	0.0020	0.0010	0.0010	0.0010
	99440420	试压泵 3MPa	台班	0.0020	0.0010	0.0010	0.0010

工作内容：管道及管件安装，支架制作安装，一般钢套管制作安装，管道水压试验及水冲洗，支架刷油。

定　额　编　号				B-5-2-37	B-5-2-38	B-5-2-39	B-5-2-40
项　目				室内薄壁不锈钢管(承插氩弧焊)			
				公称直径(mm以内)			
				32	40	50	65
名　称			单位	10m	10m	10m	10m
人工	00050101	综合人工 安装	工日	1.7572	2.0135	2.2858	2.4072
材料	Z17051001	薄壁不锈钢管	m	(9.8600)	(9.9400)	(9.8700)	(9.8700)
	01010421	热轧光圆钢筋(HPB300) φ8～14	kg	0.1580	0.1580	0.1580	0.1580
	01150103	热轧型钢 综合	kg	2.5200	2.3100	4.3050	4.4100
	01290317	热轧钢板(中厚板) δ8～18	kg	0.0370	0.0390	0.0420	0.0440
	01610106	铈钨棒	g	0.5020	0.5160	0.5240	0.5680
	02010105	橡胶板 δ1～3	kg	0.0090	0.0100	0.0100	0.0110
	02290801	油麻	kg	0.1580	0.6230	0.6230	0.9570
	03014101	六角螺栓连母垫	kg	0.1068	0.0983	0.1790	0.1842
	03018105	膨胀螺栓(钢制) M8～16	kg	0.1018	0.0933	0.1738	0.1781
	03110212	尼龙砂轮片 φ100	片	0.3172	0.3360	0.3788	0.4409
	03110215	尼龙砂轮片 φ400	片	0.0625	0.0640	0.0968	0.1106
	03130114	电焊条 J422 φ3.2	kg	0.1801	0.1687	0.2962	0.3059
	03152508	镀锌铁丝 8#～12#	kg	0.0750	0.0790	0.0830	0.0850
	03210210	硬质合金冲击钻头 φ10～20	根	0.0324	0.0297	0.0554	0.0567
	03210771	树脂砂轮切割片 φ400	片	0.0890	0.1010	0.1200	0.1310
	13010115	酚醛调和漆	kg	0.0360	0.0330	0.0615	0.0630
	13050511	醇酸防锈漆 C53-1	kg	0.0506	0.0464	0.0865	0.0886
	13056131	酚醛防锈漆	kg	0.0170	0.0200	0.0200	0.0260
	13350901	密封油膏	kg	0.1530	0.1630	0.1630	0.2020
	14030101	汽油	kg	0.0040	0.0050	0.0050	0.0070
	14050121	油漆溶剂油	kg	0.0033	0.0030	0.0057	0.0058
	14070101	机油	kg	0.0145	0.0133	0.0247	0.0253
	14330601	丙酮	kg	0.1880	0.2180	0.2410	0.2850
	14390101	氧气	m^3	0.1272	0.1219	0.2012	0.2174
	14390302	乙炔气	kg	0.0424	0.0406	0.0671	0.0725
	14390701	氩气	m^3	0.2510	0.2580	0.2620	0.2840

（续表）

定额编号				B-5-2-37	B-5-2-38	B-5-2-39	B-5-2-40
项目				室内薄壁不锈钢管(承插氩弧焊)			
				公称直径(mm 以内)			
				32	40	50	65
名称			单位	10m	10m	10m	10m
材料	17010136	焊接钢管 DN20	m	0.0160	0.0160	0.0170	0.0190
	17010140	焊接钢管 DN50	m	0.3180			
	17010143	焊接钢管 DN80	m		0.3180	0.3180	
	17010144	焊接钢管 DN100	m				0.3180
	17271011	橡胶软管 DN20	m	0.0070	0.0070	0.0080	0.0080
	18051701-4	承插式薄壁不锈钢焊接管件 DN32	个	9.3700			
	18051701-5	承插式薄壁不锈钢焊接管件 DN40	个		7.5200		
	18051701-6	承插式薄壁不锈钢焊接管件 DN50	个			6.3300	
	18051701-7	承插式薄壁不锈钢焊接管件 DN65	个				5.2600
	19010013	螺纹阀门 DN20	只	0.0050	0.0050	0.0050	0.0050
	24110331	弹簧压力表 Y-100 0～1.6MPa	块	0.0020	0.0020	0.0030	0.0030
	24590123	压力表弯管 DN15	个	0.0020	0.0020	0.0030	0.0030
	34090311	破布	kg	0.1690	0.1900	0.2160	0.2440
	34091101	钢丝刷	把	0.0020	0.0030	0.0030	0.0060
	34110101	水	m^3	0.0400	0.0530	0.0880	0.1450
	34110301	电	kW·h	0.0807	0.0740	0.1378	0.1412
	80060111	干混砌筑砂浆 DM M5.0	m^3	0.0018	0.0016	0.0031	0.0032
	X0045	其他材料费	%	2.0000	2.0000	2.0000	2.0000
机械	99070530	载重汽车 5t	台班			0.0030	0.0040
	99090005	吊装机械(综合)	台班	0.0040	0.0050	0.0070	0.0090
	99190200	台式钻床 ϕ16	台班	0.0256	0.0235	0.0437	0.0448
	99190230	立式钻床 ϕ25	台班	0.0111	0.0102	0.0190	0.0195
	99230170	砂轮切割机 ϕ400	台班	0.0572	0.0589	0.0852	0.0884
	99250005	电焊机	台班	0.1130	0.1063	0.1799	0.1918
	99250440	氩弧焊机 500A	台班	0.2350	0.2410	0.2620	0.2840
	99440030	电动单级离心清水泵 ϕ100	台班	0.0010	0.0010	0.0010	0.0010
	99440420	试压泵 3MPa	台班	0.0020	0.0020	0.0020	0.0020

工作内容：管道及管件安装，支架制作安装，一般钢套管制作安装，管道水压试验及水冲洗，支架刷油。

定额编号				B-5-2-41	B-5-2-42	B-5-2-43	B-5-2-44
项目				室内薄壁不锈钢管（承插氩弧焊）		室内铜管（氧乙炔焊）	
				公称直径（mm 以内）		公称外径（mm 以内）	
				80	100	18	22
名称			单位	10m	10m	10m	10m
人工	00050101	综合人工 安装	工日	2.6413	3.0368	2.0321	2.1176
材料	Z17051001	薄壁不锈钢管	m	(9.8700)	(9.8700)		
	Z17150110	铜管	m			(9.5000)	(9.5000)
	01010421	热轧光圆钢筋（HPB300）ϕ8～14	kg	0.1580	0.1580	0.1580	0.1580
	01150103	热轧型钢 综合	kg	4.7250	5.6700	3.5700	3.1500
	01290317	热轧钢板（中厚板）δ8～18	kg	0.0470	0.0490	0.0300	0.0320
	01610106	铈钨棒	g	0.6300	0.6760		
	02010105	橡胶板 δ1～3	kg	0.0110	0.0120	0.0070	0.0080
	02290801	油麻	kg	2.1150	2.1940	0.0900	0.0900
	03014101	六角螺栓连母垫	kg	0.1969	0.2351	0.1483	0.1313
	03018105	膨胀螺栓（钢制）M8～16	kg	0.1908	0.2290	0.1442	0.1272
	03110212	尼龙砂轮片 ϕ100	片	0.4661	0.5000	0.0221	0.0268
	03110215	尼龙砂轮片 ϕ400	片	0.1308	0.1503	0.0908	0.0868
	03130114	电焊条 J422 ϕ3.2	kg	0.3301	0.3945	0.2462	0.2194
	03131101	铜焊丝	kg			0.1740	0.1920
	03131571	铜焊粉	kg			0.0300	0.0400
	03152508	镀锌铁丝 8#～12#	kg	0.0890	0.1010	0.0400	0.0450
	03210210	硬质合金冲击钻头 ϕ10～20	根	0.0608	0.0730	0.0459	0.0405
	03210771	树脂砂轮切割片 ϕ400	片	0.1380	0.1440		
	13010115	酚醛调和漆	kg	0.0675	0.0810	0.0510	0.0450
	13050511	醇酸防锈漆 C53-1	kg	0.0950	0.1139	0.0717	0.0633
	13056131	酚醛防锈漆	kg	0.0350	0.0370	0.0140	0.0140
	13350901	密封油膏	kg	0.2540	0.2580	0.1070	0.1070
	14030101	汽油	kg	0.0090	0.0090	0.0030	0.0030
	14050121	油漆溶剂油	kg	0.0062	0.0075	0.0047	0.0041
	14070101	机油	kg	0.0271	0.0326	0.0205	0.0181
	14330601	丙酮	kg	0.3180	0.3770		
	14390101	氧气	m^3	0.2539	0.3215	0.6240	0.6873
	14390302	乙炔气	kg	0.0846	0.1072	0.2253	0.2388

(续表)

定额编号				B-5-2-41	B-5-2-42	B-5-2-43	B-5-2-44
项目				室内薄壁不锈钢管(承插氩弧焊)		室内铜管(氧乙炔焊)	
				公称直径(mm 以内)		公称外径(mm 以内)	
				80	100	18	22
名称			单位	10m	10m	10m	10m
材料	14390701	氩气	m^3	0.3150	0.3380		
	17010136	焊接钢管 DN20	m	0.0200	0.0210	0.0130	0.0140
	17010138	焊接钢管 DN32	m			0.3180	0.3180
	17010145	焊接钢管 DN125	m	0.3180			
	17010146	焊接钢管 DN150	m		0.3180		
	17271011	橡胶软管 DN20	m	0.0080	0.0090	0.0060	0.0060
	18051701-8	承插式薄壁不锈钢焊接管件 DN80	个	4.6300			
	18051701-9	承插式薄壁不锈钢焊接管件 DN100	个		4.1500		
	18072301-1	铜管焊接管件 DN15	个			12.3400	
	18072301-2	铜管焊接管件 DN20	个				10.0700
	19010013	螺纹阀门 DN20	只	0.0060	0.0060	0.0040	0.0040
	24110331	弹簧压力表 Y-100 0～1.6MPa	块	0.0030	0.0030	0.0020	0.0020
	24590123	压力表弯管 DN15	个	0.0030	0.0030	0.0020	0.0020
	34090311	破布	kg	0.2610	0.3040	0.0820	0.0920
	34091101	钢丝刷	把	0.0060	0.0060	0.0020	0.0020
	34110101	水	m^3	0.2040	0.3530	0.0080	0.0140
	34110301	电	kW·h	0.1513	0.1815	0.1143	0.1009
	80060111	干混砌筑砂浆 DM M5.0	m^3	0.0034	0.0040	0.0026	0.0022
	X0045	其他材料费	%	2.0000	2.0000	2.0000	2.0000
机械	99070530	载重汽车 5t	台班	0.0060	0.0130		
	99090005	吊装机械(综合)	台班	0.0120	0.0200	0.0020	0.0020
	99190200	台式钻床 ϕ16	台班	0.0480	0.0576	0.0363	0.0320
	99190230	立式钻床 ϕ25	台班	0.0209	0.0251	0.0158	0.0139
	99230170	砂轮切割机 ϕ400	台班	0.0959	0.1105	0.0480	0.0433
	99250005	电焊机	台班	0.2054	0.2423	0.1408	0.1253
	99250440	氩弧焊机 500A	台班	0.3160	0.3300		
	99440030	电动单级离心清水泵 ϕ100	台班	0.0020	0.0020	0.0010	0.0010
	99440420	试压泵 3MPa	台班	0.0020	0.0020	0.0010	0.0010

工作内容：管道及管件安装，支架制作安装，一般钢套管制作安装，管道水压试验及水冲洗，支架刷油。

定　额　编　号				B-5-2-45	B-5-2-46	B-5-2-47	B-5-2-48
项　　目				室内铜管(氧乙炔焊)			
				公称外径(mm 以内)			
				28	35	42	54
名　　称			单位	10m	10m	10m	10m
人工	00050101	综合人工 安装	工日	2.1794	2.4842	2.8025	3.2328
材料	Z17150110	铜管	m	(9.5000)	(9.5000)	(9.6500)	(9.6500)
	01010421	热轧光圆钢筋(HPB300) ϕ8～14	kg	0.1580	0.1580	0.1580	0.1580
	01150103	热轧型钢 综合	kg	2.8350	2.5200	2.3100	4.3050
	01290317	热轧钢板(中厚板) δ8～18	kg	0.0340	0.0370	0.0390	0.0420
	02010105	橡胶板 δ1～3	kg	0.0080	0.0090	0.0100	0.0100
	02290801	油麻	kg	0.1580	0.1580	0.6230	0.6230
	03014101	六角螺栓连母垫	kg	0.1186	0.1068	0.0983	0.1790
	03018105	膨胀螺栓(钢制) M8～16	kg	0.1145	0.1018	0.0933	0.1738
	03110212	尼龙砂轮片 ϕ100	片	0.0265	0.0272	0.0400	0.0498
	03110215	尼龙砂轮片 ϕ400	片	0.0907	0.0975	0.1040	0.1448
	03130114	电焊条 J422 ϕ3.2	kg	0.2003	0.1801	0.1687	0.2962
	03131101	铜焊丝	kg	0.2260	0.2500	0.2880	0.3800
	03131571	铜焊粉	kg	0.0500	0.0600	0.0800	0.0850
	03152508	镀锌铁丝 8#～12#	kg	0.0680	0.0750	0.0790	0.0830
	03210210	硬质合金冲击钻头 ϕ10～20	根	0.0365	0.0324	0.0297	0.0554
	13010115	酚醛调和漆	kg	0.0405	0.0360	0.0330	0.0615
	13050511	醇酸防锈漆 C53-1	kg	0.0570	0.0506	0.0464	0.0865
	13056131	酚醛防锈漆	kg	0.0170	0.0170	0.0200	0.0200
	13350901	密封油膏	kg	0.1530	0.1530	0.1630	0.1630
	14030101	汽油	kg	0.0040	0.0040	0.0050	0.0050
	14050121	油漆溶剂油	kg	0.0037	0.0033	0.0030	0.0057
	14070101	机油	kg	0.0163	0.0145	0.0133	0.0247
	14390101	氧气	m^3	0.8178	1.0562	1.4299	1.6092
	14390302	乙炔气	kg	0.2876	0.3724	0.5036	0.5801

(续表)

定额编号				B-5-2-45	B-5-2-46	B-5-2-47	B-5-2-48
项目				室内铜管(氧乙炔焊)			
				公称外径(mm 以内)			
				28	35	42	54
名称			单位	10m	10m	10m	10m
材料	17010136	焊接钢管 DN20	m	0.0150	0.0160	0.0160	0.0170
	17010140	焊接钢管 DN50	m	0.3180	0.3180		
	17010143	焊接钢管 DN80	m			0.3180	0.3180
	17271011	橡胶软管 DN20	m	0.0070	0.0070	0.0070	0.0080
	18072301-3	铜管焊接管件 DN25	个	9.7300			
	18072301-4	铜管焊接管件 DN32	个		8.3400		
	18072301-5	铜管焊接管件 DN40	个			6.2400	
	18072301-6	铜管焊接管件 DN50	个				5.1800
	19010013	螺纹阀门 DN20	只	0.0040	0.0050	0.0050	0.0050
	24110331	弹簧压力表 Y-100 0～1.6MPa	块	0.0020	0.0020	0.0020	0.0030
	24590123	压力表弯管 DN15	个	0.0020	0.0020	0.0020	0.0030
	34090311	破布	kg	0.1520	0.1690	0.1900	0.2160
	34091101	钢丝刷	把	0.0020	0.0020	0.0030	0.0030
	34110101	水	m^3	0.0230	0.0400	0.0530	0.0880
	34110301	电	kW·h	0.0908	0.0807	0.0740	0.1378
	80060111	干混砌筑砂浆 DM M5.0	m^3	0.0020	0.0018	0.0016	0.0031
	X0045	其他材料费	%	2.0000	2.0000	2.0000	2.0000
机械	99070530	载重汽车 5t	台班				0.0030
	99090005	吊装机械(综合)	台班	0.0030	0.0040	0.0050	0.0070
	99190200	台式钻床 ϕ16	台班	0.0288	0.0256	0.0235	0.0437
	99190230	立式钻床 ϕ25	台班	0.0125	0.0111	0.0102	0.0190
	99230170	砂轮切割机 ϕ400	台班	0.0448	0.0432	0.0449	0.0712
	99250005	电焊机	台班	0.1147	0.1030	0.0963	0.1699
	99440030	电动单级离心清水泵 ϕ100	台班	0.0010	0.0010	0.0010	0.0010
	99440420	试压泵 3MPa	台班	0.0010	0.0020	0.0020	0.0020

工作内容： 管道及管件安装，支架制作安装，一般钢套管制作安装，管道水压试验及水冲洗，支架刷油。

定额编号				B-5-2-49	B-5-2-50	B-5-2-51	B-5-2-52
项目				室内铜管(氧乙炔焊)			室内铜管(钎焊)
				公称外径(mm以内)			
				76	89	108	18
名称			单位	10m	10m	10m	10m
人工	00050101	综合人工 安装	工日	3.5962	3.9823	4.3308	1.5231
材料	Z17150110	铜管	m	(9.6500)	(9.6500)	(9.6500)	(9.8600)
	01010421	热轧光圆钢筋(HPB300) ϕ8～14	kg	0.1580	0.1580	0.1580	0.1580
	01150103	热轧型钢 综合	kg	4.4100	4.7250	5.6700	3.5700
	01290317	热轧钢板(中厚板) δ8～18	kg	0.0440	0.0470	0.0490	0.0300
	02010105	橡胶板 δ1～3	kg	0.0110	0.0110	0.0120	0.0070
	02290801	油麻	kg	0.9570	2.1150	2.1940	0.0900
	03014101	六角螺栓连母垫	kg	0.1842	0.1969	0.2351	0.1483
	03018105	膨胀螺栓(钢制) M8～16	kg	0.1781	0.1908	0.2290	0.1442
	03110212	尼龙砂轮片 ϕ100	片	0.0999	0.1061	0.1200	0.0221
	03110215	尼龙砂轮片 ϕ400	片	0.2336	0.2588	0.2903	0.0908
	03110601	铁砂布	张				0.1160
	03130114	电焊条 J422 ϕ3.2	kg	0.3059	0.3301	0.3945	0.2462
	03131101	铜焊丝	kg	0.5200	0.6800	0.8400	
	03131571	铜焊粉	kg	0.0970	0.1100	0.1300	
	03131611	低银铜磷钎料 BCu91PAg	kg				0.0240
	03152508	镀锌铁丝 8#～12#	kg	0.0850	0.0890	0.1010	0.0040
	03210210	硬质合金冲击钻头 ϕ10～20	根	0.0567	0.0608	0.0730	0.0459
	13010115	酚醛调和漆	kg	0.0630	0.0675	0.0810	0.0510
	13050511	醇酸防锈漆 C53-1	kg	0.0886	0.0950	0.1139	0.0717
	13056131	酚醛防锈漆	kg	0.0260	0.0350	0.0370	0.0140
	13350901	密封油膏	kg	0.2020	0.2540	0.2580	0.1070
	14030101	汽油	kg	0.0070	0.0090	0.0090	0.0030
	14050121	油漆溶剂油	kg	0.0058	0.0062	0.0075	0.0047
	14070101	机油	kg	0.0253	0.0271	0.0326	0.0205
	14390101	氧气	m^3	1.9744	2.5639	2.9355	0.5810
	14390302	乙炔气	kg	0.7485	0.9226	1.0652	0.2153

（续表）

定额编号				B-5-2-49	B-5-2-50	B-5-2-51	B-5-2-52
项目				室内铜管(氧乙炔焊)			室内铜管（钎焊）
				公称外径(mm 以内)			
				76	89	108	18
名称			单位	10m	10m	10m	10m
材料	17010136	焊接钢管 DN20	m	0.0190	0.0200	0.0210	0.0130
	17010138	焊接钢管 DN32	m				0.3180
	17010144	焊接钢管 DN100	m	0.3180			
	17010145	焊接钢管 DN125	m		0.3180		
	17010146	焊接钢管 DN150	m			0.3180	
	17271011	橡胶软管 DN20	m	0.0080	0.0080	0.0090	0.0060
	18070301-1	铜管钎焊管件 DN15	个				13.4100
	18072301-7	铜管焊接管件 DN65	个	4.0000			
	18072301-8	铜管焊接管件 DN80	个		3.3900		
	18072301-9	铜管焊接管件 DN100	个			2.9900	
	19010013	螺纹阀门 DN20	只	0.0050	0.0060	0.0060	0.0040
	24110331	弹簧压力表 Y-100 0～1.6MPa	块	0.0030	0.0030	0.0030	0.0020
	24590123	压力表弯管 DN15	个	0.0030	0.0030	0.0030	0.0020
	34090311	破布	kg	0.2440	0.2610	0.3040	0.0820
	34091101	钢丝刷	把	0.0060	0.0060	0.0060	0.0020
	34110101	水	m^3	0.1450	0.2040	0.3530	0.0080
	34110301	电	kW·h	0.1412	0.1513	0.1815	0.1863
	80060111	干混砌筑砂浆 DM M5.0	m^3	0.0032	0.0034	0.0040	0.0026
	X0045	其他材料费	%	2.0000	2.0000	2.0000	2.0000
机械	99070530	载重汽车 5t	台班	0.0040	0.0060	0.0130	
	99090005	吊装机械(综合)	台班	0.0090	0.0120	0.0200	0.0020
	99190200	台式钻床 ϕ16	台班	0.0448	0.0480	0.0576	0.0363
	99190230	立式钻床 ϕ25	台班	0.0195	0.0209	0.0251	0.0158
	99230170	砂轮切割机 ϕ400	台班	0.0864	0.0929	0.1075	0.0840
	99250005	电焊机	台班	0.1738	0.1874	0.2243	0.1408
	99440030	电动单级离心清水泵 ϕ100	台班	0.0010	0.0020	0.0020	0.0010
	99440420	试压泵 3MPa	台班	0.0020	0.0020	0.0020	0.0010

工作内容：管道及管件安装，支架制作安装，一般钢套管制作安装，管道水压试验及水冲洗，支架刷油。

定额编号				B-5-2-53	B-5-2-54	B-5-2-55	B-5-2-56
项目				室内铜管(钎焊)			
				公称外径(mm 以内)			
				22	28	35	42
名称			单位	10m	10m	10m	10m
人工	00050101	综合人工 安装	工日	1.5756	1.6474	1.6722	1.7475
材料	Z17150110	铜管	m	(9.8600)	(9.8600)	(9.8600)	(9.9400)
	01010421	热轧光圆钢筋(HPB300) ϕ8～14	kg	0.1580	0.1580	0.1580	0.1580
	01150103	热轧型钢 综合	kg	3.1500	2.8350	2.5200	2.3100
	01290317	热轧钢板(中厚板) δ8～18	kg	0.0320	0.0340	0.0370	0.0390
	02010105	橡胶板 δ1～3	kg	0.0080	0.0080	0.0090	0.0100
	02290801	油麻	kg	0.0900	0.1580	0.1580	0.6230
	03014101	六角螺栓连母垫	kg	0.1313	0.1186	0.1068	0.0983
	03018105	膨胀螺栓(钢制) M8～16	kg	0.1272	0.1145	0.1018	0.0933
	03110212	尼龙砂轮片 ϕ100	片	0.0268	0.0265	0.0272	0.0400
	03110215	尼龙砂轮片 ϕ400	片	0.0868	0.0907	0.0975	0.1040
	03110601	铁砂布	张	0.1180	0.1250	0.1430	0.2360
	03130114	电焊条 J422 ϕ3.2	kg	0.2194	0.2003	0.1801	0.1687
	03131611	低银铜磷钎料 BCu91PAg	kg	0.0260	0.0390	0.0560	0.0770
	03152508	镀锌铁丝 8#～12#	kg	0.0450	0.0680	0.0750	0.0790
	03210210	硬质合金冲击钻头 ϕ10～20	根	0.0405	0.0365	0.0324	0.0297
	13010115	酚醛调和漆	kg	0.0450	0.0405	0.0360	0.0330
	13050511	醇酸防锈漆 C53-1	kg	0.0633	0.0570	0.0506	0.0464
	13056131	酚醛防锈漆	kg	0.0140	0.0170	0.0170	0.0200
	13350901	密封油膏	kg	0.1070	0.1530	0.1530	0.1630
	14030101	汽油	kg	0.0030	0.0040	0.0040	0.0050
	14050121	油漆溶剂油	kg	0.0041	0.0037	0.0033	0.0030
	14070101	机油	kg	0.0181	0.0163	0.0145	0.0133
	14390101	氧气	m^3	0.6023	0.6008	0.6362	0.7509
	14390302	乙炔气	kg	0.2188	0.2236	0.2384	0.2826

(续表)

定额编号				B-5-2-53	B-5-2-54	B-5-2-55	B-5-2-56
项目				室内铜管(钎焊)			
				公称外径(mm 以内)			
				22	28	35	42
名称			单位	10m	10m	10m	10m
材料	17010136	焊接钢管 DN20	m	0.0140	0.0150	0.0160	0.0160
	17010138	焊接钢管 DN32	m	0.3180			
	17010140	焊接钢管 DN50	m		0.3180	0.3180	
	17010143	焊接钢管 DN80	m				0.3180
	17271011	橡胶软管 DN20	m	0.0060	0.0070	0.0070	0.0070
	18070301-2	铜管钎焊管件 DN20	个	11.1600			
	18070301-3	铜管钎焊管件 DN25	个		10.7500		
	18070301-4	铜管钎焊管件 DN32	个			9.3700	
	18070301-5	铜管钎焊管件 DN40	个				7.5200
	19010013	螺纹阀门 DN20	只	0.0040	0.0040	0.0050	0.0050
	24110331	弹簧压力表 Y-100 0～1.6MPa	块	0.0020	0.0020	0.0020	0.0020
	24590123	压力表弯管 DN15	个	0.0020	0.0020	0.0020	0.0020
	34090311	破布	kg	0.0920	0.1520	0.1700	0.1900
	34091101	钢丝刷	把	0.0020	0.0020	0.0020	0.0030
	34110101	水	m^3	0.0140	0.0230	0.0400	0.0530
	34110301	电	kW·h	0.1779	0.1708	0.1747	0.2170
	80060111	干混砌筑砂浆 DM M5.0	m^3	0.0022	0.0020	0.0018	0.0016
	X0045	其他材料费	%	2.0000	2.0000	2.0000	2.0000
机械	99090005	吊装机械(综合)	台班	0.0020	0.0030	0.0040	0.0050
	99190200	台式钻床 ϕ16	台班	0.0320	0.0288	0.0256	0.0235
	99190230	立式钻床 ϕ25	台班	0.0139	0.0125	0.0111	0.0102
	99230170	砂轮切割机 ϕ400	台班	0.0793	0.0448	0.0432	0.0449
	99250005	电焊机	台班	0.1253	0.1147	0.1030	0.0963
	99440030	电动单级离心清水泵 ϕ100	台班	0.0010	0.0010	0.0010	0.0010
	99440420	试压泵 3MPa	台班	0.0010	0.0010	0.0020	0.0020

工作内容：管道及管件安装，支架制作安装，一般钢套管制作安装，管道水压试验及水冲洗，支架刷油。

定额编号				B-5-2-57	B-5-2-58	B-5-2-59	B-5-2-60
项目				室内铜管(钎焊)			
				公称外径(mm以内)			
				54	76	89	108
名称			单位	10m	10m	10m	10m
人工	00050101	综合人工 安装	工日	1.9878	2.1312	2.2993	2.7398
材料	Z17150110	铜管	m	(9.8700)	(9.8700)	(9.8700)	(9.8700)
	01010421	热轧光圆钢筋(HPB300) ϕ8～14	kg	0.1580	0.1580	0.1580	0.1580
	01150103	热轧型钢 综合	kg	4.3050	4.4100	4.7250	5.6700
	01290317	热轧钢板(中厚板) δ8～18	kg	0.0420	0.0440	0.0470	0.0490
	02010105	橡胶板 δ1～3	kg	0.0100	0.0110	0.0110	0.0120
	02290801	油麻	kg	0.6230	0.9570	2.1150	2.1940
	03014101	六角螺栓连母垫	kg	0.1790	0.1842	0.1969	0.2351
	03018105	膨胀螺栓(钢制) M8～16	kg	0.1738	0.1781	0.1908	0.2290
	03110212	尼龙砂轮片 ϕ100	片	0.0498	0.0999	0.1061	0.1200
	03110215	尼龙砂轮片 ϕ400	片	0.1448	0.2336	0.2588	0.2903
	03110601	铁砂布	张	0.2740	0.3120	0.3500	0.3880
	03130114	电焊条 J422 ϕ3.2	kg	0.2962	0.3059	0.3301	0.3945
	03131611	低银铜磷钎料 BCu91PAg	kg	0.1040	0.1310	0.1850	0.2120
	03152508	镀锌铁丝 $8^{\#}$～$12^{\#}$	kg	0.0830	0.0850	0.0890	0.1010
	03210210	硬质合金冲击钻头 ϕ10～20	根	0.0554	0.0567	0.0608	0.0730
	13010115	酚醛调和漆	kg	0.0615	0.0630	0.0675	0.0810
	13050511	醇酸防锈漆 C53-1	kg	0.0865	0.0886	0.0950	0.1139
	13056131	酚醛防锈漆	kg	0.0200	0.0260	0.0350	0.0370
	13350901	密封油膏	kg	0.1630	0.2020	0.2540	0.2580
	14030101	汽油	kg	0.0050	0.0070	0.0090	0.0090
	14050121	油漆溶剂油	kg	0.0057	0.0058	0.0062	0.0075
	14070101	机油	kg	0.0247	0.0253	0.0271	0.0326
	14390101	氧气	m^3	0.9182	1.2304	1.4039	1.6285
	14390302	乙炔气	kg	0.3391	0.4105	0.4706	0.5442

（续表）

定额编号				B-5-2-57	B-5-2-58	B-5-2-59	B-5-2-60
项目				室内铜管(钎焊)			
				公称外径(mm 以内)			
				54	76	89	108
名称			单位	10m	10m	10m	10m
材料	17010136	焊接钢管 DN20	m	0.0170	0.0190	0.0200	0.0210
	17010143	焊接钢管 DN80	m	0.3180			
	17010144	焊接钢管 DN100	m		0.3180		
	17010145	焊接钢管 DN125	m			0.3180	
	17010146	焊接钢管 DN150	m				0.3180
	17271011	橡胶软管 DN20	m	0.0080	0.0080	0.0080	0.0090
	18070301-6	铜管钎焊管件 DN50	个	6.3300			
	18070301-7	铜管钎焊管件 DN65	个		5.2600		
	18070301-8	铜管钎焊管件 DN80	个			4.6300	
	18070301-9	铜管钎焊管件 DN100	个				4.1500
	19010013	螺纹阀门 DN20	只	0.0050	0.0050	0.0060	0.0060
	24110331	弹簧压力表 Y-100 0～1.6MPa	块	0.0030	0.0030	0.0030	0.0030
	24590123	压力表弯管 DN15	个	0.0030	0.0030	0.0030	0.0030
	34090311	破布	kg	0.2160	0.2440	0.2610	0.3040
	34091101	钢丝刷	把	0.0030	0.0060	0.0060	0.0060
	34110101	水	m^3	0.0880	0.1450	0.2040	0.3530
	34110301	电	kW·h	0.2838	0.2902	0.3033	0.3365
	80060111	干混砌筑砂浆 DM M5.0	m^3	0.0031	0.0032	0.0034	0.0040
	X0045	其他材料费	%	2.0000	2.0000	2.0000	2.0000
机械	99070530	载重汽车 5t	台班	0.0030	0.0040	0.0060	0.0130
	99090005	吊装机械(综合)	台班	0.0070	0.0090	0.0120	0.0200
	99190200	台式钻床 ϕ16	台班	0.0437	0.0448	0.0480	0.0576
	99190230	立式钻床 ϕ25	台班	0.0190	0.0195	0.0209	0.0251
	99230170	砂轮切割机 ϕ400	台班	0.0712	0.0864	0.0929	0.1075
	99250005	电焊机	台班	0.1699	0.1738	0.1874	0.2243
	99440030	电动单级离心清水泵 ϕ100	台班	0.0010	0.0010	0.0020	0.0020
	99440420	试压泵 3MPa	台班	0.0020	0.0020	0.0020	0.0020

工作内容：管道及管件安装，水压试验、水冲洗，刷油及挖填土。

定额编号				B-5-2-61	B-5-2-62	B-5-2-63	B-5-2-64
项目				室外铸铁给水管(胶圈接口)			
				公称直径(mm 以内)			
				100	150	200	250
名称			单位	10m	10m	10m	10m
人工	00050101	综合人工 安装	工日	4.9507	5.6211	5.9895	6.7959
材料	Z17111210	承插式铸铁给水管	m	(10.1000)	(10.0500)	(10.0500)	(9.9000)
	01290317	热轧钢板(中厚板) δ8～18	kg	0.0490	0.1100	0.1480	0.2310
	02010105	橡胶板 δ1～3	kg	0.0120	0.0160	0.0180	0.0210
	02050213	橡胶圈(给水) DN100	个	2.4450			
	02050215	橡胶圈(给水) DN150	个		2.3050		
	02050217	橡胶圈(给水) DN200	个			2.2450	
	02050219	橡胶圈(给水) DN250	个				2.1220
	03014101	六角螺栓连母垫	kg	0.0060	0.0120	0.0180	0.0280
	03130114	电焊条 J422 ϕ3.2	kg	0.0030	0.0030	0.0030	0.0040
	03152508	镀锌铁丝 8#～12#	kg	0.1010	0.1120	0.1310	0.1400
	04090101	白灰	kg	1.2000	1.2000	1.2000	1.2000
	13053311	煤焦油沥青漆 L01～17	kg	2.0127	2.9661	3.8665	4.8199
	14331201	动力苯	kg	0.3116	0.4592	0.5986	0.7461
	14390101	氧气	m^3	0.0060	0.0060	0.0090	0.0090
	14390302	乙炔气	kg	0.0020	0.0020	0.0030	0.0030
	17010136	焊接钢管 DN20	m	0.0210	0.0230	0.0240	0.0250
	17271011	橡胶软管 DN20	m	0.0090	0.0100	0.0100	0.0110
	18010911-2	承插式铸铁给水管管件 DN100	个	1.0700			
	18010911-3	承插式铸铁给水管管件 DN150	个		1.0100		
	18010911-4	承插式铸铁给水管管件 DN200	个			0.9800	
	18010911-5	承插式铸铁给水管管件 DN250	个				0.9200
	19010013	螺纹阀门 DN20	只	0.0060	0.0060	0.0070	0.0070
	24110331	弹簧压力表 Y-100 0～1.6MPa	块	0.0030	0.0030	0.0030	0.0030
	24590123	压力表弯管 DN15	个	0.0030	0.0030	0.0030	0.0030
	34090311	破布	kg	0.2980	0.3400	0.4080	0.4510
	34110101	水	m^3	0.3530	0.7640	1.3460	2.1390
	X0045	其他材料费	%	1.7300	1.7500	1.7800	1.7900
机械	99070530	载重汽车 5t	台班	0.0120	0.0200	0.0400	0.0580
	99090360	汽车式起重机 8t	台班	0.0730	0.0940	0.1310	
	99090400	汽车式起重机 16t	台班				0.1930
	99190761	液压断管机 ϕ500	台班	0.0110	0.0130	0.0190	0.0230
	99250005	电焊机	台班	0.0020	0.0020	0.0020	0.0020
	99440030	电动单级离心清水泵 ϕ100	台班	0.0020	0.0050	0.0070	0.0090
	99440420	试压泵 3MPa	台班	0.0020	0.0030	0.0030	0.0040

工作内容：管道及管件安装，水压试验、水冲洗，刷油及挖填土。

定额编号				B-5-2-65	B-5-2-66	B-5-2-67	B-5-2-68
项目				室外铸铁给水管(胶圈接口)			
				公称直径(mm 以内)			
				300	350	400	450
名称			单位	10m	10m	10m	10m
人工	00050101	综合人工 安装	工日	6.9783	7.2387	8.0099	9.0382
材料	Z17111210	承插式铸铁给水管	m	(9.9000)	(9.9000)	(9.9000)	(9.8500)
	01290317	热轧钢板(中厚板) δ8～18	kg	0.3330	0.3800	0.4260	0.4720
	02010105	橡胶板 δ1～3	kg	0.0240	0.0380	0.0420	0.0510
	02050221	橡胶圈(给水) DN300	个	2.0330			
	02050223	橡胶圈(给水) DN350	个		1.9220		
	02050225	橡胶圈(给水) DN400	个			1.8810	
	02050227	橡胶圈(给水) DN450	个				1.7980
	03014101	六角螺栓连母垫	kg	0.0380	0.0460	0.0540	0.0620
	03130114	电焊条 J422 ϕ3.2	kg	0.0040	0.0040	0.0040	0.0040
	03152508	镀锌铁丝 8#～12#	kg	0.1440	0.1480	0.1530	0.1580
	04090101	白灰	kg	1.2000	1.2000	1.2000	1.2000
	13053311	煤焦油沥青漆 L01～17	kg	5.7380	6.6560	7.5211	8.8751
	14331201	动力苯	kg	0.8883	1.0304	1.1643	1.3739
	14390101	氧气	m^3	0.0090	0.0120	0.0120	0.0120
	14390302	乙炔气	kg	0.0030	0.0040	0.0040	0.0040
	17010136	焊接钢管 DN20	m	0.0260	0.0270	0.0280	0.0290
	17271011	橡胶软管 DN20	m	0.0110	0.0110	0.0120	0.0120
	18010911-6	承插式铸铁给水管管件 DN300	个	0.8800			
	18010911-7	承插式铸铁给水管管件 DN350	个		0.8300		
	18010911-8	承插式铸铁给水管管件 DN400	个			0.8100	
	18010911-9	承插式铸铁给水管管件 DN450	个				0.7700
	19010013	螺纹阀门 DN20	只	0.0070	0.0080	0.0080	0.0080
	24110331	弹簧压力表 Y-100 0～1.6MPa	块	0.0040	0.0040	0.0040	0.0040
	24590123	压力表弯管 DN15	个	0.0040	0.0040	0.0040	0.0040
	34090311	破布	kg	0.4680	0.4930	0.5100	0.5270
	34110101	水	m^3	3.0370	4.0470	5.2270	6.3590
	X0045	其他材料费	%	1.8100	1.8100	1.8700	1.8800
机械	99070530	载重汽车 5t	台班	0.0760	0.1010	0.1030	0.1050
	99090400	汽车式起重机 16t	台班	0.2340	0.2680	0.2820	0.2900
	99190761	液压断管机 ϕ500	台班	0.0280	0.0290	0.0320	0.0380
	99250005	电焊机	台班	0.0020	0.0020	0.0020	0.0020
	99440030	电动单级离心清水泵 ϕ100	台班	0.0120	0.0140	0.0160	0.0180
	99440420	试压泵 3MPa	台班	0.0040	0.0050	0.0060	0.0060

工作内容： 1. 管道及管件安装，水压试验、水冲洗，刷油及挖填土。

2,3,4. 管道及管件安装，灌水试验，刷油及挖填土。

定额编号				B-5-2-69	B-5-2-70	B-5-2-71	B-5-2-72
项目				室外铸铁给水管（胶圈接口）	室外铸铁排水管（胶圈接口）		
				公称直径（mm 以内）			
				500	50	75	100
名称			单位	10m	10m	10m	10m
人工	00050101	综合人工 安装	工日	9.7944	4.2233	4.7490	4.8917
材料	Z17110310	承插式铸铁排水管	m		(9.9300)	(9.9300)	(9.9300)
	Z17111210	承插式铸铁给水管	m	(9.8500)			
	01290317	热轧钢板（中厚板） δ8～18	kg	0.4720			
	02010105	橡胶板 δ1～3	kg	0.0600			
	02050229	橡胶圈（给水） DN500	个	1.7700			
	02050275	橡胶密封圈（排水） DN50	个		7.1500		
	02050276	橡胶密封圈（排水） DN75	个			7.2200	
	02050277	橡胶密封圈（排水） DN100	个				7.3600
	02290801	油麻	kg		0.4000	0.5900	0.8800
	03014101	六角螺栓连母垫	kg	0.0700			
	03130114	电焊条 J422 ϕ3.2	kg	0.0040			
	03152508	镀锌铁丝 8# ～12#	kg	0.1630	0.0830	0.0890	0.1010
	04090101	白灰	kg	1.2000	1.2000	1.2000	1.2000
	13053311	煤焦油沥青漆 L01～17	kg	9.3396	1.1211	1.5625	2.0127
	14331201	动力苯	kg	1.4458	0.1736	0.2419	0.3116
	14390101	氧气	m^3	0.0120			
	14390302	乙炔气	kg	0.0040			
	17010136	焊接钢管 DN20	m	0.0300			
	17271011	橡胶软管 DN20	m	0.0120			
	18010911-10	承插式铸铁给水管管件 DN500	个	0.7600			
	18013805	承插式铸铁排水管管件 DN50	个		0.4000		
	18013807	承插式铸铁排水管管件 DN75	个			0.4000	
	18013813	承插式铸铁排水管管件 DN100	个				0.4000
	19010013	螺纹阀门 DN20	只	0.0080			
	24110331	弹簧压力表 Y-100 0～1.6MPa	块	0.0040			
	24590123	压力表弯管 DN15	个	0.0040			
	34090311	破布	kg	0.5440	0.2130	0.2550	0.2980
	34110101	水	m^3	7.8500	0.0330	0.0540	0.1320
	X0045	其他材料费	%	1.8900	1.9700	1.9700	1.9700
机械	99070530	载重汽车 5t	台班	0.1080	0.0040	0.0090	0.0110
	99090360	汽车式起重机 8t	台班		0.0040	0.0090	0.0620
	99090400	汽车式起重机 16t	台班	0.2980			
	99190761	液压断管机 ϕ500	台班	0.0460	0.0040	0.0040	0.0040
	99250005	电焊机	台班	0.0020			
	99440030	电动单级离心清水泵 ϕ100	台班	0.0200	0.0010	0.0010	0.0020
	99440420	试压泵 3MPa	台班	0.0070			

工作内容：1,2. 管道及管件安装,灌水试验,刷油及挖填土。
3,4. 管道及管件安装,支架制作安装,一般钢套管制作安装,管道水压试验及水冲洗,管道及支架刷油。

定额编号				B-5-2-73	B-5-2-74	B-5-2-75	B-5-2-76
项目				室外铸铁排水管(胶圈接口)		室内铸铁给水管(胶圈接口)	
				公称直径(mm以内)			
				150	200	100	150
名称			单位	10m	10m	10m	10m
人工	00050101	综合人工 安装	工日	5.6181	6.0255	2.9201	4.0114
材料	Z17110310	承插式铸铁排水管	m	(9.9300)	(9.9300)		
	Z17111210	承插式铸铁给水管	m			(9.9000)	(9.3000)
	01010421	热轧光圆钢筋(HPB300) φ8～14	kg			0.1580	0.1580
	01150103	热轧型钢 综合	kg			8.5050	13.5450
	01290317	热轧钢板(中厚板) δ8～18	kg			0.0490	0.1100
	02010105	橡胶板 δ1～3	kg			0.0120	0.0160
	02050213	橡胶圈(给水) DN100	个			8.2300	
	02050215	橡胶圈(给水) DN150	个				8.7000
	02050278	橡胶密封圈(排水) DN150	个	7.4900			
	02050279	橡胶密封圈(排水) DN200	个		7.5800		
	02290801	油麻	kg	1.2600	1.7700	2.1940	3.1520
	03014101	六角螺栓连母垫	kg			0.3497	0.5593
	03018105	膨胀螺栓(钢制) M8～16	kg			0.3434	0.5470
	03110212	尼龙砂轮片 φ100	片			0.0075	0.0119
	03110215	尼龙砂轮片 φ400	片			0.1970	0.2229
	03130114	电焊条 J422 φ3.2	kg			0.5758	0.9030
	03152508	镀锌铁丝 8#～12#	kg	0.1120	0.1310	0.1010	0.1120
	03210210	硬质合金冲击钻头 φ10～20	根			0.1094	0.1743
	04090101	白灰	kg	1.2000	1.2000		
	13010115	酚醛调和漆	kg			0.8306	1.2385
	13050511	醇酸防锈漆 C53-1	kg			0.1709	0.2722
	13053311	煤焦油沥青漆 L01～17	kg	2.9661	3.8665		
	13056131	酚醛防锈漆	kg			0.0370	0.0510
	13350901	密封油膏	kg			0.2580	0.6120
	14030101	汽油	kg			0.0090	0.0130
	14050121	油漆溶剂油	kg			0.0348	0.0526
	14070101	机油	kg			0.0488	0.0778

（续表）

定额编号				B-5-2-73	B-5-2-74	B-5-2-75	B-5-2-76
项目				室外铸铁排水管(胶圈接口)		室内铸铁给水管(胶圈接口)	
				公称直径(mm 以内)			
				150	200	100	150
名称			单位	10m	10m	10m	10m
材料	14331201	动力苯	kg	0.4592	0.5986		
	14390101	氧气	m^3			0.4343	0.8687
	14390302	乙炔气	kg			0.1448	0.2896
	17010136	焊接钢管 DN20	m			0.0210	0.0230
	17010146	焊接钢管 DN150	m			0.3180	
	17070175	无缝钢管 $\phi 219\times 6$	m				0.3180
	17271011	橡胶软管 DN20	m			0.0090	0.0100
	18010911-2	承插式铸铁给水管管件 DN100	个			3.6000	
	18010911-3	承插式铸铁给水管管件 DN150	个				4.1000
	18013814	承插式铸铁排水管管件 DN150	个	0.4000			
	18013815	承插式铸铁排水管管件 DN200	个		0.4000		
	19010013	螺纹阀门 DN20	只			0.0060	0.0060
	24110331	弹簧压力表 Y-100 0～1.6MPa	块			0.0030	0.0030
	24590123	压力表弯管 DN15	个			0.0030	0.0030
	34090311	破布	kg	0.3400	0.4080	0.3040	0.3480
	34091101	钢丝刷	把			0.0060	0.0080
	34110101	水	m^3	0.2870	0.5050	0.3530	0.7640
	34110301	电	kW·h			0.2723	0.4337
	80060111	干混砌筑砂浆 DM M5.0	m^3			0.0061	0.0097
	X0045	其他材料费	%	1.9800	1.9900	2.0000	2.0000
机械	99070530	载重汽车 5t	台班	0.0180	0.0400	0.0120	0.0200
	99090005	吊装机械(综合)	台班			0.0920	0.1230
	99090360	汽车式起重机 8t	台班	0.0790	0.1100		
	99190200	台式钻床 $\phi 16$	台班			0.0864	0.1376
	99190230	立式钻床 $\phi 25$	台班			0.0376	0.0599
	99190761	液压断管机 $\phi 500$	台班	0.0050	0.0070	0.0360	0.0530
	99230170	砂轮切割机 $\phi 400$	台班			0.1083	0.1517
	99250005	电焊机	台班			0.3290	0.5210
	99440030	电动单级离心清水泵 $\phi 100$	台班	0.0050	0.0060	0.0020	0.0050
	99440420	试压泵 3MPa	台班			0.0020	0.0030

工作内容： 管道及管件安装，支架制作安装，一般钢套管制作安装，管道水压试验及水冲洗，管道及支架刷油。

定额编号				B-5-2-77	B-5-2-78	B-5-2-79	B-5-2-80
项目				室内铸铁给水管(胶圈接口)			
				公称直径(mm 以内)			
				200	250	300	350
名称			单位	10m	10m	10m	10m
人工	00050101	综合人工 安装	工日	4.6477	5.2108	5.9994	7.4454
材料	Z17111210	承插式铸铁给水管	m	(9.3000)	(8.9000)	(8.9000)	(8.5500)
	01010421	热轧光圆钢筋(HPB300) ϕ8～14	kg	0.3160	0.3160	0.3160	0.3160
	01150103	热轧型钢 综合	kg	14.8050	16.8000	21.3150	32.7600
	01290317	热轧钢板(中厚板) δ8～18	kg	0.1480	0.2310	0.3330	0.3800
	02010105	橡胶板 δ1～3	kg	0.0180	0.0210	0.0240	0.0380
	02050217	橡胶圈(给水) DN200	个	8.7000			
	02050219	橡胶圈(给水) DN250	个		8.7000		
	02050221	橡胶圈(给水) DN300	个			8.7000	
	02050223	橡胶圈(给水) DN350	个				8.7000
	02290801	油麻	kg	3.2360	3.4430	3.7550	3.9770
	03014101	六角螺栓连母垫	kg	0.6163	0.7069	0.8993	1.3698
	03018105	膨胀螺栓(钢制) M8～16	kg	0.5978	0.6784	0.8607	1.3229
	03110212	尼龙砂轮片 ϕ100	片	0.0130	0.0147	0.0187	0.0287
	03110215	尼龙砂轮片 ϕ400	片	0.2436	0.2765	0.3508	0.5391
	03130114	电焊条 J422 ϕ3.2	kg	0.9845	1.1161	1.4067	2.1405
	03152508	镀锌铁丝 8#～12#	kg	0.1310	0.1400	0.1440	0.1480
	03210210	硬质合金冲击钻头 ϕ10～20	根	0.1905	0.2162	0.2743	0.4215
	13010115	酚醛调和漆	kg	2.9359	3.7482	4.3476	5.1580
	13050511	醇酸防锈漆 C53-1	kg	0.2975	0.3376	0.4283	0.6583
	13056131	酚醛防锈漆	kg	0.0630	0.0750	0.0870	0.0990
	13350901	密封油膏	kg	0.6350	0.6610	0.7630	0.8650
	14030101	汽油	kg	0.0160	0.0190	0.0220	0.0250
	14050121	油漆溶剂油	kg	0.0649	0.0787	0.0954	0.1212
	14070101	机油	kg	0.0850	0.0965	0.1224	0.1881

（续表）

定额编号				B-5-2-77	B-5-2-78	B-5-2-79	B-5-2-80
项目				室内铸铁给水管（胶圈接口）			
				公称直径（mm 以内）			
				200	250	300	350
名称			单位	10m	10m	10m	10m
材料	14390101	氧气	m^3	1.0118	1.1062	1.3427	1.9339
	14390302	乙炔气	kg	0.3373	0.3687	0.4476	0.6513
	17010136	焊接钢管 DN20	m	0.0240	0.0250	0.0260	0.0270
	17070178	无缝钢管 ϕ273×7	m	0.3180			
	17070182	无缝钢管 ϕ325×8	m		0.3180		
	17070184	无缝钢管 ϕ377×10	m			0.3180	
	17070188	无缝钢管 ϕ426×10	m				0.3180
	17271011	橡胶软管 DN20	m	0.0100	0.0110	0.0110	0.0110
	18010911-4	承插式铸铁给水管管件 DN200	个	4.1000			
	18010911-5	承插式铸铁给水管管件 DN250	个		4.0300		
	18010911-6	承插式铸铁给水管管件 DN300	个			3.9300	
	18010911-7	承插式铸铁给水管管件 DN350	个				3.8500
	19010013	螺纹阀门 DN20	只	0.0070	0.0070	0.0070	0.0080
	24110331	弹簧压力表 Y-100 0～1.6MPa	块	0.0030	0.0030	0.0040	0.0040
	24590123	压力表弯管 DN15	个	0.0030	0.0030	0.0040	0.0040
	34090311	破布	kg	0.4180	0.4630	0.4820	0.5090
	34091101	钢丝刷	把	0.0100	0.0120	0.0140	0.0160
	34110101	水	m^3	1.3460	2.1390	3.0370	4.0470
	34110301	电	kW·h	0.4740	0.5379	0.6825	1.0489
	80060111	干混砌筑砂浆 DM M5.0	m^3	0.0106	0.0120	0.0152	0.0234
	X0045	其他材料费	%	2.0000	2.0000	2.0000	2.0000
机械	99070530	载重汽车 5t	台班	0.0400	0.0580	0.0760	0.1010
	99090005	吊装机械（综合）	台班	0.1690	0.2390	0.2710	0.2980
	99190200	台式钻床 ϕ16	台班	0.1504	0.1707	0.2166	0.3329
	99190230	立式钻床 ϕ25	台班	0.0654	0.0742	0.0942	0.1448
	99190761	液压断管机 ϕ500	台班	0.0780	0.1050	0.1260	0.1370
	99230170	砂轮切割机 ϕ400	台班	0.1658	0.1882	0.2387	0.3669
	99250005	电焊机	台班	0.5705	0.6462	0.7908	1.2133
	99440030	电动单级离心清水泵 ϕ100	台班	0.0070	0.0090	0.0120	0.0140
	99440420	试压泵 3MPa	台班	0.0030	0.0040	0.0040	0.0050

工作内容：1. 管道及管件安装，支架制作安装，一般钢套管制作安装，管道水压试验及水冲洗，管道及支架刷油。

2,3,4. 管道及管件安装，支架制作安装，管道灌水试验，管道及支架刷油。

定额编号				B-5-2-81	B-5-2-82	B-5-2-83	B-5-2-84
项目				室内铸铁给水管(胶圈接口)	室内柔性铸铁排水管(机械接口)		
				公称直径(mm 以内)			
				400	50	75	100
名称			单位	10m	10m	10m	10m
人工	00050101	综合人工 安装	工日	7.9345	2.3381	2.8976	3.7111
材料	Z17110710	柔性铸铁排水管	m		(9.7800)	(9.5500)	(9.0500)
	Z17111210	承插式铸铁给水管	m	(8.5500)			
	01010421	热轧光圆钢筋(HPB300) ϕ8～14	kg	0.4740			
	01150103	热轧型钢 综合	kg	33.0750	4.9350	6.8250	8.5050
	01290317	热轧钢板(中厚板) δ8～18	kg	0.4260			
	02010105	橡胶板 δ1～3	kg	0.0420			
	02050225	橡胶圈(给水) DN400	个	8.7000			
	02050275	橡胶密封圈(排水) DN50	个		14.3700		
	02050276	橡胶密封圈(排水) DN75	个			15.2600	
	02050277	橡胶密封圈(排水) DN100	个				21.6900
	02290801	油麻	kg	4.6790			
	03014101	六角螺栓连母垫	kg	1.3905	0.1994	0.2758	0.3437
	03014140	六角螺栓连母垫 M8×75	套		44.4000		
	03014143	六角螺栓连母垫 M10×75	套			47.1500	
	03014149	六角螺栓连母垫 M12×75	套				67.0200
	03018105	膨胀螺栓(钢制) M8～16	kg	1.3356	0.1993	0.2756	0.3434
	03110212	尼龙砂轮片 ϕ100	片	0.0290	0.0043	0.0060	0.0075
	03110215	尼龙砂轮片 ϕ400	片	0.5443	0.0812	0.1123	0.1400
	03130114	电焊条 J422 ϕ3.2	kg	2.1606	0.3155	0.4363	0.5438
	03152508	镀锌铁丝 8#～12#	kg	0.1530	0.0830	0.0890	0.1010
	03210210	硬质合金冲击钻头 ϕ10～20	根	0.4256	0.0635	0.0878	0.1094
	13010115	酚醛调和漆	kg	5.7721	0.8605	1.1985	1.5397
	13050511	醇酸防锈漆 C53-1	kg	0.6646	0.0992	0.1371	0.1709
	13056131	酚醛防锈漆	kg	0.1220			
	13350901	密封油膏	kg	0.9660			
	14030101	汽油	kg	0.0310			
	14050121	油漆溶剂油	kg	0.1318	0.0197	0.0273	0.0348
	14070101	机油	kg	0.1899	0.0283	0.0392	0.0488
	14390101	氧气	m^3	2.1524	0.1963	0.2714	0.3383

（续表）

定额编号				B-5-2-81	B-5-2-82	B-5-2-83	B-5-2-84
项目				室内铸铁给水管(胶圈接口)	室内柔性铸铁排水管(机械接口)		
				公称直径(mm以内)			
				400	50	75	100
名称			单位	10m	10m	10m	10m
材料	14390302	乙炔气	kg	0.7175	0.0654	0.0905	0.1128
材料	17010136	焊接钢管 DN20	m	0.0280			
材料	17070193	无缝钢管 ϕ480×10	m	0.3180			
材料	17271011	橡胶软管 DN20	m	0.0120			
材料	18010911-8	承插式铸铁给水管管件 DN400	个	3.8100			
材料	18014801-1	柔性排水铸铁管管件(机械接口) DN50	个		6.6400		
材料	18014801-2	柔性排水铸铁管管件(机械接口) DN75	个			6.7800	
材料	18014801-4	柔性排水铸铁管管件(机械接口) DN100	个				9.6400
材料	19010013	螺纹阀门 DN20	只	0.0080			
材料	20050311	铸铁法兰压盖 DN50	片		14.3700		
材料	20050312	铸铁法兰压盖 DN75	片			15.2600	
材料	20050313	铸铁法兰压盖 DN100	片				21.6900
材料	24110331	弹簧压力表 Y-100 0～1.6MPa	块	0.0040			
材料	24590123	压力表弯管 DN15	个	0.0040			
材料	34090311	破布	kg	0.5300	0.2130	0.2550	0.2980
材料	34091101	钢丝刷	把	0.0200			
材料	34110101	水	m^3	5.2270	0.0330	0.0540	0.1320
材料	34110301	电	kW·h	1.0590	0.1580	0.2185	0.2723
材料	80060111	干混砌筑砂浆 DM M5.0	m^3	0.0236	0.0035	0.0049	0.0061
材料	X0045	其他材料费	%	2.0000	2.0000	2.0000	2.0000
机械	99070530	载重汽车 5t	台班	0.1030	0.0040	0.0090	0.0110
机械	99090005	吊装机械(综合)	台班	0.3270	0.0040	0.0090	0.0760
机械	99190200	台式钻床 ϕ16	台班	0.3361	0.0501	0.0694	0.0864
机械	99190230	立式钻床 ϕ25	台班	0.1462	0.0218	0.0302	0.0376
机械	99190761	液压断管机 ϕ500	台班	0.1490	0.0330	0.0470	0.0960
机械	99230170	砂轮切割机 ϕ400	台班	0.3704	0.0553	0.0764	0.0953
机械	99250005	电焊机	台班	1.2249	0.1822	0.2519	0.3140
机械	99440030	电动单级离心清水泵 ϕ100	台班	0.0160	0.0010	0.0010	0.0020
机械	99440420	试压泵 3MPa	台班	0.0060			

工作内容：管道及管件安装，支架制作安装，管道灌水试验，管道及支架刷油。

定额编号				B-5-2-85	B-5-2-86	B-5-2-87	B-5-2-88
项目				室内柔性铸铁排水管(机械接口)			室内柔性铸铁雨水管(机械接口)
				公称直径(mm 以内)			
				150	200	250	75
名称			单位	10m	10m	10m	10m
人工	00050101	综合人工 安装	工日	4.4074	4.7637	5.3198	1.3819
材料	Z17110610	柔性铸铁雨水管	m				(10.1300)
	Z17110710	柔性铸铁排水管	m	(9.4500)	(9.4500)	(9.7900)	
	01150103	热轧型钢 综合	kg	13.5450	14.8050	16.8000	3.3600
	02050276	橡胶密封圈(排水) DN75	个				2.8500
	02050278	橡胶密封圈(排水) DN150	个	10.6700			
	02050279	橡胶密封圈(排水) DN200	个		9.8300		
	02050280	橡胶密封圈(排水) DN250	个			4.9200	
	03014101	六角螺栓连母垫	kg	0.5473	0.5983	0.6789	0.1358
	03014143	六角螺栓连母垫 M10×75	套				8.8070
	03014153	六角螺栓连母垫 M14×90	套	32.9700	30.3700	15.2000	
	03018105	膨胀螺栓(钢制) M8～16	kg	0.5470	0.5978	0.6784	0.1357
	03110212	尼龙砂轮片 ϕ100	片	0.0119	0.0130	0.0147	0.0029
	03110215	尼龙砂轮片 ϕ400	片	0.2229	0.2436	0.2765	0.0553
	03130114	电焊条 J422 ϕ3.2	kg	0.8660	0.9465	1.0741	0.2148
	03152508	镀锌铁丝 8#～12#	kg	0.1120	0.1310	0.1400	0.0890
	03210210	硬质合金冲击钻头 ϕ10～20	根	0.1743	0.1905	0.2162	0.0432
	13010115	酚醛调和漆	kg	2.2835	2.9359	3.6361	1.1490
	13050511	醇酸防锈漆 C53-1	kg	0.2722	0.2975	0.3376	0.0675
	14050121	油漆溶剂油	kg	0.0526	0.0649	0.0787	0.0228
	14070101	机油	kg	0.0778	0.0850	0.0965	0.0193
	14390101	氧气	m^3	0.5387	0.5888	0.6682	0.1336
	14390302	乙炔气	kg	0.1796	0.1963	0.2227	0.0445

（续表）

定额编号				B-5-2-85	B-5-2-86	B-5-2-87	B-5-2-88
项目				室内柔性铸铁排水管（机械接口）			室内柔性铸铁雨水管（机械接口）
				公称直径（mm 以内）			
				150	200	250	75
名称			单位	10m	10m	10m	10m
材料	18014801-3	柔性排水铸铁管管件（机械接口）DN150	个	4.4600			
	18014801-5	柔性排水铸铁管管件（机械接口）DN200	个		4.1900		
	18014801-6	柔性排水铸铁管管件（机械接口）DN250	个			2.3500	
	18014831-1	柔性铸铁雨水管管件（机械接口）DN75	个				1.3000
	20050312	铸铁法兰压盖 DN75	片				2.8500
	20050314	铸铁法兰压盖 DN150	片	10.6700			
	20050315	铸铁法兰压盖 DN200	片		9.8300		
	20050316	铸铁法兰压盖 DN250	片			4.9200	
	34090311	破布	kg	0.3400	0.4080	0.4510	0.2550
	34110101	水	m^3	0.2870	0.5050	0.8020	0.0540
	34110301	电	kW·h	0.4337	0.4740	0.5379	0.1076
	80060111	干混砌筑砂浆 DM M5.0	m^3	0.0097	0.0106	0.0120	0.0024
	X0045	其他材料费	%	2.0000	2.0000	2.0000	2.0000
机械	99070530	载重汽车 5t	台班	0.0180	0.0400	0.0580	0.0090
	99090005	吊装机械（综合）	台班	0.1230	0.1690	0.2390	0.0090
	99190200	台式钻床 ϕ16	台班	0.1376	0.1504	0.1707	0.0341
	99190230	立式钻床 ϕ25	台班	0.0599	0.0654	0.0742	0.0148
	99190761	液压断管机 ϕ500	台班	0.0580	0.0790	0.0590	0.0130
	99230170	砂轮切割机 ϕ400	台班	0.1517	0.1658	0.1882	0.0376
	99250005	电焊机	台班	0.5000	0.5465	0.6202	0.1240
	99440030	电动单级离心清水泵 ϕ100	台班	0.0050	0.0060	0.0090	0.0010

工作内容：管道及管件安装，支架制作安装，管道灌水试验，管道及支架刷油。

定额编号				B-5-2-89	B-5-2-90	B-5-2-91	B-5-2-92
项目				室内柔性铸铁雨水管(机械接口)			
				公称直径(mm 以内)			
				100	150	200	250
名称			单位	10m	10m	10m	10m
人工	00050101	综合人工 安装	工日	2.1178	2.6829	3.2097	3.7952
材料	Z17110610	柔性铸铁雨水管	m	(10.0300)	(9.8500)	(9.7500)	(9.7500)
	01150103	热轧型钢 综合	kg	6.5100	9.0300	10.1850	11.4450
	02050277	橡胶密封圈(排水) DN100	个	3.5680			
	02050278	橡胶密封圈(排水) DN150	个		6.4080		
	02050279	橡胶密封圈(排水) DN200	个			6.6920	
	02050280	橡胶密封圈(排水) DN250	个				6.4680
	03014101	六角螺栓连母垫	kg	0.2631	0.3649	0.4116	0.4625
	03014149	六角螺栓连母垫 M12×75	套	11.0250			
	03014153	六角螺栓连母垫 M14×90	套		19.8010	20.6780	19.9860
	03018105	膨胀螺栓(钢制) M8～16	kg	0.2629	0.3646	0.4113	0.4622
	03110212	尼龙砂轮片 ϕ100	片	0.0057	0.0079	0.0089	0.0100
	03110215	尼龙砂轮片 ϕ400	片	0.1071	0.1486	0.1676	0.1884
	03130114	电焊条 J422 ϕ3.2	kg	0.4162	0.5773	0.6512	0.7317
	03152508	镀锌铁丝 8#～12#	kg	0.1010	0.1120	0.1310	0.1400
	03210210	硬质合金冲击钻头 ϕ10～20	根	0.0838	0.1162	0.1310	0.1473
	13010115	酚醛调和漆	kg	1.5112	2.2190	2.8699	3.5597
	13050511	醇酸防锈漆 C53-1	kg	0.1308	0.1815	0.2047	0.2300
	14050121	油漆溶剂油	kg	0.0322	0.0467	0.0588	0.0716
	14070101	机油	kg	0.0374	0.0519	0.0585	0.0657
	14390101	氧气	m^3	0.2589	0.3591	0.4051	0.4552
	14390302	乙炔气	kg	0.0863	0.1197	0.1350	0.1517
	18014831-2	柔性铸铁雨水管管件(机械接口) DN100	个	1.6700			
	18014831-3	柔性铸铁雨水管管件(机械接口) DN150	个		2.7300		
	18014831-4	柔性铸铁雨水管管件(机械接口) DN200	个			2.6900	
	18014831-5	柔性铸铁雨水管管件(机械接口) DN250	个				2.6100
	20050313	铸铁法兰压盖 DN100	片	3.5680			
	20050314	铸铁法兰压盖 DN150	片		6.4080		
	20050315	铸铁法兰压盖 DN200	片			6.6920	
	20050316	铸铁法兰压盖 DN250	片				6.4680
	34090311	破布	kg	0.2980	0.3400	0.4080	0.4510
	34110101	水	m^3	0.1320	0.2870	0.5050	0.8020
	34110301	电	kW·h	0.2084	0.2891	0.3261	0.3665
	80060111	干混砌筑砂浆 DM M5.0	m^3	0.0046	0.0065	0.0073	0.0082
	X0045	其他材料费	%	2.0000	2.0000	2.0000	2.0000
机械	99070530	载重汽车 5t	台班	0.0140	0.0180	0.0400	0.0580
	99090005	吊装机械(综合)	台班	0.0760	0.1230	0.1690	0.2390
	99190200	台式钻床 ϕ16	台班	0.0662	0.0918	0.1035	0.1163
	99190230	立式钻床 ϕ25	台班	0.0288	0.0399	0.0450	0.0506
	99190761	液压断管机 ϕ500	台班	0.0170	0.0350	0.0510	0.0650
	99230170	砂轮切割机 ϕ400	台班	0.0729	0.1011	0.1141	0.1282
	99250005	电焊机	台班	0.2403	0.3333	0.3760	0.4225
	99440030	电动单级离心清水泵 ϕ100	台班	0.0020	0.0050	0.0060	0.0090

工作内容： 1. 管道及管件安装，支架制作安装，管道灌水试验，管道及支架刷油。
2,3,4. 管道及管件安装，灌水试验及挖填土。

定　额　编　号				B-5-2-93	B-5-2-94	B-5-2-95	B-5-2-96
项　目				室内柔性铸铁雨水管（机械接口）	室外塑料排水管（粘接）		
				公称直径（mm 以内）	公称外径（mm 以内）		
				300	50	75	110
		名　称	单位	10m	10m	10m	10m
人工	00050101	综合人工 安装	工日	4.2265	3.7350	4.0660	4.1980
材料	Z17110610	柔性铸铁雨水管	m	(9.6300)			
	Z17250201	塑料排水管	m		(9.9300)	(9.9300)	(9.9300)
	01150103	热轧型钢 综合	kg	12.6000			
	02050281	橡胶密封圈(排水) DN300	个	6.4680			
	03014101	六角螺栓连母垫	kg	0.5092			
	03014153	六角螺栓连母垫 M14×90	套	19.9860			
	03018105	膨胀螺栓(钢制) M8～16	kg	0.5088			
	03110212	尼龙砂轮片 ϕ100	片	0.0110			
	03110215	尼龙砂轮片 ϕ400	片	0.2074			
	03110601	铁砂布	张		0.1130	0.1350	0.1570
	03130114	电焊条 J422 ϕ3.2	kg	0.8056			
	03152508	镀锌铁丝 8#～12#	kg	0.1440			
	03210210	硬质合金冲击钻头 ϕ10～20	根	0.1621			
	04090101	白灰	kg		1.2000	1.2000	1.2000
	13010115	酚醛调和漆	kg	4.2231			
	13050511	醇酸防锈漆 C53-1	kg	0.2532			
	14050121	油漆溶剂油	kg	0.0839			
	14070101	机油	kg	0.0724			
	14330601	丙酮	kg		0.0680	0.0890	0.1100
	14390101	氧气	m^3	0.5011			
	14390302	乙炔气	kg	0.1670			
	14411801	胶粘剂	kg		0.0450	0.0570	0.0730
	18014831-6	柔性铸铁雨水管管件(机械接口) DN300	个	2.6100			
	18095121-1	塑料排水管粘接直通接头 DN50	个		0.6800		
	18095121-2	塑料排水管粘接直通接头 DN75	个			0.6500	
	18095121-3	塑料排水管粘接直通接头 DN110	个				0.5800
	20050317	铸铁法兰压盖 DN300	片	6.4680			
	34090311	破布	kg	0.4680			
	34110101	水	m^3	1.1390	0.0330	0.0540	0.1320
	34110301	电	kW·h	0.4034			
	80060111	干混砌筑砂浆 DM M5.0	m^3	0.0090			
	X0045	其他材料费	%	2.0000	2.0100	2.0000	2.0000
机械	99070530	载重汽车 5t	台班	0.0760			
	99090005	吊装机械(综合)	台班	0.2710			
	99190200	台式钻床 ϕ16	台班	0.1280			
	99190230	立式钻床 ϕ25	台班	0.0557			
	99190761	液压断管机 ϕ500	台班	0.0840			
	99230170	砂轮切割机 ϕ400	台班	0.1411			
	99250005	电焊机	台班	0.4651			
	99440030	电动单级离心清水泵 ϕ100	台班	0.0110	0.0010	0.0010	0.0020

工作内容：管道及管件安装，灌水试验及挖填土。

定额编号				B-5-2-97	B-5-2-98	B-5-2-99	B-5-2-100
项目				室外塑料排水管(粘接)			
				公称外径(mm 以内)			
				160	200	250	315
名称			单位	10m	10m	10m	10m
人工	00050101	综合人工 安装	工日	4.6610	4.7930	5.5290	5.6290
材料	Z17250201	塑料排水管	m	(9.9300)	(9.9300)	(9.9300)	(9.9300)
	03110601	铁砂布	张	0.1740	0.1880	0.1970	0.2350
	04090101	白灰	kg	1.2000	1.2000	1.2000	1.2000
	14330601	丙酮	kg	0.1490	0.1980	0.2450	0.2070
	14411801	胶粘剂	kg	0.0990	0.1320	0.1630	0.1980
	18095121-4	塑料排水管粘接直通接头 DN160	个	0.5300			
	18095121-5	塑料排水管粘接直通接头 DN200	个		0.4800		
	18095121-6	塑料排水管粘接直通接头 DN250	个			0.4600	
	18095121-7	塑料排水管粘接直通接头 DN315	个				0.4400
	34110101	水	m^3	0.2870	0.5050	0.8020	1.1390
	X0045	其他材料费	%	2.0000	2.0000	2.0100	2.0000
机械	99070530	载重汽车 5t	台班	0.0050	0.0120	0.0210	0.0270
	99090360	汽车式起重机 8t	台班	0.0510	0.0570	0.0850	0.1020
	99210010	木工圆锯机 ϕ500	台班	0.0110	0.0140	0.0160	0.0180
	99440030	电动单级离心清水泵 ϕ100	台班	0.0050	0.0060	0.0090	0.0110

工作内容：管道及管件安装，灌水试验及挖填土。

定额编号				B-5-2-101	B-5-2-102	B-5-2-103	B-5-2-104
项目				室外塑料排水管(粘接)		室外塑料排水管(胶圈接口)	
				公称外径(mm 以内)			
				350	400	200	250
名称			单位	10m	10m	10m	10m
人工	00050101	综合人工 安装	工日	5.7840	6.5238	4.7330	5.4600
材料	Z17250201	塑料排水管	m	(9.9300)	(9.9300)	(9.9300)	(9.9300)
	02050251	橡胶圈(排水) DN200	个			1.6800	
	02050253	橡胶圈(排水) DN250	个				1.6800
	03110601	铁砂布	张	0.2540	0.2870		
	04090101	白灰	kg	1.2000	1.2000	1.2000	1.2000
	14070201	润滑油	kg			0.2600	0.3000
	14330601	丙酮	kg	0.3410	0.3950		
	14411801	胶粘剂	kg	0.6800	0.7500		
	18095121-8	塑料排水管粘接直通接头 DN350	个	0.4400			
	18095121-9	塑料排水管粘接直通接头 DN400	个		1.6800		
	34110101	水	m^3	1.5180	1.9600	0.5050	0.8020
	X0045	其他材料费	%	2.0000	2.0000	2.0000	2.0000
机械	99070530	载重汽车 5t	台班	0.0310	0.0360	0.0120	0.0210
	99090360	汽车式起重机 8t	台班	0.1100	0.1140	0.0570	0.0850
	99210010	木工圆锯机 ϕ500	台班	0.0200	0.0220	0.0140	0.0160
	99440030	电动单级离心清水泵 ϕ100	台班	0.0130	0.0140	0.0060	0.0090

工作内容： 1,2,3. 管道及管件安装,灌水试验及挖填土。

4. 管道及管件安装,成品管卡安装,一般钢套管制作安装,管道水压试验及水冲洗。

定　额　编　号				B-5-2-105	B-5-2-106	B-5-2-107	B-5-2-108
项　　目				室外塑料排水管(胶圈接口)			室内塑料给水管(热熔/电熔连接)
				公称外径(mm 以内)			
				315	400	500	32
名　　称			单位	10m	10m	10m	10m
人工	00050101	综合人工 安装	工日	5.5600	6.3958	7.2746	1.4694
材料	Z17250101	塑料给水管	m				(10.1000)
	Z17250201	塑料排水管	m	(9.9300)	(9.9300)	(9.9300)	
	01010421	热轧光圆钢筋(HPB300) ϕ8～14	kg				0.1580
	01290317	热轧钢板(中厚板) δ8～18	kg				0.0340
	02010105	橡胶板 δ1～3	kg				0.0080
	02050255	橡胶圈(排水) DN300	个	1.6800			
	02050257	橡胶圈(排水) DN400	个		1.6800		
	02050259	橡胶圈(排水) DN500	个			1.6800	
	02290801	油麻	kg				0.1580
	03014101	六角螺栓连母垫	kg				0.0040
	03018172	膨胀螺栓(钢制) M8	套				11.4433
	03110215	尼龙砂轮片 ϕ400	片				0.0210
	03110601	铁砂布	张				0.0700
	03130114	电焊条 J422 ϕ3.2	kg				0.0190
	03210133	硬质合金冲击钻头 ϕ12	根				0.1666
	04090101	白灰	kg	1.2000	1.2000	1.2000	
	13056131	酚醛防锈漆	kg				0.0170
	13350901	密封油膏	kg				0.1530
	14030101	汽油	kg				0.0040
	14070201	润滑油	kg	0.3200	0.3900	0.4700	
	14390101	氧气	m^3				0.0240
	14390302	乙炔气	kg				0.0080

(续表)

定额编号				B-5-2-105	B-5-2-106	B-5-2-107	B-5-2-108
项目				室外塑料排水管(胶圈接口)			室内塑料给水管(热熔/电熔连接)
				公称外径(mm 以内)			
				315	400	500	32
名称			单位	10m	10m	10m	10m
材料	17010136	焊接钢管 DN20	m				0.0150
	17010140	焊接钢管 DN50	m				0.3180
	17271011	橡胶软管 DN20	m				0.0070
	18097211-1	塑料给水管热熔管件 DN32	个				4.3240
	18097231-2	塑料给水管电熔管件 DN32	个				4.3240
	18097251-3	塑料热熔管件 DN32	个				0.7730
	18097271-3	塑料电熔管件 DN32	个				0.7730
	18251111-4	管卡(成品) DN32	套				11.6655
	19010013	螺纹阀门 DN20	只				0.0040
	24110331	弹簧压力表 Y-100 0～1.6MPa	块				0.0020
	24590123	压力表弯管 DN15	个				0.0020
	34090311	破布	kg				0.0020
	34091101	钢丝刷	把				0.0020
	34110101	水	m^3	1.1390	1.9600	2.8260	0.0230
	34110301	电	kW·h				0.7954
	X0045	其他材料费	%	2.0000	2.0000	2.0000	2.0100
机械	99070530	载重汽车 5t	台班	0.0270	0.0360	0.0420	
	99090360	汽车式起重机 8t	台班	0.1020	0.1140	0.1160	
	99210010	木工圆锯机 ϕ500	台班	0.0180	0.0220	0.0270	
	99230170	砂轮切割机 ϕ400	台班				0.0050
	99250005	电焊机	台班				0.0100
	99250640	电熔焊接机 3.5kW	台班				0.1064
	99440030	电动单级离心清水泵 ϕ100	台班	0.0110	0.0140	0.0170	0.0010
	99440420	试压泵 3MPa	台班				0.0010

工作内容：管道及管件安装，成品管卡安装，一般钢套管制作安装，管道水压试验及水冲洗。

定　额　编　号				B-5-2-109	B-5-2-110	B-5-2-111	B-5-2-112
项　　目				室内塑料给水管（热熔/电熔连接）			
				公称外径（mm 以内）			
				50	75	90	110
名　　称			单位	10m	10m	10m	10m
人工	00050101	综合人工 安装	工日	1.8863	2.2109	2.4679	2.5398
材料	Z17250101	塑料给水管	m	(10.1520)	(10.1440)	(10.1440)	(10.1440)
	01010421	热轧光圆钢筋(HPB300) ϕ8～14	kg	0.1580	0.1580	0.1580	0.1580
	01290317	热轧钢板(中厚板) δ8～18	kg	0.0390	0.0440	0.0470	0.0490
	02010105	橡胶板 δ1～3	kg	0.0100	0.0110	0.0110	0.0120
	02290801	油麻	kg	0.6230	2.1150	2.1940	2.1940
	03014101	六角螺栓连母垫	kg	0.0050	0.0060	0.0060	0.0060
	03018173	膨胀螺栓(钢制) M10	套	9.3627	8.5799		
	03018174	膨胀螺栓(钢制) M12	套			7.6323	6.6435
	03110215	尼龙砂轮片 ϕ400	片	0.0260	0.0530	0.0570	0.0570
	03110601	铁砂布	张	0.1510	0.2100	0.2260	0.2290
	03130114	电焊条 J422 ϕ3.2	kg	0.0210	0.0270	0.0320	0.0320
	03210134	硬质合金冲击钻头 ϕ14	根	0.1363	0.1499		
	03210135	硬质合金冲击钻头 ϕ16	根			0.1334	0.1161
	13056131	酚醛防锈漆	kg	0.0200	0.0350	0.0370	0.0370
	13350901	密封油膏	kg	0.1630	0.2540	0.2580	0.2580
	14030101	汽油	kg	0.0050	0.0090	0.0090	0.0090
	14390101	氧气	m^3	0.0300	0.0660	0.0960	0.0960
	14390302	乙炔气	kg	0.0100	0.0220	0.0320	0.0320
	17010136	焊接钢管 DN20	m	0.0160	0.0190	0.0200	0.0210
	17010143	焊接钢管 DN80	m	0.3180			
	17010145	焊接钢管 DN125	m		0.3180		
	17010146	焊接钢管 DN150	m			0.3180	0.3180
	17271011	橡胶软管 DN20	m	0.0070	0.0080	0.0080	0.0090
	18097211-4	塑料给水管热熔管件 DN50	个	2.9680			
	18097211-5	塑料给水管热熔管件 DN75	个		2.4120		
	18097211-6	塑料给水管热熔管件 DN90	个			1.5800	
	18097211-7	塑料给水管热熔管件 DN110	个				1.2320
	18097231-3	塑料给水管电熔管件 DN50	个	2.9680			

(续表)

定额编号				B-5-2-109	B-5-2-110	B-5-2-111	B-5-2-112
项目				室内塑料给水管(热熔/电熔连接)			
				公称外径(mm 以内)			
				50	75	90	110
名称			单位	10m	10m	10m	10m
材料	18097231-5	塑料给水管电熔管件 DN75	个		2.4120		
	18097231-6	塑料给水管电熔管件 DN90	个			1.5800	
	18097231-7	塑料给水管电熔管件 DN110	个				1.2320
	18097231-9	塑料电熔管件 DN110	个				0.3570
	18097251-5	塑料热熔管件 DN50	个	0.7050			
	18097251-7	塑料热熔管件 DN75	个		0.5370		
	18097251-8	塑料热熔管件 DN90	个			0.4840	
	18097251-9	塑料热熔管件 DN110	个				0.3570
	18097271-5	塑料电熔管件 DN50	个	0.7050			
	18097271-7	塑料电熔管件 DN75	个		0.5370		
	18097271-8	塑料电熔管件 DN90	个			0.4840	
	18251111-6	管卡(成品) DN50	套	9.5445			
	18251111-8	管卡(成品) DN80	套		8.7465		
	18251111-9	管卡(成品) DN100	套			7.7805	6.7725
	19010013	螺纹阀门 DN20	只	0.0050	0.0050	0.0060	0.0060
	24110331	弹簧压力表 Y-100 0～1.6MPa	块	0.0020	0.0030	0.0030	0.0030
	24590123	压力表弯管 DN15	个	0.0024	0.0030	0.0030	0.0030
	34090311	破布	kg	0.0030	0.0060	0.0060	0.0060
	34091101	钢丝刷	把	0.0030	0.0060	0.0060	0.0060
	34110101	水	m^3	0.0530	0.1450	0.2040	0.3530
	34110301	电	kW·h	1.3811	1.1628	1.2348	1.2401
	X0045	其他材料费	%	2.0000	2.0000	2.0000	2.0000
机械	99230170	砂轮切割机 ϕ400	台班	0.0070	0.0110	0.0130	0.0130
	99250005	电焊机	台班	0.0110	0.0130	0.0150	0.0150
	99250640	电熔焊接机 3.5kW	台班	0.1300	0.1326	0.1402	0.1356
	99440030	电动单级离心清水泵 ϕ100	台班	0.0010	0.0011	0.0020	0.0020
	99440420	试压泵 3MPa	台班	0.0020	0.0020	0.0020	0.0020

工作内容： 1,2. 管道及管件安装，支架制作安装，一般钢套管制作安装，管道水压试验及水冲洗，支架刷油。

3,4. 管道及管件安装，管道水压试验及水冲洗。

定　额　编　号				B-5-2-113	B-5-2-114	B-5-2-115	B-5-2-116
项　　目				室内塑料给水管（热熔/电熔连接）		室内直埋塑料给水管（热熔连接）	
				公称外径(mm 以内)			
				125	160	20	25
名　　称			单位	10m	10m	10m	10m
人工	00050101	综合人工 安装	工日	3.1603	3.4436	1.2202	1.3406
材料	Z17250101	塑料给水管	m	(10.1600)	(10.1600)	(10.1560)	(10.1560)
	01010421	热轧光圆钢筋(HPB300) ϕ8～14	kg	0.1580	0.1580		
	01150103	热轧型钢 综合	kg	6.0900	6.7200		
	01290317	热轧钢板(中厚板) δ8～18	kg	0.0730	0.1100	0.0300	0.0320
	02010105	橡胶板 δ1～3	kg	0.0140	0.0160	0.0070	0.0080
	02090401	塑料布	m^2			0.0100	0.0100
	02290801	油麻	kg	2.8490	3.1520		
	03014101	六角螺栓连母垫	kg	0.2541	0.2836	0.0040	0.0040
	03018105	膨胀螺栓(钢制) M8～16	kg	0.2459	0.2714		
	03110212	尼龙砂轮片 ϕ100	片	0.0053	0.0059		
	03110215	尼龙砂轮片 ϕ400	片	0.1632	0.1106		
	03110601	铁砂布	张	0.2400	0.2540	0.0660	0.0830
	03130114	电焊条 J422 ϕ3.2	kg	0.4244	0.4666	0.0020	0.0020
	03210133	硬质合金冲击钻头 ϕ12	根			0.1670	0.1430
	03210210	硬质合金冲击钻头 ϕ10～20	根	0.0784	0.0865		
	13010115	酚醛调和漆	kg	0.0870	0.0960		
	13050511	醇酸防锈漆 C53-1	kg	0.1224	0.1350		
	13056131	酚醛防锈漆	kg	0.0510	0.0510		
	13110211	热熔标线涂料 2900	kg			0.0790	0.0790
	13350901	密封油膏	kg	0.2730	0.6120		
	14030101	汽油	kg	0.0130	0.0130		
	14050121	油漆溶剂油	kg	0.0080	0.0088		
	14070101	机油	kg	0.0350	0.0386		
	14390101	氧气	m^3	0.3982	0.5973	0.0030	0.0030
	14390302	乙炔气	kg	0.1327	0.1991	0.0010	0.0010
	17010136	焊接钢管 DN20	m	0.0220	0.0230	0.0130	0.0140
	17010146	焊接钢管 DN150	m	0.3180			

（续表）

定额编号				B-5-2-113	B-5-2-114	B-5-2-115	B-5-2-116
项目				室内塑料给水管（热熔/电熔连接）		室内直埋塑料给水管（热熔连接）	
				公称外径(mm 以内)			
				125	160	20	25
名称			单位	10m	10m	10m	10m
材料	17070175	无缝钢管 ϕ219×6	m		0.3180		
	17271011	橡胶软管 DN20	m	0.0090	0.0100	0.0060	0.0060
	18095851-1	给水塑料管直埋热熔管件 DN20	个			8.7120	
	18095851-2	给水塑料管直埋热熔管件 DN25	个				9.4080
	18095861-1	塑料管直埋热熔管件 DN20	个			1.8240	
	18095861-2	塑料管直埋热熔管件 DN25	个				1.9560
	18095921	直埋塑料给水管管堵 DN15	个			0.1000	
	18095922	直埋塑料给水管管堵 DN20	个				0.1000
	18097211-8	塑料给水管热熔管件 DN125	个	1.5800			
	18097211-9	塑料给水管热熔管件 DN160	个		1.3400		
	18255643	塑料管卡 DN20	个			16.8370	
	18255644	塑料管卡 DN25	个				14.4330
	19010013	螺纹阀门 DN20	只	0.0060	0.0060	0.0040	0.0040
	24110331	弹簧压力表 Y-100 0～1.6MPa	块	0.0030	0.0030	0.0020	0.0020
	24590123	压力表弯管 DN15	个	0.0030	0.0030	0.0020	0.0020
	34090311	破布	kg	0.0080	0.0080		
	34091101	钢丝刷	把	0.0080	0.0080		
	34110101	水	m^3	0.5470	0.7640	0.0080	0.0140
	34110301	电	kW·h	0.1950	0.2152	0.8102	1.1082
	80060111	干混砌筑砂浆 DM M5.0	m^3	0.0043	0.0048		
	X0045	其他材料费	%	2.0000	2.0000	2.0000	2.0000
机械	99070530	载重汽车 5t	台班	0.0040	0.0050		
	99090005	吊装机械(综合)	台班	0.0120	0.0170		
	99190200	台式钻床 ϕ16	台班	0.0619	0.0683		
	99190230	立式钻床 ϕ25	台班	0.0269	0.0297		
	99210010	木工圆锯机 ϕ500	台班	0.0280	0.0310		
	99230170	砂轮切割机 ϕ400	台班	0.0832	0.0753		
	99250005	电焊机	台班	0.2408	0.2691	0.0010	0.0010
	99250432	热熔对接焊机 630mm	台班	0.2790	0.2830		
	99440030	电动单级离心清水泵 ϕ100	台班	0.0030	0.0050	0.0010	0.0010
	99440420	试压泵 3MPa	台班	0.0030	0.0030	0.0010	0.0010

工作内容：1. 管道及管件安装，管道水压试验及水冲洗。
2,3,4. 管道及管件安装，成品管卡安装，阻火圈安装，管道灌水试验。

定额编号				B-5-2-117	B-5-2-118	B-5-2-119	B-5-2-120
项目				室内直埋塑料给水管（热熔连接）	室内塑料排水管（粘接）		
				公称外径（mm 以内）			
				32	50	75	110
名称			单位	10m	10m	10m	10m
人工	00050101	综合人工 安装	工日	1.4104	1.3780	2.0480	2.2650
材料	Z17250101	塑料给水管	m	(12.1840)			
	Z17250201	塑料排水管	m		(10.1200)	(9.8000)	(9.5000)
	01290317	热轧钢板（中厚板）δ8～18	kg	0.0340			
	02010105	橡胶板 δ1～3	kg	0.0080			
	02090401	塑料布	m^2	0.0100			
	03014101	六角螺栓连母垫	kg	0.0040			
	03018173	膨胀螺栓（钢制）M10	套		8.5799	6.0564	
	03018174	膨胀螺栓（钢制）M12	套			12.3600	17.5100
	03110601	铁砂布	张	0.0864	0.1450	0.2080	0.2270
	03130114	电焊条 J422 ϕ3.2	kg	0.0020			
	03210133	硬质合金冲击钻头 ϕ12	根	0.1250			
	03210134	硬质合金冲击钻头 ϕ14	根		0.1250	0.1058	
	03210135	硬质合金冲击钻头 ϕ16	根			0.1200	0.2100
	13110211	热熔标线涂料 2900	kg	0.0790			
	14330601	丙酮	kg		0.1260	0.2240	0.3180
	14390101	氧气	m^3	0.0030			
	14390302	乙炔气	kg	0.0010			
	14411821	粘结剂	kg		0.0840	0.1490	0.2090
	15590101-1	阻火圈 DN75	个			3.0000	
	15590101-2	阻火圈 DN100	个				3.0000
	17010136	焊接钢管 DN20	m	0.0150			
	17271011	橡胶软管 DN20	m	0.0070			
	18095031-1	塑料排水管粘接管件 DN50	个		6.9000		
	18095031-2	塑料排水管粘接管件 DN75	个			8.8500	
	18095031-3	塑料排水管粘接管件 DN110	个				11.5600
	18095851-3	给水塑料管直埋热熔管件 DN32	个	7.8560			
	18095861-3	塑料管直埋热熔管件 DN32	个	1.8580			
	18095923	直埋塑料给水管管堵 DN25	个	0.1000			
	18251111-6	管卡（成品）DN50	套		8.7465		
	18251111-8	管卡（成品）DN80	套			6.1740	
	18251111-9	管卡（成品）DN100	套				5.2500
	18255645	塑料管卡 DN32	个	12.6250			
	19010013	螺纹阀门 DN20	只	0.0040			
	24110331	弹簧压力表 Y-100 0～1.6MPa	块	0.0020			
	24590123	压力表弯管 DN15	个	0.0020			
	34110101	水	m^3	0.0230	0.0330	0.0540	0.1320
	34110301	电	kW·h	1.1980	0.5165	0.3941	0.4000
	X0045	其他材料费	%	2.0000	2.0000	2.0000	2.0000
机械	99250005	电焊机	台班	0.0010			
	99440030	电动单级离心清水泵 ϕ100	台班	0.0010	0.0010	0.0010	0.0020
	99440420	试压泵 3MPa	台班	0.0010			

工作内容： 1,4. 管道及管件安装,成品管卡安装,阻火圈安装,管道灌水试验。
2,3. 管道及管件安装,支架制作安装,阻火圈安装,管道灌水试验,支架刷油。

定额编号				B-5-2-121	B-5-2-122	B-5-2-123	B-5-2-124
项目				室内塑料排水管(粘接)			室内塑料排水管(螺母密封圈连接)
				公称外径(mm 以内)			
				160	200	250	50
名称			单位	10m	10m	10m	10m
人工	00050101	综合人工 安装	工日	3.1170	5.3932	5.9827	1.3119
材料	Z17250201	塑料排水管	m	(9.5000)	(9.5000)	(10.0500)	(10.1200)
	01150103	热轧型钢 综合	kg		13.9650	14.9100	
	02050243	橡胶圈(排水) DN50	个				14.3700
	03014101	六角螺栓连母垫	kg		0.5643	0.6025	
	03018105	膨胀螺栓(钢制) M8～16	kg		0.5639	0.6021	
	03018173	膨胀螺栓(钢制) M10	套				8.5799
	03018174	膨胀螺栓(钢制) M12	套	17.5100			
	03018175	膨胀螺栓(钢制) M14	套		12.3600		
	03018176	膨胀螺栓(钢制) M16	套			12.3600	
	03110212	尼龙砂轮片 ϕ100	片		0.0122	0.0131	
	03110215	尼龙砂轮片 ϕ400	片		0.2298	0.2454	
	03110601	铁砂布	张	0.2420	0.2670	0.2880	0.1450
	03130114	电焊条 J422 ϕ3.2	kg		0.8928	0.9532	
	03210134	硬质合金冲击钻头 ϕ14	根				0.1250
	03210135	硬质合金冲击钻头 ϕ16	根	0.2100			
	03210136	硬质合金冲击钻头 ϕ18	根		0.1200		
	03210137	硬质合金冲击钻头 ϕ20	根			0.1200	
	03210210	硬质合金冲击钻头 ϕ10～20	根		0.1797	0.1918	
	13010115	酚醛调和漆	kg		0.1995	0.2130	
	13050511	醇酸防锈漆 C53-1	kg		0.2806	0.2996	
	14050121	油漆溶剂油	kg		0.0184	0.0196	
	14070101	机油	kg		0.0802	0.0856	

（续表）

定额编号				B-5-2-121	B-5-2-122	B-5-2-123	B-5-2-124
项目				室内塑料排水管（粘接）			室内塑料排水管（螺母密封圈连接）
				公称外径（mm 以内）			
				160	200	250	50
名称			单位	10m	10m	10m	10m
材料	14330601	丙酮	kg	0.3520	0.3710	0.3930	
	14390101	氧气	m^3		0.5554	0.5930	
	14390302	乙炔气	kg		0.1851	0.1977	
	14411821	粘结剂	kg	0.2330	0.2420	0.2560	
	15590101-3	阻火圈 DN150	个	3.0000			
	15590101-4	阻火圈 DN200	个		3.0000		
	15590101-5	阻火圈 DN250	个			3.0000	
	18095131-1	塑料排水管密封圈接口管件 DN50	个				6.9000
	18095031-4	塑料排水管粘接管件 DN160	个	5.9500			
	18095031-5	塑料排水管粘接管件 DN200	个		5.1100		
	18095031-6	塑料排水管粘接管件 DN250	个			2.3500	
	18251111-6	管卡（成品） DN50	套				8.7465
	18251111-10	管卡（成品） DN150	套	5.2500			
	34110101	水	m^3	0.2870	0.5050	0.8020	0.0330
	34110301	电	kW·h	0.4300	0.7471	0.7774	0.5165
	80060111	干混砌筑砂浆 DM M5.0	m^3		0.0100	0.0106	
	X0045	其他材料费	%	2.0000	2.0000	2.0000	2.0000
机械	99070530	载重汽车 5t	台班	0.0050	0.0120	0.0210	
	99090005	吊装机械（综合）	台班	0.0170	0.0260	0.0440	
	99190200	台式钻床 ϕ16	台班		0.1419	0.1515	
	99190230	立式钻床 ϕ25	台班		0.0617	0.0659	
	99210010	木工圆锯机 ϕ500	台班	0.0400	0.0470	0.0520	
	99230170	砂轮切割机 ϕ400	台班		0.1564	0.1670	
	99250005	电焊机	台班		0.5155	0.5504	
	99440030	电动单级离心清水泵 ϕ100	台班	0.0050	0.0060	0.0090	0.0010

工作内容： 1,2,3. 管道及管件安装，成品管卡安装，阻火圈安装，管道灌水试验。
4. 管道及管件安装，支架制作安装，阻火圈安装，管道灌水试验，支架刷油。

定额编号				B-5-2-125	B-5-2-126	B-5-2-127	B-5-2-128
项目				室内塑料排水管(螺母密封圈连接)			
				公称外径(mm 以内)			
				75	110	160	200
名称			单位	10m	10m	10m	10m
人工	00050101	综合人工 安装	工日	1.9610	2.1740	2.9800	4.6313
材料	Z17250201	塑料排水管	m	(9.8000)	(9.5000)	(9.5000)	(9.5000)
	01150103	热轧型钢 综合	kg				13.9650
	02050245	橡胶圈(排水) DN75	个	15.2600			
	02050247	橡胶圈(排水) DN100	个		21.6900		
	02050249	橡胶圈(排水) DN150	个			10.6700	
	02050251	橡胶圈(排水) DN200	个				9.8300
	03014101	六角螺栓连母垫	kg				0.5643
	03018105	膨胀螺栓(钢制) M8～16	kg				0.5639
	03018173	膨胀螺栓(钢制) M10	套	6.0564			
	03018174	膨胀螺栓(钢制) M12	套	12.3600	17.5100	17.5100	
	03018175	膨胀螺栓(钢制) M14	套				12.3600
	03110212	尼龙砂轮片 ϕ100	片				0.0122
	03110215	尼龙砂轮片 ϕ400	片				0.2298
	03110601	铁砂布	张	0.2080	0.2270	0.2420	0.2670
	03130114	电焊条 J422 ϕ3.2	kg				0.8928
	03210134	硬质合金冲击钻头 ϕ14	根	0.1058			
	03210135	硬质合金冲击钻头 ϕ16	根	0.1200	0.2100	0.2100	
	03210136	硬质合金冲击钻头 ϕ18	根				0.1200
	03210210	硬质合金冲击钻头 ϕ10～20	根				0.1797
	13010115	酚醛调和漆	kg				0.1995
	13050511	醇酸防锈漆 C53-1	kg				0.2806
	14050121	油漆溶剂油	kg				0.0184
	14070101	机油	kg				0.0802

（续表）

定额编号				B-5-2-125	B-5-2-126	B-5-2-127	B-5-2-128
项目				室内塑料排水管(螺母密封圈连接)			
				公称外径(mm 以内)			
				75	110	160	200
名称			单位	10m	10m	10m	10m
材料	14390101	氧气	m^3				0.5554
	14390302	乙炔气	kg				0.1851
	15590101-1	阻火圈 DN75	个	3.0000			
	15590101-2	阻火圈 DN100	个		3.0000		
	15590101-3	阻火圈 DN150	个			3.0000	
	15590101-4	阻火圈 DN200	个				3.0000
	18095131-2	塑料排水管密封圈接口管件 DN75	个	8.8500			
	18095131-3	塑料排水管密封圈接口管件 DN110	个		11.5600		
	18095131-4	塑料排水管密封圈接口管件 DN160	个			5.9500	
	18095131-5	塑料排水管密封圈接口管件 DN200	个				5.1100
	18251111-8	管卡(成品) DN80	套	6.1740			
	18251111-9	管卡(成品) DN100	套		5.2500		
	18251111-10	管卡(成品) DN150	套			5.2500	
	34110101	水	m^3	0.0540	0.1320	0.2870	0.5050
	34110301	电	kW·h	0.3941	0.4000	0.4300	0.7471
	80060111	干混砌筑砂浆 DM M5.0	m^3				0.0100
	X0045	其他材料费	%	2.0000	2.0100	2.0000	2.0000
机械	99070530	载重汽车 5t	台班			0.0050	0.0120
	99090005	吊装机械(综合)	台班			0.0170	0.0260
	99190200	台式钻床 ϕ16	台班				0.1419
	99190230	立式钻床 ϕ25	台班				0.0617
	99210010	木工圆锯机 ϕ500	台班			0.0400	0.0470
	99230170	砂轮切割机 ϕ400	台班				0.1564
	99250005	电焊机	台班				0.5155
	99440030	电动单级离心清水泵 ϕ100	台班	0.0010	0.0020	0.0050	0.0060

工作内容： 1. 管道及管件安装，支架制作安装，阻火圈安装，管道灌水试验，支架刷油。
2,3,4. 管道及管件安装，成品管卡安装，阻火圈安装，管道灌水试验。

定额编号				B-5-2-129	B-5-2-130	B-5-2-131	B-5-2-132
项目				室内塑料排水管(螺母密封圈连接)	室内塑料雨水管(粘接)		
				公称外径(mm 以内)			
				250	75	110	160
名称			单位	10m	10m	10m	10m
人工	00050101	综合人工 安装	工日	5.7897	1.9190	2.1310	3.0350
材料	Z17250201	塑料排水管	m	(10.0500)			
	Z17250501	塑料排雨水管	m		(10.0700)	(9.9400)	(9.7600)
	01150103	热轧型钢 综合	kg	14.9100			
	02050253	橡胶圈(排水) DN250	个	4.9200			
	03014101	六角螺栓连母垫	kg	0.6025			
	03018105	膨胀螺栓(钢制) M8～16	kg	0.6021			
	03018173	膨胀螺栓(钢制) M10	套		6.0564		
	03018174	膨胀螺栓(钢制) M12	套		12.3600	17.5100	17.5100
	03018176	膨胀螺栓(钢制) M16	套	12.3600			
	03110212	尼龙砂轮片 ϕ100	片	0.0131			
	03110215	尼龙砂轮片 ϕ400	片	0.2454			
	03110601	铁砂布	张	0.2880	0.1600	0.2230	0.2350
	03130114	电焊条 J422 ϕ3.2	kg	0.9532			
	03210134	硬质合金冲击钻头 ϕ14	根		0.1058		
	03210135	硬质合金冲击钻头 ϕ16	根		0.1200	0.2100	0.2100
	03210137	硬质合金冲击钻头 ϕ20	根	0.1200			
	03210210	硬质合金冲击钻头 ϕ10～20	根	0.1918			
	13010115	酚醛调和漆	kg	0.2130			
	13050511	醇酸防锈漆 C53-1	kg	0.2996			
	14050121	油漆溶剂油	kg	0.0196			
	14070101	机油	kg	0.0856			
	14330601	丙酮	kg		0.1720	0.2600	0.3380
	14390101	氧气	m^3	0.5930			

（续表）

定额编号				B-5-2-129	B-5-2-130	B-5-2-131	B-5-2-132
项目				室内塑料排水管（螺母密封圈连接）	室内塑料雨水管（粘接）		
				公称外径（mm 以内）			
				250	75	110	160
名称			单位	10m	10m	10m	10m
材料	14390302	乙炔气	kg	0.1977			
	14411801	胶粘剂	kg		0.1080	0.1730	0.2260
	15590101-1	阻火圈 DN75	个		3.0000		
	15590101-2	阻火圈 DN100	个			3.0000	
	15590101-3	阻火圈 DN150	个				3.0000
	15590101-5	阻火圈 DN250	个	3.0000			
	18095141-1	塑料雨水管管件 DN75	个		3.7900		
	18095141-2	塑料雨水管管件 DN110	个			4.1600	
	18095141-3	塑料雨水管管件 DN160	个				4.8500
	18095131-6	塑料排水管密封圈接口管件 DN250	个	2.3500			
	18251111-8	管卡（成品） DN80	套		6.1740		
	18251111-9	管卡（成品） DN100	套			5.2500	
	18251111-10	管卡（成品） DN150	套				5.2500
	34110101	水	m^3	0.8020	0.0540	0.1320	0.2870
	34110301	电	kW·h	0.7774	0.3941	0.4000	0.4300
	80060111	干混砌筑砂浆 DM M5.0	m^3	0.0106			
	X0045	其他材料费	%	2.0000	2.0000	2.0100	2.0000
机械	99070530	载重汽车 5t	台班	0.0210			0.0050
	99090005	吊装机械（综合）	台班	0.0440			0.0170
	99190200	台式钻床 ϕ16	台班	0.1515			
	99190230	立式钻床 ϕ25	台班	0.0659			
	99210010	木工圆锯机 ϕ500	台班	0.0520			0.0320
	99230170	砂轮切割机 ϕ400	台班	0.1670			
	99250005	电焊机	台班	0.5504			
	99440030	电动单级离心清水泵 ϕ100	台班	0.0090	0.0010	0.0020	0.0050

工作内容： 1,2. 管道及管件安装，支架制作安装，阻火圈安装，管道灌水试验，支架刷油。
3,4. 管道及管件安装，水压试验、水冲洗及挖填土。

定额编号				B-5-2-133	B-5-2-134	B-5-2-135	B-5-2-136
项目				室内塑料雨水管(粘接)		室外钢骨架塑料复合管(电熔连接)	
				公称外径(mm 以内)			
				200	250	32	50
名称			单位	10m	10m	10m	10m
人工	00050101	综合人工 安装	工日	4.9322	6.0517	3.8150	3.9450
材料	Z17250501	塑料排雨水管	m	(9.6600)	(9.4700)		
	Z17280701	钢骨架塑料复合管	m			(10.2000)	(10.2000)
	01150103	热轧型钢 综合	kg	13.9650	14.9100		
	01290317	热轧钢板(中厚板) δ8～18	kg			0.0340	0.0390
	02010105	橡胶板 δ1～3	kg			0.0080	0.0100
	03014101	六角螺栓连母垫	kg	0.5643	0.6025	0.0040	0.0050
	03018105	膨胀螺栓(钢制) M8～16	kg	0.5639	0.6021		
	03018175	膨胀螺栓(钢制) M14	套	12.3600			
	03018176	膨胀螺栓(钢制) M16	套		12.3600		
	03110212	尼龙砂轮片 ϕ100	片	0.0122	0.0131		
	03110215	尼龙砂轮片 ϕ400	片	0.2298	0.2454	0.0080	0.0140
	03110601	铁砂布	张	0.2560	0.2790	0.0270	0.0500
	03130114	电焊条 J422 ϕ3.2	kg	0.8928	0.9532	0.0020	0.0020
	03210136	硬质合金冲击钻头 ϕ18	根	0.1200			
	03210137	硬质合金冲击钻头 ϕ20	根		0.1200		
	03210210	硬质合金冲击钻头 ϕ10～20	根	0.1797	0.1918		
	04090101	白灰	kg			1.2000	1.2000
	13010115	酚醛调和漆	kg	0.1995	0.2130		
	13050511	醇酸防锈漆 C53-1	kg	0.2806	0.2996		
	14050121	油漆溶剂油	kg	0.0184	0.0196		
	14070101	机油	kg	0.0802	0.0856		
	14330601	丙酮	kg	0.3590	0.4880		
	14390101	氧气	m^3	0.5554	0.5930	0.0030	0.0060
	14390302	乙炔气	kg	0.1851	0.1977	0.0010	0.0020
	14411801	胶粘剂	kg	0.2360	0.3620		

（续表）

定额编号				B-5-2-133	B-5-2-134	B-5-2-135	B-5-2-136
项目				室内塑料雨水管(粘接)		室外钢骨架塑料复合管(电熔连接)	
				公称外径(mm 以内)			
				200	250	32	50
名称			单位	10m	10m	10m	10m
材料	15590101-4	阻火圈 DN200	个	3.0000			
	15590101-5	阻火圈 DN250	个		3.0000		
	17010136	焊接钢管 DN20	m			0.0150	0.0160
	17271011	橡胶软管 DN20	m			0.0070	0.0070
	18095141-4	塑料雨水管管件 DN200	个	4.3100			
	18095141-5	塑料雨水管管件 DN250	个		4.1800		
	18111901-1	钢骨架塑料复合管电熔管件 DN32	个			2.8300	
	18111901-3	钢骨架塑料复合管电熔管件 DN50	个				2.8600
	19010013	螺纹阀门 DN20	只			0.0040	0.0050
	24110331	弹簧压力表 Y-100 0～1.6MPa	块			0.0020	0.0020
	24590123	压力表弯管 DN15	个			0.0020	0.0020
	34110101	水	m^3	0.5050	0.8020	0.0230	0.0530
	34110301	电	kW·h	0.7471	0.7774		
	80060111	干混砌筑砂浆 DM M5.0	m^3	0.0100	0.0106		
	X0045	其他材料费	%	2.0000	2.0000	2.0100	2.0000
机械	99070530	载重汽车 5t	台班	0.0120	0.0210		
	99090005	吊装机械(综合)	台班	0.0260	0.0440		
	99190200	台式钻床 ϕ16	台班	0.1419	0.1515		
	99190230	立式钻床 ϕ25	台班	0.0617	0.0659		
	99210010	木工圆锯机 ϕ500	台班	0.0380	0.0430		
	99230170	砂轮切割机 ϕ400	台班	0.1564	0.1670	0.0030	0.0050
	99250005	电焊机	台班	0.5155	0.5504	0.0010	0.0020
	99250640	电熔焊接机 3.5kW	台班			0.0590	0.0840
	99440030	电动单级离心清水泵 ϕ100	台班	0.0060	0.0090	0.0010	0.0010
	99440420	试压泵 3MPa	台班			0.0010	0.0020

工作内容：管道及管件安装，水压试验、水冲洗及挖填土。

定额编号				B-5-2-137	B-5-2-138	B-5-2-139	B-5-2-140
项目				室外钢骨架塑料复合管(电熔连接)			
				公称外径(mm 以内)			
				75	90	110	125
名称			单位	10m	10m	10m	10m
材料	Z17280701	钢骨架塑料复合管	m	(10.1500)	(10.1500)	(10.1500)	(10.1500)
	01290317	热轧钢板(中厚板) δ8～18	kg	0.0440	0.0470	0.0490	0.0730
	02010105	橡胶板 δ1～3	kg	0.0110	0.0110	0.0120	0.0140
	03014101	六角螺栓连母垫	kg	0.0060	0.0060	0.0060	0.0080
	03110215	尼龙砂轮片 ϕ400	片	0.0260	0.0310	0.0340	
	03110601	铁砂布	张	0.0700	0.0750	0.0760	0.0790
	03130114	电焊条 J422 ϕ3.2	kg	0.0020	0.0030	0.0030	0.0030
	04090101	白灰	kg	1.2000	1.2000	1.2000	1.2000
	14390101	氧气	m^3	0.0060	0.0060	0.0060	0.0060
	14390302	乙炔气	kg	0.0020	0.0020	0.0020	0.0020
	17010136	焊接钢管 DN20	m	0.0190	0.0200	0.0210	0.0220
	17271011	橡胶软管 DN20	m	0.0080	0.0080	0.0090	0.0090
	18111901-5	钢骨架塑料复合管电熔管件 DN75	个	2.8100			
	18111901-6	钢骨架塑料复合管电熔管件 DN90	个		2.7300		
	18111901-7	钢骨架塑料复合管电熔管件 DN110	个			2.7300	
	18111901-8	钢骨架塑料复合管电熔管件 DN125	个				1.8600
	19010013	螺纹阀门 DN20	只	0.0050	0.0060	0.0060	0.0060
	24110331	弹簧压力表 Y-100 0～1.6MPa	块	0.0030	0.0030	0.0030	0.0030
	24590123	压力表弯管 DN15	个	0.0030	0.0030	0.0030	0.0030
	34110101	水	m^3	0.1450	0.2040	0.3530	0.5470
	X0045	其他材料费	%	2.0000	2.0000	2.0000	2.0000
机械	99070530	载重汽车 5t	台班				0.0040
	99090005	吊装机械(综合)	台班				0.0490
	99190720	管子切断机 ϕ250	台班				0.0100
	99230170	砂轮切割机 ϕ400	台班	0.0070	0.0080	0.0090	
	99250005	电焊机	台班	0.0020	0.0020	0.0020	0.0020
	99250640	电熔焊接机 3.5kW	台班	0.1030	0.1110	0.1150	0.1260
	99440030	电动单级离心清水泵 ϕ100	台班	0.0010	0.0020	0.0020	0.0030
	99440420	试压泵 3MPa	台班	0.0020	0.0020	0.0020	0.0030

工作内容： 1. 管道及管件安装，水压试验、水冲洗及挖填土。

2,3,4. 管道及管件安装，成品管卡安装，一般钢套管制作安装，管道水压试验及水冲洗。

定　额　编　号				B-5-2-141	B-5-2-142	B-5-2-143	B-5-2-144
项　　目				室外钢骨架塑料复合管（电熔连接）	室内钢骨架塑料复合管（电熔连接）		
				公称外径（mm 以内）			
				160	32	50	75
名　　称			单位	10m	10m	10m	10m
人工	00050101	综合人工 安装	工日	4.9180	1.7033	2.1934	2.5586
材料	Z17280701	钢骨架塑料复合管	m	(10.1500)	(10.1600)	(10.1600)	(10.1600)
	01010421	热轧光圆钢筋（HPB300）ϕ8～14	kg		0.1580	0.1580	0.1580
	01290317	热轧钢板（中厚板）δ8～18	kg	0.1100	0.0340	0.0390	0.0440
	02010105	橡胶板 δ1～3	kg	0.0160	0.0080	0.0100	0.0110
	02290801	油麻	kg		0.1580	0.6230	2.1150
	03014101	六角螺栓连母垫	kg	0.0120	0.0040	0.0050	0.0060
	03018172	膨胀螺栓（钢制）M8	套		11.4433		
	03018173	膨胀螺栓（钢制）M10	套			9.3627	8.5799
	03110215	尼龙砂轮片 ϕ400	片		0.0770	0.1010	0.1700
	03110601	铁砂布	张	0.0810	0.0700	0.1510	0.2100
	03130114	电焊条 J422 ϕ3.2	kg	0.0030	0.0190	0.0210	0.0270
	03210133	硬质合金冲击钻头 ϕ12	根		0.1666		
	03210134	硬质合金冲击钻头 ϕ14	根			0.1363	0.1499
	04090101	白灰	kg	1.2000			
	13056131	酚醛防锈漆	kg		0.0170	0.0200	0.0350
	13350901	密封油膏	kg		0.1530	0.1630	0.2540
	14030101	汽油	kg		0.0040	0.0050	0.0090
	14390101	氧气	m^3	0.0060	0.0240	0.0300	0.0660
	14390302	乙炔气	kg	0.0020	0.0080	0.0100	0.0220
	17010136	焊接钢管 DN20	m	0.0230	0.0150	0.0160	0.0190
	17010140	焊接钢管 DN50	m		0.3180		
	17010143	焊接钢管 DN80	m			0.3180	

（续表）

定额编号				B-5-2-141	B-5-2-142	B-5-2-143	B-5-2-144
项目				室外钢骨架塑料复合管(电熔连接)	室内钢骨架塑料复合管(电熔连接)		
				公称外径(mm 以内)			
				160	32	50	75
名称			单位	10m	10m	10m	10m
材料	17010145	焊接钢管 DN125	m				0.3180
	17271011	橡胶软管 DN20	m	0.0100	0.0070	0.0070	0.0080
	18111901-1	钢骨架塑料复合管电熔管件 DN32	个		10.8100		
	18111901-3	钢骨架塑料复合管电熔管件 DN50	个			7.4200	
	18111901-5	钢骨架塑料复合管电熔管件 DN75	个				6.0300
	18111901-9	钢骨架塑料复合管电熔管件 DN160	个	1.7400			
	18251111-4	管卡(成品) DN32	套		11.6655		
	18251111-6	管卡(成品) DN50	套			9.5445	
	18251111-8	管卡(成品) DN80	套				8.7465
	19010013	螺纹阀门 DN20	只	0.0060	0.0040	0.0050	0.0050
	24110331	弹簧压力表 Y-100 0～1.6MPa	块	0.0030	0.0020	0.0020	0.0030
	r	压力表弯管 DN15	个	0.0030	0.0020	0.0020	0.0030
	34090311	破布	kg		0.0020	0.0030	0.0060
	34091101	钢丝刷	把		0.0020	0.0030	0.0060
	34110101	水	m^3	0.7640	0.0230	0.0530	0.1450
	34110301	电	kW·h		0.1333	0.5636	0.1333
	X0045	其他材料费	%	2.0000	2.0000	2.0000	2.0000
机械	99070530	载重汽车 5t	台班	0.0050			
	99090005	吊装机械(综合)	台班	0.0510			
	99190720	管子切断机 ϕ250	台班	0.0110			
	99230170	砂轮切割机 ϕ400	台班		0.0210	0.0350	0.0440
	99250005	电焊机	台班	0.0020	0.0100	0.0110	0.0130
	99250640	电熔焊接机 3.5kW	台班	0.1570	0.2240	0.2570	0.2650
	99440030	电动单级离心清水泵 ϕ100	台班	0.0050	0.0010	0.0010	0.0010
	99440420	试压泵 3MPa	台班	0.0030	0.0010	0.0020	0.0020

工作内容： 1,2. 管道及管件安装，成品管卡安装，一般钢套管制作安装，管道水压试验及水冲洗。
3,4. 管道及管件安装，支架制作安装，一般钢套管制作安装，管道水压试验及水冲洗，支架刷油。

定　额　编　号				B-5-2-145	B-5-2-146	B-5-2-147	B-5-2-148
项　　目				室内钢骨架塑料复合管(电熔连接)			
				公称外径(mm 以内)			
				90	110	125	160
名　　称			单位	10m	10m	10m	10m
人工	00050101	综合人工　安装	工日	2.8418	2.9295	3.6243	3.9566
材料	Z17280701	钢骨架塑料复合管	m	(10.1600)	(10.1600)	(10.1600)	(10.1600)
	01010421	热轧光圆钢筋(HPB300) ϕ8～14	kg	0.1580	0.1580	0.1580	0.1580
	01150103	热轧型钢　综合	kg			6.0900	6.7200
	01290317	热轧钢板(中厚板) δ8～18	kg	0.0470	0.0490	0.0730	0.1100
	02010105	橡胶板　δ1～3	kg	0.0110	0.0120	0.0140	0.0160
	02290801	油麻	kg	2.1940	2.1940	2.8490	3.1520
	03014101	六角螺栓连母垫	kg	0.0060	0.0060	0.2541	0.2836
	03018105	膨胀螺栓(钢制) M8～16	kg			0.2459	0.2714
	03018174	膨胀螺栓(钢制) M12	套	7.6323	6.6435		
	03110212	尼龙砂轮片 ϕ100	片			0.0053	0.0059
	03110215	尼龙砂轮片 ϕ400	片	0.1790	0.1880	0.1632	0.1106
	03110601	铁砂布	张	0.2260	0.2290	0.2400	0.2540
	03130114	电焊条　J422 ϕ3.2	kg	0.0320	0.0320	0.4244	0.4666
	03210135	硬质合金冲击钻头 ϕ16	根	0.1334	0.1161		
	03210210	硬质合金冲击钻头 ϕ10～20	根			0.0784	0.0865
	13010115	酚醛调和漆	kg			0.0870	0.0960
	13050511	醇酸防锈漆　C53-1	kg			0.1224	0.1350
	13056131	酚醛防锈漆	kg	0.0370	0.0370	0.0510	0.0510
	13350901	密封油膏	kg	0.2580	0.2580	0.2730	0.6120
	14030101	汽油	kg	0.0090	0.0090	0.0130	0.0130
	14050121	油漆溶剂油	kg			0.0080	0.0088
	14070101	机油	kg			0.0350	0.0386
	14390101	氧气	m^3	0.0960	0.0960	0.3982	0.5973

（续表）

定额编号				B-5-2-145	B-5-2-146	B-5-2-147	B-5-2-148
项目				室内钢骨架塑料复合管(电熔连接)			
				公称外径(mm 以内)			
				90	110	125	160
名称			单位	10m	10m	10m	10m
材料	14390302	乙炔气	kg	0.0320	0.0320	0.1327	0.1991
	17010136	焊接钢管 DN20	m	0.0200	0.0210	0.0220	0.0230
	17010146	焊接钢管 DN150	m	0.3180	0.3180	0.3180	
	17070175	无缝钢管 ϕ219×6	m				0.3180
	17271011	橡胶软管 DN20	m	0.0080	0.0090	0.0090	0.0100
	18111901-6	钢骨架塑料复合管电熔管件 DN90	个	3.9500			
	18111901-7	钢骨架塑料复合管电熔管件 DN110	个		3.0800		
	18111901-8	钢骨架塑料复合管电熔管件 DN125	个			2.6800	
	18111901-9	钢骨架塑料复合管电熔管件 DN160	个				2.3200
	18251111-9	管卡(成品) DN100	套	7.7805	6.7725		
	19010013	螺纹阀门 DN20	只	0.0060	0.0060	0.0060	0.0060
	24110331	弹簧压力表 Y-100 0～1.6MPa	块	0.0030	0.0030	0.0030	0.0030
	24590123	压力表弯管 DN15	个	0.0030	0.0030	0.0030	0.0030
	34090311	破布	kg	0.0060	0.0060	0.0080	0.0080
	34091101	钢丝刷	把	0.0060	0.0060	0.0080	0.0080
	34110101	水	m^3	0.2040	0.3530	0.5470	0.7640
	34110301	电	kW·h	0.1482	0.1290	0.1950	0.2152
	80060111	干混砌筑砂浆 DM M5.0	m^3			0.0043	0.0048
	X0045	其他材料费	%	2.0000	2.0000	2.0000	2.0000
机械	99070530	载重汽车 5t	台班			0.0040	0.0500
	99090005	吊装机械(综合)	台班			0.0120	0.0170
	99190200	台式钻床 ϕ16	台班			0.0619	0.0683
	99190230	立式钻床 ϕ25	台班			0.0269	0.0297
	99190720	管子切断机 ϕ250	台班			0.0300	0.0330
	99230170	砂轮切割机 ϕ400	台班	0.0490	0.0530	0.0832	0.0753
	99250005	电焊机	台班	0.0150	0.0150	0.2408	0.2691
	99250640	电熔焊接机 3.5kW	台班	0.2710	0.2740	0.2790	0.2830
	99440030	电动单级离心清水泵 ϕ100	台班	0.0020	0.0020	0.0030	0.0050
	99440420	试压泵 3MPa	台班	0.0020	0.0020	0.0030	0.0030

工作内容： 管道及管件安装，支架制作安装，一般钢套管制作安装，管道水压试验及水冲洗，支架刷油。

定　额　编　号				B-5-2-149	B-5-2-150	B-5-2-151	B-5-2-152
项　　目				室内钢塑复合管(螺纹连接)			
				公称直径(mm 以内)			
				15	20	25	32
名　　称			单位	10m	10m	10m	10m
人工	00050101	综合人工 安装	工日	2.0961	2.1366	2.4844	2.6342
材料	Z17280201	钢塑复合管	m	(9.9100)	(9.9100)	(9.9100)	(9.9100)
	01010421	热轧光圆钢筋(HPB300) ϕ8～14	kg	0.1580	0.1580	0.1580	0.1580
	01150103	热轧型钢 综合	kg	3.5700	3.1500	2.8350	2.5200
	01290317	热轧钢板(中厚板) δ8～18	kg	0.0300	0.0320	0.0340	0.0370
	02010105	橡胶板 δ1～3	kg	0.0070	0.0080	0.0080	0.0090
	02130311	聚四氟乙烯带(生料带) 宽度 20	m	10.9800	13.0400	15.5000	16.0200
	02290801	油麻	kg	0.0900	0.0900	0.1580	0.1580
	03014101	六角螺栓连母垫	kg	0.1483	0.1313	0.1186	0.1068
	03018105	膨胀螺栓(钢制) M8～16	kg	0.1442	0.1272	0.1145	0.1018
	03110212	尼龙砂轮片 ϕ100	片	0.0031	0.0028	0.0025	0.0022
	03110215	尼龙砂轮片 ϕ400	片	0.1038	0.0988	0.1537	0.1795
	03130114	电焊条 J422 ϕ3.2	kg	0.2462	0.2194	0.2003	0.1801
	03210210	硬质合金冲击钻头 ϕ10～20	根	0.0459	0.0405	0.0365	0.0324
	13010115	酚醛调和漆	kg	0.0510	0.0450	0.0405	0.0360
	13050511	醇酸防锈漆 C53-1	kg	0.0717	0.0633	0.0570	0.0506
	13056131	酚醛防锈漆	kg	0.0140	0.0140	0.0170	0.0170
	13350901	密封油膏	kg	0.1070	0.1070	0.1530	0.1530
	14030101	汽油	kg	0.0030	0.0030	0.0040	0.0040
	14050121	油漆溶剂油	kg	0.0047	0.0041	0.0037	0.0033
	14070101	机油	kg	0.1785	0.1881	0.2193	0.2205
	14390101	氧气	m^3	0.1630	0.1463	0.1368	0.1272
	14390302	乙炔气	kg	0.0543	0.0488	0.0456	0.0424
	17010136	焊接钢管 DN20	m	0.0130	0.0140	0.0150	0.0160
	17010138	焊接钢管 DN32	m	0.3180	0.3180		

（续表）

定额编号				B-5-2-149	B-5-2-150	B-5-2-151	B-5-2-152
项目				室内钢塑复合管(螺纹连接)			
				公称直径(mm 以内)			
				15	20	25	32
名称			单位	10m	10m	10m	10m
材料	17010140	焊接钢管 DN50	m			0.3180	0.3180
	17271011	橡胶软管 DN20	m	0.0060	0.0060	0.0070	0.0070
	18111701-1	钢塑复合管管件 DN15	个	14.4900			
	18111701-2	钢塑复合管管件 DN20	个		12.1000		
	18111701-3	钢塑复合管管件 DN25	个			11.4000	
	18111701-4	钢塑复合管管件 DN32	个				9.8300
	19010013	螺纹阀门 DN20	只	0.0040	0.0040	0.0040	0.0050
	24110331	弹簧压力表 Y-100 0～1.6MPa	块	0.0020	0.0020	0.0020	0.0020
	24590123	压力表弯管 DN15	个	0.0020	0.0020	0.0020	0.0020
	34090311	破布	kg	0.0020	0.0020	0.0020	0.0020
	34091101	钢丝刷	把	0.0020	0.0020	0.0020	0.0020
	34110101	水	m^3	0.0080	0.0140	0.0230	0.0400
	34110301	电	kW·h	0.1143	0.1009	0.0908	0.0807
	80060111	干混砌筑砂浆 DM M5.0	m^3	0.0026	0.0022	0.0020	0.0018
	X0045	其他材料费	%	2.0000	2.0000	2.0000	2.0000
机械	99090005	吊装机械(综合)	台班	0.0020	0.0020	0.0030	0.0040
	99190200	台式钻床 ϕ16	台班	0.0363	0.0320	0.0288	0.0256
	99190230	立式钻床 ϕ25	台班	0.0158	0.0139	0.0125	0.0111
	99190750	管子切断套丝机 ϕ159	台班	0.0670	0.0790	0.1960	0.2610
	99230170	砂轮切割机 ϕ400	台班	0.0520	0.0493	0.0588	0.0592
	99250005	电焊机	台班	0.1408	0.1253	0.1147	0.1030
	99440030	电动单级离心清水泵 ϕ100	台班	0.0010	0.0010	0.0010	0.0010
	99440420	试压泵 3MPa	台班	0.0010	0.0010	0.0010	0.0020

工作内容：管道及管件安装，支架制作安装，一般钢套管制作安装，管道水压试验及水冲洗，支架刷油。

定额编号				B-5-2-153	B-5-2-154	B-5-2-155	B-5-2-156
项目				室内钢塑复合管(螺纹连接)			
				公称直径(mm 以内)			
				40	50	65	80
名称			单位	10m	10m	10m	10m
人工	00050101	综合人工 安装	工日	2.6825	3.0448	3.2612	3.4583
材料	Z17280201	钢塑复合管	m	(10.0200)	(10.0200)	(10.0200)	(10.0200)
	01010421	热轧光圆钢筋(HPB300) ϕ8～14	kg	0.1580	0.1580	0.1580	0.1580
	01150103	热轧型钢 综合	kg	2.3100	4.3050	4.4100	4.7250
	01290317	热轧钢板(中厚板) δ8～18	kg	0.0390	0.0420	0.0440	0.0470
	02010105	橡胶板 δ1～3	kg	0.0100	0.0100	0.0110	0.0110
	02130311	聚四氟乙烯带(生料带) 宽度 20	m	16.1900	16.5800	17.9500	19.3100
	02290801	油麻	kg	0.6230	0.6230	0.9570	2.1150
	03014101	六角螺栓连母垫	kg	0.0983	0.1790	0.1842	0.1969
	03018105	膨胀螺栓(钢制) M8～16	kg	0.0933	0.1738	0.1781	0.1908
	03110212	尼龙砂轮片 ϕ100	片	0.0020	0.0038	0.0039	0.0041
	03110215	尼龙砂轮片 ϕ400	片	0.1840	0.2218	0.2516	0.2768
	03130114	电焊条 J422 ϕ3.2	kg	0.1687	0.2962	0.3059	0.3301
	03210210	硬质合金冲击钻头 ϕ10～20	根	0.0297	0.0554	0.0567	0.0608
	13010115	酚醛调和漆	kg	0.0330	0.0615	0.0630	0.0675
	13050511	醇酸防锈漆 C53-1	kg	0.0464	0.0865	0.0886	0.0950
	13056131	酚醛防锈漆	kg	0.0200	0.0200	0.0260	0.0350
	13350901	密封油膏	kg	0.1630	0.1630	0.2020	0.2540
	14030101	汽油	kg	0.0050	0.0050	0.0070	0.0090
	14050121	油漆溶剂油	kg	0.0030	0.0057	0.0058	0.0062
	14070101	机油	kg	0.2223	0.2377	0.1553	0.1371
	14390101	氧气	m^3	0.1219	0.2012	0.2174	0.2539
	14390302	乙炔气	kg	0.0406	0.0671	0.0725	0.0846
	17010136	焊接钢管 DN20	m	0.0160	0.0170	0.0190	0.0200
	17010143	焊接钢管 DN80	m	0.3180	0.3180		

（续表）

定额编号				B-5-2-153	B-5-2-154	B-5-2-155	B-5-2-156
项目				室内钢塑复合管(螺纹连接)			
				公称直径(mm 以内)			
				40	50	65	80
名称			单位	10m	10m	10m	10m
材料	17010144	焊接钢管 DN100	m			0.3180	
	17010145	焊接钢管 DN125	m				0.3180
	17271011	橡胶软管 DN20	m	0.0070	0.0080	0.0080	0.0080
	18111701-5	钢塑复合管管件 DN40	个	7.8600			
	18111701-6	钢塑复合管管件 DN50	个		6.6100		
	18111701-7	钢塑复合管管件 DN65	个			5.2600	
	18111701-8	钢塑复合管管件 DN80	个				4.6300
	19010013	螺纹阀门 DN20	只	0.0050	0.0050	0.0050	0.0060
	24110331	弹簧压力表 Y-100 0～1.6MPa	块	0.0020	0.0030	0.0030	0.0030
	24590123	压力表弯管 DN15	个	0.0020	0.0030	0.0030	0.0030
	34090311	破布	kg	0.0030	0.0030	0.0060	0.0060
	34091101	钢丝刷	把	0.0030	0.0030	0.0060	0.0060
	34110101	水	m^3	0.0530	0.0880	0.1450	0.2040
	34110301	电	kW·h	0.0740	0.1378	0.1412	0.1513
	80060111	干混砌筑砂浆 DM M5.0	m^3	0.0016	0.0031	0.0032	0.0034
	X0045	其他材料费	%	2.0000	2.0000	2.0000	2.0000
机械	99070530	载重汽车 5t	台班		0.0030	0.0040	0.0060
	99090005	吊装机械(综合)	台班	0.0050	0.0070	0.0090	0.0120
	99190200	台式钻床 ϕ16	台班	0.0235	0.0437	0.0448	0.0480
	99190230	立式钻床 ϕ25	台班	0.0102	0.0190	0.0195	0.0209
	99190750	管子切断套丝机 ϕ159	台班	0.2840	0.2930	0.2940	0.3170
	99230170	砂轮切割机 ϕ400	台班	0.0609	0.0852	0.0894	0.0959
	99250005	电焊机	台班	0.0963	0.1699	0.1738	0.1874
	99440030	电动单级离心清水泵 ϕ100	台班	0.0010	0.0010	0.0010	0.0020
	99440420	试压泵 3MPa	台班	0.0020	0.0020	0.0020	0.0020

工作内容： 1,2,3. 管道及管件安装，支架制作安装，一般钢套管制作安装，管道水压试验及水冲洗，支架刷油。

4. 管道及管件安装，管道水压试验及水冲洗，热缩套袖补口及挖填土。

定　额　编　号				B-5-2-157	B-5-2-158	B-5-2-159	B-5-2-160
项　　目				室内钢塑复合管(螺纹连接)			室外预制直埋保温管(电弧焊)介质管道
				公称直径(mm 以内)			
				100	125	150	32
名　称			单位	10m	10m	10m	10m
人工	00050101	综合人工 安装	工日	4.0138	4.5243	5.0786	4.3070
材料	Z17280201	钢塑复合管	m	(10.0200)	(10.0200)	(10.0200)	
	Z17281101	预制直埋保温管	m				(10.1800)
	01010421	热轧光圆钢筋(HPB300) ϕ8～14	kg	0.1580	0.1580	0.1580	
	01150103	热轧型钢 综合	kg	5.6700	6.0900	6.7200	
	01290317	热轧钢板(中厚板) δ8～18	kg	0.0490	0.0730	0.1100	0.0370
	02010105	橡胶板 δ1～3	kg	0.0120	0.0140	0.0160	0.0090
	02130311	聚四氟乙烯带(生料带) 宽度 20	m	20.8800	21.0200	21.2400	
	02290801	油麻	kg	2.1940	2.8490	3.1520	
	03014101	六角螺栓连母垫	kg	0.2351	0.2541	0.2836	0.0050
	03018105	膨胀螺栓(钢制) M8～16	kg	0.2290	0.2459	0.2714	
	03110212	尼龙砂轮片 ϕ100	片	0.0050	0.0053	0.0059	0.0100
	03110215	尼龙砂轮片 ϕ400	片	0.3083	0.1632	0.1106	0.0130
	03130114	电焊条 J422 ϕ3.2	kg	0.3945	0.4244	0.4666	0.0980
	03131713	聚氯乙烯焊条 ϕ3.2	kg				0.0167
	03152508	镀锌铁丝 8#～12#	kg				0.0750
	03210106	麻花钻头 ϕ6～13	根				0.0112
	03210210	硬质合金冲击钻头 ϕ10～20	根	0.0730	0.0784	0.0865	
	04090101	白灰	kg				1.2000
	13010115	酚醛调和漆	kg	0.0810	0.0870	0.0960	
	13050511	醇酸防锈漆 C53-1	kg	0.1139	0.1224	0.1350	
	13056131	酚醛防锈漆	kg	0.0370	0.0510	0.0510	
	13350901	密封油膏	kg	0.2580	0.2730	0.6120	
	14030101	汽油	kg	0.0090	0.0130	0.0130	1.6554
	14050121	油漆溶剂油	kg	0.0075	0.0080	0.0088	
	14070101	机油	kg	0.0726	0.0650	0.0686	0.0500
	14330601	丙酮	kg				0.0521
	14332553	异氰酸脂(黑料)	kg				0.1265
	14356611	组合聚醚(白料)	kg				0.1153
	14390101	氧气	m^3	0.3215	0.3982	0.5973	0.0450
	14390302	乙炔气	kg	0.1072	0.1327	0.1991	0.0150
	17010136	焊接钢管 DN20	m	0.0210	0.0220	0.0230	0.0160
	17010146	焊接钢管 DN150	m	0.3180	0.3180		

（续表）

定额编号				B-5-2-157	B-5-2-158	B-5-2-159	B-5-2-160
项目				室内钢塑复合管(螺纹连接)			室外预制直埋保温管（电弧焊）介质管道
				公称直径(mm 以内)			
				100	125	150	32
名称			单位	10m	10m	10m	10m
材料	17070175	无缝钢管 ϕ219×6	m			0.3180	
	17252883	高密度聚乙烯连接套管 ϕ100×3	m				1.2146
	17271011	橡胶软管 DN20	m	0.0090	0.0090	0.0100	0.0070
	18032001-1	预制直埋保温焊接管件 DN32	个				0.8900
	18111701-9	钢塑复合管管件 DN100	个	4.1500			
	18111701-10	钢塑复合管管件 DN125	个		3.5200		
	18111701-11	钢塑复合管管件 DN150	个			3.4100	
	18154711	聚乙烯封堵塞(PE)	个				3.7200
	18311101	收缩带	m^2				0.2530
	19010013	螺纹阀门 DN20	只	0.0060	0.0060	0.0060	0.0050
	24110331	弹簧压力表 Y-100 0～1.6MPa	块	0.0030	0.0030	0.0030	0.0020
	24590123	压力表弯管 DN15	个	0.0030	0.0030	0.0030	0.0020
	34070102	肥皂	条				0.0391
	34090311	破布	kg	0.0060	0.0080	0.0080	0.2050
	34091101	钢丝刷	把	0.0060	0.0080	0.0080	0.0019
	34110101	水	m^3	0.3530	0.5470	0.7640	0.0400
	34110301	电	kW·h	0.1815	0.1950	0.2152	0.6230
	35061031	柔性吊装带	kg				0.0030
	80060111	干混砌筑砂浆 DM M5.0	m^3	0.0040	0.0043	0.0048	
	X0045	其他材料费	%	2.0000	2.0000	2.0000	2.0000
机械	99070530	载重汽车 5t	台班	0.0130	0.0160	0.0220	
	99090005	吊装机械(综合)	台班	0.0840	0.1170	0.1230	
	99190200	台式钻床 ϕ16	台班	0.0576	0.0619	0.0683	
	99190230	立式钻床 ϕ25	台班	0.0251	0.0269	0.0297	
	99190710	管子切断机 ϕ150	台班		0.0350	0.0370	
	99190750	管子切断套丝机 ϕ159	台班	0.3200	0.3840	0.4490	
	99230170	砂轮切割机 ϕ400	台班	0.1105	0.0832	0.0753	0.0040
	99250005	电焊机	台班	0.2243	0.2408	0.2691	0.0610
	99270060	电焊条烘干箱 600×500×750	台班				0.0060
	99430200	电动空气压缩机 0.6m^3/min	台班				0.0037
	99440030	电动单级离心清水泵 ϕ100	台班	0.0020	0.0030	0.0050	0.0010
	99440420	试压泵 3MPa	台班	0.0020	0.0030	0.0030	0.0020

工作内容： 管道及管件安装，管道水压试验及水冲洗，热缩套袖补口及挖填土。

定额编号				B-5-2-161	B-5-2-162	B-5-2-163	B-5-2-164
项目				室外预制直埋保温管(电弧焊)介质管道			
				公称直径(mm 以内)			
				40	50	65	80
名称			单位	10m	10m	10m	10m
人工	00050101	综合人工 安装	工日	4.5000	4.6619	5.1200	5.1294
材料	Z17281101	预制直埋保温管	m	(10.1800)	(10.1800)	(10.1200)	(10.1200)
	01290317	热轧钢板(中厚板) δ8～18	kg	0.0390	0.0420	0.0440	0.0470
	02010105	橡胶板 δ1～3	kg	0.0100	0.0100	0.0110	0.0110
	03014101	六角螺栓连母垫	kg	0.0050	0.0050	0.0060	0.0060
	03110212	尼龙砂轮片 ϕ100	片	0.0170	0.3150	0.4260	0.4710
	03110215	尼龙砂轮片 ϕ400	片	0.0160	0.0200	0.0230	0.0260
	03130114	电焊条 J422 ϕ3.2	kg	0.1480	0.2660	0.3500	0.3520
	03131713	聚氯乙烯焊条 ϕ3.2	kg	0.0204	0.0229	0.0260	0.0227
	03152508	镀锌铁丝 8#～12#	kg	0.0790	0.0830	0.0850	0.0890
	03210106	麻花钻头 ϕ6～13	根	0.0122	0.0125	0.0130	0.0097
	04090101	白灰	kg	1.2000	1.2000	1.2000	1.2000
	14030101	汽油	kg	2.1828	2.5168	4.5136	3.6288
	14070101	机油	kg	0.0500	0.0600	0.0800	0.0900
	14330601	丙酮	kg	0.0796	0.0957	0.1215	0.1166
	14332553	异氰酸脂(黑料)	kg	0.2081	0.3536	0.4427	0.4406
	14356611	组合聚醚(白料)	kg	0.1897	0.3203	0.4014	0.4001
	14390101	氧气	m^3	0.0600	0.1050	0.2220	0.3570
	14390302	乙炔气	kg	0.0200	0.0350	0.0740	0.1190
	17010136	焊接钢管 DN20	m	0.0160	0.0170	0.0190	0.0200
	17252885	高密度聚乙烯连接套管 ϕ120×3	m	1.3321			
	17252887	高密度聚乙烯连接套管 ϕ136×3	m		1.3582		
	17252889	高密度聚乙烯连接套管 ϕ151×3	m			1.4170	
	17252891	高密度聚乙烯连接套管 ϕ172×3	m				1.0579
	17271011	橡胶软管 DN20	m	0.0070	0.0080	0.0080	0.0080

(续表)

定　额　编　号				B-5-2-161	B-5-2-162	B-5-2-163	B-5-2-164
项　　目				室外预制直埋保温管(电弧焊)介质管道			
				公称直径(mm 以内)			
				40	50	65	80
名　　称			单位	10m	10m	10m	10m
材料	18032001-2	预制直埋保温焊接管件 DN40	个	0.9800			
	18032001-3	预制直埋保温焊接管件 DN50	个		0.9600		
	18032001-4	预制直埋保温焊接管件 DN65	个			0.9900	
	18032001-5	预制直埋保温焊接管件 DN80	个				0.7400
	18154711	聚乙烯封堵塞(PE)	个	4.0800	4.1600	4.3400	3.2400
	18311101	收缩带	m^2	0.3407	0.4285	0.4969	0.4228
	19010013	螺纹阀门 DN20	只	0.0050	0.0050	0.0050	0.0060
	24110331	弹簧压力表 Y-100 0～1.6MPa	块	0.0020	0.0030	0.0030	0.0030
	24590123	压力表弯管 DN15	个	0.0020	0.0030	0.0030	0.0030
	34070102	肥皂	条	0.0428	0.0437	0.0456	0.0518
	34090311	破布	kg	0.2090	0.2370	0.2660	0.2820
	34091101	钢丝刷	把	0.0020	0.0021	0.0022	0.0016
	34110101	水	m^3	0.0530	0.0880	0.1450	0.2040
	34110301	电	kW·h	0.8190	1.1319	1.3977	1.0280
	35061031	柔性吊装带	kg	0.0040	0.0050	0.0070	0.0110
	X0045	其他材料费	%	2.0000	2.0000	2.0000	2.0100
机械	99070530	载重汽车 5t	台班		0.0050	0.0060	0.0070
	99090360	汽车式起重机 8t	台班		0.0050	0.0060	0.0070
	99230170	砂轮切割机 ϕ400	台班	0.0050	0.0050	0.0060	0.0060
	99250005	电焊机	台班	0.0930	0.1570	0.2060	0.2200
	99270060	电焊条烘干箱 600×500×750	台班	0.0090	0.0160	0.0200	0.0220
	99430200	电动空气压缩机 $0.6m^3/min$	台班	0.0041	0.0042	0.0065	0.0049
	99440030	电动单级离心清水泵 ϕ100	台班	0.0020	0.0010	0.0010	0.0020
	99440420	试压泵 3MPa	台班	0.0020	0.0020	0.0020	0.0020

工作内容：管道及管件安装，管道水压试验及水冲洗，热缩套袖补口及挖填土。

定　额　编　号				B-5-2-165	B-5-2-166	B-5-2-167	B-5-2-168
项　　目				室外预制直埋保温管(电弧焊)介质管道			
				公称直径(mm 以内)			
				100	125	150	200
名　　称			单位	10m	10m	10m	10m
人工	00050101	综合人工　安装	工日	5.3359	5.8116	6.1128	6.5460
材料	Z17281101	预制直埋保温管	m	(10.1200)	(9.9800)	(9.9800)	(9.9800)
	01210102	等边角钢	kg				0.2200
	01290317	热轧钢板(中厚板)　δ8～18	kg	0.0490	0.0730	0.1100	0.1480
	02010105	橡胶板　δ1～3	kg	0.0120	0.0140	0.0160	0.0180
	03014101	六角螺栓连母垫	kg	0.0060	0.0080	0.0120	0.0180
	03110212	尼龙砂轮片　φ100	片	0.4820	0.6470	0.9590	1.3760
	03110215	尼龙砂轮片　φ400	片	0.0300			
	03130114	电焊条　J422　φ3.2	kg	0.4600	0.7730	1.2070	1.6780
	03131713	聚氯乙烯焊条　φ3.2	kg	0.0285	0.0459	0.0269	0.0382
	03152508	镀锌铁丝　8#～12#	kg	0.1010	0.1070	0.1120	0.1310
	03210106	麻花钻头　φ6～13	根	0.0107	0.0102	0.0101	0.0102
	04090101	白灰	kg	1.2000	1.2000	1.2000	1.2000
	14030101	汽油	kg	4.8416	5.0490	2.8224	3.5700
	14070101	机油	kg	0.0900	0.1100	0.1500	0.2000
	14330601	丙酮	kg	0.1460	0.2380	0.2654	0.3417
	14332553	异氰酸脂(黑料)	kg	0.6034	0.6919	0.7980	1.0387
	14356611	组合聚醚(白料)	kg	0.5500	0.6290	0.7258	0.9435
	14390101	氧气	m^3	0.4410	0.8730	0.8670	1.1130
	14390302	乙炔气	kg	0.1470	0.2910	0.2890	0.3710
	17010136	焊接钢管　DN20	m	0.0210	0.0220	0.0230	0.0240
	17252893	高密度聚乙烯连接套管　φ212×3	m	1.1623			
	17252895	高密度聚乙烯连接套管　φ237×3	m		1.1101		
	17252897	高密度聚乙烯连接套管　φ263×4	m			0.5485	
	17252899	高密度聚乙烯连接套管　φ330×5	m				0.5551

（续表）

定额编号				B-5-2-165	B-5-2-166	B-5-2-167	B-5-2-168
项目				室外预制直埋保温管（电弧焊）介质管道			
				公称直径(mm 以内)			
				100	125	150	200
名称			单位	10m	10m	10m	10m
材料	17271011	橡胶软管 DN20	m	0.0090	0.0090	0.0100	0.0100
	18032001-6	预制直埋保温焊接管件 DN100	个	0.8200			
	18032001-7	预制直埋保温焊接管件 DN125	个		0.7700		
	18032001-8	预制直埋保温焊接管件 DN150	个			0.7600	
	18032001-9	预制直埋保温焊接管件 DN200	个				0.7600
	18154711	聚乙烯封堵塞(PE)	个	3.5600	3.4000	3.3600	3.4000
	18311101	收缩带	m^2	0.5732	0.5797	0.3184	0.4063
	19010013	螺纹阀门 DN20	只	0.0060	0.0060	0.0060	0.0070
	24110331	弹簧压力表 Y-100 0～1.6MPa	块	0.0030	0.0030	0.0030	0.0030
	24590123	压力表弯管 DN15	个	0.0030	0.0030	0.0030	0.0030
	34070102	肥皂	条	0.0570	0.0561	0.0554	0.0697
	34090311	破布	kg	0.3270	0.3520	0.3700	0.4440
	34091101	钢丝刷	把	0.0018	0.0017	0.0017	0.0034
	34110101	水	m^3	0.3530	0.5470	0.7640	1.3460
	34110301	电	kW·h	1.2428	1.4038	1.0714	1.3813
	35061031	柔性吊装带	kg	0.0160	0.0320	0.0430	0.0620
	35070811	电热熔套卡具	套			0.0168	0.0170
	35070821-1	电热熔套 DN150	个			0.8400	
	35070821-2	电热熔套 DN200	个				0.8500
	X0045	其他材料费	%	2.0000	2.0000	2.0000	2.0000
机械	99070490	载重汽车 2t	台班			0.0487	0.0595
	99070530	载重汽车 5t	台班	0.0190	0.0330	0.0430	0.0510
	99090360	汽车式起重机 8t	台班	0.0830	0.1100	0.1300	0.1490
	99230170	砂轮切割机 ϕ400	台班	0.0070			
	99250005	电焊机	台班	0.2710	0.3690	0.4650	0.6460
	99250640	电熔焊接机 3.5kW	台班			0.5863	0.7089
	99270060	电焊条烘干箱 600×500×750	台班	0.0270	0.0370	0.0460	0.0640
	99430200	电动空气压缩机 0.6m^3/min	台班	0.0071	0.0136	0.0076	0.0094
	99430230	电动空气压缩机 6m^3/min	台班			0.0076	0.0094
	99440030	电动单级离心清水泵 ϕ100	台班	0.0020	0.0030	0.0050	0.0070
	99440420	试压泵 3MPa	台班	0.0020	0.0030	0.0030	0.0030

工作内容：管道及管件安装，管道水压试验及水冲洗，热缩套袖补口及挖填土。

定额编号				B-5-2-169	B-5-2-170	B-5-2-171	B-5-2-172
项目				室外预制直埋保温管(电弧焊)介质管道			
				公称直径(mm 以内)			
				250	300	350	400
名称			单位	10m	10m	10m	10m
人工	00050101	综合人工 安装	工日	7.9502	8.4445	9.0185	9.9068
材料	Z17281101	预制直埋保温管	m	(9.8500)	(9.8500)	(9.7800)	(9.7800)
	01210102	等边角钢	kg	0.2370	0.2560	0.2880	0.2920
	01290317	热轧钢板(中厚板) δ8～18	kg	0.2310	0.3330	0.3800	0.4260
	02010105	橡胶板 δ1～3	kg	0.0210	0.0240	0.0330	0.0420
	03014101	六角螺栓连母垫	kg	0.0280	0.0380	0.0460	0.0540
	03110212	尼龙砂轮片 ϕ100	片	2.2540	2.9500	3.8870	3.9180
	03130114	电焊条 J422 ϕ3.2	kg	3.2690	3.8990	4.5560	5.0900
	03131715	聚氯乙烯焊条 ϕ6	kg	0.0571	0.0932	0.1139	0.1237
	03152508	镀锌铁丝 $8^{\#}$～$12^{\#}$	kg	0.1400	0.1440	0.1480	0.1530
	03210106	麻花钻头 ϕ6～13	根	0.0101	0.0101	0.0102	0.0100
	04090101	白灰	kg	1.2000	1.2000	1.2000	1.2000
	14030101	汽油	kg	5.5104	6.9854	7.4970	8.5756
	14070101	机油	kg	0.2000	0.2000	0.2000	0.2000
	14330601	丙酮	kg	0.4049	0.4620	0.5321	0.5910
	14332553	异氰酸脂(黑料)	kg	1.7102	1.9387	2.1352	2.8170
	14356611	组合聚醚(白料)	kg	1.5557	1.7623	1.9397	2.8685
	14390101	氧气	m^3	1.6110	1.8690	2.4450	2.6520
	14390302	乙炔气	kg	0.5370	0.6230	0.8150	0.8840
	17010136	焊接钢管 DN20	m	0.0250	0.0260	0.0270	0.0280
	17252901	高密度聚乙烯连接套管 ϕ418×6	m	0.5485			
	17252903	高密度聚乙烯连接套管 ϕ471×6	m		0.5485		
	17252905	高密度聚乙烯连接套管 ϕ525×8	m			0.5551	
	17252907	高密度聚乙烯连接套管 ϕ586×8	m				0.5420
	17271011	橡胶软管 DN20	m	0.0110	0.0110	0.0110	0.0120
	18032001-10	预制直埋保温焊接管件 DN250	个	0.7500			
	18032001-11	预制直埋保温焊接管件 DN300	个		0.7300		

（续表）

定额编号				B-5-2-169	B-5-2-170	B-5-2-171	B-5-2-172
项目				室外预制直埋保温管（电弧焊）介质管道			
				公称直径（mm 以内）			
				250	300	350	400
名称			单位	10m	10m	10m	10m
材料	18032001-12	预制直埋保温焊接管件 DN350	个			0.7300	
	18032001-13	预制直埋保温焊接管件 DN400	个				0.7100
	18154711	聚乙烯封堵塞(PE)	个	3.3600	3.3600	3.4000	3.3200
	18311101	收缩带	m^2	0.5099	0.5729	0.6443	0.7379
	19010013	螺纹阀门 DN20	只	0.0070	0.0070	0.0080	0.0080
	24110331	弹簧压力表 Y-100 0～1.6MPa	块	0.0030	0.0040	0.0040	0.0040
	24590123	压力表弯管 DN15	个	0.0030	0.0040	0.0040	0.0040
	34070102	肥皂	条	0.0706	0.0706	0.1054	0.1046
	34090311	破布	kg	0.4900	0.5080	0.5350	0.5530
	34091101	钢丝刷	把	0.0034	0.0034	0.0051	0.0050
	34110101	水	m^3	2.1390	3.0370	4.0470	5.2270
	34110301	电	kW·h	1.7866	2.0707	2.3634	2.5120
	35061031	柔性吊装带	kg	0.0730	0.0880	0.0930	0.1040
	35070811	电热熔套卡具	套	0.0168	0.0168	0.0170	0.0166
	35070821-3	电热熔套 DN250	个	0.8400			
	35070821-4	电热熔套 DN300	个		0.8400		
	35070821-5	电热熔套 DN350	个			0.8500	
	35070821-6	电热熔套 DN400	个				0.8300
	X0045	其他材料费	%	2.0000	2.0000	2.0000	2.0000
机械	99070490	载重汽车 2t	台班	0.0756	0.0857	0.0986	0.1062
	99070530	载重汽车 5t	台班	0.0790	0.0990	0.1130	0.1330
	99090400	汽车式起重机 16t	台班	0.2060	0.2360	0.2850	0.2990
	99250005	电焊机	台班	0.9090	1.0840	1.2660	1.4150
	99250640	电熔焊接机 3.5kW	台班	0.8484	0.9845	1.0727	1.1180
	99270060	电焊条烘干箱 600×500×750	台班	0.0910	0.1080	0.1260	0.1410
	99430200	电动空气压缩机 $0.6m^3/min$	台班	0.0118	0.0134	0.0153	0.0166
	99430230	电动空气压缩机 $6m^3/min$	台班	0.0118	0.0134	0.0153	0.0166
	99440030	电动单级离心清水泵 ϕ100	台班	0.0090	0.0120	0.0140	0.0160
	99440420	试压泵 3MPa	台班	0.0040	0.0040	0.0050	0.0060

二、燃 气 管 道

工作内容： 管道及管件安装，支架制作安装，一般钢套管制作安装，管道气压试验及空气吹扫，管道及支架刷油。

定额编号				B-5-2-173	B-5-2-174	B-5-2-175	B-5-2-176
项目				室内镀锌钢管(螺纹连接)			
				公称直径(mm 以内)			
				15	20	25	32
名称			单位	10m	10m	10m	10m
人工	00050101	综合人工 安装	工日	2.1056	2.1517	2.4108	2.4518
材料	Z17030101	镀锌焊接钢管	m	(9.9500)	(9.9500)	(10.0000)	(10.0000)
	01010421	热轧光圆钢筋(HPB300) ϕ8～14	kg	0.1580	0.1580	0.1580	0.1580
	01150103	热轧型钢 综合	kg	3.5700	3.1500	2.8350	2.5200
	01290317	热轧钢板(中厚板) δ8～18	kg	0.0740	0.0800	0.0860	0.0920
	02010163	橡胶板(低压) δ0.8～6	kg	0.0180	0.0200	0.0210	0.0230
	02130311	聚四氟乙烯带(生料带) 宽度 20	m	3.2180	3.2420	4.1340	5.0110
	02290801	油麻	kg	0.0900	0.0900	0.1580	0.1580
	03014101	六角螺栓连母垫	kg	0.1543	0.1373	0.1256	0.1138
	03018105	膨胀螺栓(钢制) M8～16	kg	0.1442	0.1272	0.1145	0.1018
	03110212	尼龙砂轮片 ϕ100	片	0.0031	0.0028	0.0025	0.0022
	03110215	尼龙砂轮片 ϕ400	片	0.1088	0.1098	0.1367	0.1405
	03130114	电焊条 J422 ϕ3.2	kg	0.2492	0.2224	0.2033	0.1831
	03152508	镀锌铁丝 8#～12#	kg	0.0400	0.0450	0.0480	0.0500
	03210210	硬质合金冲击钻头 ϕ10～20	根	0.0459	0.0405	0.0365	0.0324
	13010115	酚醛调和漆	kg	0.1835	0.2117	0.2489	0.2991
	13050511	醇酸防锈漆 C53-1	kg	0.0717	0.0633	0.0570	0.0506
	13056131	酚醛防锈漆	kg	0.0140	0.0140	0.0170	0.0170
	13350901	密封油膏	kg	0.1070	0.1070	0.1530	0.1530
	14030101	汽油	kg	0.0030	0.0030	0.0040	0.0040
	14050121	油漆溶剂油	kg	0.0091	0.0097	0.0107	0.0121
	14070101	机油	kg	0.1635	0.1621	0.1683	0.1905
	14390101	氧气	m^3	0.1690	0.1553	0.1458	0.1332

(续表)

定额编号				B-5-2-173	B-5-2-174	B-5-2-175	B-5-2-176
项目				室内镀锌钢管(螺纹连接)			
				公称直径(mm 以内)			
				15	20	25	32
名称			单位	10m	10m	10m	10m
材料	14390302	乙炔气	kg	0.0563	0.0518	0.0486	0.0444
	17010136	焊接钢管 DN20	m	0.0330	0.0330	0.0330	0.0330
	17010138	焊接钢管 DN32	m	0.3180	0.3180		
	17010140	焊接钢管 DN50	m			0.3180	0.3180
	17271011	橡胶软管 DN20	m	0.0150	0.0150	0.0150	0.0150
	18034501-1	镀锌钢管螺纹管件 DN15	个	12.9900			
	18034501-2	镀锌钢管螺纹管件 DN20	个		10.0600		
	18034501-3	镀锌钢管螺纹管件 DN25	个			9.4600	
	18034501-4	镀锌钢管螺纹管件 DN32	个				9.3700
	19010013	螺纹阀门 DN20	只	0.0050	0.0050	0.0050	0.0050
	24110331	弹簧压力表 Y-100 0～1.6MPa	块	0.0050	0.0050	0.0050	0.0050
	24590123	压力表弯管 DN15	个	0.0050	0.0050	0.0050	0.0050
	34070301	洗衣粉	kg	0.0110	0.0120	0.0130	0.0140
	34090311	破布	kg	0.0820	0.0920	0.1020	0.1120
	34091101	钢丝刷	把	0.0020	0.0020	0.0020	0.0020
	34110301	电	kW·h	0.1143	0.1009	0.0908	0.0807
	80060111	干混砌筑砂浆 DM M5.0	m^3	0.0026	0.0022	0.0020	0.0018
	X0045	其他材料费	%	2.0000	2.0000	2.0000	2.0000
机械	99090005	吊装机械(综合)	台班	0.0020	0.0020	0.0030	0.0040
	99190200	台式钻床 φ16	台班	0.0363	0.0320	0.0288	0.0256
	99190230	立式钻床 φ25	台班	0.0158	0.0139	0.0125	0.0111
	99190750	管子切断套丝机 φ159	台班	0.0680	0.0730	0.1480	0.1860
	99230170	砂轮切割机 φ400	台班	0.0540	0.0493	0.0548	0.0582
	99250005	电焊机	台班	0.1438	0.1283	0.1177	0.1060
	99430230	电动空气压缩机 $6m^3/min$	台班	0.0110	0.0110	0.0120	0.0120

工作内容：管道及管件安装，支架制作安装，一般钢套管制作安装，管道气压试验及空气吹扫，管道及支架刷油。

定　额　编　号				B-5-2-177	B-5-2-178	B-5-2-179	B-5-2-180
项　　目				室内镀锌钢管（螺纹连接）			
				公称直径(mm 以内)			
				40	50	65	80
名　　称			单位	10m	10m	10m	10m
人工	00050101	综合人工 安装	工日	2.8520	3.1578	3.6018	4.1439
材料	Z17030101	镀锌焊接钢管	m	(10.0000)	(10.0000)	(9.9600)	(9.9600)
	01010421	热轧光圆钢筋(HPB300) ϕ8～14	kg	0.1580	0.1580	0.1580	0.1580
	01150103	热轧型钢 综合	kg	2.3100	4.3050	4.4100	4.7250
	01290317	热轧钢板(中厚板) δ8～18	kg	0.0990	0.1040	0.1110	0.1170
	02010163	橡胶板(低压) δ0.8～6	kg	0.0240	0.0260	0.0270	0.0290
	02130311	聚四氟乙烯带(生料带) 宽度 20	m	5.5600	6.7830	6.8160	7.0740
	02290801	油麻	kg	0.6230	0.6230	0.9570	2.1150
	03014101	六角螺栓连母垫	kg	0.1063	0.1870	0.1922	0.2059
	03018105	膨胀螺栓(钢制) M8～16	kg	0.0933	0.1738	0.1781	0.1908
	03110212	尼龙砂轮片 ϕ100	片	0.0020	0.0038	0.0039	0.0041
	03110215	尼龙砂轮片 ϕ400	片	0.1650	0.2298	0.2866	0.3248
	03130114	电焊条 J422 ϕ3.2	kg	0.1737	0.3012	0.3109	0.3351
	03152508	镀锌铁丝 8#～12#	kg	0.0690	0.0750	0.0780	0.0800
	03210210	硬质合金冲击钻头 ϕ10～20	根	0.0297	0.0554	0.0567	0.0608
	13010115	酚醛调和漆	kg	0.3316	0.4565	0.5326	0.6180
	13050511	醇酸防锈漆 C53-1	kg	0.0464	0.0865	0.0886	0.0950
	13056131	酚醛防锈漆	kg	0.0200	0.0200	0.0260	0.0350
	13350901	密封油膏	kg	0.1630	0.1630	0.2020	0.2540
	14030101	汽油	kg	0.0050	0.0050	0.0070	0.0090
	14050121	油漆溶剂油	kg	0.0130	0.0188	0.0214	0.0246
	14070101	机油	kg	0.2323	0.2777	0.2953	0.3041
	14390101	氧气	m^3	0.1279	0.2102	0.2264	0.2629
	14390302	乙炔气	kg	0.0426	0.0701	0.0755	0.0876

（续表）

定额编号				B-5-2-177	B-5-2-178	B-5-2-179	B-5-2-180
项目				室内镀锌钢管(螺纹连接)			
				公称直径(mm 以内)			
				40	50	65	80
名称			单位	10m	10m	10m	10m
材料	17010136	焊接钢管 DN20	m	0.0410	0.0410	0.0410	0.0490
	17010143	焊接钢管 DN80	m	0.3180	0.3180		
	17010144	焊接钢管 DN100	m			0.3180	
	17010145	焊接钢管 DN125	m				0.3180
	17271011	橡胶软管 DN20	m	0.0190	0.0190	0.0190	0.0230
	18034501-5	镀锌钢管螺纹管件 DN40	个	8.9800			
	18034501-6	镀锌钢管螺纹管件 DN50	个		8.3700		
	18034501-7	镀锌钢管螺纹管件 DN65	个			6.3400	
	18034501-8	镀锌钢管螺纹管件 DN80	个				5.4000
	19010013	螺纹阀门 DN20	只	0.0070	0.0070	0.0070	0.0080
	24110331	弹簧压力表 Y-100 0～1.6MPa	块	0.0070	0.0070	0.0070	0.0080
	24590123	压力表弯管 DN15	个	0.0070	0.0070	0.0070	0.0080
	34070301	洗衣粉	kg	0.0150	0.0160	0.0180	0.0190
	34090311	破布	kg	0.1230	0.1430	0.1660	0.1860
	34091101	钢丝刷	把	0.0030	0.0030	0.0060	0.0060
	34110301	电	kW·h	0.0740	0.1378	0.1412	0.1513
	80060111	干混砌筑砂浆 DM M5.0	m^3	0.0016	0.0031	0.0032	0.0034
	X0045	其他材料费	%	2.0000	2.0000	2.0000	2.0000
机械	99070530	载重汽车 5t	台班		0.0030	0.0040	0.0060
	99090005	吊装机械(综合)	台班	0.0050	0.0070	0.0090	0.0120
	99190200	台式钻床 ϕ16	台班	0.0235	0.0437	0.0448	0.0480
	99190230	立式钻床 ϕ25	台班	0.0102	0.0190	0.0195	0.0209
	99190750	管子切断套丝机 ϕ159	台班	0.2250	0.3530	0.3590	0.3640
	99230170	砂轮切割机 ϕ400	台班	0.0639	0.0892	0.0974	0.1049
	99250005	电焊机	台班	0.0983	0.1719	0.1758	0.1904
	99430230	电动空气压缩机 $6m^3/min$	台班	0.0130	0.0140	0.0150	0.0160

工作内容： 管道及管件安装，支架制作安装，一般钢套管制作安装，管道气压试验及空气吹扫，管道及支架刷油。

定额编号				B-5-2-181
项目				室内镀锌钢管(螺纹连接)
				公称直径(mm 以内)
				100
名称			单位	10m
人工	00050101	综合人工 安装	工日	4.9142
材料	Z17030101	镀锌焊接钢管	m	(9.9600)
	01010421	热轧光圆钢筋(HPB300) ϕ8～14	kg	0.1580
	01150103	热轧型钢 综合	kg	5.2500
	01290317	热轧钢板(中厚板) δ8～18	kg	0.1230
	02010163	橡胶板(低压) δ0.8～6	kg	0.0300
	02130311	聚四氟乙烯带(生料带) 宽度 20	m	7.5510
	02290801	油麻	kg	2.1940
	03014101	六角螺栓连母垫	kg	0.2281
	03018105	膨胀螺栓(钢制) M8～16	kg	0.2120
	03110212	尼龙砂轮片 ϕ100	片	0.0046
	03110215	尼龙砂轮片 ϕ400	片	0.3404
	03130114	电焊条 J422 ϕ3.2	kg	0.3726
	03152508	镀锌铁丝 8#～12#	kg	0.0830
	03210210	硬质合金冲击钻头 ϕ10～20	根	0.0675
	13010115	酚醛调和漆	kg	0.7841
	13050511	醇酸防锈漆 C53-1	kg	0.1055
	13056131	酚醛防锈漆	kg	0.0370
	13350901	密封油膏	kg	0.2580
	14030101	汽油	kg	0.0090
	14050121	油漆溶剂油	kg	0.0305
	14070101	机油	kg	0.3101
	14390101	氧气	m^3	0.3138
	14390302	乙炔气	kg	0.1046
	17010136	焊接钢管 DN20	m	0.0490
	17010146	焊接钢管 DN150	m	0.3180
	17271011	橡胶软管 DN20	m	0.0230
	18034501-9	镀锌钢管螺纹管件 DN100	个	4.5400
	19010013	螺纹阀门 DN20	只	0.0080
	24110331	弹簧压力表 Y-100 0～1.6MPa	块	0.0080
	24590123	压力表弯管 DN15	个	0.0080
	34070301	洗衣粉	kg	0.0210
	34090311	破布	kg	0.2160
	34091101	钢丝刷	把	0.0060
	34110301	电	kW·h	0.1681
	80060111	干混砌筑砂浆 DM M5.0	m^3	0.0037
	X0045	其他材料费	%	2.0000
机械	99070530	载重汽车 5t	台班	0.0130
	99090005	吊装机械(综合)	台班	0.0840
	99190200	台式钻床 ϕ16	台班	0.0534
	99190230	立式钻床 ϕ25	台班	0.0232
	99190750	管子切断套丝机 ϕ159	台班	0.3690
	99230170	砂轮切割机 ϕ400	台班	0.1148
	99250005	电焊机	台班	0.2118
	99430230	电动空气压缩机 $6m^3/min$	台班	0.0170

三、用水点管道

工作内容： 1. 管道及管件安装，成品管卡安装，管道水压试验及水冲洗，管道刷油。
2,3,4. 管道及管件安装，成品管卡安装，管道水压试验及水冲洗。

定额编号				B-5-2-182	B-5-2-183	B-5-2-184	B-5-2-185
项目				给水系统-冷水			
				住宅-镀锌钢管(螺纹连接)	住宅-薄壁不锈钢管(卡压/卡套连接)	住宅-薄壁不锈钢管(承插氩弧焊)	住宅-铜管(卡压连接)
名称			单位	套	套	套	套
人工	00050101	综合人工 安装	工日	1.0314	0.7037	0.7047	0.6288
材料	Z17030101-1	镀锌焊接钢管 DN15	m	(1.9919)			
	Z17030101-2	镀锌焊接钢管 DN20	m	(1.2685)			
	Z17030101-3	镀锌焊接钢管 DN25	m	(1.8631)			
	Z17030101-4	镀锌焊接钢管 DN32	m	(0.1784)			
	Z17051001-1	薄壁不锈钢管 DN15	m		(1.9819)	(1.9819)	
	Z17051001-2	薄壁不锈钢管 DN20	m		(1.2621)	(1.2621)	
	Z17051001-3	薄壁不锈钢管 DN25	m		(1.8537)	(1.8537)	
	Z17051001-4	薄壁不锈钢管 DN32	m		(0.1775)	(0.1775)	
	Z17150110-15	铜管 DN15	m				(1.9819)
	Z17150110-1	铜管 DN20	m				(1.2621)
	Z17150110-16	铜管 DN25	m				(1.8537)
	Z17150110-17	铜管 DN32	m				(0.1775)
	01290317	热轧钢板(中厚板) δ8～18	kg	0.0172	0.0172	0.0172	0.0172
	01610106	铈钨棒	g			0.2256	
	02010105	橡胶板 δ1～3	kg	0.0041	0.0041	0.0041	0.0041
	02130311	聚四氟乙烯带(生料带) 宽度 20	m	7.0785			
	03014101	六角螺栓连母垫	kg	0.0022	0.0022	0.0022	0.0022
	03018172	膨胀螺栓(钢制) M8	套	1.8673	4.3340	4.3340	3.6116
	03110212	尼龙砂轮片 ϕ100	片			0.1303	
	03110215	尼龙砂轮片 ϕ400	片	0.0294			
	03130114	电焊条 J422 ϕ3.2	kg	0.0011	0.0011	0.0011	0.0011
	03152508	镀锌铁丝 8#～12#	kg	0.0279	0.0279	0.0279	0.0279
	03210133	硬质合金冲击钻头 ϕ12	根	0.0272	0.0631	0.0631	0.0526
	03210771	树脂砂轮切割片 ϕ400	片		0.0291	0.0395	
	03210935	割管刀片	片				0.2396
	13010115	酚醛调和漆	kg	0.0919			
	14050121	油漆溶剂油	kg	0.0031			
	14070101	机油	kg	0.0954			
	14330601	丙酮	kg			0.0711	
	14390101	氧气	m^3	0.0017	0.0017	0.0017	0.0017
	14390302	乙炔气	kg	0.0006	0.0006	0.0006	0.0006

（续表）

定额编号				B-5-2-182	B-5-2-183	B-5-2-184	B-5-2-185
项目				给水系统-冷水			
				住宅-镀锌钢管（螺纹连接）	住宅-薄壁不锈钢管（卡压/卡套连接）	住宅-薄壁不锈钢管（承插氩弧焊）	住宅-铜管（卡压连接）
名称			单位	套	套	套	套
材料	14390701	氩气	m^3			0.1128	
	17010136	焊接钢管 DN20	m	0.0075	0.0075	0.0075	0.0075
	17271011	橡胶软管 DN20	m	0.0034	0.0034	0.0034	0.0034
	18034501-1	镀锌钢管螺纹管件 DN15	个	2.9125			
	18034501-2	镀锌钢管螺纹管件 DN20	个	1.5488			
	18034501-3	镀锌钢管螺纹管件 DN25	个	2.1432			
	18034501-4	镀锌钢管螺纹管件 DN32	个	0.1769			
	18051501	卡压式不锈钢管件 DN15	个		2.6954		
	18051501-2	卡压式不锈钢管件 DN20	个		1.4285		
	18051501-3	卡压式不锈钢管件 DN25	个		2.0210		
	18051501-4	卡压式不锈钢管件 DN32	个		0.1687		
	18051701-1	承插式薄壁不锈钢焊接管件 DN15	个			2.6954	
	18051701-2	承插式薄壁不锈钢焊接管件 DN20	个			1.4285	
	18051701-3	承插式薄壁不锈钢焊接管件 DN25	个			2.0210	
	18051701-4	承插式薄壁不锈钢焊接管件 DN32	个			0.1687	
	18072101-1	铜管卡压式管件 DN15	个				2.6954
	18072101-2	铜管卡压式管件 DN20	个				1.4285
	18072101-3	铜管卡压式管件 DN25	个				2.0210
	18072101-4	铜管卡压式管件 DN32	个				0.1687
	18251111-1	管卡（成品） DN15	套	0.8442	2.1105	2.1105	1.7580
	18251111-2	管卡（成品） DN20	套	0.4475	0.8965	0.8965	0.7473
	18251111-3	管卡（成品） DN25	套	0.5646	1.3167	1.3167	1.0976
	18251111-4	管卡（成品） DN32	套	0.0473	0.0945	0.0945	0.0789
	19010013	螺纹阀门 DN20	只	0.0023	0.0022	0.0022	0.0022
	24110331	弹簧压力表 Y-100 0～1.6MPa	块	0.0011	0.0011	0.0011	0.0011
	24590123	压力表弯管 DN15	个	0.0011	0.0011	0.0011	0.0011
	34090311	破布	kg	0.0588	0.0588	0.0588	0.0588
	34110101	水	m^3	0.0084	0.0084	0.0084	0.0084
	34110301	电	kW·h	0.0218	0.0505	0.0505	0.0421
	X0045	其他材料费	%	2.0000	2.0000	2.0000	2.0000
机械	99090005	吊装机械（综合）	台班	0.0013	0.0013	0.0013	0.0013
	99190750	管子切断套丝机 ϕ159	台班	0.0651			
	99230170	砂轮切割机 ϕ400	台班	0.0075	0.0101	0.0101	
	99250005	电焊机	台班	0.0005	0.0005	0.0059	0.0005
	99250440	氩弧焊机 500A	台班			0.1059	
	99440030	电动单级离心清水泵 ϕ100	台班	0.0005	0.0005	0.0005	0.0005
	99440420	试压泵 3MPa	台班	0.0006	0.0006	0.0006	0.0006

工作内容： 1,2. 管道及管件安装,成品管卡安装,管道水压试验及水冲洗。
3. 管道及管件安装,成品管卡安装,支架制作安装,管道水压试验及水冲洗,管道及支架刷油。
4. 管道及管件安装,成品管卡安装,支架制作安装,管道水压试验及水冲洗,支架刷油。

定额编号				B-5-2-186	B-5-2-187	B-5-2-188	B-5-2-189
项目				给水系统-冷水			
				住宅-铜管(氧乙炔焊)	住宅-塑料给水管(热熔/电熔连接)	办公楼-镀锌钢管(螺纹连接)	办公楼-薄壁不锈钢管(卡压/卡套连接)
名称			单位	套	套	套	套
人工	00050101	综合人工 安装	工日	0.9738	0.7055	0.7409	0.5076
材料	Z17030101-1	镀锌焊接钢管 DN15	m			(1.2586)	
	Z17030101-2	镀锌焊接钢管 DN20	m			(1.0703)	
	Z17030101-3	镀锌焊接钢管 DN25	m			(0.4757)	
	Z17030101-4	镀锌焊接钢管 DN32	m			(0.2973)	
	Z17030101-5	镀锌焊接钢管 DN40	m			(0.2705)	
	Z17030101-6	镀锌焊接钢管 DN50	m			(0.0902)	
	Z17030101-7	镀锌焊接钢管 DN65	m			(0.1202)	
	Z17030101-8	镀锌焊接钢管 DN80	m			(0.0501)	
	Z17051001-1	薄壁不锈钢管 DN15	m				(1.2522)
	Z17051001-2	薄壁不锈钢管 DN20	m				(1.0649)
	Z17051001-3	薄壁不锈钢管 DN25	m				(0.4733)
	Z17051001-4	薄壁不锈钢管 DN32	m				(0.2958)
	Z17051001-5	薄壁不锈钢管 DN40	m				(0.2684)
	Z17051001-6	薄壁不锈钢管 DN50	m				(0.0888)
	Z17051001-7	薄壁不锈钢管 DN65	m				(0.1184)
	Z17051001-8	薄壁不锈钢管 DN80	m				(0.0493)
	Z17150110-15	铜管 DN15	m	(1.9095)			
	Z17150110-1	铜管 DN20	m	(1.2160)			
	Z17150110-16	铜管 DN25	m	(1.7860)			
	Z17150110-17	铜管 DN32	m	(0.1710)			
	Z17250101-13	塑料给水管 DN20	m		(2.0422)		
	Z17250101-14	塑料给水管 DN25	m		(1.3005)		
	Z17250101-1	塑料给水管 DN32	m		(1.9101)		
	Z17250101-2	塑料给水管 DN40	m		(0.1829)		
	01150103	热轧型钢 综合	kg			0.1777	0.1777
	01290317	热轧钢板(中厚板) δ8～18	kg	0.0172	0.0172	0.0122	0.0122
	02010105	橡胶板 δ1～3	kg	0.0041	0.0041	0.0030	0.0030
	02130311	聚四氟乙烯带(生料带) 宽度 20	m			4.9257	
	03014101	六角螺栓连母垫	kg	0.0022	0.0022	0.0087	0.0087
	03018105	膨胀螺栓(钢制) M8～16	kg			0.0072	0.0072
	03018172	膨胀螺栓(钢制) M8	套	3.6116	7.9617	1.1123	2.5344

（续表）

定额编号				B-5-2-186	B-5-2-187	B-5-2-188	B-5-2-189
项目				给水系统-冷水			
				住宅-铜管（氧乙炔焊）	住宅-塑料给水管（热熔/电熔连接）	办公楼-镀锌钢管（螺纹连接）	办公楼-薄壁不锈钢管（卡压/卡套连接）
名称			单位	套	套	套	套
材料	03110212	尼龙砂轮片 ϕ100	片	0.0119		0.0002	0.0002
	03110215	尼龙砂轮片 ϕ400	片	0.0119		0.0253	0.0029
	03110601	铁砂布	张		0.0343		
	03130114	电焊条 J422 ϕ3.2	kg	0.0011	0.0011	0.0121	0.0121
	03131101	铜焊丝	kg	0.1065			
	03131571	铜焊粉	kg	0.0216			
	03152508	镀锌铁丝 8#～12#	kg	0.0279		0.0198	0.0198
	03210133	硬质合金冲击钻头 ϕ12	根	0.0526	0.1159	0.0162	0.0369
	03210210	硬质合金冲击钻头 ϕ10～20	根			0.0023	0.0023
	03210771	树脂砂轮切割片 ϕ400	片				0.0221
	13010115	酚醛调和漆	kg			0.0753	0.0025
	13050511	醇酸防锈漆 C53-1	kg			0.0036	0.0036
	14050121	油漆溶剂油	kg			0.0027	0.0002
	14070101	机油	kg			0.0666	0.0010
	14390101	氧气	m^3	0.3083	0.0017	0.0084	0.0084
	14390302	乙炔气	kg	0.1107	0.0006	0.0028	0.0028
	17010136	焊接钢管 DN20	m	0.0075	0.0075	0.0053	0.0053
	17271011	橡胶软管 DN20	m	0.0034	0.0034	0.0024	0.0024
	18034501-1	镀锌钢管螺纹管件 DN15	个			1.8402	
	18034501-2	镀锌钢管螺纹管件 DN20	个			1.3068	
	18034501-3	镀锌钢管螺纹管件 DN25	个			0.5472	
	18034501-4	镀锌钢管螺纹管件 DN32	个			0.2949	
	18034501-5	镀锌钢管螺纹管件 DN40	个			0.2122	
	18034501-6	镀锌钢管螺纹管件 DN50	个			0.0595	
	18034501-7	镀锌钢管螺纹管件 DN65	个			0.0631	
	18034501-8	镀锌钢管螺纹管件 DN80	个			0.0232	
	18051501-1	卡压式不锈钢管件 DN15	个				1.7031
	18051501-2	卡压式不锈钢管件 DN20	个				1.2053
	18051501-3	卡压式不锈钢管件 DN25	个				0.5160
	18051501-4	卡压式不锈钢管件 DN32	个				0.2811
	18051501-5	卡压式不锈钢管件 DN40	个				0.2030
	18051501-6	卡压式不锈钢管件 DN50	个				0.0570
	18051501-7	卡压式不锈钢管件 DN65	个				0.0631
	18051501-8	卡压式不锈钢管件 DN80	个				0.0232
	18072301-1	铜管焊接管件 DN15	个	2.4803			

（续表）

定额编号				B-5-2-186	B-5-2-187	B-5-2-188	B-5-2-189
项目				给水系统-冷水			
				住宅-铜管（氧乙炔焊）	住宅-塑料给水管（热熔/电熔连接）	办公楼-镀锌钢管（螺纹连接）	办公楼-薄壁不锈钢管（卡压/卡套连接）
名称			单位	套	套	套	套
材料	18072301-2	铜管焊接管件 DN20	个	1.2890			
材料	18072301-3	铜管焊接管件 DN25	个	1.8292			
材料	18072301-4	铜管焊接管件 DN32	个	0.1501			
材料	18097211-1	塑料给水管热熔管件 DN32	个		1.0161		
材料	18097211-13	塑料给水管热熔管件 DN20	个		1.5276		
材料	18097211-14	塑料给水管热熔管件 DN25	个		0.7840		
材料	18097211-2	塑料给水管热熔管件 DN40	个		0.0798		
材料	18097231-1	塑料给水管电熔管件 DN40	个		0.0798		
材料	18097231-13	塑料给水管电熔管件 DN20	个		1.5276		
材料	18097231-14	塑料给水管电熔管件 DN25	个		0.7840		
材料	18097231-2	塑料给水管电熔管件 DN32	个		1.0161		
材料	18251111-1	管卡（成品）DN15	套	1.7580	3.5182	0.5334	1.3335
材料	18251111-2	管卡（成品）DN20	套	0.7473	1.9206	0.3776	0.7564
材料	18251111-3	管卡（成品）DN25	套	1.0976	2.4675	0.1442	0.3362
材料	18251111-4	管卡（成品）DN32	套	0.0789	0.2100	0.0788	0.1575
材料	19010013	螺纹阀门 DN20	只	0.0022	0.0022	0.0016	0.0016
材料	24110331	弹簧压力表 Y-100 0～1.6MPa	块	0.0011	0.0011	0.0008	0.0008
材料	24590123	压力表弯管 DN15	个	0.0011	0.0011	0.0008	0.0008
材料	34090311	破布	kg	0.0588		0.0432	0.0432
材料	34110101	水	m^3	0.0084	0.0084	0.0098	0.0098
材料	34110301	电	kW·h	0.0421	0.4148	0.0186	0.0352
材料	80060111	干混砌筑砂浆 DM M5.0	m^3			0.0001	0.0001
材料	X0045	其他材料费	%	2.0000	2.0000	2.0000	2.0000
机械	99070530	载重汽车 5t	台班			0.0001	0.0001
机械	99090005	吊装机械（综合）	台班	0.0013		0.0011	0.0011
机械	99190200	台式钻床 ϕ16	台班			0.0018	0.0018
机械	99190230	立式钻床 ϕ25	台班			0.0008	0.0008
机械	99190750	管子切断套丝机 ϕ159	台班			0.0497	
机械	99230170	砂轮切割机 ϕ400	台班	0.0030		0.0075	0.0093
机械	99250005	电焊机	台班	0.0005	0.0005	0.0070	0.0070
机械	99250640	电熔焊接机 3.5kW	台班		0.0485		
机械	99440030	电动单级离心清水泵 ϕ100	台班	0.0005	0.0005	0.0004	0.0004
机械	99440420	试压泵 3MPa	台班	0.0006	0.0006	0.0004	0.0004

工作内容： 1,2,3. 管道及管件安装,成品管卡安装,支架制作安装,管道水压试验及水冲洗,支架刷油。
4. 管道及管件安装,成品管卡安装,管道水压试验及水冲洗。

定额编号				B-5-2-190	B-5-2-191	B-5-2-192	B-5-2-193
项目				给水系统-冷水			
				办公楼-薄壁不锈钢管(承插氩弧焊)	办公楼-铜管(卡压连接)	办公楼-铜管(氧乙炔焊)	办公楼-塑料给水管(热熔/电熔连接)
名称			单位	套	套	套	套
人工	00050101	综合人工 安装	工日	0.5148	0.4509	0.7309	0.5107
材料	Z17051001-1	薄壁不锈钢管 DN15	m	(1.2522)			
	Z17051001-2	薄壁不锈钢管 DN20	m	(1.0649)			
	Z17051001-3	薄壁不锈钢管 DN25	m	(0.4733)			
	Z17051001-4	薄壁不锈钢管 DN32	m	(0.2958)			
	Z17051001-5	薄壁不锈钢管 DN40	m	(0.2684)			
	Z17051001-6	薄壁不锈钢管 DN50	m	(0.0888)			
	Z17051001-7	薄壁不锈钢管 DN65	m	(0.1184)			
	Z17051001-8	薄壁不锈钢管 DN80	m	(0.0493)			
	Z17150110-15	铜管 DN15	m		(1.2522)	(1.2065)	
	Z17150110-1	铜管 DN20	m		(1.0649)	(1.0260)	
	Z17150110-16	铜管 DN25	m		(0.4733)	(0.4560)	
	Z17150110-17	铜管 DN32	m		(0.2958)	(0.2850)	
	Z17150110-3	铜管 DN40	m		(0.2684)	(0.2606)	
	Z17150110-4	铜管 DN50	m		(0.0888)	(0.0868)	
	Z17150110-5	铜管 DN65	m		(0.1184)	(0.1158)	
	Z17150110-29	铜管 DN80	m		(0.0493)	(0.0483)	
	Z17250101-13	塑料给水管 DN20	m				(1.2903)
	Z17250101-14	塑料给水管 DN25	m				(1.0973)
	Z17250101-1	塑料给水管 DN32	m				(0.4877)
	Z17250101-2	塑料给水管 DN40	m				(0.3048)
	Z17250101-3	塑料给水管 DN50	m				(0.2743)
	Z17250101-4	塑料给水管 DN63	m				(0.0914)
	Z17250101-5	塑料给水管 DN75	m				(0.1219)
	Z17250101-6	塑料给水管 DN90	m				(0.0508)
	01150103	热轧型钢 综合	kg	0.1777	0.1777	0.1777	
	01290317	热轧钢板(中厚板) δ8～18	kg	0.0122	0.0122	0.0122	0.0122
	01610106	铈钨棒	g	0.1586			
	02010105	橡胶板 δ1～3	kg	0.0030	0.0030	0.0030	0.0030
	03014101	六角螺栓连母垫	kg	0.0087	0.0087	0.0087	0.0016
	03018105	膨胀螺栓(钢制) M8～16	kg	0.0072	0.0072	0.0072	
	03018172	膨胀螺栓(钢制) M8	套	2.5344	2.1119	2.1119	5.0096
	03018173	膨胀螺栓(钢制) M10	套				0.2255
	03110212	尼龙砂轮片 ϕ100	片	0.0954	0.0002	0.0102	
	03110215	尼龙砂轮片 ϕ400	片	0.0029	0.0029	0.0137	
	03110601	铁砂布	张				0.0303
	03130114	电焊条 J422 ϕ3.2	kg	0.0121	0.0121	0.0121	0.0007
	03131101	铜焊丝	kg			0.0820	
	03131571	铜焊粉	kg			0.0170	
	03152508	镀锌铁丝 8# ～12#	kg	0.0198	0.0198	0.0198	

（续表）

定额编号				B-5-2-190	B-5-2-191	B-5-2-192	B-5-2-193
项目				给水系统-冷水			
				办公楼-薄壁不锈钢管(承插氩弧焊)	办公楼-铜管(卡压连接)	办公楼-铜管(氧乙炔焊)	办公楼-塑料给水管(热熔/电熔连接)
名称			单位	套	套	套	套
材料	03210133	硬质合金冲击钻头 φ12	根	0.0369	0.0308	0.0308	0.0730
	03210134	硬质合金冲击钻头 φ14	根				0.0037
	03210210	硬质合金冲击钻头 φ10～20	根	0.0023	0.0023	0.0023	
	03210771	树脂砂轮切割片 φ400	片	0.0294			
	03210935	割管刀片	片		0.1595		
	13010115	酚醛调和漆	kg	0.0025	0.0025	0.0025	
	13050511	醇酸防锈漆 C53-1	kg	0.0036	0.0036	0.0036	
	14050121	油漆溶剂油	kg	0.0002	0.0002	0.0002	
	14070101	机油	kg	0.0010	0.0010	0.0010	
	14330601	丙酮	kg	0.0539			
	14390101	氧气	m^3	0.0084	0.0084	0.2666	0.0013
	14390302	乙炔气	kg	0.0028	0.0028	0.0960	0.0004
	14390701	氩气	m^3	0.0793			
	17010136	焊接钢管 DN20	m	0.0053	0.0053	0.0053	0.0053
	17271011	橡胶软管 DN20	m	0.0024	0.0024	0.0024	0.0024
	18051701-1	承插式薄壁不锈钢焊接管件 DN15	个	1.7031			
	18051701-2	承插式薄壁不锈钢焊接管件 DN20	个	1.2053			
	18051701-3	承插式薄壁不锈钢焊接管件 DN25	个	0.5160			
	18051701-4	承插式薄壁不锈钢焊接管件 DN32	个	0.2811			
	18051701-5	承插式薄壁不锈钢焊接管件 DN40	个	0.2030			
	18051701-6	承插式薄壁不锈钢焊接管件 DN50	个	0.0570			
	18051701-7	承插式薄壁不锈钢焊接管件 DN65	个	0.0631			
	18051701-8	承插式薄壁不锈钢焊接管件 DN80	个	0.0232			
	18072101-1	铜管卡压式管件 DN15	个		1.7031		
	18072101-2	铜管卡压式管件 DN20	个		1.2053		
	18072101-3	铜管卡压式管件 DN25	个		0.5160		
	18072101-4	铜管卡压式管件 DN32	个		0.2811		
	18072101-5	铜管卡压式管件 DN40	个		0.2030		
	18072101-6	铜管卡压式管件 DN50	个		0.0570		
	18072101-7	铜管卡压式管件 DN65	个		0.0631		
	18072101-8	铜管卡压式管件 DN80	个		0.0232		
	18072301-1	铜管焊接管件 DN15	个			1.5672	
	18072301-2	铜管焊接管件 DN20	个			1.0876	
	18072301-3	铜管焊接管件 DN25	个			0.4670	
	18072301-4	铜管焊接管件 DN32	个			0.2502	
	18072301-5	铜管焊接管件 DN40	个			0.1685	
	18072301-6	铜管焊接管件 DN50	个			0.0466	
	18072301-7	铜管焊接管件 DN65	个			0.0480	
	18072301-8	铜管焊接管件 DN80	个			0.0169	

（续表）

定额编号				B-5-2-190	B-5-2-191	B-5-2-192	B-5-2-193
项目				给水系统-冷水			
				办公楼-薄壁不锈钢管（承插氩弧焊）	办公楼-铜管（卡压连接）	办公楼-铜管（氧乙炔焊）	办公楼-塑料给水管（热熔/电熔连接）
名称			单位	套	套	套	套
材料	18097211-1	塑料给水管热熔管件 DN32	个				0.2594
	18097211-13	塑料给水管热熔管件 DN20	个				0.9652
	18097211-14	塑料给水管热熔管件 DN25	个				0.6615
	18097211-2	塑料给水管热熔管件 DN40	个				0.1331
	18097211-3	塑料给水管热熔管件 DN63	个				0.0297
	18097211-4	塑料给水管热熔管件 DN50	个				0.1002
	18097211-5	塑料给水管热熔管件 DN75	个				0.0362
	18097211-6	塑料给水管热熔管件 DN90	个				0.0099
	18097231-1	塑料给水管电熔管件 DN40	个				0.1331
	18097231-13	塑料给水管电熔管件 DN20	个				0.9652
	18097231-14	塑料给水管电熔管件 DN25	个				0.6615
	18097231-2	塑料给水管电熔管件 DN32	个				0.2594
	18097231-3	塑料给水管电熔管件 DN50	个				0.1002
	18097231-4	塑料给水管电熔管件 DN63	个				0.0297
	18097231-5	塑料给水管电熔管件 DN75	个				0.0362
	18097231-6	塑料给水管电熔管件 DN90	个				0.0099
	18251111-1	管卡（成品） DN15	套	1.3335	1.1108	1.1108	2.2230
	18251111-2	管卡（成品） DN20	套	0.7564	0.6305	0.6305	1.6205
	18251111-3	管卡（成品） DN25	套	0.3362	0.2802	0.2802	0.6300
	18251111-4	管卡（成品） DN32	套	0.1575	0.1314	0.1314	0.3500
	18251111-5	管卡（成品） DN40	套				0.2835
	18251111-6	管卡（成品） DN50	套				0.0859
	18251111-7	管卡（成品） DN65	套				0.1050
	18251111-8	管卡（成品） DN80	套				0.0390
	19010013	螺纹阀门 DN20	只	0.0016	0.0016	0.0016	0.0016
	24110331	弹簧压力表 Y-100 0～1.6MPa	块	0.0008	0.0008	0.0008	0.0008
	24590123	压力表弯管 DN15	个	0.0008	0.0008	0.0008	0.0008
	34090311	破布	kg	0.0432	0.0432	0.0432	
	34110101	水	m^3	0.0098	0.0098	0.0098	0.0098
	34110301	电	kW·h	0.0352	0.0303	0.0303	0.2990
	80060111	干混砌筑砂浆 DM M5.0	m^3	0.0001	0.0001	0.0001	
	X0045	其他材料费	%	2.0000	2.0000	2.0000	2.0100
机械	99070530	载重汽车 5t	台班	0.0001	0.0001	0.0001	
	99090005	吊装机械（综合）	台班	0.0011	0.0011	0.0011	
	99190200	台式钻床 ϕ16	台班	0.0018	0.0018	0.0018	
	99190230	立式钻床 ϕ25	台班	0.0008	0.0008	0.0008	
	99230170	砂轮切割机 ϕ400	台班	0.0093	0.0020	0.0046	
	99250005	电焊机	台班	0.0108	0.0070	0.0070	0.0004
	99250440	氩弧焊机 500A	台班	0.0748			
	99250640	电熔焊接机 3.5kW	台班				0.0345
	99440030	电动单级离心清水泵 ϕ100	台班	0.0004	0.0004	0.0004	0.0004
	99440420	试压泵 3MPa	台班	0.0004	0.0004	0.0004	0.0004

工作内容：1. 管道及管件安装，成品管卡安装，支架制作安装，管道水压试验及水冲洗，管道及支架刷油。
2,3,4. 管道及管件安装，成品管卡安装，支架制作安装，管道水压试验及水冲洗，支架刷油。

定额编号				B-5-2-194	B-5-2-195	B-5-2-196	B-5-2-197
项目				给水系统-冷水			
				宾馆(饭店)-镀锌钢管(螺纹连接)	宾馆(饭店)-薄壁不锈钢管(卡压/卡套连接)	宾馆(饭店)-薄壁不锈钢管(承插氩弧焊)	宾馆(饭店)-铜管(卡压连接)
名称			单位	套	套	套	套
人工	00050101	综合人工 安装	工日	0.7243	0.5026	0.5014	0.4506
材料	Z17030101-1	镀锌焊接钢管 DN15	m	(2.0216)			
	Z17030101-2	镀锌焊接钢管 DN20	m	(1.1000)			
	Z17030101-3	镀锌焊接钢管 DN25	m	(0.4757)			
	Z17030101-4	镀锌焊接钢管 DN32	m	(0.2081)			
	Z17030101-5	镀锌焊接钢管 DN40	m	(0.0601)			
	Z17051001-1	薄壁不锈钢管 DN15	m		(2.0114)	(2.0114)	
	Z17051001-2	薄壁不锈钢管 DN20	m		(1.0945)	(1.0945)	
	Z17051001-3	薄壁不锈钢管 DN25	m		(0.4733)	(0.4733)	
	Z17051001-4	薄壁不锈钢管 DN32	m		(0.2071)	(0.2071)	
	Z17051001-5	薄壁不锈钢管 DN40	m		(0.0596)	(0.0596)	
	Z17150110-15	铜管 DN15	m				(2.0114)
	Z17150110-1	铜管 DN20	m				(1.0945)
	Z17150110-16	铜管 DN25	m				(0.4733)
	Z17150110-17	铜管 DN32	m				(0.2071)
	Z17150110-3	铜管 DN40	m				(0.0596)
	01150103	热轧型钢 综合	kg	0.0139	0.0139	0.0139	0.0139
	01290317	热轧钢板(中厚板) δ8～18	kg	0.0123	0.0123	0.0123	0.0123
	01610106	铈钨棒	g			0.1553	
	02010105	橡胶板 δ1～3	kg	0.0029	0.0029	0.0029	0.0029
	02130311	聚四氟乙烯带(生料带) 宽度 20	m	4.8649			
	03014101	六角螺栓连母垫	kg	0.0021	0.0021	0.0021	0.0021
	03018105	膨胀螺栓(钢制) M8～16	kg	0.0006	0.0006	0.0006	0.0006
	03018172	膨胀螺栓(钢制) M8	套	1.4167	3.3018	3.3018	2.7511
	03110212	尼龙砂轮片 ϕ100	片			0.0898	
	03110215	尼龙砂轮片 ϕ400	片	0.0182	0.0002	0.0002	0.0002

（续表）

定额编号				B-5-2-194	B-5-2-195	B-5-2-196	B-5-2-197
项目				给水系统-冷水			
				宾馆（饭店）-镀锌钢管（螺纹连接）	宾馆（饭店）-薄壁不锈钢管（卡压/卡套连接）	宾馆（饭店）-薄壁不锈钢管（承插氩弧焊）	宾馆（饭店）-铜管（卡压连接）
名称			单位	套	套	套	套
材料	03130114	电焊条 J422 ϕ3.2	kg	0.0017	0.0017	0.0017	0.0017
	03152508	镀锌铁丝 8# ～12#	kg	0.0185	0.0185	0.0185	0.0185
	03210133	硬质合金冲击钻头 ϕ12	根	0.0206	0.0481	0.0481	0.0401
	03210210	硬质合金冲击钻头 ϕ10～20	根	0.0002	0.0002	0.0002	0.0002
	03210771	树脂砂轮切割片 ϕ400	片		0.0188	0.0289	
	03210935	割管刀片	片				0.1806
	13010115	酚醛调和漆	kg	0.0630	0.0002	0.0002	0.0002
	13050511	醇酸防锈漆 C53-1	kg	0.0003	0.0003	0.0003	0.0003
	14050121	油漆溶剂油	kg	0.0021			
	14070101	机油	kg	0.0665	0.0001	0.0001	0.0001
	14330601	丙酮	kg			0.0491	
	14390101	氧气	m^3	0.0018	0.0018	0.0018	0.0018
	14390302	乙炔气	kg	0.0006	0.0006	0.0006	0.0006
	14390701	氩气	m^3			0.0777	
	17010136	焊接钢管 DN20	m	0.0054	0.0054	0.0054	0.0054
	17271011	橡胶软管 DN20	m	0.0024	0.0024	0.0024	0.0024
	18034501-1	镀锌钢管螺纹管件 DN15	个	2.9560			
	18034501-2	镀锌钢管螺纹管件 DN20	个	1.3431			
	18034501-3	镀锌钢管螺纹管件 DN25	个	0.5472			
	18034501-4	镀锌钢管螺纹管件 DN32	个	0.2064			
	18034501-5	镀锌钢管螺纹管件 DN40	个	0.0472			
	18051501-1	卡压式不锈钢管件 DN15	个		2.7356		
	18051501-2	卡压式不锈钢管件 DN20	个		1.2388		
	18051501-3	卡压式不锈钢管件 DN25	个		0.5160		
	18051501-4	卡压式不锈钢管件 DN32	个		0.1968		
	18051501-5	卡压式不锈钢管件 DN40	个		0.0451		
	18051701-1	承插式薄壁不锈钢焊接管件 DN15	个			2.7356	

（续表）

定额编号				B-5-2-194	B-5-2-195	B-5-2-196	B-5-2-197
项目				给水系统-冷水			
				宾馆(饭店)-镀锌钢管(螺纹连接)	宾馆(饭店)-薄壁不锈钢管(卡压/卡套连接)	宾馆(饭店)-薄壁不锈钢管(承插氩弧焊)	宾馆(饭店)-铜管(卡压连接)
名称			单位	套	套	套	套
材料	18051701-2	承插式薄壁不锈钢焊接管件 DN20	个			1.2388	
	18051701-3	承插式薄壁不锈钢焊接管件 DN25	个			0.5160	
	18051701-4	承插式薄壁不锈钢焊接管件 DN32	个			0.1968	
	18051701-5	承插式薄壁不锈钢焊接管件 DN40	个			0.0451	
	18072101-1	铜管卡压式管件 DN15	个				2.7356
	18072101-2	铜管卡压式管件 DN20	个				1.2388
	18072101-3	铜管卡压式管件 DN25	个				0.5160
	18072101-4	铜管卡压式管件 DN32	个				0.1968
	18072101-5	铜管卡压式管件 DN40	个				0.0451
	18251111-1	管卡(成品) DN15	套	0.8568	2.1420	2.1420	1.7843
	18251111-2	管卡(成品) DN20	套	0.3881	0.7774	0.7774	0.6481
	18251111-3	管卡(成品) DN25	套	0.1442	0.3362	0.3362	0.2802
	18251111-4	管卡(成品) DN32	套	0.0551	0.1103	0.1103	0.0920
	19010013	螺纹阀门 DN20	只	0.0016	0.0016	0.0016	0.0016
	24110331	弹簧压力表 Y-100 0～1.6MPa	块	0.0008	0.0008	0.0008	0.0008
	24590123	压力表弯管 DN15	个	0.0008	0.0008	0.0008	0.0008
	34090311	破布	kg	0.0381	0.0381	0.0381	0.0381
	34110101	水	m^3	0.0054	0.0054	0.0054	0.0054
	34110301	电	kW·h	0.0169	0.0389	0.0389	0.0325
	80060111	干混砌筑砂浆 DM M5.0	m^3				
	X0045	其他材料费	%	2.0000	2.0000	2.0000	2.0000
机械	99090005	吊装机械(综合)	台班	0.0009	0.0009	0.0009	0.0009
	99190200	台式钻床 ϕ16	台班	0.0001	0.0001	0.0001	0.0001
	99190230	立式钻床 ϕ25	台班	0.0001	0.0001	0.0001	0.0001
	99190750	管子切断套丝机 ϕ159	台班	0.0390			
	99230170	砂轮切割机 ϕ400	台班	0.0047	0.0073	0.0073	0.0002
	99250005	电焊机	台班	0.0009	0.0009	0.0048	0.0009
	99250440	氩弧焊机 500A	台班			0.0731	
	99440030	电动单级离心清水泵 ϕ100	台班	0.0004	0.0004	0.0004	0.0004
	99440420	试压泵 3MPa	台班	0.0004	0.0004	0.0004	0.0004

工作内容： 1,4. 管道及管件安装，成品管卡安装，支架制作安装，管道水压试验及水冲洗，支架刷油。
2. 管道及管件安装，成品管卡安装，管道水压试验及水冲洗。
3. 管道及管件安装，成品管卡安装，支架制作安装，管道水压试验及水冲洗，管道及支架刷油。

定　额　编　号				B-5-2-198	B-5-2-199	B-5-2-200	B-5-2-201
项　　目				给水系统-冷水			
				宾馆(饭店)-铜管(氧乙炔焊)	宾馆(饭店)-塑料给水管(热熔/电熔连接)	医院-镀锌钢管(螺纹连接)	医院-薄壁不锈钢管(卡压/卡套连接)
名　　称			单位	套	套	套	套
人工	00050101	综合人工 安装	工日	0.7054	0.5063	0.7406	0.5057
材料	Z17030101-1	镀锌焊接钢管 DN15	m			(1.6748)	
	Z17030101-2	镀锌焊接钢管 DN20	m			(0.7135)	
	Z17030101-3	镀锌焊接钢管 DN25	m			(0.3667)	
	Z17030101-4	镀锌焊接钢管 DN32	m			(0.4261)	
	Z17030101-5	镀锌焊接钢管 DN40	m			(0.3307)	
	Z17030101-6	镀锌焊接钢管 DN50	m			(0.1703)	
	Z17051001-1	薄壁不锈钢管 DN15	m				(1.6663)
	Z17051001-2	薄壁不锈钢管 DN20	m				(0.7099)
	Z17051001-3	薄壁不锈钢管 DN25	m				(0.3648)
	Z17051001-4	薄壁不锈钢管 DN32	m				(0.4240)
	Z17051001-5	薄壁不锈钢管 DN40	m				(0.3280)
	Z17051001-6	薄壁不锈钢管 DN50	m				(0.1678)
	Z17150110-15	铜管 DN15	m	(1.9380)			
	Z17150110-1	铜管 DN20	m	(1.0545)			
	Z17150110-16	铜管 DN25	m	(0.4560)			
	Z17150110-17	铜管 DN32	m	(0.1995)			
	Z17150110-3	铜管 DN40	m	(0.0579)			
	Z17250101-13	塑料给水管 DN20	m		(2.0726)		
	Z17250101-14	塑料给水管 DN25	m		(1.1278)		
	Z17250101-1	塑料给水管 DN32	m		(0.4877)		
	Z17250101-2	塑料给水管 DN40	m		(0.2134)		
	Z17250101-3	塑料给水管 DN50	m		(0.0610)		
	01150103	热轧型钢 综合	kg	0.0139		0.1494	0.1494
	01290317	热轧钢板(中厚板) δ8～18	kg	0.0123	0.0123	0.0122	0.0122
	02010105	橡胶板 δ1～3	kg	0.0029	0.0030	0.0029	0.0029
	02130311	聚四氟乙烯带(生料带) 宽度 20	m			4.8730	
	03014101	六角螺栓连母垫	kg	0.0021	0.0016	0.0076	0.0076
	03018105	膨胀螺栓(钢制) M8～16	kg	0.0006		0.0060	0.0060
	03018172	膨胀螺栓(钢制) M8	套	2.7511	6.0566	1.1630	2.7110
	03110212	尼龙砂轮片 ϕ100	片	0.0085		0.0001	0.0001
	03110215	尼龙砂轮片 ϕ400	片	0.0089		0.0249	0.0025

(续表)

定额编号				B-5-2-198	B-5-2-199	B-5-2-200	B-5-2-201
项目				给水系统-冷水			
				宾馆(饭店)-铜管(氧乙炔焊)	宾馆(饭店)-塑料给水管(热熔/电熔连接)	医院-镀锌钢管(螺纹连接)	医院-薄壁不锈钢管(卡压/卡套连接)
名称			单位	套	套	套	套
材料	03110601	铁砂布	张		0.0248		
	03130114	电焊条 J422 φ3.2	kg	0.0017	0.0008	0.0103	0.0103
	03131101	铜焊丝	kg	0.0746			
	03131571	铜焊粉	kg	0.0147			
	03152508	镀锌铁丝 8#～12#	kg	0.0185		0.0198	0.0198
	03210133	硬质合金冲击钻头 φ12	根	0.0401	0.0882	0.0169	0.0395
	03210210	硬质合金冲击钻头 φ10～20	根	0.0002		0.0019	0.0019
	03210771	树脂砂轮切割片 φ400	片				0.0216
	13010115	酚醛调和漆	kg	0.0002		0.0721	0.0021
	13050511	醇酸防锈漆 C53-1	kg	0.0003		0.0030	0.0030
	14050121	油漆溶剂油	kg			0.0025	0.0002
	14070101	机油	kg	0.0001		0.0667	0.0009
	14390101	氧气	m^3	0.2159	0.0013	0.0073	0.0073
	14390302	乙炔气	kg	0.0779	0.0004	0.0024	0.0024
	17010136	焊接钢管 DN20	m	0.0054	0.0054	0.0053	0.0053
	17271011	橡胶软管 DN20	m	0.0024	0.0024	0.0024	0.0024
	18034501-1	镀锌钢管螺纹管件 DN15	个			2.4488	
	18034501-2	镀锌钢管螺纹管件 DN20	个			0.8712	
	18034501-3	镀锌钢管螺纹管件 DN25	个			0.4218	
	18034501-4	镀锌钢管螺纹管件 DN32	个			0.4227	
	18034501-5	镀锌钢管螺纹管件 DN40	个			0.2594	
	18034501-6	镀锌钢管螺纹管件 DN50	个			0.1124	
	18051501-1	卡压式不锈钢管件 DN15	个				2.2663
	18051501-2	卡压式不锈钢管件 DN20	个				0.8035
	18051501-3	卡压式不锈钢管件 DN25	个				0.3977
	18051501-4	卡压式不锈钢管件 DN32	个				0.4029
	18051501-5	卡压式不锈钢管件 DN40	个				0.2482
	18051501-6	卡压式不锈钢管件 DN50	个				0.1076
	18072301-1	铜管焊接管件 DN15	个	2.5174			
	18072301-2	铜管焊接管件 DN20	个	1.1178			
	18072301-3	铜管焊接管件 DN25	个	0.4670			
	18072301-4	铜管焊接管件 DN32	个	0.1751			
	18072301-5	铜管焊接管件 DN40	个	0.0374			

（续表）

定　额　编　号				B-5-2-198	B-5-2-199	B-5-2-200	B-5-2-201
项　目				给水系统-冷水			
				宾馆（饭店）-铜管（氧乙炔焊）	宾馆（饭店）-塑料给水管（热熔/电熔连接）	医院-镀锌钢管（螺纹连接）	医院-薄壁不锈钢管（卡压/卡套连接）
名　称			单位	套	套	套	套
材料	18097211-1	塑料给水管热熔管件 DN32	个		0.2594		
	18097211-13	塑料给水管热熔管件 DN20	个		1.5504		
	18097211-14	塑料给水管热熔管件 DN25	个		0.6799		
	18097211-2	塑料给水管热熔管件 DN40	个		0.0931		
	18097211-4	塑料给水管热熔管件 DN50	个		0.0223		
	18097231-1	塑料给水管电熔管件 DN40	个		0.0931		
	18097231-13	塑料给水管电熔管件 DN20	个		1.5504		
	18097231-14	塑料给水管电熔管件 DN25	个		0.6799		
	18097231-2	塑料给水管电熔管件 DN32	个		0.2594		
	18097231-3	塑料给水管电熔管件 DN50	个		0.0223		
	18251111-1	管卡（成品） DN15	套	1.7843	3.5707	0.7098	1.7745
	18251111-2	管卡（成品） DN20	套	0.6481	1.6655	0.2518	0.5042
	18251111-3	管卡（成品） DN25	套	0.2802	0.6300	0.1111	0.2591
	18251111-4	管卡（成品） DN32	套	0.0920	0.2450	0.1129	0.2258
	18251111-5	管卡（成品） DN40	套		0.0630		
	19010013	螺纹阀门 DN20	只	0.0016	0.0016	0.0016	0.0016
	24110331	弹簧压力表 Y-100 0～1.6MPa	块	0.0008	0.0008	0.0008	0.0008
	24590123	压力表弯管 DN15	个	0.0008	0.0008	0.0008	0.0008
	34090311	破布	kg	0.0381		0.0425	0.0425
	34110101	水	m^3	0.0054	0.0054	0.0082	0.0082
	34110301	电	kW·h	0.0325	0.2934	0.0183	0.0364
	80060111	干混砌筑砂浆 DM M5.0	m^3			0.0001	0.0001
	X0045	其他材料费	%	2.0000	2.0000	2.0000	2.0000
机械	99070530	载重汽车 5t	台班			0.0001	0.0001
	99090005	吊装机械（综合）	台班	0.0009		0.0010	0.0010
	99190200	台式钻床 ϕ16	台班	0.0001		0.0015	0.0015
	99190230	立式钻床 ϕ25	台班	0.0001		0.0007	0.0007
	99190750	管子切断套丝机 ϕ159	台班			0.0498	
	99230170	砂轮切割机 ϕ400	台班	0.0021		0.0071	0.0090
	99250005	电焊机	台班	0.0009	0.0004	0.0059	0.0059
	99250640	电熔焊接机 3.5kW	台班		0.0326		
	99440030	电动单级离心清水泵 ϕ100	台班	0.0004	0.0004	0.0004	0.0004
	99440420	试压泵 3MPa	台班	0.0004	0.0004	0.0005	0.0005

工作内容： 1,2,3. 管道及管件安装,成品管卡安装,支架制作安装,管道水压试验及水冲洗,支架刷油。
4. 管道及管件安装,成品管卡安装,管道水压试验及水冲洗。

定额编号				B-5-2-202	B-5-2-203	B-5-2-204	B-5-2-205
项目				给水系统-冷水			
				医院-薄壁不锈钢管(承插氩弧焊)	医院-铜管(卡压连接)	医院-铜管(氧乙炔焊)	医院-塑料给水管(热熔/电熔连接)
名称			单位	套	套	套	套
人工	00050101	综合人工 安装	工日	0.5132	0.4501	0.7269	0.5114
材料	Z17051001-1	薄壁不锈钢管 DN15	m	(1.6663)			
	Z17051001-2	薄壁不锈钢管 DN20	m	(0.7099)			
	Z17051001-3	薄壁不锈钢管 DN25	m	(0.3648)			
	Z17051001-4	薄壁不锈钢管 DN32	m	(0.4240)			
	Z17051001-5	薄壁不锈钢管 DN40	m	(0.3280)			
	Z17051001-6	薄壁不锈钢管 DN50	m	(0.1678)			
	Z17150110-15	铜管 DN15	m		(1.6663)	(1.6055)	
	Z17150110-1	铜管 DN20	m		(0.7099)	(0.6840)	
	Z17150110-16	铜管 DN25	m		(0.3648)	(0.3515)	
	Z17150110-17	铜管 DN32	m		(0.4240)	(0.4085)	
	Z17150110-3	铜管 DN40	m		(0.3280)	(0.3185)	
	Z17150110-4	铜管 DN50	m		(0.1678)	(0.1641)	
	Z17250101-13	塑料给水管 DN20	m				(1.7170)
	Z17250101-14	塑料给水管 DN25	m				(0.7315)
	Z17250101-1	塑料给水管 DN32	m				(0.3759)
	Z17250101-2	塑料给水管 DN40	m				(0.4369)
	Z17250101-3	塑料给水管 DN50	m				(0.3353)
	Z17250101-4	塑料给水管 DN63	m				(0.1727)
	01150103	热轧型钢 综合	kg	0.1494	0.1494	0.1494	
	01290317	热轧钢板(中厚板) δ8～18	kg	0.0122	0.0122	0.0122	0.0122
	01610106	钍钨棒	g	0.1544			
	02010105	橡胶板 δ1～3	kg	0.0029	0.0029	0.0029	0.0030
	03014101	六角螺栓连母垫	kg	0.0076	0.0076	0.0076	0.0016
	03018105	膨胀螺栓(钢制) M8～16	kg	0.0060	0.0060	0.0060	
	03018172	膨胀螺栓(钢制) M8	套	2.7110	2.2589	2.2589	5.2698
	03018173	膨胀螺栓(钢制) M10	套				0.1591
	03110212	尼龙砂轮片 ϕ100	片	0.0923	0.0001	0.0091	
	03110215	尼龙砂轮片 ϕ400	片	0.0025	0.0025	0.0120	
	03110601	铁砂布	张				0.0297
	03130114	电焊条 J422 ϕ3.2	kg	0.0103	0.0103	0.0103	0.0007
	03131101	铜焊丝	kg			0.0783	
	03131571	铜焊粉	kg			0.0165	

（续表）

定额编号				B-5-2-202	B-5-2-203	B-5-2-204	B-5-2-205
项目				给水系统-冷水			
				医院-薄壁不锈钢管（承插氩弧焊）	医院-铜管（卡压连接）	医院-铜管（氧乙炔焊）	医院-塑料给水管（热熔/电熔连接）
名称			单位	套	套	套	套
材料	03152508	镀锌铁丝 8#～12#	kg	0.0198	0.0198	0.0198	
	03210133	硬质合金冲击钻头 ϕ12	根	0.0395	0.0329	0.0329	0.0767
	03210134	硬质合金冲击钻头 ϕ14	根				0.0023
	03210210	硬质合金冲击钻头 ϕ10～20	根	0.0019	0.0019	0.0019	
	03210771	树脂砂轮切割片 ϕ400	片	0.0294			
	03210935	割管刀片	片		0.1634		
	13010115	酚醛调和漆	kg	0.0021	0.0021	0.0021	
	13050511	醇酸防锈漆 C53-1	kg	0.0030	0.0030	0.0030	
	14050121	油漆溶剂油	kg	0.0002	0.0002	0.0002	
	14070101	机油	kg	0.0009	0.0009	0.0009	
	14330601	丙酮	kg	0.0527			
	14390101	氧气	m^3	0.0073	0.0073	0.2564	0.0014
	14390302	乙炔气	kg	0.0024	0.0024	0.0922	0.0005
	14390701	氩气	m^3	0.0772			
	17010136	焊接钢管 DN20	m	0.0053	0.0053	0.0053	0.0053
	17271011	橡胶软管 DN20	m	0.0024	0.0024	0.0024	0.0024
	18051701-1	承插式薄壁不锈钢焊接管件 DN15	个	2.2663			
	18051701-2	承插式薄壁不锈钢焊接管件 DN20	个	0.8035			
	18051701-3	承插式薄壁不锈钢焊接管件 DN25	个	0.3977			
	18051701-4	承插式薄壁不锈钢焊接管件 DN32	个	0.4029			
	18051701-5	承插式薄壁不锈钢焊接管件 DN40	个	0.2482			
	18051701-6	承插式薄壁不锈钢焊接管件 DN50	个	0.1076			
	18072101-1	铜管卡压式管件 DN15	个		2.2663		
	18072101-2	铜管卡压式管件 DN20	个		0.8035		
	18072101-3	铜管卡压式管件 DN25	个		0.3977		
	18072101-4	铜管卡压式管件 DN32	个		0.4029		
	18072101-5	铜管卡压式管件 DN40	个		0.2482		
	18072101-6	铜管卡压式管件 DN50	个		0.1076		
	18072301-1	铜管焊接管件 DN15	个			2.0855	
	18072301-2	铜管焊接管件 DN20	个			0.7250	
	18072301-3	铜管焊接管件 DN25	个			0.3600	
	18072301-4	铜管焊接管件 DN32	个			0.3586	
	18072301-5	铜管焊接管件 DN40	个			0.2059	
	18072301-6	铜管焊接管件 DN50	个			0.0881	

（续表）

定额编号				B-5-2-202	B-5-2-203	B-5-2-204	B-5-2-205
项目				给水系统-冷水			
				医院-薄壁不锈钢管（承插氩弧焊）	医院-铜管（卡压连接）	医院-铜管（氧乙炔焊）	医院-塑料给水管（热熔/电熔连接）
名称			单位	套	套	套	套
材料	18097211-1	塑料给水管热熔管件 DN32	个				0.2000
	18097211-13	塑料给水管热熔管件 DN20	个				1.2844
	18097211-14	塑料给水管热熔管件 DN25	个				0.4410
	18097211-2	塑料给水管热熔管件 DN40	个				0.1907
	18097211-3	塑料给水管热熔管件 DN63	个				0.0560
	18097211-4	塑料给水管热熔管件 DN50	个				0.1224
	18097231-1	塑料给水管电熔管件 DN40	个				0.1907
	18097231-13	塑料给水管电熔管件 DN20	个				1.2844
	18097231-14	塑料给水管电熔管件 DN25	个				0.4410
	18097231-2	塑料给水管电熔管件 DN32	个				0.2000
	18097231-3	塑料给水管电熔管件 DN50	个				0.1224
	18097231-4	塑料给水管电熔管件 DN63	个				0.0560
	18251111-1	管卡(成品) DN15	套	1.7745	1.4782	1.4782	2.9581
	18251111-2	管卡(成品) DN20	套	0.5042	0.4203	0.4203	1.0803
	18251111-3	管卡(成品) DN25	套	0.2591	0.2160	0.2160	0.4856
	18251111-4	管卡(成品) DN32	套	0.2258	0.1883	0.1883	0.5016
	18251111-5	管卡(成品) DN40	套				0.3465
	18251111-6	管卡(成品) DN50	套				0.1622
	19010013	螺纹阀门 DN20	只	0.0016	0.0016	0.0016	0.0016
	24110331	弹簧压力表 Y-100 0～1.6MPa	块	0.0008	0.0008	0.0008	0.0008
	24590123	压力表弯管 DN15	个	0.0008	0.0008	0.0008	0.0008
	34090311	破布	kg	0.0425	0.0425	0.0425	
	34110101	水	m^3	0.0082	0.0082	0.0082	0.0082
	34110301	电	kW·h	0.0364	0.0311	0.0311	0.3019
	80060111	干混砌筑砂浆 DM M5.0	m^3	0.0001	0.0001	0.0001	
	X0045	其他材料费	%	2.0000	2.0000	2.0000	2.0000
机械	99070530	载重汽车 5t	台班	0.0001	0.0001	0.0001	
	99090005	吊装机械(综合)	台班	0.0010	0.0010	0.0010	
	99190200	台式钻床 ϕ16	台班	0.0015	0.0015	0.0015	
	99190230	立式钻床 ϕ25	台班	0.0007	0.0007	0.0007	
	99230170	砂轮切割机 ϕ400	台班	0.0090	0.0017	0.0040	
	99250005	电焊机	台班	0.0096	0.0059	0.0059	0.0004
	99250440	氩弧焊机 500A	台班	0.0730			
	99250640	电熔焊接机 3.5kW	台班				0.0339
	99440030	电动单级离心清水泵 ϕ100	台班	0.0004	0.0004	0.0004	0.0004
	99440420	试压泵 3MPa	台班	0.0005	0.0005	0.0005	0.0005

工作内容： 1. 管道及管件安装，成品管卡安装，支架制作安装，管道水压试验及水冲洗，管道及支架刷油。
2,3,4. 管道及管件安装，成品管卡安装，支架制作安装，管道水压试验及水冲洗，支架刷油。

定额编号				B-5-2-206	B-5-2-207	B-5-2-208	B-5-2-209
项目				给水系统-冷水			
				其他公共建筑-镀锌钢管（螺纹连接）	其他公共建筑-薄壁不锈钢管（卡压/卡套连接）	其他公共建筑-薄壁不锈钢管（承插氩弧焊）	其他公共建筑-铜管（卡压连接）
名称			单位	套	套	套	套
人工	00050101	综合人工 安装	工日	0.8059	0.5387	0.5627	0.4719
材料	Z17030101-1	镀锌焊接钢管 DN15	m	(0.4509)			
	Z17030101-2	镀锌焊接钢管 DN20	m	(0.4083)			
	Z17030101-3	镀锌焊接钢管 DN25	m	(0.6957)			
	Z17030101-4	镀锌焊接钢管 DN32	m	(0.4023)			
	Z17030101-5	镀锌焊接钢管 DN40	m	(0.2826)			
	Z17030101-6	镀锌焊接钢管 DN50	m	(0.3647)			
	Z17030101-7	镀锌焊接钢管 DN65	m	(0.2896)			
	Z17030101-8	镀锌焊接钢管 DN80	m	(0.4098)			
	Z17051001-1	薄壁不锈钢管 DN15	m		(0.4486)	(0.4486)	
	Z17051001-2	薄壁不锈钢管 DN20	m		(0.4062)	(0.4062)	
	Z17051001-3	薄壁不锈钢管 DN25	m		(0.6922)	(0.6922)	
	Z17051001-4	薄壁不锈钢管 DN32	m		(0.4003)	(0.4003)	
	Z17051001-5	薄壁不锈钢管 DN40	m		(0.2803)	(0.2803)	
	Z17051001-6	薄壁不锈钢管 DN50	m		(0.3593)	(0.3593)	
	Z17051001-7	薄壁不锈钢管 DN65	m		(0.2852)	(0.2852)	
	Z17051001-8	薄壁不锈钢管 DN80	m		(0.4037)	(0.4037)	
	Z17150110-15	铜管 DN15	m				(0.4486)
	Z17150110-1	铜管 DN20	m				(0.4062)
	Z17150110-16	铜管 DN25	m				(0.6922)
	Z17150110-17	铜管 DN32	m				(0.4003)
	Z17150110-29	铜管 DN80	m				(0.4037)
	Z17150110-3	铜管 DN40	m				(0.2803)
	Z17150110-4	铜管 DN50	m				(0.3593)
	Z17150110-5	铜管 DN65	m				(0.2852)
	01150103	热轧型钢 综合	kg	0.5425	0.5425	0.5425	0.5425
	01290317	热轧钢板(中厚板) δ8～18	kg	0.0124	0.0124	0.0124	0.0124
	01610106	铈钨棒	g			0.1643	
	02010105	橡胶板 δ1～3	kg	0.0030	0.0030	0.0030	0.0030
	02130311	聚四氟乙烯带(生料带) 宽度 20	m	5.1440			
	03014101	六角螺栓连母垫	kg	0.0235	0.0235	0.0235	0.0235
	03018105	膨胀螺栓(钢制) M8～16	kg	0.0219	0.0219	0.0219	0.0219
	03018172	膨胀螺栓(钢制) M8	套	0.6401	1.4430	1.4430	1.2027

（续表）

定额编号				B-5-2-206	B-5-2-207	B-5-2-208	B-5-2-209
项目				给水系统-冷水			
				其他公共建筑-镀锌钢管（螺纹连接）	其他公共建筑-薄壁不锈钢管（卡压/卡套连接）	其他公共建筑-薄壁不锈钢管（承插氩弧焊）	其他公共建筑-铜管（卡压连接）
名称			单位	套	套	套	套
材料	03110212	尼龙砂轮片 φ100	片	0.0005	0.0005	0.1071	0.0005
	03110215	尼龙砂轮片 φ400	片	0.0406	0.0089	0.0089	0.0089
	03130114	电焊条 J422 φ3.2	kg	0.0354	0.0354	0.0354	0.0354
	03152508	镀锌铁丝 8#～12#	kg	0.0228	0.0228	0.0228	0.0228
	03210133	硬质合金冲击钻头 φ12	根	0.0093	0.0210	0.0210	0.0175
	03210210	硬质合金冲击钻头 φ10～20	根	0.0070	0.0070	0.0070	0.0070
	03210771	树脂砂轮切割片 φ400	片		0.0296	0.0318	
	03210935	割管刀片	片				0.1279
	13010115	酚醛调和漆	kg	0.1048	0.0078	0.0078	0.0078
	13050511	醇酸防锈漆 C53-1	kg	0.0109	0.0109	0.0109	0.0109
	14050121	油漆溶剂油	kg	0.0039	0.0007	0.0007	0.0007
	14070101	机油	kg	0.0687	0.0031	0.0031	0.0031
	14330601	丙酮	kg			0.0650	
	14390101	氧气	m^3	0.0231	0.0231	0.0231	0.0231
	14390302	乙炔气	kg	0.0077	0.0077	0.0077	0.0077
	14390701	氩气	m^3			0.0821	
	17010136	焊接钢管 DN20	m	0.0053	0.0053	0.0053	0.0053
	17271011	橡胶软管 DN20	m	0.0023	0.0023	0.0023	0.0023
	18034501-1	镀锌钢管螺纹管件 DN15	个	0.6593			
	18034501-2	镀锌钢管螺纹管件 DN20	个	0.4985			
	18034501-3	镀锌钢管螺纹管件 DN25	个	0.8003			
	18034501-4	镀锌钢管螺纹管件 DN32	个	0.3991			
	18034501-5	镀锌钢管螺纹管件 DN40	个	0.2217			
	18034501-6	镀锌钢管螺纹管件 DN50	个	0.2406			
	18034501-7	镀锌钢管螺纹管件 DN65	个	0.1520			
	18034501-8	镀锌钢管螺纹管件 DN80	个	0.1894			
	18051501-1	卡压式不锈钢管件 DN15	个		0.6102		
	18051501-2	卡压式不锈钢管件 DN20	个		0.4598		
	18051501-3	卡压式不锈钢管件 DN25	个		0.7547		
	18051501-4	卡压式不锈钢管件 DN32	个		0.3804		
	18051501-5	卡压式不锈钢管件 DN40	个		0.2121		
	18051501-6	卡压式不锈钢管件 DN50	个		0.2304		
	18051501-7	卡压式不锈钢管件 DN65	个		0.1520		
	18051501-8	卡压式不锈钢管件 DN80	个		0.1894		
	18051701-1	承插式薄壁不锈钢焊接管件 DN15	个			0.6102	

（续表）

定额编号				B-5-2-206	B-5-2-207	B-5-2-208	B-5-2-209
项目				给水系统-冷水			
				其他公共建筑-镀锌钢管（螺纹连接）	其他公共建筑-薄壁不锈钢管（卡压/卡套连接）	其他公共建筑-薄壁不锈钢管（承插氩弧焊）	其他公共建筑-铜管（卡压连接）
名称			单位	套	套	套	套
材料	18051701-2	承插式薄壁不锈钢焊接管件 DN20	个			0.4598	
	18051701-3	承插式薄壁不锈钢焊接管件 DN25	个			0.7547	
	18051701-4	承插式薄壁不锈钢焊接管件 DN32	个			0.3804	
	18051701-5	承插式薄壁不锈钢焊接管件 DN40	个			0.2121	
	18051701-6	承插式薄壁不锈钢焊接管件 DN50	个			0.2304	
	18051701-7	承插式薄壁不锈钢焊接管件 DN65	个			0.1520	
	18051701-8	承插式薄壁不锈钢焊接管件 DN80	个			0.1894	
	18072101-1	铜管卡压式管件 DN15	个				0.6102
	18072101-2	铜管卡压式管件 DN20	个				0.4598
	18072101-3	铜管卡压式管件 DN25	个				0.7547
	18072101-4	铜管卡压式管件 DN32	个				0.3804
	18072101-5	铜管卡压式管件 DN40	个				0.2121
	18072101-6	铜管卡压式管件 DN50	个				0.2304
	18072101-7	铜管卡压式管件 DN65	个				0.1520
	18072101-8	铜管卡压式管件 DN80	个				0.1894
	18251111-1	管卡(成品) DN15	套	0.1911	0.4778	0.4778	0.3980
	18251111-2	管卡(成品) DN20	套	0.1441	0.2885	0.2885	0.2406
	18251111-3	管卡(成品) DN25	套	0.2108	0.4916	0.4916	0.4098
	18251111-4	管卡(成品) DN32	套	0.1066	0.2132	0.2132	0.1778
	19010013	螺纹阀门 DN20	只	0.0016	0.0015	0.0015	0.0015
	24110331	弹簧压力表 Y-100 0～1.6MPa	块	0.0008	0.0008	0.0008	0.0008
	24590123	压力表弯管 DN15	个	0.0008	0.0008	0.0008	0.0008
	34090311	破布	kg	0.0550	0.0550	0.0550	0.0550
	34110101	水	m^3	0.0214	0.0214	0.0214	0.0214
	34110301	电	kW·h	0.0248	0.0342	0.0342	0.0314
	80060111	干混砌筑砂浆 DM M5.0	m^3	0.0004	0.0004	0.0004	0.0004
	X0045	其他材料费	%	2.0000	2.0000	2.0000	2.0000
机械	99070530	载重汽车 5t	台班	0.0005	0.0005	0.0005	0.0005
	99090005	吊装机械(综合)	台班	0.0017	0.0017	0.0017	0.0017
	99190200	台式钻床 ϕ16	台班	0.0055	0.0055	0.0055	0.0055
	99190230	立式钻床 ϕ25	台班	0.0024	0.0024	0.0024	0.0024
	99190750	管子切断套丝机 ϕ159	台班	0.0708			
	99230170	砂轮切割机 ϕ400	台班	0.0135	0.0140	0.0140	0.0061
	99250005	电焊机	台班	0.0205	0.0205	0.0244	0.0205
	99250440	氩弧焊机 500A	台班			0.0789	
	99440030	电动单级离心清水泵 ϕ100	台班	0.0004	0.0004	0.0004	0.0004
	99440420	试压泵 3MPa	台班	0.0005	0.0005	0.0005	0.0005

工作内容：1. 管道及管件安装，成品管卡安装，支架制作安装，管道水压试验及水冲洗，支架刷油。
2. 管道及管件安装，成品管卡安装，管道水压试验及水冲洗。
3. 管道及管件安装，成品管卡安装，管道保温，管道水压试验及水冲洗，管道刷油。
4. 管道及管件安装，成品管卡安装，管道保温，管道水压试验及水冲洗。

定额编号				B-5-2-210	B-5-2-211	B-5-2-212	B-5-2-213
项目				给水系统-冷水		给水系统-热水	
				其他公共建筑-铜管（氧乙炔焊）	其他公共建筑-塑料给水管(热熔/电熔连接)	住宅-镀锌钢管(螺纹连接)	住宅-薄壁不锈钢管（卡压/卡套连接）
名称			单位	套	套	套	套
人工	00050101	综合人工 安装	工日	0.8149	0.5357	1.0182	0.7295
材料	Z17030101-1	镀锌焊接钢管 DN15	m			(2.3140)	
	Z17030101-2	镀锌焊接钢管 DN20	m			(1.9027)	
	Z17030101-3	镀锌焊接钢管 DN25	m			(0.8572)	
	Z17051001-1	薄壁不锈钢管 DN15	m				(2.3023)
	Z17051001-2	薄壁不锈钢管 DN20	m				(1.8931)
	Z17051001-3	薄壁不锈钢管 DN25	m				(0.8529)
	Z17150110-15	铜管 DN15	m	(0.4323)			
	Z17150110-1	铜管 DN20	m	(0.3914)			
	Z17150110-16	铜管 DN25	m	(0.6669)			
	Z17150110-17	铜管 DN32	m	(0.3857)			
	Z17150110-29	铜管 DN80	m	(0.3947)			
	Z17150110-3	铜管 DN40	m	(0.2721)			
	Z17150110-4	铜管 DN50	m	(0.3513)			
	Z17150110-5	铜管 DN65	m	(0.2789)			
	Z17250101-13	塑料给水管 DN20	m		(0.4623)		
	Z17250101-14	塑料给水管 DN25	m		(0.4186)		
	Z17250101-1	塑料给水管 DN32	m		(0.7132)		
	Z17250101-2	塑料给水管 DN40	m		(0.4125)		
	Z17250101-3	塑料给水管 DN50	m		(0.2865)		
	Z17250101-4	塑料给水管 DN63	m		(0.3698)		
	Z17250101-5	塑料给水管 DN75	m		(0.2936)		
	Z17250101-6	塑料给水管 DN90	m		(0.4155)		
	Z15133105	橡塑保温管	m^3			(0.0157)	(0.0157)
	01150103	热轧型钢 综合	kg	0.5425			
	01290317	热轧钢板(中厚板) δ8～18	kg	0.0124	0.0124	0.0161	0.0161
	02010105	橡胶板 δ1～3	kg	0.0030	0.0030	0.0039	0.0039
	02130311	聚四氟乙烯带(生料带) 宽度 20	m			6.4083	
	03014101	六角螺栓连母垫	kg	0.0235	0.0016	0.0020	0.0020
	03018105	膨胀螺栓(钢制) M8～16	kg	0.0219			
	03018172	膨胀螺栓(钢制) M8	套	1.2027	3.0465	2.3499	4.3184
	03018173	膨胀螺栓(钢制) M10	套		0.9009		
	03110212	尼龙砂轮片 ϕ100	片	0.0147			

（续表）

定额编号				B-5-2-210	B-5-2-211	B-5-2-212	B-5-2-213
项目				给水系统-冷水		给水系统-热水	
				其他公共建筑-铜管（氧乙炔焊）	其他公共建筑-塑料给水管（热熔/电熔连接）	住宅-镀锌钢管（螺纹连接）	住宅-薄壁不锈钢管（卡压/卡套连接）
名称			单位	套	套	套	套
材料	03110215	尼龙砂轮片 ϕ400	片	0.0255		0.0219	
	03110601	铁砂布	张		0.0417		
	03130114	电焊条 J422 ϕ3.2	kg	0.0354	0.0007	0.0010	0.0010
	03131101	铜焊丝	kg	0.1066			
	03131571	铜焊粉	kg	0.0216			
	03152508	镀锌铁丝 8#～12#	kg	0.0228		0.0239	0.0239
	03210133	硬质合金冲击钻头 ϕ12	根	0.0175	0.0444	0.0342	0.0629
	03210134	硬质合金冲击钻头 ϕ14	根		0.0148		
	03210210	硬质合金冲击钻头 ϕ10～20	根	0.0070			
	03210771	树脂砂轮切割片 ϕ400	片				0.0240
	13010115	酚醛调和漆	kg	0.0078		0.0810	
	13050511	醇酸防锈漆 C53-1	kg	0.0109			
	14050121	油漆溶剂油	kg	0.0007		0.0027	
	14070101	机油	kg	0.0031		0.0871	
	14390101	氧气	m^3	0.3853	0.0015	0.0015	0.0015
	14390302	乙炔气	kg	0.1392	0.0005	0.0005	0.0005
	14411801	胶粘剂	kg			0.2113	0.2113
	14430211	胶带 9m/卷	卷			0.4256	0.4256
	17010136	焊接钢管 DN20	m	0.0053	0.0053	0.0070	0.0070
	17271011	橡胶软管 DN20	m	0.0023	0.0023	0.0032	0.0032
	18034501-1	镀锌钢管螺纹管件 DN15	个			3.3834	
	18034501-2	镀锌钢管螺纹管件 DN20	个			2.3232	
	18034501-3	镀锌钢管螺纹管件 DN25	个			0.9861	
	18051501-1	卡压式不锈钢管件 DN15	个				3.1312
	18051501-2	卡压式不锈钢管件 DN20	个				2.1427
	18051501-3	卡压式不锈钢管件 DN25	个				0.9299
	18072301-1	铜管焊接管件 DN15	个	0.5615			
	18072301-2	铜管焊接管件 DN20	个	0.4149			
	18072301-3	铜管焊接管件 DN25	个	0.6830			
	18072301-4	铜管焊接管件 DN32	个	0.3386			
	18072301-5	铜管焊接管件 DN40	个	0.1760			
	18072301-6	铜管焊接管件 DN50	个	0.1886			
	18072301-7	铜管焊接管件 DN65	个	0.1156			
	18072301-8	铜管焊接管件 DN80	个	0.1387			
	18097211-1	塑料给水管热熔管件 DN32	个		0.3794		
	18097211-13	塑料给水管热熔管件 DN20	个		0.3458		
	18097211-14	塑料给水管热熔管件 DN25	个		0.2524		

（续表）

定额编号				B-5-2-210	B-5-2-211	B-5-2-212	B-5-2-213
项目				给水系统-冷水		给水系统-热水	
				其他公共建筑-铜管（氧乙炔焊）	其他公共建筑-塑料给水管（热熔/电熔连接）	住宅-镀锌钢管（螺纹连接）	住宅-薄壁不锈钢管（卡压/卡套连接）
名称			单位	套	套	套	套
材料	18097211-2	塑料给水管热熔管件 DN40	个		0.1801		
	18097211-3	塑料给水管热熔管件 DN63	个		0.1199		
	18097211-4	塑料给水管热熔管件 DN50	个		0.1046		
	18097211-5	塑料给水管热熔管件 DN75	个		0.0871		
	18097211-6	塑料给水管热熔管件 DN90	个		0.0808		
	18097231-1	塑料给水管电熔管件 DN40	个		0.1801		
	18097231-13	塑料给水管电熔管件 DN20	个		0.3458		
	18097231-14	塑料给水管电熔管件 DN25	个		0.2524		
	18097231-2	塑料给水管电熔管件 DN32	个		0.3794		
	18097231-3	塑料给水管电熔管件 DN50	个		0.1046		
	18097231-4	塑料给水管电熔管件 DN63	个		0.1199		
	18097231-5	塑料给水管电熔管件 DN75	个		0.0871		
	18097231-6	塑料给水管电熔管件 DN90	个		0.0808		
	18251111-1	管卡（成品） DN15	套	0.3980	0.7964	1.2259	2.4518
	18251111-2	管卡（成品） DN20	套	0.2406	0.6181	0.8064	1.3446
	18251111-3	管卡（成品） DN25	套	0.4098	0.9214	0.3633	0.6059
	18251111-4	管卡（成品） DN32	套	0.1778	0.4737		
	18251111-5	管卡（成品） DN40	套		0.2961		
	18251111-6	管卡（成品） DN50	套		0.3474		
	18251111-7	管卡（成品） DN65	套		0.2527		
	18251111-8	管卡（成品） DN80	套		0.3183		
	19010013	螺纹阀门 DN20	只	0.0015	0.0015	0.0021	0.0020
	24110331	弹簧压力表 Y-100 0～1.6MPa	块	0.0008	0.0008	0.0010	0.0010
	24590123	压力表弯管 DN15	个	0.0008	0.0008	0.0010	0.0010
	34090311	破布	kg	0.0550		0.0520	0.0520
	34110101	水	m^3	0.0214	0.0214	0.0065	0.0065
	34110301	电	kW·h	0.0314	0.3266	0.0274	0.0503
	80060111	干混砌筑砂浆 DM M5.0	m^3	0.0004			
	X0045	其他材料费	%	2.0000	2.0100	1.2900	1.2300
机械	99070530	载重汽车 5t	台班	0.0005			
	99090005	吊装机械(综合)	台班	0.0017		0.0011	0.0011
	99190200	台式钻床 ϕ16	台班	0.0055			
	99190230	立式钻床 ϕ25	台班	0.0024			
	99190750	管子切断套丝机 ϕ159	台班			0.0478	
	99230170	砂轮切割机 ϕ400	台班	0.0103		0.0057	0.0092
	99250005	电焊机	台班	0.0205	0.0005	0.0005	0.0005
	99250640	电熔焊接机 3.5kW	台班		0.0375		
	99440030	电动单级离心清水泵 ϕ100	台班	0.0004	0.0004	0.0005	0.0005
	99440420	试压泵 3MPa	台班	0.0005	0.0005	0.0005	0.0005

工作内容： 管道及管件安装，成品管卡安装，管道保温，管道水压试验及水冲洗。

定额编号				B-5-2-214	B-5-2-215	B-5-2-216	B-5-2-217
项目				给水系统-热水			
				住宅-薄壁不锈钢管（承插氩弧焊）	住宅-铜管（卡压连接）	住宅-铜管（氧乙炔焊）	住宅-塑料给水管（热熔/电熔连接）
名称			单位	套	套	套	套
人工	00050101	综合人工 安装	工日	0.7254	0.6614	0.9853	0.8170
材料	Z17051001-1	薄壁不锈钢管 DN15	m	(2.3023)			
	Z17051001-2	薄壁不锈钢管 DN20	m	(1.8931)			
	Z17051001-3	薄壁不锈钢管 DN25	m	(0.8529)			
	Z17150110-15	铜管 DN15	m		(2.3023)	(2.2182)	
	Z17150110-1	铜管 DN20	m		(1.8931)	(1.8240)	
	Z17150110-16	铜管 DN25	m		(0.8529)	(0.8217)	
	Z17250101-13	塑料给水管 DN20	m				(2.3724)
	Z17250101-14	塑料给水管 DN25	m				(1.9507)
	Z17250101-1	塑料给水管 DN32	m				(0.8783)
	Z15133105	橡塑保温管	m^3	(0.0157)	(0.0157)	(0.0157)	(0.0157)
	01290317	热轧钢板(中厚板) δ8～18	kg	0.0161	0.0161	0.0161	0.0161
	01610106	铈钨棒	g	0.2074			
	02010105	橡胶板 δ1～3	kg	0.0039	0.0039	0.0039	0.0039
	03014101	六角螺栓连母垫	kg	0.0020	0.0020	0.0020	0.0020
	03018172	膨胀螺栓(钢制) M8	套	4.3184	3.5983	3.5983	15.8934
	03110212	尼龙砂轮片 φ100	片	0.1189		0.0111	
	03110215	尼龙砂轮片 φ400	片			0.0111	
	03110601	铁砂布	张				0.0311
	03130114	电焊条 J422 φ3.2	kg	0.0010	0.0010	0.0010	0.0010
	03131101	铜焊丝	kg			0.0970	
	03131571	铜焊粉	kg			0.0190	
	03152508	镀锌铁丝 8#～12#	kg	0.0239	0.0239	0.0239	
	03210133	硬质合金冲击钻头 φ12	根	0.0629	0.0524	0.0524	0.2315
	03210771	树脂砂轮切割片 φ400	片	0.0373			
	03210935	割管刀片	片		0.2377		
	14330601	丙酮	kg	0.0636			
	14390101	氧气	m^3	0.0015	0.0015	0.2720	0.0015
	14390302	乙炔气	kg	0.0005	0.0005	0.0979	0.0005
	14390701	氩气	m^3	0.1037			
	14411801	胶粘剂	kg	0.2113	0.2113	0.2113	0.2113
	14430211	胶带 9m/卷	卷	0.4256	0.4256	0.4256	0.4256

（续表）

定额编号				B-5-2-214	B-5-2-215	B-5-2-216	B-5-2-217
项目				给水系统-热水			
				住宅-薄壁不锈钢管(承插氩弧焊)	住宅-铜管(卡压连接)	住宅-铜管(氧乙炔焊)	住宅-塑料给水管(热熔/电熔连接)
名称			单位	套	套	套	套
材料	17010136	焊接钢管 DN20	m	0.0070	0.0070	0.0070	0.0070
	17271011	橡胶软管 DN20	m	0.0032	0.0032	0.0032	0.0032
	18051701-1	承插式薄壁不锈钢焊接管件 DN15	个	3.1312			
	18051701-2	承插式薄壁不锈钢焊接管件 DN20	个	2.1427			
	18051701-3	承插式薄壁不锈钢焊接管件 DN25	个	0.9299			
	18072101-1	铜管卡压式管件 DN15	个		3.1312		
	18072101-2	铜管卡压式管件 DN20	个		2.1427		
	18072101-3	铜管卡压式管件 DN25	个		0.9299		
	18072301-1	铜管焊接管件 DN15	个			2.8814	
	18072301-2	铜管焊接管件 DN20	个			1.9334	
	18072301-3	铜管焊接管件 DN25	个			0.8416	
	18097211-1	塑料给水管热熔管件 DN32	个				0.4675
	18097211-13	塑料给水管热熔管件 DN20	个				1.7746
	18097211-14	塑料给水管热熔管件 DN25	个				1.1760
	18097231-13	塑料给水管电熔管件 DN20	个				1.7746
	18097231-14	塑料给水管电熔管件 DN25	个				1.1760
	18097231-2	塑料给水管电熔管件 DN32	个				0.4670
	18251111-1	管卡(成品) DN15	套	2.4518	2.0424	2.0424	8.1717
	18251111-2	管卡(成品) DN20	套	1.3446	1.1209	1.1209	5.7597
	18251111-3	管卡(成品) DN25	套	0.6059	0.5049	0.5049	2.2706
	19010013	螺纹阀门 DN20	只	0.0020	0.0020	0.0020	0.0020
	24110331	弹簧压力表 Y-100 0～1.6MPa	块	0.0010	0.0010	0.0010	0.0010
	24590123	压力表弯管 DN15	个	0.0010	0.0010	0.0010	0.0010
	34090311	破布	kg	0.0520	0.0520	0.0520	0.0030
	34110101	水	m^3	0.0065	0.0065	0.0065	0.0065
	34110301	电	kW·h	0.0503	0.0419	0.0419	0.4747
	X0045	其他材料费	%	1.2600	1.3900	1.3300	0.1300
机械	99090005	吊装机械(综合)	台班	0.0011	0.0011	0.0011	
	99230170	砂轮切割机 ϕ400	台班	0.0092		0.0024	
	99250005	电焊机	台班	0.0056	0.0005	0.0005	0.0005
	99250440	氩弧焊机 500A	台班	0.0973			
	99250640	电熔焊接机 3.5kW	台班				0.0430
	99440030	电动单级离心清水泵 ϕ100	台班	0.0005	0.0005	0.0005	0.0005
	99440420	试压泵 3MPa	台班	0.0005	0.0005	0.0005	0.0005

工作内容： 1. 管道及管件安装，成品管卡安装，支架制作安装，管道保温，管道水压试验及水冲洗，管道及支架及刷油。
2,3,4. 管道及管件安装，成品管卡安装，支架制作安装，管道保温，管道水压试验及水冲洗，支架及刷油。

定　额　编　号				B-5-2-218	B-5-2-219	B-5-2-220	B-5-2-221
项　　目				给水系统-热水			
				办公楼-镀锌钢管(螺纹连接)	办公楼-薄壁不锈钢管(卡压/卡套连接)	办公楼-薄壁不锈钢管(承插氩弧焊)	办公楼-铜管(卡压连接)
名　　称			单位	套	套	套	套
人工	00050101	综合人工 安装	工日	0.9242	0.6567	0.6596	0.5914
材料	Z17030101-1	镀锌焊接钢管 DN15	m	(0.4450)			
	Z17030101-2	镀锌焊接钢管 DN20	m	(2.4547)			
	Z17030101-3	镀锌焊接钢管 DN25	m	(0.6184)			
	Z17030101-4	镀锌焊接钢管 DN32	m	(0.4132)			
	Z17030101-5	镀锌焊接钢管 DN40	m	(0.1603)			
	Z17030101-6	镀锌焊接钢管 DN50	m	(0.1523)			
	Z17051001-1	薄壁不锈钢管 DN15	m		(0.4427)	(0.4427)	
	Z17051001-2	薄壁不锈钢管 DN20	m		(2.4423)	(2.4423)	
	Z17051001-3	薄壁不锈钢管 DN25	m		(0.6153)	(0.6153)	
	Z17051001-4	薄壁不锈钢管 DN32	m		(0.4112)	(0.4112)	
	Z17051001-5	薄壁不锈钢管 DN40	m		(0.1590)	(0.1590)	
	Z17051001-6	薄壁不锈钢管 DN50	m		(0.1500)	(0.1500)	
	Z17150110-15	铜管 DN15	m				(0.4427)
	Z17150110-1	铜管 DN20	m				(2.4423)
	Z17150110-16	铜管 DN25	m				(0.6153)
	Z17150110-17	铜管 DN32	m				(0.4112)
	Z17150110-3	铜管 DN40	m				(0.1590)
	Z17150110-4	铜管 DN50	m				(0.1500)
	Z15133105	橡塑保温管	m^3	(0.0146)	(0.0146)	(0.0146)	(0.0146)
	01150103	热轧型钢 综合	kg	0.1747	0.1747	0.1747	0.1747
	01290317	热轧钢板(中厚板) δ8～18	kg	0.0142	0.0142	0.0142	0.0142
	01610106	铈钨棒	g			0.1962	
	02010105	橡胶板 δ1～3	kg	0.0035	0.0035	0.0035	0.0035
	02130311	聚四氟乙烯带(生料带) 宽度 20	m	5.8693			
	03014101	六角螺栓连母垫	kg	0.0088	0.0088	0.0088	0.0088
	03018105	膨胀螺栓(钢制) M8～16	kg	0.0071	0.0071	0.0071	0.0071
	03018172	膨胀螺栓(钢制) M8	套	1.6807	2.8077	2.8077	2.3402
	03110212	尼龙砂轮片 φ100	片	0.0002	0.0002	0.1156	0.0002

（续表）

定额编号				B-5-2-218	B-5-2-219	B-5-2-220	B-5-2-221
项目				给水系统-热水			
				办公楼-镀锌钢管(螺纹连接)	办公楼-薄壁不锈钢管(卡压/卡套连接)	办公楼-薄壁不锈钢管(承插氩弧焊)	办公楼-铜管(卡压连接)
名称			单位	套	套	套	套
材料	03110215	尼龙砂轮片 ϕ400	片	0.0271	0.0029	0.0029	0.0029
	03130114	电焊条 J422 ϕ3.2	kg	0.0120	0.0120	0.0120	0.0120
	03152508	镀锌铁丝 8#～12#	kg	0.0228	0.0228	0.0228	0.0228
	03210133	硬质合金冲击钻头 ϕ12	根	0.0245	0.0409	0.0409	0.0341
	03210210	硬质合金冲击钻头 ϕ10～20	根	0.0022	0.0022	0.0022	0.0022
	03210771	树脂砂轮切割片 ϕ400	片		0.0247	0.0331	
	03210935	割管刀片	片				0.1836
	13010115	酚醛调和漆	kg	0.0845	0.0025	0.0025	0.0025
	13050511	醇酸防锈漆 C53-1	kg	0.0035	0.0035	0.0035	0.0035
	14050121	油漆溶剂油	kg	0.0030	0.0002	0.0002	0.0002
	14070101	机油	kg	0.0780	0.0010	0.0010	0.0010
	14330601	丙酮	kg			0.0616	
	14390101	氧气	m^3	0.0085	0.0085	0.0085	0.0085
	14390302	乙炔气	kg	0.0028	0.0028	0.0028	0.0028
	14390701	氩气	m^3			0.0981	
	14411801	胶粘剂	kg	0.1974	0.1974	0.1974	0.1974
	14430211	胶带 9m/卷	卷	0.3976	0.3976	0.3976	0.3976
	17010136	焊接钢管 DN20	m	0.0062	0.0062	0.0062	0.0062
	17271011	橡胶软管 DN20	m	0.0027	0.0027	0.0027	0.0027
	18034501-1	镀锌钢管螺纹管件 DN15	个	0.6506			
	18034501-2	镀锌钢管螺纹管件 DN20	个	2.9972			
	18034501-3	镀锌钢管螺纹管件 DN25	个	0.7114			
	18034501-4	镀锌钢管螺纹管件 DN32	个	0.4099			
	18034501-5	镀锌钢管螺纹管件 DN40	个	0.1258			
	18034501-6	镀锌钢管螺纹管件 DN50	个	0.1005			
	18051501-1	卡压式不锈钢管件 DN15	个		0.6021		
	18051501-2	卡压式不锈钢管件 DN20	个		2.7643		
	18051501-3	卡压式不锈钢管件 DN25	个		0.6708		
	18051501-4	卡压式不锈钢管件 DN32	个		0.3907		
	18051501-5	卡压式不锈钢管件 DN40	个		0.1203		
	18051501-6	卡压式不锈钢管件 DN50	个		0.0962		
	18051701-1	承插式薄壁不锈钢焊接管件 DN15	个			0.6021	

（续表）

定额编号				B-5-2-218	B-5-2-219	B-5-2-220	B-5-2-221
项目				给水系统-热水			
				办公楼-镀锌钢管(螺纹连接)	办公楼-薄壁不锈钢管(卡压/卡套连接)	办公楼-薄壁不锈钢管(承插氩弧焊)	办公楼-铜管(卡压连接)
名称			单位	套	套	套	套
材料	18051701-2	承插式薄壁不锈钢焊接管件 DN20	个			2.7643	
	18051701-3	承插式薄壁不锈钢焊接管件 DN25	个			0.6708	
	18051701-4	承插式薄壁不锈钢焊接管件 DN32	个			0.3907	
	18051701-5	承插式薄壁不锈钢焊接管件 DN40	个			0.1203	
	18051701-6	承插式薄壁不锈钢焊接管件 DN50	个			0.0962	
	18072101-1	铜管卡压式管件 DN15	个				0.6021
	18072101-2	铜管卡压式管件 DN20	个				2.7643
	18072101-3	铜管卡压式管件 DN25	个				0.6708
	18072101-4	铜管卡压式管件 DN32	个				0.3907
	18072101-5	铜管卡压式管件 DN40	个				0.1203
	18072101-6	铜管卡压式管件 DN50	个				0.0962
	18251111-1	管卡(成品) DN15	套	0.2357	0.4714	0.4714	0.3927
	18251111-2	管卡(成品) DN20	套	1.0403	1.7348	1.7348	1.4461
	18251111-3	管卡(成品) DN25	套	0.2621	0.4370	0.4370	0.3642
	18251111-4	管卡(成品) DN32	套	0.1751	0.2189	0.2189	0.1826
	19010013	螺纹阀门 DN20	只	0.0018	0.0018	0.0018	0.0018
	24110331	弹簧压力表 Y-100 0～1.6MPa	块	0.0009	0.0009	0.0009	0.0009
	24590123	压力表弯管 DN15	个	0.0009	0.0009	0.0009	0.0009
	34090311	破布	kg	0.0513	0.0513	0.0513	0.0513
	34110101	水	m^3	0.0091	0.0091	0.0091	0.0091
	34110301	电	kW·h	0.0252	0.0383	0.0383	0.0329
	80060111	干混砌筑砂浆 DM M5.0	m^3	0.0001	0.0001	0.0001	0.0001
	X0045	其他材料费	%	1.3500	1.2500	1.3000	1.4700
机械	99070530	载重汽车 5t	台班				
	99090005	吊装机械(综合)	台班	0.0011	0.0011	0.0011	0.0011
	99190200	台式钻床 ϕ16	台班	0.0018	0.0018	0.0018	0.0018
	99190230	立式钻床 ϕ25	台班	0.0008	0.0008	0.0008	0.0008
	99190750	管子切断套丝机 ϕ159	台班	0.0547			
	99230170	砂轮切割机 ϕ400	台班	0.0082	0.0104	0.0104	0.0020
	99250005	电焊机	台班	0.0069	0.0069	0.0112	0.0069
	99250440	氩弧焊机 500A	台班			0.0912	
	99440030	电动单级离心清水泵 ϕ100	台班	0.0004	0.0004	0.0004	0.0004
	99440420	试压泵 3MPa	台班	0.0005	0.0005	0.0005	0.0005

工作内容： 1. 管道及管件安装，成品管卡安装，支架制作安装，管道保温，管道水压试验及水冲洗，支架及刷油。

2,4. 管道及管件安装，成品管卡安装，管道保温，管道水压试验及水冲洗。

3. 管道及管件安装，成品管卡安装，管道保温，管道水压试验及水冲洗，管道刷油。

定额编号				B-5-2-222	B-5-2-223	B-5-2-224	B-5-2-225
项目				给水系统-热水			
				办公楼-铜管（氧乙炔焊）	办公楼-塑料给水管（热熔/电熔连接）	宾馆（饭店）-镀锌钢管（螺纹连接）	宾馆（饭店）-薄壁不锈钢管（卡压/卡套连接）
名称			单位	套	套	套	套
人工	00050101	综合人工 安装	工日	0.8999	0.7206	0.6695	0.4779
材料	Z17030101-1	镀锌焊接钢管 DN15	m			(1.5727)	
	Z17030101-2	镀锌焊接钢管 DN20	m			(1.0851)	
	Z17030101-3	镀锌焊接钢管 DN25	m			(0.6392)	
	Z17030101-4	镀锌焊接钢管 DN32	m			(0.0198)	
	Z17051001-1	薄壁不锈钢管 DN15	m				(1.5648)
	Z17051001-2	薄壁不锈钢管 DN20	m				(1.0797)
	Z17051001-3	薄壁不锈钢管 DN25	m				(0.6360)
	Z17051001-4	薄壁不锈钢管 DN32	m				(0.0197)
	Z17150110-15	铜管 DN15	m	(0.4265)			
	Z17150110-1	铜管 DN20	m	(2.3531)			
	Z17150110-16	铜管 DN25	m	(0.5928)			
	Z17150110-17	铜管 DN32	m	(0.3962)			
	Z17150110-3	铜管 DN40	m	(0.1544)			
	Z17150110-4	铜管 DN50	m	(0.1467)			
	Z17250101-13	塑料给水管 DN20	m		(0.4562)		
	Z17250101-14	塑料给水管 DN25	m		(2.5166)		
	Z17250101-1	塑料给水管 DN32	m		(0.6340)		
	Z17250101-2	塑料给水管 DN40	m		(0.4237)		
	Z17250101-3	塑料给水管 DN50	m		(0.1626)		
	Z17250101-4	塑料给水管 DN63	m		(0.1544)		
	Z15133105	橡塑保温管	m^3	(0.0146)	(0.0146)	(0.0103)	(0.0103)
	01150103	热轧型钢 综合	kg	0.1747			
	01290317	热轧钢板（中厚板） δ8～18	kg	0.0142	0.0142	0.0105	0.0105
	02010105	橡胶板 δ1～3	kg	0.0035	0.0035	0.0025	0.0025
	02130311	聚四氟乙烯带（生料带） 宽度 20	m			4.2022	
	03014101	六角螺栓连母垫	kg	0.0088	0.0018	0.0013	0.0013
	03018105	膨胀螺栓（钢制） M8～16	kg	0.0071			
	03018172	膨胀螺栓（钢制） M8	套	2.3402	11.5710	1.5424	2.8403
	03018173	膨胀螺栓（钢制） M10	套		0.2237		
	03110212	尼龙砂轮片 ϕ100	片	0.0108			
	03110215	尼龙砂轮片 ϕ400	片	0.0137		0.0149	

（续表）

定额编号				B-5-2-222	B-5-2-223	B-5-2-224	B-5-2-225
项目				给水系统-热水			
				办公楼-铜管（氧乙炔焊）	办公楼-塑料给水管（热熔/电熔连接）	宾馆（饭店）-镀锌钢管（螺纹连接）	宾馆（饭店）-薄壁不锈钢管（卡压/卡套连接）
名称			单位	套	套	套	套
材料	03110601	铁砂布	张		0.0334		
	03130114	电焊条 J422 ϕ3.2	kg	0.0120	0.0009	0.0007	0.0007
	03131101	铜焊丝	kg	0.0903			
	03131571	铜焊粉	kg	0.0194			
	03152508	镀锌铁丝 8$^{\#}$～12$^{\#}$	kg	0.0228		0.0158	0.0158
	03210133	硬质合金冲击钻头 ϕ12	根	0.0341	0.1685	0.0225	0.0414
	03210134	硬质合金冲击钻头 ϕ14	根		0.0033		
	03210210	硬质合金冲击钻头 ϕ10～20	根	0.0022			
	03210771	树脂砂轮切割片 ϕ400	片				0.0160
	13010115	酚醛调和漆	kg	0.0025		0.0532	
	13050511	醇酸防锈漆 C53-1	kg	0.0035			
	14050121	油漆溶剂油	kg	0.0002		0.0018	
	14070101	机油	kg	0.0010		0.0572	
	14390101	氧气	m^3	0.2867	0.0015	0.0010	0.0010
	14390302	乙炔气	kg	0.1016	0.0005	0.0003	0.0003
	14411801	胶粘剂	kg	0.1974	0.1974	0.1390	0.1390
	14430211	胶带 9m/卷	卷	0.3976	0.3976	0.2800	0.2800
	17010136	焊接钢管 DN20	m	0.0062	0.0062	0.0046	0.0046
	17271011	橡胶软管 DN20	m	0.0027	0.0027	0.0021	0.0021
	18034501-1	镀锌钢管螺纹管件 DN15	个			2.2996	
	18034501-2	镀锌钢管螺纹管件 DN20	个			1.3250	
	18034501-3	镀锌钢管螺纹管件 DN25	个			0.7353	
	18034501-4	镀锌钢管螺纹管件 DN32	个			0.0197	
	18051501-1	卡压式不锈钢管件 DN15	个				2.1282
	18051501-2	卡压式不锈钢管件 DN20	个				1.2220
	18051501-3	卡压式不锈钢管件 DN25	个				0.6934
	18051501-4	卡压式不锈钢管件 DN32	个				0.0187
	18072301-1	铜管焊接管件 DN15	个	0.5541			
	18072301-2	铜管焊接管件 DN20	个	2.4943			
	18072301-3	铜管焊接管件 DN25	个	0.6072			
	18072301-4	铜管焊接管件 DN32	个	0.3478			
	18072301-5	铜管焊接管件 DN40	个	0.0998			
	18072301-6	铜管焊接管件 DN50	个	0.0787			
	18097211-1	塑料给水管热熔管件 DN32	个		0.3373		
	18097211-13	塑料给水管热熔管件 DN20	个		0.3412		

（续表）

定额编号				B-5-2-222	B-5-2-223	B-5-2-224	B-5-2-225
项目				给水系统-热水			
				办公楼-铜管（氧乙炔焊）	办公楼-塑料给水管（热熔/电熔连接）	宾馆（饭店）-镀锌钢管（螺纹连接）	宾馆（饭店）-薄壁不锈钢管（卡压/卡套连接）
名称			单位	套	套	套	套
材料	18097211-14	塑料给水管热熔管件 DN25	个		1.5172		
	18097211-2	塑料给水管热熔管件 DN40	个		0.1849		
	18097211-3	塑料给水管热熔管件 DN63	个		0.0501		
	18097211-4	塑料给水管热熔管件 DN50	个		0.0594		
	18097231-1	塑料给水管电熔管件 DN40	个		0.1849		
	18097231-13	塑料给水管电熔管件 DN20	个		0.3412		
	18097231-14	塑料给水管电熔管件 DN25	个		1.5172		
	18097231-2	塑料给水管电熔管件 DN32	个		0.3373		
	18097231-3	塑料给水管电熔管件 DN50	个		0.0594		
	18097231-4	塑料给水管电熔管件 DN63	个		0.0501		
	18251111-1	管卡(成品) DN15	套	0.3927	1.5713	0.8332	1.6664
	18251111-2	管卡(成品) DN20	套	1.4461	7.4306	0.4599	0.7669
	18251111-3	管卡(成品) DN25	套	0.3642	1.6380	0.2709	0.4517
	18251111-4	管卡(成品) DN32	套	0.1826	0.8757	0.0084	0.0105
	18251111-5	管卡(成品) DN40	套		0.2800		
	18251111-6	管卡(成品) DN50	套		0.2281		
	19010013	螺纹阀门 DN20	只	0.0018	0.0018	0.0014	0.0013
	24110331	弹簧压力表 Y-100 0～1.6MPa	块	0.0009	0.0009	0.0007	0.0007
	24590123	压力表弯管 DN15	个	0.0009	0.0009	0.0007	0.0007
	34090311	破布	kg	0.0513	0.0028	0.0346	0.0346
	34110101	水	m^3	0.0091	0.0091	0.0044	0.0044
	34110301	电	kW·h	0.0329	0.4178	0.0180	0.0331
	80060111	干混砌筑砂浆 DM M5.0	m^3	0.0001			
	X0045	其他材料费	%	1.4600	1.0700	1.3100	1.2400
机械	99070530	载重汽车 5t	台班				
	99090005	吊装机械(综合)	台班	0.0011		0.0007	0.0007
	99190200	台式钻床 ϕ16	台班	0.0018			
	99190230	立式钻床 ϕ25	台班	0.0008			
	99190750	管子切断套丝机 ϕ159	台班			0.0324	
	99230170	砂轮切割机 ϕ400	台班	0.0045		0.0038	0.0061
	99250005	电焊机	台班	0.0069	0.0005	0.0003	0.0003
	99250640	电熔焊接机 3.5kW	台班		0.0421		
	99440030	电动单级离心清水泵 ϕ100	台班	0.0004	0.0004	0.0003	0.0003
	99440420	试压泵 3MPa	台班	0.0005	0.0005	0.0003	0.0003

工作内容： 管道及管件安装，成品管卡安装，管道保温，管道水压试验及水冲洗。

定额编号				B-5-2-226	B-5-2-227	B-5-2-228	B-5-2-229
项目				给水系统-热水			
				宾馆(饭店)-薄壁不锈钢管(承插氩弧焊)	宾馆(饭店)-铜管(卡压连接)	宾馆(饭店)-铜管(氧乙炔焊)	宾馆(饭店)-塑料给水管(热熔/电熔连接)
名称			单位	套	套	套	套
人工	00050101	综合人工 安装	工日	0.4758	0.4333	0.6453	0.5351
材料	Z17051001-1	薄壁不锈钢管 DN15	m	(1.5648)			
	Z17051001-2	薄壁不锈钢管 DN20	m	(1.0797)			
	Z17051001-3	薄壁不锈钢管 DN25	m	(0.6360)			
	Z17051001-4	薄壁不锈钢管 DN32	m	(0.0197)			
	Z17150110-15	铜管 DN15	m		(1.5648)	(1.5076)	
	Z17150110-1	铜管 DN20	m		(1.0797)	(1.0402)	
	Z17150110-16	铜管 DN25	m		(0.6360)	(0.6128)	
	Z17150110-17	铜管 DN32	m		(0.0197)	(0.0190)	
	Z17250101-13	塑料给水管 DN20	m				(1.6124)
	Z17250101-14	塑料给水管 DN25	m				(1.1125)
	Z17250101-1	塑料给水管 DN32	m				(0.6553)
	Z17250101-2	塑料给水管 DN40	m				(0.0203)
	Z15133105	橡塑保温管	m^3	(0.0103)	(0.0103)	(0.0103)	(0.0103)
	01290317	热轧钢板(中厚板) δ8～18	kg	0.0105	0.0105	0.0105	0.0105
	01610106	铈钨棒	g	0.1351			
	02010105	橡胶板 δ1～3	kg	0.0025	0.0025	0.0025	0.0025
	03014101	六角螺栓连母垫	kg	0.0013	0.0013	0.0013	0.0013
	03018172	膨胀螺栓(钢制) M8	套	2.8403	2.3666	2.3666	10.3725
	03110212	尼龙砂轮片 φ100	片	0.0775		0.0072	
	03110215	尼龙砂轮片 φ400	片			0.0072	
	03110601	铁砂布	张				0.0204
	03130114	电焊条 J422 φ3.2	kg	0.0007	0.0007	0.0007	0.0007
	03131101	铜焊丝	kg			0.0637	
	03131571	铜焊粉	kg			0.0125	
	03152508	镀锌铁丝 8#～12#	kg	0.0158	0.0158	0.0158	
	03210133	硬质合金冲击钻头 φ12	根	0.0414	0.0345	0.0345	0.1511
	03210771	树脂砂轮切割片 φ400	片	0.0244			
	03210935	割管刀片	片		0.1551		
	14330601	丙酮	kg	0.0418			
	14390101	氧气	m^3	0.0010	0.0010	0.1792	0.0010
	14390302	乙炔气	kg	0.0003	0.0003	0.0645	0.0003
	14390701	氩气	m^3	0.0675			
	14411801	胶粘剂	kg	0.1390	0.1390	0.1390	0.1390
	14430211	胶带 9m/卷	卷	0.2800	0.2800	0.2800	0.2800
	17010136	焊接钢管 DN20	m	0.0046	0.0046	0.0046	0.0046
	17271011	橡胶软管 DN20	m	0.0021	0.0021	0.0021	0.0021
	18051701-1	承插式薄壁不锈钢焊接管件 DN15	个	2.1282			

（续表）

定额编号				B-5-2-226	B-5-2-227	B-5-2-228	B-5-2-229
项目				给水系统-热水			
				宾馆(饭店)-薄壁不锈钢管(承插氩弧焊)	宾馆(饭店)-铜管(卡压连接)	宾馆(饭店)-铜管(氧乙炔焊)	宾馆(饭店)-塑料给水管(热熔/电熔连接)
名称			单位	套	套	套	套
材料	18051701-2	承插式薄壁不锈钢焊接管件 DN20	个	1.2220			
	18051701-3	承插式薄壁不锈钢焊接管件 DN25	个	0.6934			
	18051701-4	承插式薄壁不锈钢焊接管件 DN32	个	0.0187			
	18072101-1	铜管卡压式管件 DN15	个		2.1282		
	18072101-2	铜管卡压式管件 DN20	个		1.2220		
	18072101-3	铜管卡压式管件 DN25	个		0.6934		
	18072101-4	铜管卡压式管件 DN32	个		0.0187		
	18072301-1	铜管焊接管件 DN15	个			1.9584	
	18072301-2	铜管焊接管件 DN20	个			1.1027	
	18072301-3	铜管焊接管件 DN25	个			0.6276	
	18072301-4	铜管焊接管件 DN32	个			0.0167	
	18097211-1	塑料给水管热熔管件 DN32	个				0.3486
	18097211-13	塑料给水管热熔管件 DN20	个				1.2061
	18097211-14	塑料给水管热熔管件 DN25	个				0.6707
	18097211-2	塑料给水管热熔管件 DN40	个				0.0089
	18097231-1	塑料给水管电熔管件 DN40	个				0.0089
	18097231-13	塑料给水管电熔管件 DN20	个				1.2061
	18097231-14	塑料给水管电熔管件 DN25	个				0.6707
	18097231-2	塑料给水管电熔管件 DN32	个				0.3486
	18251111-1	管卡(成品) DN15	套	1.6664	1.3881	1.3881	5.5540
	18251111-2	管卡(成品) DN20	套	0.7669	0.6392	0.6392	3.2848
	18251111-3	管卡(成品) DN25	套	0.4517	0.3765	0.3765	1.6931
	18251111-4	管卡(成品) DN32	套	0.0105	0.0087	0.0087	0.0420
	19010013	螺纹阀门 DN20	只	0.0013	0.0013	0.0013	0.0013
	24110331	弹簧压力表 Y-100 0～1.6MPa	块	0.0007	0.0007	0.0007	0.0007
	24590123	压力表弯管 DN15	个	0.0007	0.0007	0.0007	0.0007
	34090311	破布	kg	0.0346	0.0346	0.0346	0.0020
	34110101	水	m^3	0.0044	0.0044	0.0044	0.0044
	34110301	电	kW·h	0.0331	0.0276	0.0276	0.3112
	X0045	其他材料费	%	1.2700	1.4200	1.3700	0.1700
机械	99090005	吊装机械(综合)	台班	0.0007	0.0007	0.0007	
	99230170	砂轮切割机 ϕ400	台班	0.0061		0.0016	
	99250005	电焊机	台班	0.0037	0.0003	0.0003	0.0003
	99250440	氩弧焊机 500A	台班	0.0634			
	99250640	电熔焊接机 3.5kW	台班				0.0282
	99440030	电动单级离心清水泵 ϕ100	台班	0.0003	0.0003	0.0003	0.0003
	99440420	试压泵 3MPa	台班	0.0003	0.0003	0.0003	0.0003

工作内容： 1. 管道及管件安装，成品管卡安装，管道保温，管道水压试验及水冲洗，管道刷油。
2,3,4. 管道及管件安装，成品管卡安装，管道保温，管道水压试验及水冲洗。

定额编号				B-5-2-230	B-5-2-231	B-5-2-232	B-5-2-233
项目				给水系统-热水			
				医院-镀锌钢管(螺纹连接)	医院-薄壁不锈钢管(卡压/卡套连接)	医院-薄壁不锈钢管(承插氩弧焊)	医院-铜管(卡压连接)
名称			单位	套	套	套	套
人工	00050101	综合人工 安装	工日	0.5533	0.3998	0.3965	0.3644
材料	Z17030101-1	镀锌焊接钢管 DN15	m	(2.3239)			
	Z17030101-2	镀锌焊接钢管 DN20	m	(0.4717)			
	Z17030101-3	镀锌焊接钢管 DN25	m	(0.0852)			
	Z17051001-1	薄壁不锈钢管 DN15	m		(2.3122)	(2.3122)	
	Z17051001-2	薄壁不锈钢管 DN20	m		(0.4693)	(0.4693)	
	Z17051001-3	薄壁不锈钢管 DN25	m		(0.0848)	(0.0848)	
	Z17150110-15	铜管 DN15	m				(2.3122)
	Z17150110-1	铜管 DN20	m				(0.4693)
	Z17150110-16	铜管 DN25	m				(0.0848)
	Z15133105	橡塑保温管	m^3	(0.0083)	(0.0083)	(0.0083)	(0.0083)
	01290317	热轧钢板(中厚板) δ8～18	kg	0.0089	0.0089	0.0089	0.0089
	01610106	铈钨棒	g			0.1035	
	02010105	橡胶板 δ1～3	kg	0.0021	0.0021	0.0021	0.0021
	02130311	聚四氟乙烯带(生料带) 宽度 20	m	3.3288			
	03014101	六角螺栓连母垫	kg	0.0012	0.0012	0.0012	0.0012
	03018172	膨胀螺栓(钢制) M8	套	1.4392	2.8015	2.8015	2.3339
	03110212	尼龙砂轮片 ϕ100	片			0.0590	
	03110215	尼龙砂轮片 ϕ400	片	0.0101			
	03130114	电焊条 J422 ϕ3.2	kg	0.0006	0.0006	0.0006	0.0006
	03152508	镀锌铁丝 8#～12#	kg	0.0121	0.0121	0.0121	0.0121
	03210133	硬质合金冲击钻头 ϕ12	根	0.0210	0.0408	0.0408	0.0340
	03210771	树脂砂轮切割片 ϕ400	片		0.0117	0.0210	
	03210935	割管刀片	片				0.1421
	13010115	酚醛调和漆	kg	0.0408			
	14050121	油漆溶剂油	kg	0.0014			
	14070101	机油	kg	0.0469			
	14330601	丙酮	kg			0.0328	
	14390101	氧气	m^3	0.0009	0.0009	0.0009	0.0009
	14390302	乙炔气	kg	0.0003	0.0003	0.0003	0.0003
	14390701	氩气	m^3			0.0517	

（续表）

		定　额　编　号		B-5-2-230	B-5-2-231	B-5-2-232	B-5-2-233
		项　　目		给水系统-热水			
				医院-镀锌钢管（螺纹连接）	医院-薄壁不锈钢管（卡压/卡套连接）	医院-薄壁不锈钢管（承插氩弧焊）	医院-铜管（卡压连接）
		名　　称	单位	套	套	套	套
材料	14411801	胶粘剂	kg	0.1126	0.1126	0.1126	0.1126
	14430211	胶带 9m/卷	卷	0.2268	0.2268	0.2268	0.2268
	17010136	焊接钢管 DN20	m	0.0038	0.0038	0.0038	0.0038
	17271011	橡胶软管 DN20	m	0.0018	0.0018	0.0018	0.0018
	18034501-1	镀锌钢管螺纹管件 DN15	个	3.3979			
	18034501-2	镀锌钢管螺纹管件 DN20	个	0.5760			
	18034501-3	镀锌钢管螺纹管件 DN25	个	0.0980			
	18051501-1	卡压式不锈钢管件 DN15	个		3.1446		
	18051501-2	卡压式不锈钢管件 DN20	个		0.5312		
	18051501-3	卡压式不锈钢管件 DN25	个		0.0925		
	18051701-1	承插式薄壁不锈钢焊接管件 DN15	个			3.1446	
	18051701-2	承插式薄壁不锈钢焊接管件 DN20	个			0.5312	
	18051701-3	承插式薄壁不锈钢焊接管件 DN25	个			0.0925	
	18072101	铜管卡压式管件	个				0.0925
	18072101-1	铜管卡压式管件 DN15	个				3.1446
	18072101-2	铜管卡压式管件 DN20	个				0.5312
	18251111-1	管卡(成品) DN15	套	1.2311	2.4623	2.4623	2.0511
	18251111-2	管卡(成品) DN20	套	0.1999	0.3334	0.3334	0.2779
	18251111-3	管卡(成品) DN25	套	0.0361	0.0603	0.0603	0.0502
	19010013	螺纹阀门 DN20	只	0.0012	0.0012	0.0012	0.0012
	24110331	弹簧压力表 Y-100 0～1.6MPa	块	0.0006	0.0006	0.0006	0.0006
	24590123	压力表弯管 DN15	个	0.0006	0.0006	0.0006	0.0006
	34090311	破布	kg	0.0260	0.0260	0.0260	0.0260
	34110101	水	m^3	0.0027	0.0027	0.0027	0.0027
	34110301	电	kW·h	0.0168	0.0326	0.0326	0.0272
	X0045	其他材料费	%	1.2800	1.2300	1.2500	1.3800
机械	99090005	吊装机械(综合)	台班	0.0006	0.0006	0.0006	0.0006
	99190750	管子切断套丝机 ϕ159	台班	0.0212			
	99230170	砂轮切割机 ϕ400	台班	0.0025	0.0050	0.0050	
	99250005	电焊机	台班	0.0003	0.0003	0.0032	0.0003
	99250440	氩弧焊机 500A	台班			0.0493	
	99440030	电动单级离心清水泵 ϕ100	台班	0.0003	0.0003	0.0003	0.0003
	99440420	试压泵 3MPa	台班	0.0003	0.0003	0.0003	0.0003

工作内容：1,2,4. 管道及管件安装，成品管卡安装，管道保温，管道水压试验及水冲洗。
3. 管道及管件安装，成品管卡安装，管道保温，管道水压试验及水冲洗，管道刷油。

定额编号				B-5-2-234	B-5-2-235	B-5-2-236	B-5-2-237
项目				给水系统-热水			
				医院-铜管（氧乙炔焊）	医院-塑料给水管（热熔/电熔连接）	其他公共建筑-镀锌钢管（螺纹连接）	其他公共建筑-薄壁不锈钢管（卡压/卡套连接）
名称			单位	套	套	套	套
人工	00050101	综合人工 安装	工日	0.5441	0.4521	1.0182	0.7295
材料	Z17030101-1	镀锌焊接钢管 DN15	m			(2.3140)	
	Z17030101-2	镀锌焊接钢管 DN20	m			(1.9027)	
	Z17030101-3	镀锌焊接钢管 DN25	m			(0.8572)	
	Z17051001-1	薄壁不锈钢管 DN15	m				(2.3023)
	Z17051001-2	薄壁不锈钢管 DN20	m				(1.8931)
	Z17051001-3	薄壁不锈钢管 DN25	m				(0.8529)
	Z17150110-15	铜管 DN15	m	(2.2277)			
	Z17150110-1	铜管 DN20	m	(0.4522)			
	Z17150110-16	铜管 DN25	m	(0.0817)			
	Z17250101-13	塑料给水管 DN20	m		(2.3825)		
	Z17250101-14	塑料给水管 DN25	m		(0.4836)		
	Z17250101-1	塑料给水管 DN32	m		(0.0874)		
	Z15133105	橡塑保温管	m^3	(0.0083)	(0.0083)	(0.0157)	(0.0157)
	01290317	热轧钢板(中厚板) δ8～18	kg	0.0089	0.0089	0.0161	0.0161
	02010105	橡胶板 δ1～3	kg	0.0021	0.0021	0.0039	0.0039
	02130311	聚四氟乙烯带(生料带) 宽度 20	m			6.4083	
	03014101	六角螺栓连母垫	kg	0.0012	0.0012	0.0020	0.0020
	03018172	膨胀螺栓(钢制) M8	套	2.3339	9.6725	2.3499	4.3184
	03110212	尼龙砂轮片 ϕ100	片	0.0058			
	03110215	尼龙砂轮片 ϕ400	片	0.0060		0.0219	
	03110601	铁砂布	张		0.0162		
	03130114	电焊条 J422 ϕ3.2	kg	0.0006	0.0006	0.0010	0.0010
	03131101	铜焊丝	kg	0.0519			
	03131571	铜焊粉	kg	0.0094			
	03152508	镀锌铁丝 8#～12#	kg	0.0121		0.0239	0.0239
	03210133	硬质合金冲击钻头 ϕ12	根	0.0340	0.1409	0.0342	0.0629
	03210771	树脂砂轮切割片 ϕ400	片				0.0240
	13010115	酚醛调和漆	kg			0.0810	
	14050121	油漆溶剂油	kg			0.0027	
	14070101	机油	kg			0.0871	
	14390101	氧气	m^3	0.1406	0.0009	0.0015	0.0015
	14390302	乙炔气	kg	0.0515	0.0003	0.0005	0.0005
	14411801	胶粘剂	kg	0.1126	0.1126	0.2113	0.2113
	14430211	胶带 9m/卷	卷	0.2268	0.2268	0.4256	0.4256
	17010136	焊接钢管 DN20	m	0.0038	0.0038	0.0070	0.0070

（续表）

定额编号				B-5-2-234	B-5-2-235	B-5-2-236	B-5-2-237
项目				给水系统-热水			
				医院-铜管（氧乙炔焊）	医院-塑料给水管（热熔/电熔连接）	其他公共建筑-镀锌钢管（螺纹连接）	其他公共建筑-薄壁不锈钢管（卡压/卡套连接）
名称			单位	套	套	套	套
材料	17271011	橡胶软管 DN20	m	0.0018	0.0018	0.0032	0.0032
	18034501-1	镀锌钢管螺纹管件 DN15	个			3.3834	
	18034501-2	镀锌钢管螺纹管件 DN20	个			2.3232	
	18034501-3	镀锌钢管螺纹管件 DN25	个			0.9861	
	18051501-1	卡压式不锈钢管件 DN15	个				3.1312
	18051501-2	卡压式不锈钢管件 DN20	个				2.1427
	18051501-3	卡压式不锈钢管件 DN25	个				0.9299
	18072301-1	铜管焊接管件 DN15	个	2.8937			
	18072301-2	铜管焊接管件 DN20	个	0.4793			
	18072301-3	铜管焊接管件 DN25	个	0.0837			
	18097211-1	塑料给水管热熔管件 DN32	个		0.0465		
	18097211-13	塑料给水管热熔管件 DN20	个		1.7822		
	18097211-14	塑料给水管热熔管件 DN25	个		0.2915		
	18097231-13	塑料给水管电熔管件 DN20	个		1.7822		
	18097231-14	塑料给水管电熔管件 DN25	个		0.2915		
	18097231-2	塑料给水管电熔管件 DN32	个		0.0465		
	18251111-1	管卡（成品） DN15	套	2.0511	8.2067	1.2259	2.4518
	18251111-2	管卡（成品） DN20	套	0.2779	1.4279	0.8064	1.3446
	18251111-3	管卡（成品） DN25	套	0.0502	0.2258	0.3633	0.6059
	19010013	螺纹阀门 DN20	只	0.0012	0.0012	0.0021	0.0020
	24110331	弹簧压力表 Y-100 0～1.6MPa	块	0.0006	0.0006	0.0010	0.0010
	24590123	压力表弯管 DN15	个	0.0006	0.0006	0.0010	0.0010
	34090311	破布	kg	0.0260	0.0016	0.0520	0.0520
	34110101	水	m^3	0.0027	0.0027	0.0065	0.0065
	34110301	电	kW·h	0.0272	0.2652	0.0274	0.0503
	X0045	其他材料费	%	1.3300	0.1300	1.2900	1.2300
机械	99090005	吊装机械（综合）	台班	0.0006		0.0011	0.0011
	99190750	管子切断套丝机 ϕ159	台班			0.0478	
	99230170	砂轮切割机 ϕ400	台班	0.0012		0.0057	0.0092
	99250005	电焊机	台班	0.0003	0.0003	0.0005	0.0005
	99250640	电熔焊接机 3.5kW	台班		0.0210		
	99440030	电动单级离心清水泵 ϕ100	台班	0.0003	0.0003	0.0005	0.0005
	99440420	试压泵 3MPa	台班	0.0003	0.0003	0.0005	0.0005

工作内容： 管道及管件安装，成品管卡安装，管道保温，管道水压试验及水冲洗。

定额编号				B-5-2-238	B-5-2-239	B-5-2-240	B-5-2-241
项目				给水系统-热水			
				其他公共建筑-薄壁不锈钢管(承插氩弧焊)	其他公共建筑-铜管(卡压连接)	其他公共建筑-铜管(氧乙炔焊)	其他公共建筑-塑料给水管(热熔/电熔连接)
名称			单位	套	套	套	套
人工	00050101	综合人工 安装	工日	0.7254	0.6614	0.9853	0.8171
材料	Z17051001-1	薄壁不锈钢管 DN15	m	(2.3023)			
	Z17051001-2	薄壁不锈钢管 DN20	m	(1.8931)			
	Z17051001-3	薄壁不锈钢管 DN25	m	(0.8529)			
	Z17150110-15	铜管 DN15	m		(2.3023)	(2.2182)	
	Z17150110-1	铜管 DN20	m		(1.8931)	(1.8240)	
	Z17150110-16	铜管 DN25	m		(0.8529)	(0.8217)	
	Z17250101-13	塑料给水管 DN20	m				(2.3724)
	Z17250101-14	塑料给水管 DN25	m				(1.9507)
	Z17250101-1	塑料给水管 DN32	m				(0.8788)
	Z15133105	橡塑保温管	m^3	(0.0157)	(0.0157)	(0.0157)	(0.0157)
	01290317	热轧钢板(中厚板) δ8～18	kg	0.0161	0.0161	0.0161	0.0161
	01610106	铈钨棒	g	0.2074			
	02010105	橡胶板 δ1～3	kg	0.0039	0.0039	0.0039	0.0039
	03014101	六角螺栓连母垫	kg	0.0020	0.0020	0.0020	0.0020
	03018172	膨胀螺栓(钢制) M8	套	4.3184	3.5983	3.5983	15.8934
	03110212	尼龙砂轮片 ϕ100	片	0.1189		0.0111	
	03110215	尼龙砂轮片 ϕ400	片			0.0111	
	03110601	铁砂布	张				0.0311
	03130114	电焊条 J422 ϕ3.2	kg	0.0010	0.0010	0.0010	0.0010
	03131101	铜焊丝	kg			0.0970	
	03131571	铜焊粉	kg			0.0190	
	03152508	镀锌铁丝 8#～12#	kg	0.0239	0.0239	0.0239	
	03210133	硬质合金冲击钻头 ϕ12	根	0.0629	0.0524	0.0524	0.2315
	03210771	树脂砂轮切割片 ϕ400	片	0.0373			
	03210935	割管刀片	片		0.2377		
	14330601	丙酮	kg	0.0636			
	14390101	氧气	m^3	0.0015	0.0015	0.2720	0.0015
	14390302	乙炔气	kg	0.0005	0.0005	0.0979	0.0005
	14390701	氩气	m^3	0.1037			
	14411801	胶粘剂	kg	0.2113	0.2113	0.2113	0.2113

（续表）

定额编号				B-5-2-238	B-5-2-239	B-5-2-240	B-5-2-241
项目				给水系统-热水			
				其他公共建筑-薄壁不锈钢管(承插氩弧焊)	其他公共建筑-铜管(卡压连接)	其他公共建筑-铜管(氧乙炔焊)	其他公共建筑-塑料给水管(热熔/电熔连接)
名称			单位	套	套	套	套
材料	14430211	胶带 9m/卷	卷	0.4256	0.4256	0.4256	0.4256
	17010136	焊接钢管 DN20	m	0.0070	0.0070	0.0070	0.0070
	17271011	橡胶软管 DN20	m	0.0032	0.0032	0.0032	0.0032
	18051701-1	承插式薄壁不锈钢焊接管件 DN15	个	3.1312			
	18051701-2	承插式薄壁不锈钢焊接管件 DN20	个	2.1427			
	18051701-3	承插式薄壁不锈钢焊接管件 DN25	个	0.9299			
	18072101-1	铜管卡压式管件 DN15	个		3.1312		
	18072101-2	铜管卡压式管件 DN20	个		2.1427		
	18072101-3	铜管卡压式管件 DN25	个		0.9299		
	18072301-1	铜管焊接管件 DN15	个			2.8814	
	18072301-2	铜管焊接管件 DN20	个			1.9334	
	18072301-3	铜管焊接管件 DN25	个			0.8416	
	18097211-1	塑料给水管热熔管件 DN32	个				0.4675
	18097211-13	塑料给水管热熔管件 DN20	个				1.7746
	18097211-14	塑料给水管热熔管件 DN25	个				1.1760
	18097231-13	塑料给水管电熔管件 DN20	个				1.7746
	18097231-14	塑料给水管电熔管件 DN25	个				1.1760
	18097231-2	塑料给水管电熔管件 DN32	个				0.4675
	18251111-1	管卡(成品) DN15	套	2.4518	2.0424	2.0424	8.1717
	18251111-2	管卡(成品) DN20	套	1.3446	1.1209	1.1209	5.7597
	18251111-3	管卡(成品) DN25	套	0.6059	0.5049	0.5049	2.2706
	19010013	螺纹阀门 DN20	只	0.0020	0.0020	0.0020	0.0020
	24110331	弹簧压力表 Y-100 0～1.6MPa	块	0.0010	0.0010	0.0010	0.0010
	24590123	压力表弯管 DN15	个	0.0010	0.0010	0.0010	0.0010
	34090311	破布	kg	0.0520	0.0520	0.0520	0.0030
	34110101	水	m^3	0.0065	0.0065	0.0065	0.0065
	34110301	电	kW·h	0.0503	0.0419	0.0419	0.4747
	X0045	其他材料费	%	1.2600	1.3900	1.3300	0.1300
机械	99090005	吊装机械(综合)	台班	0.0011	0.0011	0.0011	
	99230170	砂轮切割机 φ400	台班	0.0092		0.0024	
	99250005	电焊机	台班	0.0056	0.0005	0.0005	0.0005
	99250440	氩弧焊机 500A	台班	0.0973			
	99250640	电熔焊接机 3.5kW	台班				0.0430
	99440030	电动单级离心清水泵 φ100	台班	0.0005	0.0005	0.0005	0.0005
	99440420	试压泵 3MPa	台班	0.0005	0.0005	0.0005	0.0005

工作内容：管道及管件安装，成品管卡安装，管道灌水试验。

定额编号				B-5-2-242	B-5-2-243
项目				排水系统-塑料排水管(热熔连接)	排水系统-塑料排水管(粘接)
名称			单位	套	套
人工	00050101	综合人工 安装	工日	0.9571	0.8804
材料	Z17250201-1	塑料排水管 DN50	m	(1.5382)	(1.5382)
	Z17250201-11	塑料排水管 DN40	m	(1.0788)	(1.0788)
	Z17250201-2	塑料排水管 DN75	m	(0.6105)	(0.6105)
	Z17250201-3	塑料排水管 DN110	m	(1.6625)	(1.6625)
	03018172	膨胀螺栓(钢制) M8	套	2.7449	2.7449
	03018173	膨胀螺栓(钢制) M10	套	3.9866	3.9866
	03018174	膨胀螺栓(钢制) M12	套	1.6385	1.6385
	03110601	铁砂布	张	0.0902	0.0902
	03210133	硬质合金冲击钻头 ϕ12	根	0.0400	0.0400
	03210134	硬质合金冲击钻头 ϕ14	根	0.0605	0.0605
	03210135	硬质合金冲击钻头 ϕ16	根	0.0286	0.0286
	14330601	丙酮	kg		0.1022
	14411821	粘结剂	kg		0.0676
	18095031-1	塑料排水管粘接管件 DN50	个		1.0488
	18095031-2	塑料排水管粘接管件 DN75	个		0.5514
	18095031-3	塑料排水管粘接管件 DN110	个		2.0230
	18095031-7	塑料排水管粘接管件 DN40	个		0.7355
	18095411-1	塑料排水管热熔管件 DN50	个	1.0488	
	18095411-2	塑料排水管热熔管件 DN75	个	0.5514	
	18095411-3	塑料排水管热熔管件 DN110	个	2.0230	
	18095411-7	塑料排水管热熔管件 DN40	个	0.7355	
	18251111-5	管卡(成品) DN40	套	2.7982	2.7982
	18251111-6	管卡(成品) DN50	套	3.1920	3.1920
	18251111-8	管卡(成品) DN80	套	0.8720	0.8720
	18251111-9	管卡(成品) DN100	套	1.6703	1.6703
	34110101	水	m^3	0.0350	0.0350
	34110301	电	kW·h	1.9293	0.2709
	X0045	其他材料费	%	2.0100	2.0000
机械	99440030	电动单级离心清水泵 ϕ100	台班	0.0007	0.0007

第二节　定 额 含 量

一、给排水、采暖管道

工作内容： 1,2,3. 管道及管件安装，水压试验、水冲洗及挖填土。

4. 管道及管件安装，支架制作安装，一般钢套管制作安装，管道水压试验及水冲洗，管道及支架刷油。

定　额　编　号			B-5-2-1	B-5-2-2	B-5-2-3	B-5-2-4
项　　目			室外镀锌钢管(螺纹连接)			室内镀锌钢管(螺纹连接)
			公称直径(mm 以内)			
			50	100	150	15
			10m	10m	10m	10m
预算定额编号	预算定额名称	预算定额单位	数　　量			
03-10-1-6	给排水管道 室外镀锌钢管(螺纹连接) 公称直径 50mm 以内	10m	1.0000			
03-10-1-9	给排水管道 室外镀锌钢管(螺纹连接) 公称直径 100mm 以内	10m		1.0000		
03-10-1-11	给排水管道 室外镀锌钢管(螺纹连接) 公称直径 150mm 以内	10m			1.0000	
03-10-1-12	给排水管道 室内镀锌钢管(螺纹连接) 公称直径 15mm 以内	10m				0.8000
03-10-1-469	采暖管道 室内镀锌钢管(螺纹连接) 公称直径 15mm 以内	10m				0.2000
03-10-2-25	一般钢套管制作安装 介质管道 公称直径 20mm 以内	个				1.0000
03-10-2-1	管道支架制作 单件重量 5kg 以内	100kg				0.0388
03-10-2-6	管道支架安装 单件重量 5kg 以内	100kg				0.0388
03-12-1-107	金属结构刷油 一般钢结构 红丹防锈漆 第一遍	100kg				0.0388
03-12-1-108	金属结构刷油 一般钢结构 红丹防锈漆 增一遍	100kg				0.0388
03-12-1-116	金属结构刷油 一般钢结构 调和漆 第一遍	100kg				0.0388
03-12-1-117	金属结构刷油 一般钢结构 调和漆 增一遍	100kg				0.0388
03-12-1-66	管道刷油 调和漆 第一遍	$10m^2$				0.0669
03-12-1-67	管道刷油 调和漆 增一遍	$10m^2$				0.0669
03-10-2-190	室外管道管道人工挖土 公称直径 50mm 1m 深	100m	0.1000			
03-10-2-191	室外管道管道人工挖土 公称直径 100mm 1m 深	100m		0.1000		
03-10-2-192	室外管道管道人工挖土 公称直径 200mm 1m 深	100m			0.1000	

工作内容： 管道及管件安装，支架制作安装，一般钢套管制作安装，管道水压试验及水冲洗，管道及支架刷油。

定　额　编　号			B-5-2-5	B-5-2-6	B-5-2-7	B-5-2-8
项　　目			室内镀锌钢管（螺纹连接）			
			公称直径（mm 以内）			
			20	25	32	40
			10m	10m	10m	10m
预算定额编号	预算定额名称	预算定额单位	数　　量			
03-10-1-13	给排水管道 室内镀锌钢管（螺纹连接）公称直径 20mm 以内	10m	0.8000			
03-10-1-14	给排水管道 室内镀锌钢管（螺纹连接）公称直径 25mm 以内	10m		0.8000		
03-10-1-15	给排水管道 室内镀锌钢管（螺纹连接）公称直径 32mm 以内	10m			0.8000	
03-10-1-16	给排水管道 室内镀锌钢管（螺纹连接）公称直径 40mm 以内	10m				0.8000
03-10-1-470	采暖管道 室内镀锌钢管（螺纹连接）公称直径 20mm 以内	10m	0.2000			
03-10-1-471	采暖管道 室内镀锌钢管（螺纹连接）公称直径 25mm 以内	10m		0.2000		
03-10-1-472	采暖管道 室内镀锌钢管（螺纹连接）公称直径 32mm 以内	10m			0.2000	
03-10-1-473	采暖管道 室内镀锌钢管（螺纹连接）公称直径 40mm 以内	10m				0.2000
03-10-2-25	一般钢套管制作安装 介质管道公称直径 20mm 以内	个	1.0000			
03-10-2-26	一般钢套管制作安装 介质管道公称直径 32mm 以内	个		1.0000	1.0000	
03-10-2-27	一般钢套管制作安装 介质管道公称直径 50mm 以内	个				1.0000
03-10-2-1	管道支架制作 单件重量 5kg 以内	100kg	0.0334	0.0316	0.0298	0.0270
03-10-2-6	管道支架安装 单件重量 5kg 以内	100kg	0.0334	0.0316	0.0298	0.0270
03-12-1-107	金属结构刷油 一般钢结构 红丹防锈漆 第一遍	100kg	0.0334	0.0316	0.0298	0.0270
03-12-1-108	金属结构刷油 一般钢结构 红丹防锈漆 增一遍	100kg	0.0334	0.0316	0.0298	0.0270
03-12-1-116	金属结构刷油 一般钢结构 调和漆 第一遍	100kg	0.0334	0.0316	0.0298	0.0270
03-12-1-117	金属结构刷油 一般钢结构 调和漆 增一遍	100kg	0.0334	0.0316	0.0298	0.0270
03-12-1-66	管道刷油 调和漆 第一遍	$10m^2$	0.0842	0.1052	0.1329	0.1508
03-12-1-67	管道刷油 调和漆 增一遍	$10m^2$	0.0842	0.1052	0.1329	0.1508

工作内容：管道及管件安装，支架制作安装，一般钢套管制作安装，管道水压试验及水冲洗，管道及支架刷油。

定额编号			B-5-2-9	B-5-2-10	B-5-2-11	B-5-2-12
项目			室内镀锌钢管(螺纹连接)			
			公称直径(mm 以内)			
			50	65	80	100
			10m	10m	10m	10m
预算定额编号	预算定额名称	预算定额单位	数量			
03-10-1-17	给排水管道 室内镀锌钢管(螺纹连接) 公称直径 50mm 以内	10m	0.8000			
03-10-1-18	给排水管道 室内镀锌钢管(螺纹连接) 公称直径 65mm 以内	10m		0.8000		
03-10-1-19	给排水管道 室内镀锌钢管(螺纹连接) 公称直径 80mm 以内	10m			0.8000	
03-10-1-20	给排水管道 室内镀锌钢管(螺纹连接) 公称直径 100mm 以内	10m				0.8000
03-10-1-474	采暖管道 室内镀锌钢管(螺纹连接) 公称直径 50mm 以内	10m	0.2000			
03-10-1-475	采暖管道 室内镀锌钢管(螺纹连接) 公称直径 65mm 以内	10m		0.2000		
03-10-1-476	采暖管道 室内镀锌钢管(螺纹连接) 公称直径 80mm 以内	10m			0.2000	
03-10-1-477	采暖管道 室内镀锌钢管(螺纹连接) 公称直径 100mm 以内	10m				0.2000
03-10-2-27	一般钢套管制作安装 介质管道 公称直径 50mm 以内	个	1.0000			
03-10-2-28	一般钢套管制作安装 介质管道 公称直径 65mm 以内	个		1.0000		
03-10-2-29	一般钢套管制作安装 介质管道 公称直径 80mm 以内	个			1.0000	
03-10-2-30	一般钢套管制作安装 介质管道 公称直径 100mm 以内	个				1.0000
03-10-2-1	管道支架制作 单件重量 5kg 以内	100kg	0.0448	0.0454	0.0484	0.0582
03-10-2-6	管道支架安装 单件重量 5kg 以内	100kg	0.0448	0.0454	0.0484	0.0582
03-12-1-107	金属结构刷油 一般钢结构 红丹防锈漆 第一遍	100kg	0.0448	0.0454	0.0484	0.0582
03-12-1-108	金属结构刷油 一般钢结构 红丹防锈漆 增一遍	100kg	0.0448	0.0454	0.0484	0.0582
03-12-1-116	金属结构刷油 一般钢结构 调和漆 第一遍	100kg	0.0448	0.0454	0.0484	0.0582
03-12-1-117	金属结构刷油 一般钢结构 调和漆 增一遍	100kg	0.0448	0.0454	0.0484	0.0582
03-12-1-66	管道刷油 调和漆 第一遍	$10m^2$	0.1995	0.2372	0.2780	0.3581
03-12-1-67	管道刷油 调和漆 增一遍	$10m^2$	0.1995	0.2372	0.2780	0.3581

工作内容：管道及管件安装，支架制作安装，一般钢套管制作安装，管道水压试验及水冲洗，管道及支架刷油。

定　额　编　号			B-5-2-13	B-5-2-14	B-5-2-15	B-5-2-16
项　　目			室内镀锌钢管(螺纹连接)		室内钢管(沟槽连接)	
			公称直径(mm 以内)			
			125	150	65	80
			10m	10m	10m	10m
预算定额编号	预算定额名称	预算定额单位	数　量			
03-10-1-21	给排水管道 室内镀锌钢管(螺纹连接) 公称直径 125mm 以内	10m	0.8000			
03-10-1-22	给排水管道 室内镀锌钢管(螺纹连接) 公称直径 150mm 以内	10m		0.8000		
03-10-1-478	采暖管道 室内镀锌钢管(螺纹连接) 公称直径 125mm 以内	10m	0.2000			
03-10-1-479	采暖管道 室内镀锌钢管(螺纹连接) 公称直径 150mm 以内	10m		0.2000		
03-10-1-51	给排水管道 室内钢管(沟槽连接) 公称直径 65mm 以内	10m			1.0000	
03-10-1-52	给排水管道 室内钢管(沟槽连接) 公称直径 80mm 以内	10m				1.0000
03-10-2-28	一般钢套管制作安装 介质管道 公称直径 65mm 以内	个			1.0000	
03-10-2-29	一般钢套管制作安装 介质管道 公称直径 80mm 以内	个				1.0000
03-10-2-31	一般钢套管制作安装 介质管道 公称直径 125mm 以内	个	1.0000			
03-10-2-32	一般钢套管制作安装 介质管道 公称直径 150mm 以内	个		1.0000		
03-10-2-1	管道支架制作 单件重量 5kg 以内	100kg	0.0614	0.0724	0.0590	0.0620
03-10-2-6	管道支架安装 单件重量 5kg 以内	100kg	0.0614	0.0724	0.0590	0.0620
03-12-1-107	金属结构刷油 一般钢结构 红丹防锈漆 第一遍	100kg	0.0614	0.0724	0.0590	0.0620
03-12-1-108	金属结构刷油 一般钢结构 红丹防锈漆 增一遍	100kg	0.0614	0.0724	0.0590	0.0620
03-12-1-116	金属结构刷油 一般钢结构 调和漆 第一遍	100kg	0.0614	0.0724	0.0590	0.0620
03-12-1-117	金属结构刷油 一般钢结构 调和漆 增一遍	100kg	0.0614	0.0724	0.0590	0.0620
03-12-1-59	管道刷油 红丹防锈漆 第一遍	$10m^2$			0.2372	0.2780
03-12-1-60	管道刷油 红丹防锈漆 增一遍	$10m^2$			0.2372	0.2780
03-12-1-66	管道刷油 调和漆 第一遍	$10m^2$	0.4398	0.5278	0.2372	0.2780
03-12-1-67	管道刷油 调和漆 增一遍	$10m^2$	0.4398	0.5278	0.2372	0.2780

工作内容： 管道及管件安装，支架制作安装，一般钢套管制作安装，管道水压试验及水冲洗，管道及支架刷油。

定额编号			B-5-2-17	B-5-2-18	B-5-2-19	B-5-2-20
项目			室内钢管(沟槽连接)			
			公称直径(mm以内)			
			100	125	150	200
			10m	10m	10m	10m
预算定额编号	预算定额名称	预算定额单位	数量			
03-10-1-53	给排水管道 室内钢管(沟槽连接) 公称直径 100mm 以内	10m	1.0000			
03-10-1-54	给排水管道 室内钢管(沟槽连接) 公称直径 125mm 以内	10m		1.0000		
03-10-1-55	给排水管道 室内钢管(沟槽连接) 公称直径 150mm 以内	10m			1.0000	
03-10-1-56	给排水管道 室内钢管(沟槽连接) 公称直径 200mm 以内	10m				1.0000
03-10-2-30	一般钢套管制作安装 介质管道 公称直径 100mm 以内	个	1.0000			
03-10-2-31	一般钢套管制作安装 介质管道 公称直径 125mm 以内	个		1.0000		
03-10-2-32	一般钢套管制作安装 介质管道 公称直径 150mm 以内	个			1.0000	
03-10-2-33	一般钢套管制作安装 介质管道 公称直径 200mm 以内	个				1.0000
03-10-2-1	管道支架制作 单件重量 5kg 以内	100kg	0.0750	0.0750	0.1060	0.1660
03-10-2-6	管道支架安装 单件重量 5kg 以内	100kg	0.0750	0.0750	0.1060	0.1660
03-12-1-107	金属结构刷油 一般钢结构 红丹防锈漆 第一遍	100kg	0.0750	0.0750	0.1060	0.1660
03-12-1-108	金属结构刷油 一般钢结构 红丹防锈漆 增一遍	100kg	0.0750	0.0750	0.1060	0.1660
03-12-1-116	金属结构刷油 一般钢结构 调和漆 第一遍	100kg	0.0750	0.0750	0.1060	0.1660
03-12-1-117	金属结构刷油 一般钢结构 调和漆 增一遍	100kg	0.0750	0.0750	0.1060	0.1660
03-12-1-59	管道刷油 红丹防锈漆 第一遍	$10m^2$	0.3581	0.4398	0.5278	0.6880
03-12-1-60	管道刷油 红丹防锈漆 增一遍	$10m^2$	0.3581	0.4398	0.5278	0.6880
03-12-1-66	管道刷油 调和漆 第一遍	$10m^2$	0.3581	0.4398	0.5278	0.6880
03-12-1-67	管道刷油 调和漆 增一遍	$10m^2$	0.3581	0.4398	0.5278	0.6880

工作内容： 管道及管件安装，支架制作安装，一般钢套管制作安装，管道水压试验及水冲洗，管道及支架刷油。

定　额　编　号			B-5-2-21	B-5-2-22	B-5-2-23	B-5-2-24
项　　目			室内钢管(沟槽连接)			
			公称直径(mm 以内)			
			250	300	350	400
			10m	10m	10m	10m
预算定额编号	预算定额名称	预算定额单位	数　　量			
03-10-1-57	给排水管道 室内钢管(沟槽连接)公称直径 250mm 以内	10m	1.0000			
03-10-1-58	给排水管道 室内钢管(沟槽连接)公称直径 300mm 以内	10m		1.0000		
03-10-1-59	给排水管道 室内钢管(沟槽连接)公称直径 350mm 以内	10m			1.0000	
03-10-1-60	给排水管道 室内钢管(沟槽连接)公称直径 400mm 以内	10m				1.0000
03-10-2-34	一般钢套管制作安装 介质管道公称直径 250mm 以内	个	1.0000			
03-10-2-35	一般钢套管制作安装 介质管道公称直径 300mm 以内	个		1.0000		
03-10-2-36	一般钢套管制作安装 介质管道公称直径 350mm 以内	个			1.0000	
03-10-2-37	一般钢套管制作安装 介质管道公称直径 400mm 以内	个				1.0000
03-10-2-1	管道支架制作 单件重量 5kg 以内	100kg	0.1760	0.1810	0.2960	0.3070
03-10-2-6	管道支架安装 单件重量 5kg 以内	100kg	0.1760	0.1810	0.2960	0.3070
03-12-1-107	金属结构刷油 一般钢结构红丹防锈漆 第一遍	100kg	0.1760	0.1810	0.2960	0.3070
03-12-1-108	金属结构刷油 一般钢结构红丹防锈漆 增一遍	100kg	0.1760	0.1810	0.2960	0.3070
03-12-1-116	金属结构刷油 一般钢结构调和漆 第一遍	100kg	0.1760	0.1810	0.2960	0.3070
03-12-1-117	金属结构刷油 一般钢结构调和漆 增一遍	100kg	0.1760	0.1810	0.2960	0.3070
03-12-1-59	管道刷油 红丹防锈漆 第一遍	$10m^2$	0.8576	1.0210	1.1844	1.3383
03-12-1-60	管道刷油 红丹防锈漆 增一遍	$10m^2$	0.8576	1.0210	1.1844	1.3383
03-12-1-66	管道刷油 调和漆 第一遍	$10m^2$	0.8576	1.0210	1.1844	1.3383
03-12-1-67	管道刷油 调和漆 增一遍	$10m^2$	0.8576	1.0210	1.1844	1.3383

工作内容：管道及管件安装，支架制作安装，一般钢套管制作安装，管道水压试验及水冲洗，支架刷油。

定额编号			B-5-2-25	B-5-2-26	B-5-2-27	B-5-2-28
项目			室内薄壁不锈钢管（卡压/卡套连接）			
			公称直径(mm以内)			
			15	20	25	32
			10m	10m	10m	10m
预算定额编号	预算定额名称	预算定额单位	数量			
03-10-1-75	给排水管道 室内薄壁不锈钢管（卡压连接）公称直径 15mm以内	10m	1.0000			
03-10-1-76	给排水管道 室内薄壁不锈钢管（卡压连接）公称直径 20mm以内	10m		1.0000		
03-10-1-77	给排水管道 室内薄壁不锈钢管（卡压连接）公称直径 25mm以内	10m			1.0000	
03-10-1-78	给排水管道 室内薄壁不锈钢管（卡压连接）公称直径 32mm以内	10m				1.0000
03-10-2-25	一般钢套管制作安装 介质管道 公称直径 20mm以内	个	1.0000	1.0000		
03-10-2-26	一般钢套管制作安装 介质管道 公称直径 32mm以内	个			1.0000	1.0000
03-10-2-1	管道支架制作 单件重量 5kg以内	100kg	0.0340	0.0300	0.0270	0.0240
03-10-2-6	管道支架安装 单件重量 5kg以内	100kg	0.0340	0.0300	0.0270	0.0240
03-12-1-107	金属结构刷油 一般钢结构 红丹防锈漆 第一遍	100kg	0.0340	0.0300	0.0270	0.0240
03-12-1-108	金属结构刷油 一般钢结构 红丹防锈漆 增一遍	100kg	0.0340	0.0300	0.0270	0.0240
03-12-1-116	金属结构刷油 一般钢结构 调和漆 第一遍	100kg	0.0340	0.0300	0.0270	0.0240
03-12-1-117	金属结构刷油 一般钢结构 调和漆 增一遍	100kg	0.0340	0.0300	0.0270	0.0240

工作内容： 管道及管件安装，支架制作安装，一般钢套管制作安装，管道水压试验及水冲洗，支架刷油。

定　额　编　号			B-5-2-29	B-5-2-30	B-5-2-31	B-5-2-32
项　　目			室内薄壁不锈钢管(卡压/卡套连接)			
			公称直径(mm 以内)			
			40	50	65	80
			10m	10m	10m	10m
预算定额编号	预算定额名称	预算定额单位	数　　量			
03-10-1-79	给排水管道 室内薄壁不锈钢管（卡压连接）公称直径 40mm 以内	10m	1.0000			
03-10-1-80	给排水管道 室内薄壁不锈钢管（卡压连接）公称直径 50mm 以内	10m		1.0000		
03-10-1-81	给排水管道 室内薄壁不锈钢管（卡压连接）公称直径 65mm 以内	10m			1.0000	
03-10-1-82	给排水管道 室内薄壁不锈钢管（卡压连接）公称直径 80mm 以内	10m				1.0000
03-10-2-27	一般钢套管制作安装 介质管道 公称直径 50mm 以内	个	1.0000	1.0000		
03-10-2-28	一般钢套管制作安装 介质管道 公称直径 65mm 以内	个			1.0000	
03-10-2-29	一般钢套管制作安装 介质管道 公称直径 80mm 以内	个				1.0000
03-10-2-1	管道支架制作 单件重量 5kg 以内	100kg	0.0220	0.0410	0.0420	0.0450
03-10-2-6	管道支架安装 单件重量 5kg 以内	100kg	0.0220	0.0410	0.0420	0.0450
03-12-1-107	金属结构刷油 一般钢结构 红丹防锈漆 第一遍	100kg	0.0220	0.0410	0.0420	0.0450
03-12-1-108	金属结构刷油 一般钢结构 红丹防锈漆 增一遍	100kg	0.0220	0.0410	0.0420	0.0450
03-12-1-116	金属结构刷油 一般钢结构 调和漆 第一遍	100kg	0.0220	0.0410	0.0420	0.0450
03-12-1-117	金属结构刷油 一般钢结构 调和漆 增一遍	100kg	0.0220	0.0410	0.0420	0.0450

工作内容：管道及管件安装，支架制作安装，一般钢套管制作安装，管道水压试验及水冲洗，支架刷油。

定额编号			B-5-2-33	B-5-2-34	B-5-2-35	B-5-2-36
项目			室内薄壁不锈钢管（卡压/卡套连接）	室内薄壁不锈钢管（承插氩弧焊）		
			公称直径(mm 以内)			
			100	15	20	25
			10m	10m	10m	10m
预算定额编号	预算定额名称	预算定额单位	数量			
03-10-1-83	给排水管道 室内薄壁不锈钢管(卡压连接) 公称直径 100mm 以内	10m	1.0000			
03-10-1-93	给排水管道 室内薄壁不锈钢管(承插氩弧焊) 公称直径 15mm 以内	10m		1.0000		
03-10-1-94	给排水管道 室内薄壁不锈钢管(承插氩弧焊) 公称直径 20mm 以内	10m			1.0000	
03-10-1-95	给排水管道 室内薄壁不锈钢管(承插氩弧焊) 公称直径 25mm 以内	10m				1.0000
03-10-2-30	一般钢套管制作安装 介质管道公称直径 100mm 以内	个	1.0000			
03-10-2-25	一般钢套管制作安装 介质管道公称直径 20mm 以内	个		1.0000	1.0000	
03-10-2-26	一般钢套管制作安装 介质管道公称直径 32mm 以内	个				1.0000
03-10-2-1	管道支架制作 单件重量 5kg 以内	100kg	0.0540	0.0340	0.0300	0.0270
03-10-2-6	管道支架安装 单件重量 5kg 以内	100kg	0.0540	0.0340	0.0300	0.0270
03-12-1-107	金属结构刷油 一般钢结构红丹防锈漆 第一遍	100kg	0.0540	0.0340	0.0300	0.0270
03-12-1-108	金属结构刷油 一般钢结构红丹防锈漆 增一遍	100kg	0.0540	0.0340	0.0300	0.0270
03-12-1-116	金属结构刷油 一般钢结构调和漆 第一遍	100kg	0.0540	0.0340	0.0300	0.0270
03-12-1-117	金属结构刷油 一般钢结构调和漆 增一遍	100kg	0.0540	0.0340	0.0300	0.0270

工作内容：管道及管件安装，支架制作安装，一般钢套管制作安装，管道水压试验及水冲洗，支架刷油。

定额编号			B-5-2-37	B-5-2-38	B-5-2-39	B-5-2-40
项目			室内薄壁不锈钢管(承插氩弧焊)			
			公称直径(mm 以内)			
			32	40	50	65
			10m	10m	10m	10m
预算定额编号	预算定额名称	预算定额单位	数量			
03-10-1-96	给排水管道 室内薄壁不锈钢管（承插氩弧焊）公称直径 32mm 以内	10m	1.0000			
03-10-1-97	给排水管道 室内薄壁不锈钢管（承插氩弧焊）公称直径 40mm 以内	10m		1.0000		
03-10-1-98	给排水管道 室内薄壁不锈钢管（承插氩弧焊）公称直径 50mm 以内	10m			1.0000	
03-10-1-99	给排水管道 室内薄壁不锈钢管（承插氩弧焊）公称直径 65mm 以内	10m				1.0000
03-10-2-26	一般钢套管制作安装 介质管道 公称直径 32mm 以内	个	1.0000			
03-10-2-27	一般钢套管制作安装 介质管道 公称直径 50mm 以内	个		1.0000	1.0000	
03-10-2-28	一般钢套管制作安装 介质管道 公称直径 65mm 以内	个				1.0000
03-10-2-1	管道支架制作 单件重量 5kg 以内	100kg	0.0240	0.0220	0.0410	0.0420
03-10-2-6	管道支架安装 单件重量 5kg 以内	100kg	0.0240	0.0220	0.0410	0.0420
03-12-1-107	金属结构刷油 一般钢结构 红丹防锈漆 第一遍	100kg	0.0240	0.0220	0.0410	0.0420
03-12-1-108	金属结构刷油 一般钢结构 红丹防锈漆 增一遍	100kg	0.0240	0.0220	0.0410	0.0420
03-12-1-116	金属结构刷油 一般钢结构 调和漆 第一遍	100kg	0.0240	0.0220	0.0410	0.0420
03-12-1-117	金属结构刷油 一般钢结构 调和漆 增一遍	100kg	0.0240	0.0220	0.0410	0.0420

工作内容： 管道及管件安装，支架制作安装，一般钢套管制作安装，管道水压试验及水冲洗，支架刷油。

定额编号			B-5-2-41	B-5-2-42	B-5-2-43	B-5-2-44
项目			室内薄壁不锈钢管（承插氩弧焊）		室内铜管（氧乙炔焊）	
			公称直径（mm 以内）		公称外径（mm 以内）	
			80	100	18	22
			10m	10m	10m	10m
预算定额编号	预算定额名称	预算定额单位	数量			
03-10-1-100	给排水管道 室内薄壁不锈钢管（承插氩弧焊）公称直径 80mm 以内	10m	1.0000			
03-10-1-101	给排水管道 室内薄壁不锈钢管（承插氩弧焊）公称直径 100mm 以内	10m		1.0000		
03-10-1-132	给排水管道 室内铜管（氧乙炔焊）公称外径 18mm 以内	10m			1.0000	
03-10-1-133	给排水管道 室内铜管（氧乙炔焊）公称外径 22mm 以内	10m				1.0000
03-10-2-25	一般钢套管制作安装 介质管道 公称直径 20mm 以内	个			1.0000	1.0000
03-10-2-29	一般钢套管制作安装 介质管道 公称直径 80mm 以内	个	1.0000			
03-10-2-30	一般钢套管制作安装 介质管道 公称直径 100mm 以内	个		1.0000		
03-10-2-1	管道支架制作 单件重量 5kg 以内	100kg	0.0450	0.0540	0.0340	0.0300
03-10-2-6	管道支架安装 单件重量 5kg 以内	100kg	0.0450	0.0540	0.0340	0.0300
03-12-1-107	金属结构刷油 一般钢结构 红丹防锈漆 第一遍	100kg	0.0450	0.0540	0.0340	0.0300
03-12-1-108	金属结构刷油 一般钢结构 红丹防锈漆 增一遍	100kg	0.0450	0.0540	0.0340	0.0300
03-12-1-116	金属结构刷油 一般钢结构 调和漆 第一遍	100kg	0.0450	0.0540	0.0340	0.0300
03-12-1-117	金属结构刷油 一般钢结构 调和漆 增一遍	100kg	0.0450	0.0540	0.0340	0.0300

工作内容： 管道及管件安装，支架制作安装，一般钢套管制作安装，管道水压试验及水冲洗，支架刷油。

定　额　编　号			B-5-2-45	B-5-2-46	B-5-2-47	B-5-2-48
项　　目			室内铜管(氧乙炔焊)			
			公称外径(mm 以内)			
			28	35	42	54
			10m	10m	10m	10m
预算定额编号	预算定额名称	预算定额单位	数　　量			
03-10-1-134	给排水管道 室内铜管(氧乙炔焊)公称外径 28mm 以内	10m	1.0000			
03-10-1-135	给排水管道 室内铜管(氧乙炔焊)公称外径 35mm 以内	10m		1.0000		
03-10-1-136	给排水管道 室内铜管(氧乙炔焊)公称外径 42mm 以内	10m			1.0000	
03-10-1-137	给排水管道 室内铜管(氧乙炔焊)公称外径 54mm 以内	10m				1.0000
03-10-2-26	一般钢套管制作安装 介质管道公称直径 32mm 以内	个	1.0000	1.0000		
03-10-2-27	一般钢套管制作安装 介质管道公称直径 50mm 以内	个			1.0000	1.0000
03-10-2-1	管道支架制作 单件重量 5kg 以内	100kg	0.0270	0.0240	0.0220	0.0410
03-10-2-6	管道支架安装 单件重量 5kg 以内	100kg	0.0270	0.0240	0.0220	0.0410
03-12-1-107	金属结构刷油 一般钢结构 红丹防锈漆 第一遍	100kg	0.0270	0.0240	0.0220	0.0410
03-12-1-108	金属结构刷油 一般钢结构 红丹防锈漆 增一遍	100kg	0.0270	0.0240	0.0220	0.0410
03-12-1-116	金属结构刷油 一般钢结构 调和漆 第一遍	100kg	0.0270	0.0240	0.0220	0.0410
03-12-1-117	金属结构刷油 一般钢结构 调和漆 增一遍	100kg	0.0270	0.0240	0.0220	0.0410

工作内容：管道及管件安装，支架制作安装，一般钢套管制作安装，管道水压试验及水冲洗，支架刷油。

定额编号			B-5-2-49	B-5-2-50	B-5-2-51	B-5-2-52
项目			室内铜管(氧乙炔焊)			室内铜管(钎焊)
			公称外径(mm 以内)			
			76	89	108	18
			10m	10m	10m	10m
预算定额编号	预算定额名称	预算定额单位	数量			
03-10-1-138	给排水管道 室内铜管(氧乙炔焊) 公称外径 76mm 以内	10m	1.0000			
03-10-1-139	给排水管道 室内铜管(氧乙炔焊) 公称外径 89mm 以内	10m		1.0000		
03-10-1-140	给排水管道 室内铜管(氧乙炔焊) 公称外径 108mm 以内	10m			1.0000	
03-10-1-141	给排水管道 室内铜管(钎焊) 公称外径 18mm 以内	10m				1.0000
03-10-2-25	一般钢套管制作安装 介质管道 公称直径 20mm 以内	个				1.0000
03-10-2-28	一般钢套管制作安装 介质管道 公称直径 65mm 以内	个	1.0000			
03-10-2-29	一般钢套管制作安装 介质管道 公称直径 80mm 以内	个		1.0000		
03-10-2-30	一般钢套管制作安装 介质管道 公称直径 100mm 以内	个			1.0000	
03-10-2-1	管道支架制作 单件重量 5kg 以内	100kg	0.0420	0.0450	0.0540	0.0340
03-10-2-6	管道支架安装 单件重量 5kg 以内	100kg	0.0420	0.0450	0.0540	0.0340
03-12-1-107	金属结构刷油 一般钢结构 红丹防锈漆 第一遍	100kg	0.0420	0.0450	0.0540	0.0340
03-12-1-108	金属结构刷油 一般钢结构 红丹防锈漆 增一遍	100kg	0.0420	0.0450	0.0540	0.0340
03-12-1-116	金属结构刷油 一般钢结构 调和漆 第一遍	100kg	0.0420	0.0450	0.0540	0.0340
03-12-1-117	金属结构刷油 一般钢结构 调和漆 增一遍	100kg	0.0420	0.0450	0.0540	0.0340

工作内容： 管道及管件安装，支架制作安装，一般钢套管制作安装，管道水压试验及水冲洗，支架刷油。

定 额 编 号			B-5-2-53	B-5-2-54	B-5-2-55	B-5-2-56
项 目			室内铜管(钎焊)			
			公称外径(mm 以内)			
			22	28	35	42
			10m	10m	10m	10m
预算定额编号	预算定额名称	预算定额单位	数 量			
03-10-1-142	给排水管道 室内铜管(钎焊) 公称外径 22mm 以内	10m	1.0000			
03-10-1-143	给排水管道 室内铜管(钎焊) 公称外径 28mm 以内	10m		1.0000		
03-10-1-144	给排水管道 室内铜管(钎焊) 公称外径 35mm 以内	10m			1.0000	
03-10-1-145	给排水管道 室内铜管(钎焊) 公称外径 42mm 以内	10m				1.0000
03-10-2-25	一般钢套管制作安装 介质管道 公称直径 20mm 以内	个	1.0000			
03-10-2-26	一般钢套管制作安装 介质管道 公称直径 32mm 以内	个		1.0000	1.0000	
03-10-2-27	一般钢套管制作安装 介质管道 公称直径 50mm 以内	个				1.0000
03-10-2-1	管道支架制作 单件重量 5kg 以内	100kg	0.0300	0.0270	0.0240	0.0220
03-10-2-6	管道支架安装 单件重量 5kg 以内	100kg	0.0300	0.0270	0.0240	0.0220
03-12-1-107	金属结构刷油 一般钢结构 红丹防锈漆 第一遍	100kg	0.0300	0.0270	0.0240	0.0220
03-12-1-108	金属结构刷油 一般钢结构 红丹防锈漆 增一遍	100kg	0.0300	0.0270	0.0240	0.0220
03-12-1-116	金属结构刷油 一般钢结构 调和漆 第一遍	100kg	0.0300	0.0270	0.0240	0.0220
03-12-1-117	金属结构刷油 一般钢结构 调和漆 增一遍	100kg	0.0300	0.0270	0.0240	0.0220

工作内容： 管道及管件安装，支架制作安装，一般钢套管制作安装，管道水压试验及水冲洗，支架刷油。

定额编号			B-5-2-57	B-5-2-58	B-5-2-59	B-5-2-60
项目			室内铜管(钎焊)			
			公称外径(mm 以内)			
			54	76	89	108
			10m	10m	10m	10m
预算定额编号	预算定额名称	预算定额单位	数量			
03-10-1-146	给排水管道 室内铜管(钎焊) 公称外径 54mm 以内	10m	1.0000			
03-10-1-147	给排水管道 室内铜管(钎焊) 公称外径 76mm 以内	10m		1.0000		
03-10-1-148	给排水管道 室内铜管(钎焊) 公称外径 89mm 以内	10m			1.0000	
03-10-1-149	给排水管道 室内铜管(钎焊) 公称外径 108mm 以内	10m				1.0000
03-10-2-27	一般钢套管制作安装 介质管道公称直径 50mm 以内	个	1.0000			
03-10-2-28	一般钢套管制作安装 介质管道公称直径 65mm 以内	个		1.0000		
03-10-2-29	一般钢套管制作安装 介质管道公称直径 80mm 以内	个			1.0000	
03-10-2-30	一般钢套管制作安装 介质管道公称直径 100mm 以内	个				1.0000
03-10-2-1	管道支架制作 单件重量 5kg 以内	100kg	0.0410	0.0420	0.0450	0.0540
03-10-2-6	管道支架安装 单件重量 5kg 以内	100kg	0.0410	0.0420	0.0450	0.0540
03-12-1-107	金属结构刷油 一般钢结构红丹防锈漆 第一遍	100kg	0.0410	0.0420	0.0450	0.0540
03-12-1-108	金属结构刷油 一般钢结构红丹防锈漆 增一遍	100kg	0.0410	0.0420	0.0450	0.0540
03-12-1-116	金属结构刷油 一般钢结构调和漆 第一遍	100kg	0.0410	0.0420	0.0450	0.0540
03-12-1-117	金属结构刷油 一般钢结构调和漆 增一遍	100kg	0.0410	0.0420	0.0450	0.0540

工作内容：管道及管件安装，水压试验、水冲洗，刷油及挖填土。

定额编号			B-5-2-61	B-5-2-62	B-5-2-63	B-5-2-64
项目			室外铸铁给水管(胶圈接口)			
			公称直径(mm 以内)			
			100	150	200	250
			10m	10m	10m	10m
预算定额编号	预算定额名称	预算定额单位	数量			
03-10-1-170	给排水管道 室外铸铁管给水管(胶圈接口) 公称直径 100mm 以内	10m	1.0000			
03-10-1-171	给排水管道 室外铸铁管给水管(胶圈接口) 公称直径 150mm 以内	10m		1.0000		
03-10-1-172	给排水管道 室外铸铁管给水管(胶圈接口) 公称直径 200mm 以内	10m			1.0000	
03-10-1-173	给排水管道 室外铸铁管给水管(胶圈接口) 公称直径 250mm 以内	10m				1.0000
03-12-1-180	铸铁管、暖气片刷油 沥青漆 第一遍	$10m^2$	0.3581	0.5278	0.6880	0.8576
03-12-1-181	铸铁管、暖气片刷油 沥青漆 增一遍	$10m^2$	0.3581	0.5278	0.6880	0.8576
03-10-2-191	室外管道管道人工挖土 公称直径 100mm 1m 深	100m	0.1000			
03-10-2-192	室外管道管道人工挖土 公称直径 200mm 1m 深	100m		0.1000	0.1000	
03-10-2-193	室外管道管道人工挖土 公称直径 350mm 1m 深	100m				0.1000

工作内容：管道及管件安装，水压试验、水冲洗，刷油及挖填土。

定额编号			B-5-2-65	B-5-2-66	B-5-2-67	B-5-2-68
项目			室外铸铁给水管(胶圈接口)			
			公称直径(mm 以内)			
			300	350	400	450
			10m	10m	10m	10m
预算定额编号	预算定额名称	预算定额单位	数量			
03-10-1-174	给排水管道 室外铸铁管给水管(胶圈接口) 公称直径 300mm 以内	10m	1.0000			
03-10-1-175	给排水管道 室外铸铁管给水管(胶圈接口) 公称直径 350mm 以内	10m		1.0000		
03-10-1-176	给排水管道 室外铸铁管给水管(胶圈接口) 公称直径 400mm 以内	10m			1.0000	
03-10-1-177	给排水管道 室外铸铁管给水管(胶圈接口) 公称直径 450mm 以内	10m				1.0000
03-12-1-180	铸铁管、暖气片刷油 沥青漆 第一遍	$10m^2$	1.0210	1.1844	1.3383	1.5792
03-12-1-181	铸铁管、暖气片刷油 沥青漆 增一遍	$10m^2$	1.0210	1.1844	1.3383	1.5792
03-10-2-193	室外管道管道人工挖土 公称直径 350mm 1m 深	100m	0.1000	0.1000		
03-10-2-193【系】	室外管道管道人工挖土 公称直径 350mm 1m 深	100m			0.1000	0.1000

工作内容： 1. 管道及管件安装，水压试验、水冲洗，刷油及挖填土。
2,3,4. 管道及管件安装，灌水试验，刷油及挖填土。

定额编号			B-5-2-69	B-5-2-70	B-5-2-71	B-5-2-72
项目			室外铸铁给水管（胶圈接口）	室外铸铁排水管（胶圈接口）		
			公称直径(mm以内)			
			500	50	75	100
			10m	10m	10m	10m
预算定额编号	预算定额名称	预算定额单位	数量			
03-10-1-178	给排水管道 室外铸铁管给水管（胶圈接口）公称直径 500mm以内	10m	1.0000			
03-10-1-184	给排水管道 室外铸铁排水管（胶圈接口）公称直径 50mm以内	10m		1.0000		
03-10-1-185	给排水管道 室外铸铁排水管（胶圈接口）公称直径 75mm以内	10m			1.0000	
03-10-1-186	给排水管道 室外铸铁排水管（胶圈接口）公称直径 100mm以内	10m				1.0000
03-12-1-180	铸铁管、暖气片刷油 沥青漆 第一遍	$10m^2$	1.6619	0.1995	0.2780	0.3581
03-12-1-181	铸铁管、暖气片刷油 沥青漆 增一遍	$10m^2$	1.6619	0.1995	0.2780	0.3581
03-10-2-190	室外管道管道人工挖土 公称直径 50mm 1m深	100m		0.1000		
03-10-2-191	室外管道管道人工挖土 公称直径 100mm 1m深	100m			0.1000	0.1000
03-10-2-193【系】	室外管道管道人工挖土 公称直径 350mm 1m深	100m	0.1000			

工作内容： 1,2. 管道及管件安装，灌水试验，刷油及挖填土。
3,4. 管道及管件安装，支架制作安装，一般钢套管制作安装，管道水压试验及水冲洗，管道及支架刷油。

定额编号			B-5-2-73	B-5-2-74	B-5-2-75	B-5-2-76
项目			室外铸铁排水管(胶圈接口)		室内铸铁给水管(胶圈接口)	
			公称直径(mm 以内)			
			150	200	100	150
			10m	10m	10m	10m
预算定额编号	预算定额名称	预算定额单位	数量			
03-10-1-187	给排水管道 室外铸铁排水管(胶圈接口) 公称直径 150mm 以内	10m	1.0000			
03-10-1-188	给排水管道 室外铸铁排水管(胶圈接口) 公称直径 200mm 以内	10m		1.0000		
03-10-1-203	给排水管道 室内铸铁管给水管(胶圈接口) 公称直径 100mm 以内	10m			1.0000	
03-10-1-204	给排水管道 室内铸铁管给水管(胶圈接口) 公称直径 150mm 以内	10m				1.0000
03-10-2-30	一般钢套管制作安装 介质管道 公称直径 100mm 以内	个			1.0000	
03-10-2-32	一般钢套管制作安装 介质管道 公称直径 150mm 以内	个				1.0000
03-10-2-1	管道支架制作 单件重量 5kg 以内	100kg			0.0810	0.1290
03-10-2-6	管道支架安装 单件重量 5kg 以内	100kg			0.0810	0.1290
03-12-1-107	金属结构刷油 一般钢结构 红丹防锈漆 第一遍	100kg			0.0810	0.1290
03-12-1-108	金属结构刷油 一般钢结构 红丹防锈漆 增一遍	100kg			0.0810	0.1290
03-12-1-116	金属结构刷油 一般钢结构 调和漆 第一遍	100kg			0.0810	0.1290
03-12-1-117	金属结构刷油 一般钢结构 调和漆 增一遍	100kg			0.0810	0.1290
03-12-1-66	管道刷油 调和漆 第一遍	$10m^2$			0.3581	0.5278
03-12-1-67	管道刷油 调和漆 增一遍	$10m^2$			0.3581	0.5278
03-12-1-180	铸铁管、暖气片刷油 沥青漆 第一遍	$10m^2$	0.5278	0.6880		
03-12-1-181	铸铁管、暖气片刷油 沥青漆 增一遍	$10m^2$	0.5278	0.6880		
03-10-2-192	室外管道管道人工挖土 公称直径 200mm 1m 深	100m	0.1000	0.1000		

工作内容：管道及管件安装，支架制作安装，一般钢套管制作安装，管道水压试验及水冲洗，管道及支架刷油。

定　额　编　号			B-5-2-77	B-5-2-78	B-5-2-79	B-5-2-80
项　　目			室内铸铁给水管(胶圈接口)			
			公称直径(mm 以内)			
			200	250	300	350
			10m	10m	10m	10m
预算定额编号	预算定额名称	预算定额单位	数　　量			
03-10-1-205	给排水管道 室内铸铁管给水管(胶圈接口) 公称直径 200mm 以内	10m	1.0000			
03-10-1-206	给排水管道 室内铸铁管给水管(胶圈接口) 公称直径 250mm 以内	10m		1.0000		
03-10-1-207	给排水管道 室内铸铁管给水管(胶圈接口) 公称直径 300mm 以内	10m			1.0000	
03-10-1-208	给排水管道 室内铸铁管给水管(胶圈接口) 公称直径 350mm 以内	10m				1.0000
03-10-2-33	一般钢套管制作安装 介质管道公称直径 200mm 以内	个	1.0000			
03-10-2-34	一般钢套管制作安装 介质管道公称直径 250mm 以内	个		1.0000		
03-10-2-35	一般钢套管制作安装 介质管道公称直径 300mm 以内	个			1.0000	
03-10-2-36	一般钢套管制作安装 介质管道公称直径 350mm 以内	个				1.0000
03-10-2-1	管道支架制作 单件重量 5kg 以内	100kg	0.1410	0.1600	0.2030	0.3120
03-10-2-6	管道支架安装 单件重量 5kg 以内	100kg	0.1410	0.1600	0.2030	0.3120
03-12-1-107	金属结构刷油 一般钢结构 红丹防锈漆 第一遍	100kg	0.1410	0.1600	0.2030	0.3120
03-12-1-108	金属结构刷油 一般钢结构 红丹防锈漆 增一遍	100kg	0.1410	0.1600	0.2030	0.3120
03-12-1-116	金属结构刷油 一般钢结构 调和漆 第一遍	100kg	0.1410	0.1600	0.2030	0.3120
03-12-1-117	金属结构刷油 一般钢结构 调和漆 增一遍	100kg	0.1410	0.1600	0.2030	0.3120
03-12-1-66	管道刷油 调和漆 第一遍	$10m^2$	0.6880	0.8576	1.0210	1.1844
03-12-1-67	管道刷油 调和漆 增一遍	$10m^2$	0.6880	0.8576	1.0210	1.1844

工作内容： 1. 管道及管件安装，支架制作安装，一般钢套管制作安装，管道水压试验及水冲洗，管道及支架刷油。

2,3,4. 管道及管件安装，支架制作安装，管道灌水试验，管道及支架刷油。

定额编号			B-5-2-81	B-5-2-82	B-5-2-83	B-5-2-84
项目			室内铸铁给水管（胶圈接口）	室内柔性铸铁排水管（机械接口）		
			公称直径（mm 以内）			
			400	50	75	100
			10m	10m	10m	10m
预算定额编号	预算定额名称	预算定额单位	数量			
03-10-1-209	给排水管道 室内铸铁管给水管（胶圈接口）公称直径 400mm 以内	10m	1.0000			
03-10-1-216	给排水管道 室内柔性铸铁排水管（机械接口）公称直径 50mm 以内	10m		1.0000		
03-10-1-217	给排水管道 室内柔性铸铁排水管（机械接口）公称直径 75mm 以内	10m			1.0000	
03-10-1-218	给排水管道 室内柔性铸铁排水管（机械接口）公称直径 100mm 以内	10m				1.0000
03-10-2-37	一般钢套管制作安装 介质管道公称直径 400mm 以内	个	1.0000			
03-10-2-1	管道支架制作 单件重量 5kg 以内	100kg	0.3150	0.0470	0.0650	0.0810
03-10-2-6	管道支架安装 单件重量 5kg 以内	100kg	0.3150	0.0470	0.0650	0.0810
03-12-1-107	金属结构刷油 一般钢结构 红丹防锈漆 第一遍	100kg	0.3150	0.0470	0.0650	0.0810
03-12-1-108	金属结构刷油 一般钢结构 红丹防锈漆 增一遍	100kg	0.3150	0.0470	0.0650	0.0810
03-12-1-116	金属结构刷油 一般钢结构 调和漆 第一遍	100kg	0.3150	0.0470	0.0650	0.0810
03-12-1-117	金属结构刷油 一般钢结构 调和漆 增一遍	100kg	0.3150	0.0470	0.0650	0.0810
03-12-1-66	管道刷油 调和漆 第一遍	$10m^2$	1.3383	0.1995	0.2780	0.3581
03-12-1-67	管道刷油 调和漆 增一遍	$10m^2$	1.3383	0.1995	0.2780	0.3581

工作内容： 管道及管件安装，支架制作安装，管道灌水试验，管道及支架刷油。

定额编号			B-5-2-85	B-5-2-86	B-5-2-87	B-5-2-88
项目			室内柔性铸铁排水管(机械接口)			室内柔性铸铁雨水管(机械接口)
			公称直径(mm 以内)			
			150	200	250	75
			10m	10m	10m	10m
预算定额编号	预算定额名称	预算定额单位	数量			
03-10-1-219	给排水管道 室内柔性铸铁排水管(机械接口) 公称直径 150mm 以内	10m	1.0000			
03-10-1-220	给排水管道 室内柔性铸铁排水管(机械接口) 公称直径 200mm 以内	10m		1.0000		
03-10-1-221	给排水管道 室内柔性铸铁排水管(机械接口) 公称直径 250mm 以内	10m			1.0000	
03-10-1-234	给排水管道 室内柔性铸铁雨水管(机械接口) 公称直径 75mm 以内	10m				1.0000
03-10-2-1	管道支架制作 单件重量 5kg 以内	100kg	0.1290	0.1410	0.1600	0.0320
03-10-2-6	管道支架安装 单件重量 5kg 以内	100kg	0.1290	0.1410	0.1600	0.0320
03-12-1-107	金属结构刷油 一般钢结构 红丹防锈漆 第一遍	100kg	0.1290	0.1410	0.1600	0.0320
03-12-1-108	金属结构刷油 一般钢结构 红丹防锈漆 增一遍	100kg	0.1290	0.1410	0.1600	0.0320
03-12-1-116	金属结构刷油 一般钢结构 调和漆 第一遍	100kg	0.1290	0.1410	0.1600	0.0320
03-12-1-117	金属结构刷油 一般钢结构 调和漆 增一遍	100kg	0.1290	0.1410	0.1600	0.0320
03-12-1-66	管道刷油 调和漆 第一遍	$10m^2$	0.5278	0.6880	0.8576	0.2780
03-12-1-67	管道刷油 调和漆 增一遍	$10m^2$	0.5278	0.6880	0.8576	0.2780

工作内容： 管道及管件安装，支架制作安装，管道灌水试验，管道及支架刷油。

定　额　编　号			B-5-2-89	B-5-2-90	B-5-2-91	B-5-2-92
项　　目			室内柔性铸铁雨水管(机械接口)			
			公称直径(mm 以内)			
			100	150	200	250
			10m	10m	10m	10m
预算定额编号	预算定额名称	预算定额单位	数　　量			
03-10-1-235	给排水管道 室内柔性铸铁雨水管(机械接口) 公称直径 100mm以内	10m	1.0000			
03-10-1-236	给排水管道 室内柔性铸铁雨水管(机械接口) 公称直径 150mm以内	10m		1.0000		
03-10-1-237	给排水管道 室内柔性铸铁雨水管(机械接口) 公称直径 200mm以内	10m			1.0000	
03-10-1-238	给排水管道 室内柔性铸铁雨水管(机械接口) 公称直径 250mm以内	10m				1.0000
03-10-2-1	管道支架制作 单件重量 5kg 以内	100kg	0.0620	0.0860	0.0970	0.1090
03-10-2-6	管道支架安装 单件重量 5kg 以内	100kg	0.0620	0.0860	0.0970	0.1090
03-12-1-107	金属结构刷油 一般钢结构 红丹防锈漆 第一遍	100kg	0.0620	0.0860	0.0970	0.1090
03-12-1-108	金属结构刷油 一般钢结构 红丹防锈漆 增一遍	100kg	0.0620	0.0860	0.0970	0.1090
03-12-1-116	金属结构刷油 一般钢结构 调和漆 第一遍	100kg	0.0620	0.0860	0.0970	0.1090
03-12-1-117	金属结构刷油 一般钢结构 调和漆 增一遍	100kg	0.0620	0.0860	0.0970	0.1090
03-12-1-66	管道刷油 调和漆 第一遍	$10m^2$	0.3581	0.5278	0.6880	0.8576
03-12-1-67	管道刷油 调和漆 增一遍	$10m^2$	0.3581	0.5278	0.6880	0.8576

工作内容： 1. 管道及管件安装，支架制作安装，管道灌水试验，管道及支架刷油。
2,3,4. 管道及管件安装，灌水试验及挖填土。

定　额　编　号			B-5-2-93	B-5-2-94	B-5-2-95	B-5-2-96
项　　目			室内柔性铸铁雨水管（机械接口）	室外塑料排水管（粘接）		
			公称直径（mm 以内）	公称外径（mm 以内）		
			300	50	75	110
			10m	10m	10m	10m
预算定额编号	预算定额名称	预算定额单位	数　　量			
03-10-1-239	给排水管道 室内柔性铸铁雨水管（机械接口）公称直径 300mm 以内	10m	1.0000			
03-10-1-292	给排水管道 室外塑料排水管（粘接）公称外径 50mm 以内	10m		1.0000		
03-10-1-293	给排水管道 室外塑料排水管（粘接）公称外径 75mm 以内	10m			1.0000	
03-10-1-294	给排水管道 室外塑料排水管（粘接）公称外径 110mm 以内	10m				1.0000
03-10-2-1	管道支架制作 单件重量 5kg 以内	100kg	0.1200			
03-10-2-6	管道支架安装 单件重量 5kg 以内	100kg	0.1200			
03-12-1-107	金属结构刷油 一般钢结构 红丹防锈漆 第一遍	100kg	0.1200			
03-12-1-108	金属结构刷油 一般钢结构 红丹防锈漆 增一遍	100kg	0.1200			
03-12-1-116	金属结构刷油 一般钢结构 调和漆 第一遍	100kg	0.1200			
03-12-1-117	金属结构刷油 一般钢结构 调和漆 增一遍	100kg	0.1200			
03-12-1-66	管道刷油 调和漆 第一遍	$10m^2$	1.0210			
03-12-1-67	管道刷油 调和漆 增一遍	$10m^2$	1.0210			
03-10-2-190	室外管道管道人工挖土 公称直径 50mm 1m 深	100m		0.1000		
03-10-2-191	室外管道管道人工挖土 公称直径 100mm 1m 深	100m			0.1000	0.1000

工作内容：管道及管件安装，灌水试验及挖填土。

定　额　编　号			B-5-2-97	B-5-2-98	B-5-2-99	B-5-2-100
项　　目			室外塑料排水管(粘接)			
			公称外径(mm 以内)			
			160	200	250	315
			10m	10m	10m	10m
预算定额编号	预算定额名称	预算定额单位	数　　量			
03-10-1-295	给排水管道 室外塑料排水管(粘接) 公称外径 160mm 以内	10m	1.0000			
03-10-1-296	给排水管道 室外塑料排水管(粘接) 公称外径 200mm 以内	10m		1.0000		
03-10-1-297	给排水管道 室外塑料排水管(粘接) 公称外径 250mm 以内	10m			1.0000	
03-10-1-298	给排水管道 室外塑料排水管(粘接) 公称外径 315mm 以内	10m				1.0000
03-10-2-192	室外管道管道人工挖土 公称直径 200mm 1m 深	100m	0.1000	0.1000		
03-10-2-193	室外管道管道人工挖土 公称直径 350mm 1m 深	100m			0.1000	0.1000

工作内容：管道及管件安装，灌水试验及挖填土。

定　额　编　号			B-5-2-101	B-5-2-102	B-5-2-103	B-5-2-104
项　　目			室外塑料排水管(粘接)		室外塑料排水管(胶圈接口)	
			公称外径(mm 以内)			
			350	400	200	250
			10m	10m	10m	10m
预算定额编号	预算定额名称	预算定额单位	数　　量			
03-10-1-299	给排水管道 室外塑料排水管(粘接) 公称外径 350mm 以内	10m	1.0000			
03-10-1-300	给排水管道 室外塑料排水管(粘接) 公称外径 400mm 以内	10m		1.0000		
03-10-1-301	给排水管道 室外塑料排水管(胶圈接口) 公称外径 200mm 以内	10m			1.0000	
03-10-1-302	给排水管道 室外塑料排水管(胶圈接口) 公称外径 250mm 以内	10m				1.0000
03-10-2-192	室外管道管道人工挖土 公称直径 200mm 1m 深	100m			0.1000	
03-10-2-193	室外管道管道人工挖土 公称直径 350mm 1m 深	100m	0.1000			0.1000
03-10-2-193【系】	室外管道管道人工挖土 公称直径 350mm 1m 深	100m		0.1000		

工作内容： 1,2,3. 管道及管件安装，灌水试验及挖填土。
4. 管道及管件安装，成品管卡安装，一般钢套管制作安装，管道水压试验及水冲洗。

定额编号			B-5-2-105	B-5-2-106	B-5-2-107	B-5-2-108
项目			室外塑料排水管(胶圈接口)			室内塑料给水管(热熔/电熔连接)
			公称外径(mm 以内)			
			315	400	500	32
			10m	10m	10m	10m
预算定额编号	预算定额名称	预算定额单位	数量			
03-10-1-303	给排水管道 室外塑料排水管(胶圈接口) 公称外径 315mm 以内	10m	1.0000			
03-10-1-304	给排水管道 室外塑料排水管(胶圈接口) 公称外径 400mm 以内	10m		1.0000		
03-10-1-305	给排水管道 室外塑料排水管(胶圈接口) 公称外径 500mm 以内	10m			1.0000	
03-10-1-308	给排水管道 室内塑料给水管(热熔连接) 公称外径 32mm 以内	10m				0.4000
03-10-1-322	给排水管道 室内塑料给水管(电熔连接) 公称外径 32mm 以内	10m				0.4000
03-10-1-506	采暖管道 室内塑料管(热熔连接) 公称外径 32mm 以内	10m				0.1000
03-10-1-515	采暖管道 室内塑料管(电熔连接) 公称外径 32mm 以内	10m				0.1000
03-10-2-26	一般钢套管制作安装 介质管道 公称直径 32mm 以内	个				1.0000
03-10-2-12	成品管卡安装 公称直径 32mm 以内	个				11.1100
03-10-2-193	室外管道管道人工挖土 公称直径 350mm 1m 深	100m	0.1000			
03-10-2-193【系】	室外管道管道人工挖土 公称直径 350mm 1m 深	100m		0.1000	0.1000	

工作内容：管道及管件安装，成品管卡安装，一般钢套管制作安装，管道水压试验及水冲洗。

定　额　编　号			B-5-2-109	B-5-2-110	B-5-2-111	B-5-2-112
项　　目			室内塑料给水管(热熔/电熔连接)			
			公称外径(mm 以内)			
			50	75	90	110
			10m	10m	10m	10m
预算定额编号	预算定额名称	预算定额单位	数　　量			
03-10-1-310	给排水管道 室内塑料给水管(热熔连接) 公称外径 50mm 以内	10m	0.4000			
03-10-1-312	给排水管道 室内塑料给水管(热熔连接) 公称外径 75mm 以内	10m		0.4000		
03-10-1-313	给排水管道 室内塑料给水管(热熔连接) 公称外径 90mm 以内	10m			0.4000	
03-10-1-314	给排水管道 室内塑料给水管(热熔连接) 公称外径 110mm 以内	10m				0.4000
03-10-1-324	给排水管道 室内塑料给水管(电熔连接) 公称外径 50mm 以内	10m	0.4000			
03-10-1-326	给排水管道 室内塑料给水管(电熔连接) 公称外径 75mm 以内	10m		0.4000		
03-10-1-327	给排水管道 室内塑料给水管(电熔连接) 公称外径 90mm 以内	10m			0.4000	
03-10-1-328	给排水管道 室内塑料给水管(电熔连接) 公称外径 110mm 以内	10m				0.4000
03-10-1-508	采暖管道 室内塑料管(热熔连接) 公称外径 50mm 以内	10m	0.1000			
03-10-1-510	采暖管道 室内塑料管(热熔连接) 公称外径 75mm 以内	10m		0.1000		
03-10-1-511	采暖管道 室内塑料管(热熔连接) 公称外径 90mm 以内	10m			0.1000	
03-10-1-512	采暖管道 室内塑料管(热熔连接) 公称外径 110mm 以内	10m				0.1000
03-10-1-517	采暖管道 室内塑料管(电熔连接) 公称外径 50mm 以内	10m	0.1000			
03-10-1-519	采暖管道 室内塑料管(电熔连接) 公称外径 75mm 以内	10m		0.1000		
03-10-1-520	采暖管道 室内塑料管(电熔连接) 公称外径 90mm 以内	10m			0.1000	
03-10-1-521	采暖管道 室内塑料管(电熔连接) 公称外径 110mm 以内	10m				0.1000
03-10-2-27	一般钢套管制作安装 介质管道 公称直径 50mm 以内	个	1.0000			
03-10-2-29	一般钢套管制作安装 介质管道 公称直径 80mm 以内	个		1.0000		
03-10-2-30	一般钢套管制作安装 介质管道 公称直径 100mm 以内	个			1.0000	1.0000
03-10-2-14	成品管卡安装 公称直径 50mm 以内	个	9.0900			
03-10-2-15	成品管卡安装 公称直径 80mm 以内	个		8.3300		
03-10-2-16	成品管卡安装 公称直径 100mm 以内	个			7.4100	6.4500

工作内容： 1,2. 管道及管件安装，支架制作安装，一般钢套管制作安装，管道水压试验及水冲洗，支架刷油。
3,4. 管道及管件安装，管道水压试验及水冲洗。

定额编号			B-5-2-113	B-5-2-114	B-5-2-115	B-5-2-116
项目			室内塑料给水管（热熔/电熔连接）		室内直埋塑料给水管（热熔连接）	
			公称外径（mm 以内）			
			125	160	20	25
			10m	10m	10m	10m
预算定额编号	预算定额名称	预算定额单位	数量			
03-10-1-315	给排水管道 室内塑料给水管（热熔连接）公称外径 125mm 以内	10m	1.0000			
03-10-1-316	给排水管道 室内塑料给水管（热熔连接）公称外径 160mm 以内	10m		1.0000		
03-10-1-317	给排水管道 室内直埋塑料给水管（热熔连接）公称外径 20mm 以内	10m			0.8000	
03-10-1-318	给排水管道 室内直埋塑料给水管（热熔连接）公称外径 25mm 以内	10m				0.8000
03-10-1-522	采暖管道 室内直埋塑料管（热熔管件连接）公称外径 20mm 以内	10m			0.2000	
03-10-1-523	采暖管道 室内直埋塑料管（热熔管件连接）公称外径 25mm 以内	10m				0.2000
03-10-2-31	一般钢套管制作安装 介质管道 公称直径 125mm 以内	个	1.0000			
03-10-2-32	一般钢套管制作安装 介质管道 公称直径 150mm 以内	个		1.0000		
03-10-2-1	管道支架制作 单件重量 5kg 以内	100kg	0.0580	0.0640		
03-10-2-6	管道支架安装 单件重量 5kg 以内	100kg	0.0580	0.0640		
03-12-1-107	金属结构刷油 一般钢结构 红丹防锈漆 第一遍	100kg	0.0580	0.0640		
03-12-1-108	金属结构刷油 一般钢结构 红丹防锈漆 增一遍	100kg	0.0580	0.0640		
03-12-1-116	金属结构刷油 一般钢结构 调和漆 第一遍	100kg	0.0580	0.0640		
03-12-1-117	金属结构刷油 一般钢结构 调和漆 增一遍	100kg	0.0580	0.0640		

工作内容： 1. 管道及管件安装，管道水压试验及水冲洗。
2,3,4. 管道及管件安装，成品管卡安装，阻火圈安装，管道灌水试验。

定额编号			B-5-2-117	B-5-2-118	B-5-2-119	B-5-2-120
项目			室内直埋塑料给水管（热熔连接）	室内塑料排水管（粘接）		
			公称外径（mm 以内）			
			32	50	75	110
			10m	10m	10m	10m
预算定额编号	预算定额名称	预算定额单位	数量			
03-10-1-319	给排水管道 室内直埋塑料给水管（热熔连接）公称外径 32mm 以内	10m	0.8000			
03-10-1-348	给排水管道 室内塑料排水管（粘接）公称外径 50mm 以内	10m		1.0000		
03-10-1-349	给排水管道 室内塑料排水管（粘接）公称外径 75mm 以内	10m			1.0000	
03-10-1-350	给排水管道 室内塑料排水管（粘接）公称外径 110mm 以内	10m				1.0000
03-10-1-524	采暖管道 室内直埋塑料管(热熔管件连接）公称外径 32mm 以内	10m	0.2000			
03-10-2-113	阻火圈安装 公称直径 75mm 以内	个			3.0000	
03-10-2-114	阻火圈安装 公称直径 100mm 以内	个				3.0000
03-10-2-14	成品管卡安装 公称直径 50mm 以内	个		8.3300		
03-10-2-15	成品管卡安装 公称直径 80mm 以内	个			5.8800	
03-10-2-16	成品管卡安装 公称直径 100mm 以内	个				5.0000

工作内容：1,4. 管道及管件安装,成品管卡安装,阻火圈安装,管道灌水试验。
2,3. 管道及管件安装,支架制作安装,阻火圈安装,管道灌水试验,支架刷油。

定额编号			B-5-2-121	B-5-2-122	B-5-2-123	B-5-2-124
项目			室内塑料排水管(粘接)			室内塑料排水管(螺母密封圈连接)
			公称外径(mm 以内)			
			160	200	250	50
			10m	10m	10m	10m
预算定额编号	预算定额名称	预算定额单位	数量			
03-10-1-351	给排水管道 室内塑料排水管(粘接) 公称外径 160mm 以内	10m	1.0000			
03-10-1-352	给排水管道 室内塑料排水管(粘接) 公称外径 200mm 以内	10m		1.0000		
03-10-1-353	给排水管道 室内塑料排水管(粘接) 公称外径 250mm 以内	10m			1.0000	
03-10-1-354	给排水管道 室内塑料排水管(螺母密封圈连接) 公称外径 50mm 以内	10m				1.0000
03-10-2-115	阻火圈安装 公称直径 150mm 以内	个	3.0000			
03-10-2-116	阻火圈安装 公称直径 200mm 以内	个		3.0000		
03-10-2-117	阻火圈安装 公称直径 250mm 以内	个			3.0000	
03-10-2-14	成品管卡安装 公称直径 50mm 以内	个				8.3300
03-10-2-18	成品管卡安装 公称直径 150mm 以内	个	5.0000			
03-10-2-1	管道支架制作 单件重量 5kg 以内	100kg		0.1330	0.1420	
03-10-2-6	管道支架安装 单件重量 5kg 以内	100kg		0.1330	0.1420	
03-12-1-107	金属结构刷油 一般钢结构 红丹防锈漆 第一遍	100kg		0.1330	0.1420	
03-12-1-108	金属结构刷油 一般钢结构 红丹防锈漆 增一遍	100kg		0.1330	0.1420	
03-12-1-116	金属结构刷油 一般钢结构 调和漆 第一遍	100kg		0.1330	0.1420	
03-12-1-117	金属结构刷油 一般钢结构 调和漆 增一遍	100kg		0.1330	0.1420	

工作内容：1,2,3. 管道及管件安装，成品管卡安装，阻火圈安装，管道灌水试验。
4. 管道及管件安装，支架制作安装，阻火圈安装，管道灌水试验，支架刷油。

定额编号			B-5-2-125	B-5-2-126	B-5-2-127	B-5-2-128
项目			室内塑料排水管（螺母密封圈连接）			
			公称外径（mm 以内）			
			75	110	160	200
			10m	10m	10m	10m
预算定额编号	预算定额名称	预算定额单位	数量			
03-10-1-355	给排水管道 室内塑料排水管（螺母密封圈连接） 公称外径 75mm 以内	10m	1.0000			
03-10-1-356	给排水管道 室内塑料排水管（螺母密封圈连接） 公称外径 110mm 以内	10m		1.0000		
03-10-1-357	给排水管道 室内塑料排水管（螺母密封圈连接） 公称外径 160mm 以内	10m			1.0000	
03-10-1-358	给排水管道 室内塑料排水管（螺母密封圈连接） 公称外径 200mm 以内	10m				1.0000
03-10-2-113	阻火圈安装 公称直径 75mm 以内	个	3.0000			
03-10-2-114	阻火圈安装 公称直径 100mm 以内	个		3.0000		
03-10-2-115	阻火圈安装 公称直径 150mm 以内	个			3.0000	
03-10-2-116	阻火圈安装 公称直径 200mm 以内	个				3.0000
03-10-2-15	成品管卡安装 公称直径 80mm 以内	个	5.8800			
03-10-2-16	成品管卡安装 公称直径 100mm 以内	个		5.0000		
03-10-2-18	成品管卡安装 公称直径 150mm 以内	个			5.0000	
03-10-2-1	管道支架制作 单件重量 5kg 以内	100kg				0.1330
03-10-2-6	管道支架安装 单件重量 5kg 以内	100kg				0.1330
03-12-1-107	金属结构刷油 一般钢结构 红丹防锈漆 第一遍	100kg				0.1330
03-12-1-108	金属结构刷油 一般钢结构 红丹防锈漆 增一遍	100kg				0.1330
03-12-1-116	金属结构刷油 一般钢结构 调和漆 第一遍	100kg				0.1330
03-12-1-117	金属结构刷油 一般钢结构 调和漆 增一遍	100kg				0.1330

工作内容： 1. 管道及管件安装，支架制作安装，阻火圈安装，管道灌水试验，支架刷油。
2,3,4. 管道及管件安装，成品管卡安装，阻火圈安装，管道灌水试验。

定额编号			B-5-2-129	B-5-2-130	B-5-2-131	B-5-2-132
项目			室内塑料排水管(螺母密封圈连接)	室内塑料雨水管(粘接)		
			公称外径(mm 以内)			
			250	75	110	160
			10m	10m	10m	10m
预算定额编号	预算定额名称	预算定额单位	数量			
03-10-1-359	给排水管道 室内塑料排水管(螺母密封圈连接) 公称外径 250mm 以内	10m	1.0000			
03-10-1-360	给排水管道 室内塑料雨水管(粘接) 公称外径 75mm 以内	10m		1.0000		
03-10-1-361	给排水管道 室内塑料雨水管(粘接) 公称外径 110mm 以内	10m			1.0000	
03-10-1-362	给排水管道 室内塑料雨水管(粘接) 公称外径 160mm 以内	10m				1.0000
03-10-2-113	阻火圈安装 公称直径 75mm 以内	个		3.0000		
03-10-2-114	阻火圈安装 公称直径 100mm 以内	个			3.0000	
03-10-2-115	阻火圈安装 公称直径 150mm 以内	个				3.0000
03-10-2-117	阻火圈安装 公称直径 250mm 以内	个	3.0000			
03-10-2-15	成品管卡安装 公称直径 80mm 以内	个		5.8800		
03-10-2-16	成品管卡安装 公称直径 100mm 以内	个			5.0000	
03-10-2-18	成品管卡安装 公称直径 150mm 以内	个				5.0000
03-10-2-1	管道支架制作 单件重量 5kg 以内	100kg	0.1420			
03-10-2-6	管道支架安装 单件重量 5kg 以内	100kg	0.1420			
03-12-1-107	金属结构刷油 一般钢结构 红丹防锈漆 第一遍	100kg	0.1420			
03-12-1-108	金属结构刷油 一般钢结构 红丹防锈漆 增一遍	100kg	0.1420			
03-12-1-116	金属结构刷油 一般钢结构 调和漆 第一遍	100kg	0.1420			
03-12-1-117	金属结构刷油 一般钢结构 调和漆 增一遍	100kg	0.1420			

工作内容： 1,2. 管道及管件安装，支架制作安装，阻火圈安装，管道灌水试验，支架刷油。
3,4. 管道及管件安装，水压试验、水冲洗及挖填土。

定额编号			B-5-2-133	B-5-2-134	B-5-2-135	B-5-2-136
项目			室内塑料雨水管(粘接)		室外钢骨架塑料复合管(电熔连接)	
			公称外径(mm 以内)			
			200	250	32	50
			10m	10m	10m	10m
预算定额编号	预算定额名称	预算定额单位	数量			
03-10-1-363	给排水管道 室内塑料雨水管(粘接) 公称外径 200mm 以内	10m	1.0000			
03-10-1-364	给排水管道 室内塑料雨水管(粘接) 公称外径 250mm 以内	10m		1.0000		
03-10-1-379	给排水管道 室外钢骨架塑料复合管(电熔连接) 公称外径 32mm 以内	10m			1.0000	
03-10-1-381	给排水管道 室外钢骨架塑料复合管(电熔连接) 公称外径 50mm 以内	10m				1.0000
03-10-2-116	阻火圈安装 公称直径 200mm 以内	个	3.0000			
03-10-2-117	阻火圈安装 公称直径 250mm 以内	个		3.0000		
03-10-2-1	管道支架制作 单件重量 5kg 以内	100kg	0.1330	0.1420		
03-10-2-6	管道支架安装 单件重量 5kg 以内	100kg	0.1330	0.1420		
03-12-1-107	金属结构刷油 一般钢结构 红丹防锈漆 第一遍	100kg	0.1330	0.1420		
03-12-1-108	金属结构刷油 一般钢结构 红丹防锈漆 增一遍	100kg	0.1330	0.1420		
03-12-1-116	金属结构刷油 一般钢结构 调和漆 第一遍	100kg	0.1330	0.1420		
03-12-1-117	金属结构刷油 一般钢结构 调和漆 增一遍	100kg	0.1330	0.1420		
03-10-2-190	室外管道管道人工挖土 公称直径 50mm 1m 深	100m			0.1000	0.1000

工作内容：管道及管件安装，水压试验、水冲洗及挖填土。

定额编号			B-5-2-137	B-5-2-138	B-5-2-139	B-5-2-140
项目			室外钢骨架塑料复合管(电熔连接)			
			公称外径(mm 以内)			
			75	90	110	125
			10m	10m	10m	10m
预算定额编号	预算定额名称	预算定额单位	数量			
03-10-1-383	给排水管道 室外钢骨架塑料复合管(电熔连接) 公称外径 75mm 以内	10m	1.0000			
03-10-1-384	给排水管道 室外钢骨架塑料复合管(电熔连接) 公称外径 90mm 以内	10m		1.0000		
03-10-1-385	给排水管道 室外钢骨架塑料复合管(电熔连接) 公称外径 110mm 以内	10m			1.0000	
03-10-1-386	给排水管道 室外钢骨架塑料复合管(电熔连接) 公称外径 125mm 以内	10m				1.0000
03-10-2-191	室外管道管道人工挖土 公称直径 100mm 1m 深	100m	0.1000	0.1000	0.1000	
03-10-2-192	室外管道管道人工挖土 公称直径 200mm 1m 深	100m				0.1000

工作内容：1. 管道及管件安装，水压试验、水冲洗及挖填土。
2,3,4. 管道及管件安装，成品管卡安装，一般钢套管制作安装，管道水压试验及水冲洗。

定额编号			B-5-2-141	B-5-2-142	B-5-2-143	B-5-2-144
项目			室外钢骨架塑料复合管(电熔连接)	室内钢骨架塑料复合管(电熔连接)		
			公称外径(mm 以内)			
			160	32	50	75
			10m	10m	10m	10m
预算定额编号	预算定额名称	预算定额单位	数量			
03-10-1-387	给排水管道 室外钢骨架塑料复合管(电熔连接) 公称外径 160mm 以内	10m	1.0000			
03-10-1-401	给排水管道 室内钢骨架塑料复合管(电熔连接) 公称外径 32mm 以内	10m		1.0000		
03-10-1-403	给排水管道 室内钢骨架塑料复合管(电熔连接) 公称外径 50mm 以内	10m			1.0000	
03-10-1-405	给排水管道 室内钢骨架塑料复合管(电熔连接) 公称外径 75mm 以内	10m				1.0000
03-10-2-26	一般钢套管制作安装 介质管道 公称直径 32mm 以内	个		1.0000		
03-10-2-27	一般钢套管制作安装 介质管道 公称直径 50mm 以内	个			1.0000	
03-10-2-29	一般钢套管制作安装 介质管道 公称直径 80mm 以内	个				1.0000
03-10-2-12	成品管卡安装 公称直径 32mm 以内	个		11.1100		
03-10-2-14	成品管卡安装 公称直径 50mm 以内	个			9.0900	
03-10-2-15	成品管卡安装 公称直径 80mm 以内	个				8.3300
03-10-2-192	室外管道管道人工挖土 公称直径 200mm 1m 深	100m	0.1000			

工作内容： 1,2. 管道及管件安装，成品管卡安装，一般钢套管制作安装，管道水压试验及水冲洗。
3,4. 管道及管件安装，支架制作安装，一般钢套管制作安装，管道水压试验及水冲洗，支架刷油。

定额编号			B-5-2-145	B-5-2-146	B-5-2-147	B-5-2-148
项目			室内钢骨架塑料复合管(电熔连接)			
			公称外径(mm 以内)			
			90	110	125	160
			10m	10m	10m	10m
预算定额编号	预算定额名称	预算定额单位	数量			
03-10-1-406	给排水管道 室内钢骨架塑料复合管(电熔连接) 公称外径 90mm 以内	10m	1.0000			
03-10-1-407	给排水管道 室内钢骨架塑料复合管(电熔连接) 公称外径 110mm 以内	10m		1.0000		
03-10-1-408	给排水管道 室内钢骨架塑料复合管(电熔连接) 公称外径 125mm 以内	10m			1.0000	
03-10-1-409	给排水管道 室内钢骨架塑料复合管(电熔连接) 公称外径 160mm 以内	10m				1.0000
03-10-2-30	一般钢套管制作安装 介质管道 公称直径 100mm 以内	个	1.0000	1.0000		
03-10-2-31	一般钢套管制作安装 介质管道 公称直径 125mm 以内	个			1.0000	
03-10-2-32	一般钢套管制作安装 介质管道 公称直径 150mm 以内	个				1.0000
03-10-2-16	成品管卡安装 公称直径 100mm 以内	个	7.4100	6.4500		
03-10-2-1	管道支架制作 单件重量 5kg 以内	100kg			0.0580	0.0640
03-10-2-6	管道支架安装 单件重量 5kg 以内	100kg			0.0580	0.0640
03-12-1-107	金属结构刷油 一般钢结构 红丹防锈漆 第一遍	100kg			0.0580	0.0640
03-12-1-108	金属结构刷油 一般钢结构 红丹防锈漆 增一遍	100kg			0.0580	0.0640
03-12-1-116	金属结构刷油 一般钢结构 调和漆 第一遍	100kg			0.0580	0.0640
03-12-1-117	金属结构刷油 一般钢结构 调和漆 增一遍	100kg			0.0580	0.0640

工作内容： 管道及管件安装，支架制作安装，一般钢套管制作安装，管道水压试验及水冲洗，支架刷油。

定额编号			B-5-2-149	B-5-2-150	B-5-2-151	B-5-2-152
项目			室内钢塑复合管(螺纹连接)			
			公称直径(mm 以内)			
			15	20	25	32
			10m	10m	10m	10m
预算定额编号	预算定额名称	预算定额单位	数量			
03-10-1-410	给排水管道 室内钢塑复合管(螺纹连接) 公称直径 15mm 以内	10m	1.0000			
03-10-1-411	给排水管道 室内钢塑复合管(螺纹连接) 公称直径 20mm 以内	10m		1.0000		
03-10-1-412	给排水管道 室内钢塑复合管(螺纹连接) 公称直径 25mm 以内	10m			1.0000	
03-10-1-413	给排水管道 室内钢塑复合管(螺纹连接) 公称直径 32mm 以内	10m				1.0000
03-10-2-25	一般钢套管制作安装 介质管道 公称直径 20mm 以内	个	1.0000	1.0000		
03-10-2-26	一般钢套管制作安装 介质管道 公称直径 32mm 以内	个			1.0000	1.0000
03-10-2-1	管道支架制作 单件重量 5kg 以内	100kg	0.0340	0.0300	0.0270	0.0240
03-10-2-6	管道支架安装 单件重量 5kg 以内	100kg	0.0340	0.0300	0.0270	0.0240
03-12-1-107	金属结构刷油 一般钢结构 红丹防锈漆 第一遍	100kg	0.0340	0.0300	0.0270	0.0240
03-12-1-108	金属结构刷油 一般钢结构 红丹防锈漆 增一遍	100kg	0.0340	0.0300	0.0270	0.0240
03-12-1-116	金属结构刷油 一般钢结构 调和漆 第一遍	100kg	0.0340	0.0300	0.0270	0.0240
03-12-1-117	金属结构刷油 一般钢结构 调和漆 增一遍	100kg	0.0340	0.0300	0.0270	0.0240

工作内容： 管道及管件安装，支架制作安装，一般钢套管制作安装，管道水压试验及水冲洗，支架刷油。

定额编号			B-5-2-153	B-5-2-154	B-5-2-155	B-5-2-156
项目			室内钢塑复合管(螺纹连接)			
			公称直径(mm 以内)			
			40	50	65	80
			10m	10m	10m	10m
预算定额编号	预算定额名称	预算定额单位	数量			
03-10-1-414	给排水管道 室内钢塑复合管（螺纹连接）公称直径 40mm 以内	10m	1.0000			
03-10-1-415	给排水管道 室内钢塑复合管（螺纹连接）公称直径 50mm 以内	10m		1.0000		
03-10-1-416	给排水管道 室内钢塑复合管（螺纹连接）公称直径 65mm 以内	10m			1.0000	
03-10-1-417	给排水管道 室内钢塑复合管（螺纹连接）公称直径 80mm 以内	10m				1.0000
03-10-2-27	一般钢套管制作安装 介质管道公称直径 50mm 以内	个	1.0000	1.0000		
03-10-2-28	一般钢套管制作安装 介质管道公称直径 65mm 以内	个			1.0000	
03-10-2-29	一般钢套管制作安装 介质管道公称直径 80mm 以内	个				1.0000
03-10-2-1	管道支架制作 单件重量 5kg 以内	100kg	0.0220	0.0410	0.0420	0.0450
03-10-2-6	管道支架安装 单件重量 5kg 以内	100kg	0.0220	0.0410	0.0420	0.0450
03-12-1-107	金属结构刷油 一般钢结构红丹防锈漆 第一遍	100kg	0.0220	0.0410	0.0420	0.0450
03-12-1-108	金属结构刷油 一般钢结构红丹防锈漆 增一遍	100kg	0.0220	0.0410	0.0420	0.0450
03-12-1-116	金属结构刷油 一般钢结构调和漆 第一遍	100kg	0.0220	0.0410	0.0420	0.0450
03-12-1-117	金属结构刷油 一般钢结构调和漆 增一遍	100kg	0.0220	0.0410	0.0420	0.0450

工作内容： 1,2,3. 管道及管件安装，支架制作安装，一般钢套管制作安装，管道水压试验及水冲洗，支架刷油。

4. 管道及管件安装，管道水压试验及水冲洗，热缩套袖补口及挖填土。

定额编号			B-5-2-157	B-5-2-158	B-5-2-159	B-5-2-160
项目			室内钢塑复合管(螺纹连接)			室外预制直埋保温管(电弧焊)介质管道
			公称直径(mm 以内)			
			100	125	150	32
			10m	10m	10m	10m
预算定额编号	预算定额名称	预算定额单位	数量			
03-10-1-418	给排水管道 室内钢塑复合管(螺纹连接) 公称直径 100mm 以内	10m	1.0000			
03-10-1-419	给排水管道 室内钢塑复合管(螺纹连接) 公称直径 125mm 以内	10m		1.0000		
03-10-1-420	给排水管道 室内钢塑复合管(螺纹连接) 公称直径 150mm 以内	10m			1.0000	
03-10-1-528	采暖管道 室外预制直埋保温管(电弧焊) 介质管道公称直径32mm 以内	10m				1.0000
03-10-1-541	采暖管道 室外预制直埋保温管热缩套袖补口 介质管道公称直径32mm 以内	个				1.8600
03-10-2-190	室外管道管道人工挖土 公称直径50mm 1m 深	100m				0.1000
03-10-2-30	一般钢套管制作安装 介质管道公称直径 100mm 以内	个	1.0000			
03-10-2-31	一般钢套管制作安装 介质管道公称直径 125mm 以内	个		1.0000		
03-10-2-32	一般钢套管制作安装 介质管道公称直径 150mm 以内	个			1.0000	
03-10-2-1	管道支架制作 单件重量 5kg 以内	100kg	0.0540	0.0580	0.0640	
03-10-2-6	管道支架安装 单件重量 5kg 以内	100kg	0.0540	0.0580	0.0640	
03-12-1-107	金属结构刷油 一般钢结构红丹防锈漆 第一遍	100kg	0.0540	0.0580	0.0640	
03-12-1-108	金属结构刷油 一般钢结构红丹防锈漆 增一遍	100kg	0.0540	0.0580	0.0640	
03-12-1-116	金属结构刷油 一般钢结构调和漆 第一遍	100kg	0.0540	0.0580	0.0640	
03-12-1-117	金属结构刷油 一般钢结构调和漆 增一遍	100kg	0.0540	0.0580	0.0640	

工作内容： 管道及管件安装，管道水压试验及水冲洗，热缩套袖补口及挖填土。

定额编号			B-5-2-161	B-5-2-162	B-5-2-163	B-5-2-164
项目			室外预制直埋保温管(电弧焊)介质管道			
			公称直径(mm 以内)			
			40	50	65	80
			10m	10m	10m	10m
预算定额编号	预算定额名称	预算定额单位	数量			
03-10-1-529	采暖管道 室外预制直埋保温管(电弧焊) 介质管道公称直径 40mm 以内	10m	1.0000			
03-10-1-530	采暖管道 室外预制直埋保温管(电弧焊) 介质管道公称直径 50mm 以内	10m		1.0000		
03-10-1-531	采暖管道 室外预制直埋保温管(电弧焊) 介质管道公称直径 65mm 以内	10m			1.0000	
03-10-1-532	采暖管道 室外预制直埋保温管(电弧焊) 介质管道公称直径 80mm 以内	10m				1.0000
03-10-1-542	采暖管道 室外预制直埋保温管热缩套袖补口 介质管道公称直径 40mm 以内	个	2.0400			
03-10-1-543	采暖管道 室外预制直埋保温管热缩套袖补口 介质管道公称直径 50mm 以内	个		2.0800		
03-10-1-544	采暖管道 室外预制直埋保温管热缩套袖补口 介质管道公称直径 65mm 以内	个			2.1700	
03-10-1-545	采暖管道 室外预制直埋保温管热缩套袖补口 介质管道公称直径 80mm 以内	个				1.6200
03-10-2-190	室外管道管道人工挖土 公称直径 50mm 1m 深	100m	0.1000	0.1000		
03-10-2-191	室外管道管道人工挖土 公称直径 100mm 1m 深	100m			0.1000	0.1000

工作内容： 管道及管件安装，管道水压试验及水冲洗，热缩套袖补口及挖填土。

定额编号			B-5-2-165	B-5-2-166	B-5-2-167	B-5-2-168
项目			室外预制直埋保温管(电弧焊)介质管道			
			公称直径(mm以内)			
			100	125	150	200
			10m	10m	10m	10m
预算定额编号	预算定额名称	预算定额单位	数量			
03-10-1-533	采暖管道 室外预制直埋保温管(电弧焊)介质管道公称直径100mm以内	10m	1.0000			
03-10-1-534	采暖管道 室外预制直埋保温管(电弧焊)介质管道公称直径125mm以内	10m		1.0000		
03-10-1-535	采暖管道 室外预制直埋保温管(电弧焊)介质管道公称直径150mm以内	10m			1.0000	
03-10-1-536	采暖管道 室外预制直埋保温管(电弧焊)介质管道公称直径200mm以内	10m				1.0000
03-10-1-546	采暖管道 室外预制直埋保温管热缩套袖补口 介质管道公称直径100mm以内	个	1.7800			
03-10-1-547	采暖管道 室外预制直埋保温管热缩套袖补口 介质管道公称直径125mm以内	个		1.7000		
03-10-1-548	采暖管道 室外预制直埋保温管热缩套袖补口 介质管道公称直径150mm以内	个			0.8400	
03-10-1-549	采暖管道 室外预制直埋保温管热缩套袖补口 介质管道公称直径200mm以内	个				0.8500
03-10-1-554	采暖管道 室外预制直埋保温管电热熔套袖补口 介质管道公称直径150mm以内	个			0.8400	
03-10-1-555	采暖管道 室外预制直埋保温管电热熔套袖补口 介质管道公称直径200mm以内	个				0.8500
03-10-2-191	室外管道管道人工挖土 公称直径100mm 1m深	100m	0.1000			
03-10-2-192	室外管道管道人工挖土 公称直径200mm 1m深	100m		0.1000	0.1000	0.1000

工作内容：管道及管件安装，管道水压试验及水冲洗，热缩套袖补口及挖填土。

定　额　编　号			B-5-2-169	B-5-2-170	B-5-2-171	B-5-2-172
项　　目			室外预制直埋保温管(电弧焊)介质管道			
			公称直径(mm 以内)			
			250	300	350	400
			10m	10m	10m	10m
预算定额编号	预算定额名称	预算定额单位	数　　量			
03-10-1-537	采暖管道　室外预制直埋保温管（电弧焊）介质管道公称直径250mm 以内	10m	1.0000			
03-10-1-538	采暖管道　室外预制直埋保温管（电弧焊）介质管道公称直径300mm 以内	10m		1.0000		
03-10-1-539	采暖管道　室外预制直埋保温管（电弧焊）介质管道公称直径350mm 以内	10m			1.0000	
03-10-1-540	采暖管道　室外预制直埋保温管（电弧焊）介质管道公称直径400mm 以内	10m				1.0000
03-10-1-550	采暖管道　室外预制直埋保温管热缩套袖补口　介质管道公称直径250mm 以内	个	0.8400			
03-10-1-551	采暖管道　室外预制直埋保温管热缩套袖补口　介质管道公称直径300mm 以内	个		0.8400		
03-10-1-552	采暖管道　室外预制直埋保温管热缩套袖补口　介质管道公称直径350mm 以内	个			0.8500	
03-10-1-553	采暖管道　室外预制直埋保温管热缩套袖补口　介质管道公称直径400mm 以内	个				0.8300
03-10-1-556	采暖管道　室外预制直埋保温管电热熔套袖补口　介质管道公称直径250mm 以内	个	0.8400			
03-10-1-557	采暖管道　室外预制直埋保温管电热熔套袖补口　介质管道公称直径300mm 以内	个		0.8400		
03-10-1-558	采暖管道　室外预制直埋保温管电热熔套袖补口　介质管道公称直径350mm 以内	个			0.8500	
03-10-1-559	采暖管道　室外预制直埋保温管电热熔套袖补口　介质管道公称直径400mm 以内	个				0.8300
03-10-2-193	室外管道管道人工挖土　公称直径350mm　1m 深	100m	0.1000	0.1000	0.1000	
03-10-2-193【系】	室外管道管道人工挖土　公称直径350mm　1m 深	100m				0.1000

二、燃气管道

工作内容：管道及管件安装，支架制作安装，一般钢套管制作安装，管道气压试验及空气吹扫，管道及支架刷油。

定　额　编　号			B-5-2-173	B-5-2-174	B-5-2-175	B-5-2-176
项　　目			室内镀锌钢管(螺纹连接)			
			公称直径(mm 以内)			
			15	20	25	32
			10m	10m	10m	10m
预算定额编号	预算定额名称	预算定额单位	数　　量			
03-10-1-653	燃气管道 室内镀锌钢管(螺纹连接) 公称直径 15mm 以内	10m	1.0000			
03-10-1-654	燃气管道 室内镀锌钢管(螺纹连接) 公称直径 20mm 以内	10m		1.0000		
03-10-1-655	燃气管道 室内镀锌钢管(螺纹连接) 公称直径 25mm 以内	10m			1.0000	
03-10-1-656	燃气管道 室内镀锌钢管(螺纹连接) 公称直径 32mm 以内	10m				1.0000
03-10-2-25	一般钢套管制作安装 介质管道 公称直径 20mm 以内	个	1.0000	1.0000		
03-10-2-26	一般钢套管制作安装 介质管道 公称直径 32mm 以内	个			1.0000	1.0000
03-10-2-1	管道支架制作 单件重量 5kg 以内	100kg	0.0340	0.0300	0.0270	0.0240
03-10-2-6	管道支架安装 单件重量 5kg 以内	100kg	0.0340	0.0300	0.0270	0.0240
03-12-1-107	金属结构刷油 一般钢结构 红丹防锈漆 第一遍	100kg	0.0340	0.0300	0.0270	0.0240
03-12-1-108	金属结构刷油 一般钢结构 红丹防锈漆 增一遍	100kg	0.0340	0.0300	0.0270	0.0240
03-12-1-116	金属结构刷油 一般钢结构 调和漆 第一遍	100kg	0.0340	0.0300	0.0270	0.0240
03-12-1-117	金属结构刷油 一般钢结构 调和漆 增一遍	100kg	0.0340	0.0300	0.0270	0.0240
03-12-1-66	管道刷油 调和漆 第一遍	$10m^2$	0.0669	0.0842	0.1052	0.1329
03-12-1-67	管道刷油 调和漆 增一遍	$10m^2$	0.0669	0.0842	0.1052	0.1329

工作内容： 管道及管件安装，支架制作安装，一般钢套管制作安装，管道气压试验及空气吹扫，管道及支架刷油。

定　额　编　号			B-5-2-177	B-5-2-178	B-5-2-179	B-5-2-180
项　　目			室内镀锌钢管(螺纹连接)			
			公称直径(mm 以内)			
			40	50	65	80
			10m	10m	10m	10m
预算定额编号	预算定额名称	预算定额单位	数　　量			
03-10-1-657	燃气管道 室内镀锌钢管(螺纹连接)公称直径 40mm 以内	10m	1.0000			
03-10-1-658	燃气管道 室内镀锌钢管(螺纹连接)公称直径 50mm 以内	10m		1.0000		
03-10-1-659	燃气管道 室内镀锌钢管(螺纹连接)公称直径 65mm 以内	10m			1.0000	
03-10-1-660	燃气管道 室内镀锌钢管(螺纹连接)公称直径 80mm 以内	10m				1.0000
03-10-2-27	一般钢套管制作安装 介质管道公称直径 50mm 以内	个	1.0000	1.0000		
03-10-2-28	一般钢套管制作安装 介质管道公称直径 65mm 以内	个			1.0000	
03-10-2-29	一般钢套管制作安装 介质管道公称直径 80mm 以内	个				1.0000
03-10-2-1	管道支架制作 单件重量 5kg 以内	100kg	0.0220	0.0410	0.0420	0.0450
03-10-2-6	管道支架安装 单件重量 5kg 以内	100kg	0.0220	0.0410	0.0420	0.0450
03-12-1-107	金属结构刷油 一般钢结构红丹防锈漆 第一遍	100kg	0.0220	0.0410	0.0420	0.0450
03-12-1-108	金属结构刷油 一般钢结构红丹防锈漆 增一遍	100kg	0.0220	0.0410	0.0420	0.0450
03-12-1-116	金属结构刷油 一般钢结构调和漆 第一遍	100kg	0.0220	0.0410	0.0420	0.0450
03-12-1-117	金属结构刷油 一般钢结构调和漆 增一遍	100kg	0.0220	0.0410	0.0420	0.0450
03-12-1-66	管道刷油 调和漆 第一遍	$10m^2$	0.1508	0.1995	0.2372	0.2780
03-12-1-67	管道刷油 调和漆 增一遍	$10m^2$	0.1508	0.1995	0.2372	0.2780

工作内容：管道及管件安装，支架制作安装，一般钢套管制作安装，管道气压试验及空气吹扫，管道及支架刷油。

定　额　编　号			B-5-2-181
项　　目			室内镀锌钢管(螺纹连接)
			公称直径(mm 以内)
			100
			10m
预算定额编号	预算定额名称	预算定额单位	数　　量
03-10-1-661	燃气管道 室内镀锌钢管(螺纹连接) 公称直径 100mm 以内	10m	1.0000
03-10-2-30	一般钢套管制作安装 介质管道公称直径 100mm 以内	个	1.0000
03-10-2-1	管道支架制作 单件重量 5kg 以内	100kg	0.0500
03-10-2-6	管道支架安装 单件重量 5kg 以内	100kg	0.0500
03-12-1-107	金属结构刷油 一般钢结构红丹防锈漆 第一遍	100kg	0.0500
03-12-1-108	金属结构刷油 一般钢结构红丹防锈漆 增一遍	100kg	0.0500
03-12-1-116	金属结构刷油 一般钢结构调和漆 第一遍	100kg	0.0500
03-12-1-117	金属结构刷油 一般钢结构调和漆 增一遍	100kg	0.0500
03-12-1-66	管道刷油 调和漆 第一遍	$10m^2$	0.3581
03-12-1-67	管道刷油 调和漆 增一遍	$10m^2$	0.3581

三、用水点管道

工作内容： 1. 管道及管件安装，成品管卡安装，管道水压试验及水冲洗，管道刷油。
2,3,4. 管道及管件安装，成品管卡安装，管道水压试验及水冲洗。

定额编号			B-5-2-182	B-5-2-183	B-5-2-184	B-5-2-185
项目			给水系统-冷水			
			住宅-镀锌钢管(螺纹连接)	住宅-薄壁不锈钢管(卡压/卡套连接)	住宅-薄壁不锈钢管(承插氩弧焊)	住宅-铜管(卡压连接)
			套	套	套	套
预算定额编号	预算定额名称	预算定额单位	数量			
03-10-1-12	给排水管道 室内镀锌钢管(螺纹连接) 公称直径 15mm 以内	10m	0.2010			
03-10-1-13	给排水管道 室内镀锌钢管(螺纹连接) 公称直径 20mm 以内	10m	0.1280			
03-10-1-14	给排水管道 室内镀锌钢管(螺纹连接) 公称直径 25mm 以内	10m	0.1880			
03-10-1-15	给排水管道 室内镀锌钢管(螺纹连接) 公称直径 32mm 以内	10m	0.0180			
03-10-1-75	给排水管道 室内薄壁不锈钢管(卡压连接) 公称直径 15mm 以内	10m		0.2010		
03-10-1-76	给排水管道 室内薄壁不锈钢管(卡压连接) 公称直径 20mm 以内	10m		0.1280		
03-10-1-77	给排水管道 室内薄壁不锈钢管(卡压连接) 公称直径 25mm 以内	10m		0.1880		
03-10-1-78	给排水管道 室内薄壁不锈钢管(卡压连接) 公称直径 32mm 以内	10m		0.0180		
03-10-1-93	给排水管道 室内薄壁不锈钢管(承插氩弧焊) 公称直径 15mm 以内	10m			0.2010	
03-10-1-94	给排水管道 室内薄壁不锈钢管(承插氩弧焊) 公称直径 20mm 以内	10m			0.1280	
03-10-1-95	给排水管道 室内薄壁不锈钢管(承插氩弧焊) 公称直径 25mm 以内	10m			0.1880	
03-10-1-96	给排水管道 室内薄壁不锈钢管(承插氩弧焊) 公称直径 32mm 以内	10m			0.0180	
03-10-1-123	给排水管道 室内铜管(卡压连接) 公称外径 18mm 以内	10m				0.2010
03-10-1-124	给排水管道 室内铜管(卡压连接) 公称外径 22mm 以内	10m				0.1280
03-10-1-125	给排水管道 室内铜管(卡压连接) 公称外径 28mm 以内	10m				0.1880
03-10-1-126	给排水管道 室内铜管(卡压连接) 公称外径 35mm 以内	10m				0.0180
03-10-2-11	成品管卡安装 公称直径 15mm 以内	个	0.8040	2.0100	2.0100	1.6743
03-10-2-11	成品管卡安装 公称直径 20mm 以内	个	0.4262	0.8538	0.8538	0.7117
03-10-2-12	成品管卡安装 公称直径 25mm 以内	个	0.5377	1.2540	1.2540	1.0453
03-10-2-12	成品管卡安装 公称直径 32mm 以内	个	0.0450	0.0900	0.0900	0.0751
03-12-1-66	管道刷油 调和漆 第一遍	$10m^2$	0.0464			
03-12-1-67	管道刷油 调和漆 增一遍	$10m^2$	0.0464			

工作内容： 1,2. 管道及管件安装,成品管卡安装,管道水压试验及水冲洗。
3. 管道及管件安装,成品管卡安装,支架制作安装,管道水压试验及水冲洗,管道及支架刷油。
4. 管道及管件安装,成品管卡安装,支架制作安装,管道水压试验及水冲洗,支架刷油。

定额编号			B-5-2-186	B-5-2-187	B-5-2-188	B-5-2-189
项目			给水系统-冷水			
			住宅-铜管(氧乙炔焊)	住宅-塑料给水管(热熔/电熔连接)	办公楼-镀锌钢管(螺纹连接)	办公楼-薄壁不锈钢管(卡压/卡套连接)
			套	套	套	套
预算定额编号	预算定额名称	预算定额单位	数量			
03-10-1-132	给排水管道 室内铜管(氧乙炔焊) 公称外径 18mm 以内	10m	0.2010			
03-10-1-133	给排水管道 室内铜管(氧乙炔焊) 公称外径 22mm 以内	10m	0.1280			
03-10-1-134	给排水管道 室内铜管(氧乙炔焊) 公称外径 28mm 以内	10m	0.1880			
03-10-1-135	给排水管道 室内铜管(氧乙炔焊) 公称外径 35mm 以内	10m	0.0180			
03-10-1-306	给排水管道 室内塑料给水管(热熔连接) 公称外径 20mm 以内	10m		0.1005		
03-10-1-307	给排水管道 室内塑料给水管(热熔连接) 公称外径 25mm 以内	10m		0.0640		
03-10-1-308	给排水管道 室内塑料给水管(热熔连接) 公称外径 32mm 以内	10m		0.0940		
03-10-1-309	给排水管道 室内塑料给水管(热熔连接) 公称外径 40mm 以内	10m		0.0090		
03-10-1-320	给排水管道 室内塑料给水管(电熔连接) 公称外径 20mm 以内	10m		0.1005		
03-10-1-321	给排水管道 室内塑料给水管(电熔连接) 公称外径 25mm 以内	10m		0.0640		
03-10-1-322	给排水管道 室内塑料给水管(电熔连接) 公称外径 32mm 以内	10m		0.0940		
03-10-1-323	给排水管道 室内塑料给水管(电熔连接) 公称外径 40mm 以内	10m		0.0090		
03-10-1-12	给排水管道 室内镀锌钢管(螺纹连接) 公称直径 15mm 以内	10m			0.1270	
03-10-1-13	给排水管道 室内镀锌钢管(螺纹连接) 公称直径 20mm 以内	10m			0.1080	
03-10-1-14	给排水管道 室内镀锌钢管(螺纹连接) 公称直径 25mm 以内	10m			0.0480	
03-10-1-15	给排水管道 室内镀锌钢管(螺纹连接) 公称直径 32mm 以内	10m			0.0300	
03-10-1-16	给排水管道 室内镀锌钢管(螺纹连接) 公称直径 40mm 以内	10m			0.0270	

（续表）

定额编号			B-5-2-186	B-5-2-187	B-5-2-188	B-5-2-189
项目			给水系统-冷水			
			住宅-铜管（氧乙炔焊）	住宅-塑料给水管（热熔/电熔连接）	办公楼-镀锌钢管（螺纹连接）	办公楼-薄壁不锈钢管（卡压/卡套连接）
			套	套	套	套
预算定额编号	预算定额名称	预算定额单位	数量			
03-10-1-17	给排水管道 室内镀锌钢管（螺纹连接）公称直径 50mm 以内	10m			0.0090	
03-10-1-18	给排水管道 室内镀锌钢管（螺纹连接）公称直径 65mm 以内	10m			0.0120	
03-10-1-19	给排水管道 室内镀锌钢管（螺纹连接）公称直径 80mm 以内	10m			0.0050	
03-10-1-75	给排水管道 室内薄壁不锈钢管（卡压连接）公称直径 15mm 以内	10m				0.1270
03-10-1-76	给排水管道 室内薄壁不锈钢管（卡压连接）公称直径 20mm 以内	10m				0.1080
03-10-1-77	给排水管道 室内薄壁不锈钢管（卡压连接）公称直径 25mm 以内	10m				0.0480
03-10-1-78	给排水管道 室内薄壁不锈钢管（卡压连接）公称直径 32mm 以内	10m				0.0300
03-10-1-79	给排水管道 室内薄壁不锈钢管（卡压连接）公称直径 40mm 以内	10m				0.0270
03-10-1-80	给排水管道 室内薄壁不锈钢管（卡压连接）公称直径 50mm 以内	10m				0.0090
03-10-1-81	给排水管道 室内薄壁不锈钢管（卡压连接）公称直径 65mm 以内	10m				0.0120
03-10-1-82	给排水管道 室内薄壁不锈钢管（卡压连接）公称直径 80mm 以内	10m				0.0050
03-10-2-11	成品管卡安装 公称直径 15mm 以内	个	1.6743	3.3507	0.5080	1.2700
03-10-2-11	成品管卡安装 公称直径 20mm 以内	个	0.7117	1.8291	0.3596	0.7204
03-10-2-12	成品管卡安装 公称直径 25mm 以内	个	1.0453	2.3500	0.1373	0.3202
03-10-2-12	成品管卡安装 公称直径 32mm 以内	个	0.0751	0.2000	0.0750	0.1500
03-10-2-1	管道支架制作 单件重量 5kg 以内	100kg			0.0017	0.0017
03-10-2-6	管道支架安装 单件重量 5kg 以内	100kg			0.0017	0.0017
03-12-1-107	金属结构刷油 一般钢结构 红丹防锈漆 第一遍	100kg			0.0017	0.0017
03-12-1-108	金属结构刷油 一般钢结构 红丹防锈漆 增一遍	100kg			0.0017	0.0017
03-12-1-116	金属结构刷油 一般钢结构 调和漆 第一遍	100kg			0.0017	0.0017
03-12-1-117	金属结构刷油 一般钢结构 调和漆 增一遍	100kg			0.0017	0.0017
03-12-1-66	管道刷油 调和漆 第一遍	$10m^2$			0.0367	
03-12-1-67	管道刷油 调和漆 增一遍	$10m^2$			0.0367	

工作内容： 1,2,3. 管道及管件安装，成品管卡安装，支架制作安装，管道水压试验及水冲洗，支架刷油。
4. 管道及管件安装，成品管卡安装，管道水压试验及水冲洗。

定额编号			B-5-2-190	B-5-2-191	B-5-2-192	B-5-2-193
项目			给水系统-冷水			
			办公楼-薄壁不锈钢管(承插氩弧焊)	办公楼-铜管(卡压连接)	办公楼-铜管(氧乙炔焊)	办公楼-塑料给水管(热熔/电熔连接)
			套	套	套	套
预算定额编号	预算定额名称	预算定额单位	数量			
03-10-1-93	给排水管道 室内薄壁不锈钢管(承插氩弧焊) 公称直径 15mm以内	10m	0.1270			
03-10-1-94	给排水管道 室内薄壁不锈钢管(承插氩弧焊) 公称直径 20mm以内	10m	0.1080			
03-10-1-95	给排水管道 室内薄壁不锈钢管(承插氩弧焊) 公称直径 25mm以内	10m	0.0480			
03-10-1-96	给排水管道 室内薄壁不锈钢管(承插氩弧焊) 公称直径 32mm以内	10m	0.0300			
03-10-1-97	给排水管道 室内薄壁不锈钢管(承插氩弧焊) 公称直径 40mm以内	10m	0.0270			
03-10-1-98	给排水管道 室内薄壁不锈钢管(承插氩弧焊) 公称直径 50mm以内	10m	0.0090			
03-10-1-99	给排水管道 室内薄壁不锈钢管(承插氩弧焊) 公称直径 65mm以内	10m	0.0120			
03-10-1-100	给排水管道 室内薄壁不锈钢管(承插氩弧焊) 公称直径 80mm以内	10m	0.0050			
03-10-1-123	给排水管道 室内铜管(卡压连接) 公称外径 18mm以内	10m		0.1270		
03-10-1-124	给排水管道 室内铜管(卡压连接) 公称外径 22mm以内	10m		0.1080		
03-10-1-125	给排水管道 室内铜管(卡压连接) 公称外径 28mm以内	10m		0.0480		
03-10-1-126	给排水管道 室内铜管(卡压连接) 公称外径 35mm以内	10m		0.0300		
03-10-1-127	给排水管道 室内铜管(卡压连接) 公称外径 42mm以内	10m		0.0270		
03-10-1-128	给排水管道 室内铜管(卡压连接) 公称外径 54mm以内	10m		0.0090		
03-10-1-129	给排水管道 室内铜管(卡压连接) 公称外径 76mm以内	10m		0.0120		
03-10-1-130	给排水管道 室内铜管(卡压连接) 公称外径 89mm以内	10m		0.0050		
03-10-1-132	给排水管道 室内铜管(氧乙炔焊) 公称外径 18mm以内	10m			0.1270	

（续表）

定额编号			B-5-2-190	B-5-2-191	B-5-2-192	B-5-2-193
项目			给水系统-冷水			
			办公楼-薄壁不锈钢管（承插氩弧焊）	办公楼-铜管（卡压连接）	办公楼-铜管（氧乙炔焊）	办公楼-塑料给水管（热熔/电熔连接）
			套	套	套	套
预算定额编号	预算定额名称	预算定额单位	数量			
03-10-1-133	给排水管道 室内铜管（氧乙炔焊）公称外径 22mm 以内	10m			0.1080	
03-10-1-134	给排水管道 室内铜管（氧乙炔焊）公称外径 28mm 以内	10m			0.0480	
03-10-1-135	给排水管道 室内铜管（氧乙炔焊）公称外径 35mm 以内	10m			0.0300	
03-10-1-136	给排水管道 室内铜管（氧乙炔焊）公称外径 42mm 以内	10m			0.0270	
03-10-1-137	给排水管道 室内铜管（氧乙炔焊）公称外径 54mm 以内	10m			0.0090	
03-10-1-138	给排水管道 室内铜管（氧乙炔焊）公称外径 76mm 以内	10m			0.0120	
03-10-1-139	给排水管道 室内铜管（氧乙炔焊）公称外径 89mm 以内	10m			0.0050	
03-10-1-306	给排水管道 室内塑料给水管（热熔连接）公称外径 20mm 以内	10m				0.0635
03-10-1-307	给排水管道 室内塑料给水管（热熔连接）公称外径 25mm 以内	10m				0.0540
03-10-1-308	给排水管道 室内塑料给水管（热熔连接）公称外径 32mm 以内	10m				0.0240
03-10-1-309	给排水管道 室内塑料给水管（热熔连接）公称外径 40mm 以内	10m				0.0150
03-10-1-310	给排水管道 室内塑料给水管（热熔连接）公称外径 50mm 以内	10m				0.0135
03-10-1-311	给排水管道 室内塑料给水管（热熔连接）公称外径 63mm 以内	10m				0.0045
03-10-1-312	给排水管道 室内塑料给水管（热熔连接）公称外径 75mm 以内	10m				0.0060
03-10-1-313	给排水管道 室内塑料给水管（热熔连接）公称外径 90mm 以内	10m				0.0025
03-10-1-320	给排水管道 室内塑料给水管（电熔连接）公称外径 20mm 以内	10m				0.0635
03-10-1-321	给排水管道 室内塑料给水管（电熔连接）公称外径 25mm 以内	10m				0.0540

（续表）

定额编号			B-5-2-190	B-5-2-191	B-5-2-192	B-5-2-193
项目			给水系统-冷水			
			办公楼-薄壁不锈钢管（承插氩弧焊）	办公楼-铜管（卡压连接）	办公楼-铜管（氧乙炔焊）	办公楼-塑料给水管（热熔/电熔连接）
			套	套	套	套
预算定额编号	预算定额名称	预算定额单位	数量			
03-10-1-322	给排水管道 室内塑料给水管（电熔连接） 公称外径 32mm 以内	10m				0.0240
03-10-1-323	给排水管道 室内塑料给水管（电熔连接） 公称外径 40mm 以内	10m				0.0150
03-10-1-324	给排水管道 室内塑料给水管（电熔连接） 公称外径 50mm 以内	10m				0.0135
03-10-1-325	给排水管道 室内塑料给水管（电熔连接） 公称外径 63mm 以内	10m				0.0045
03-10-1-326	给排水管道 室内塑料给水管（电熔连接） 公称外径 75mm 以内	10m				0.0060
03-10-1-327	给排水管道 室内塑料给水管（电熔连接） 公称外径 90mm 以内	10m				0.0025
03-10-2-11	成品管卡安装 公称直径 15mm 以内	个	1.2700	1.0579	1.0579	2.1171
03-10-2-11	成品管卡安装 公称直径 20mm 以内	个	0.7204	0.6005	0.6005	1.5433
03-10-2-12	成品管卡安装 公称直径 25mm 以内	个	0.3202	0.2669	0.2669	0.6000
03-10-2-12	成品管卡安装 公称直径 32mm 以内	个	0.1500	0.1251	0.1251	0.3333
03-10-2-13	成品管卡安装 公称直径 40mm 以内	个				0.2700
03-10-2-14	成品管卡安装 公称直径 50mm 以内	个				0.0818
03-10-2-15	成品管卡安装 公称直径 65mm 以内	个				0.1000
03-10-2-15	成品管卡安装 公称直径 80mm 以内	个				0.0371
03-10-2-1	管道支架制作 单件重量 5kg 以内	100kg	0.0017	0.0017	0.0017	
03-10-2-6	管道支架安装 单件重量 5kg 以内	100kg	0.0017	0.0017	0.0017	
03-12-1-107	金属结构刷油 一般钢结构 红丹防锈漆 第一遍	100kg	0.0017	0.0017	0.0017	
03-12-1-108	金属结构刷油 一般钢结构 红丹防锈漆 增一遍	100kg	0.0017	0.0017	0.0017	
03-12-1-116	金属结构刷油 一般钢结构 调和漆 第一遍	100kg	0.0017	0.0017	0.0017	
03-12-1-117	金属结构刷油 一般钢结构 调和漆 增一遍	100kg	0.0017	0.0017	0.0017	

工作内容： 1. 管道及管件安装，成品管卡安装，支架制作安装，管道水压试验及水冲洗，管道及支架刷油。

2,3,4. 管道及管件安装，成品管卡安装，支架制作安装，管道水压试验及水冲洗，支架刷油。

定额编号			B-5-2-194	B-5-2-195	B-5-2-196	B-5-2-197
项目			给水系统-冷水			
			宾馆(饭店)-镀锌钢管(螺纹连接)	宾馆(饭店)-薄壁不锈钢管(卡压/卡套连接)	宾馆(饭店)-薄壁不锈钢管(承插氩弧焊)	宾馆(饭店)-铜管(卡压连接)
			套	套	套	套
预算定额编号	预算定额名称	预算定额单位	数量			
03-10-1-12	给排水管道 室内镀锌钢管(螺纹连接) 公称直径 15mm 以内	10m	0.2040			
03-10-1-13	给排水管道 室内镀锌钢管(螺纹连接) 公称直径 20mm 以内	10m	0.1110			
03-10-1-14	给排水管道 室内镀锌钢管(螺纹连接) 公称直径 25mm 以内	10m	0.0480			
03-10-1-15	给排水管道 室内镀锌钢管(螺纹连接) 公称直径 32mm 以内	10m	0.0210			
03-10-1-16	给排水管道 室内镀锌钢管(螺纹连接) 公称直径 40mm 以内	10m	0.0060			
03-10-1-75	给排水管道 室内薄壁不锈钢管(卡压连接) 公称直径 15mm 以内	10m		0.2040		
03-10-1-76	给排水管道 室内薄壁不锈钢管(卡压连接) 公称直径 20mm 以内	10m		0.1110		
03-10-1-77	给排水管道 室内薄壁不锈钢管(卡压连接) 公称直径 25mm 以内	10m		0.0480		
03-10-1-78	给排水管道 室内薄壁不锈钢管(卡压连接) 公称直径 32mm 以内	10m		0.0210		
03-10-1-79	给排水管道 室内薄壁不锈钢管(卡压连接) 公称直径 40mm 以内	10m		0.0060		
03-10-1-93	给排水管道 室内薄壁不锈钢管(承插氩弧焊) 公称直径 15mm 以内	10m			0.2040	
03-10-1-94	给排水管道 室内薄壁不锈钢管(承插氩弧焊) 公称直径 20mm 以内	10m			0.1110	
03-10-1-95	给排水管道 室内薄壁不锈钢管(承插氩弧焊) 公称直径 25mm 以内	10m			0.0480	
03-10-1-96	给排水管道 室内薄壁不锈钢管(承插氩弧焊) 公称直径 32mm 以内	10m			0.0210	

(续表)

定额编号			B-5-2-194	B-5-2-195	B-5-2-196	B-5-2-197
项目			给水系统-冷水			
			宾馆(饭店)-镀锌钢管(螺纹连接)	宾馆(饭店)-薄壁不锈钢管(卡压/卡套连接)	宾馆(饭店)-薄壁不锈钢管(承插氩弧焊)	宾馆(饭店)-铜管(卡压连接)
			套	套	套	套
预算定额编号	预算定额名称	预算定额单位	数量			
03-10-1-97	给排水管道 室内薄壁不锈钢管(承插氩弧焊) 公称直径 40mm 以内	10m			0.0060	
03-10-1-123	给排水管道 室内铜管(卡压连接) 公称外径 18mm 以内	10m				0.2040
03-10-1-124	给排水管道 室内铜管(卡压连接) 公称外径 22mm 以内	10m				0.1110
03-10-1-125	给排水管道 室内铜管(卡压连接) 公称外径 28mm 以内	10m				0.0480
03-10-1-126	给排水管道 室内铜管(卡压连接) 公称外径 35mm 以内	10m				0.0210
03-10-1-127	给排水管道 室内铜管(卡压连接) 公称外径 42mm 以内	10m				0.0060
03-10-2-11	成品管卡安装 公称直径 15mm 以内	个	0.8160	2.0400	2.0400	1.6993
03-10-2-11	成品管卡安装 公称直径 20mm 以内	个	0.3696	0.7404	0.7404	0.6172
03-10-2-12	成品管卡安装 公称直径 25mm 以内	个	0.1373	0.3202	0.3202	0.2669
03-10-2-12	成品管卡安装 公称直径 32mm 以内	个	0.0525	0.1050	0.1050	0.0876
03-10-2-1	管道支架制作 单件重量 5kg 以内	100kg	0.0001	0.0001	0.0001	0.0001
03-10-2-6	管道支架安装 单件重量 5kg 以内	100kg	0.0001	0.0001	0.0001	0.0001
03-12-1-107	金属结构刷油 一般钢结构 红丹防锈漆 第一遍	100kg	0.0001	0.0001	0.0001	0.0001
03-12-1-108	金属结构刷油 一般钢结构 红丹防锈漆 增一遍	100kg	0.0001	0.0001	0.0001	0.0001
03-12-1-116	金属结构刷油 一般钢结构 调和漆 第一遍	100kg	0.0001	0.0001	0.0001	0.0001
03-12-1-117	金属结构刷油 一般钢结构 调和漆 增一遍	100kg	0.0001	0.0001	0.0001	0.0001
03-12-1-66	管道刷油 调和漆 第一遍	$10m^2$	0.0317			
03-12-1-67	管道刷油 调和漆 增一遍	$10m^2$	0.0317			

工作内容： 1，4. 管道及管件安装，成品管卡安装，支架制作安装，管道水压试验及水冲洗，支架刷油。
2. 管道及管件安装，成品管卡安装，管道水压试验及水冲洗。
3. 管道及管件安装，成品管卡安装，支架制作安装，管道水压试验及水冲洗，管道及支架刷油。

定　额　编　号			B-5-2-198	B-5-2-199	B-5-2-200	B-5-2-201
项　　目			给水系统-冷水			
			宾馆(饭店)-铜管(氧乙炔焊)	宾馆(饭店)-塑料给水管(热熔/电熔连接)	医院-镀锌钢管(螺纹连接)	医院-薄壁不锈钢管(卡压/卡套连接)
			套	套	套	套
预算定额编号	预算定额名称	预算定额单位	数　　量			
03-10-1-132	给排水管道　室内铜管(氧乙炔焊)公称外径 18mm 以内	10m	0.2040			
03-10-1-133	给排水管道　室内铜管(氧乙炔焊)公称外径 22mm 以内	10m	0.1110			
03-10-1-134	给排水管道　室内铜管(氧乙炔焊)公称外径 28mm 以内	10m	0.0480			
03-10-1-135	给排水管道　室内铜管(氧乙炔焊)公称外径 35mm 以内	10m	0.0210			
03-10-1-136	给排水管道　室内铜管(氧乙炔焊)公称外径 42mm 以内	10m	0.0060			
03-10-1-306	给排水管道　室内塑料给水管(热熔连接) 公称外径 20mm 以内	10m		0.1020		
03-10-1-307	给排水管道　室内塑料给水管(热熔连接) 公称外径 25mm 以内	10m		0.0555		
03-10-1-308	给排水管道　室内塑料给水管(热熔连接) 公称外径 32mm 以内	10m		0.0240		
03-10-1-309	给排水管道　室内塑料给水管(热熔连接) 公称外径 40mm 以内	10m		0.0105		
03-10-1-310	给排水管道　室内塑料给水管(热熔连接) 公称外径 50mm 以内	10m		0.0030		
03-10-1-320	给排水管道　室内塑料给水管(电熔连接) 公称外径 20mm 以内	10m		0.1020		
03-10-1-321	给排水管道　室内塑料给水管(电熔连接) 公称外径 25mm 以内	10m		0.0555		
03-10-1-322	给排水管道　室内塑料给水管(电熔连接) 公称外径 32mm 以内	10m		0.0240		
03-10-1-323	给排水管道　室内塑料给水管(电熔连接) 公称外径 40mm 以内	10m		0.0105		
03-10-1-324	给排水管道　室内塑料给水管(电熔连接) 公称外径 50mm 以内	10m		0.0030		
03-10-1-12	给排水管道　室内镀锌钢管(螺纹连接) 公称直径 15mm 以内	10m			0.1690	
03-10-1-13	给排水管道　室内镀锌钢管(螺纹连接) 公称直径 20mm 以内	10m			0.0720	

（续表）

定额编号			B-5-2-198	B-5-2-199	B-5-2-200	B-5-2-201
项目			给水系统-冷水			
			宾馆（饭店）-铜管（氧乙炔焊）	宾馆（饭店）-塑料给水管（热熔/电熔连接）	医院-镀锌钢管（螺纹连接）	医院-薄壁不锈钢管（卡压/卡套连接）
			套	套	套	套
预算定额编号	预算定额名称	预算定额单位	数量			
03-10-1-14	给排水管道 室内镀锌钢管（螺纹连接） 公称直径 25mm 以内	10m			0.0370	
03-10-1-15	给排水管道 室内镀锌钢管（螺纹连接） 公称直径 32mm 以内	10m			0.0430	
03-10-1-16	给排水管道 室内镀锌钢管（螺纹连接） 公称直径 40mm 以内	10m			0.0330	
03-10-1-17	给排水管道 室内镀锌钢管（螺纹连接） 公称直径 50mm 以内	10m			0.0170	
03-10-1-75	给排水管道 室内薄壁不锈钢管（卡压连接） 公称直径 15mm 以内	10m				0.1690
03-10-1-76	给排水管道 室内薄壁不锈钢管（卡压连接） 公称直径 20mm 以内	10m				0.0720
03-10-1-77	给排水管道 室内薄壁不锈钢管（卡压连接） 公称直径 25mm 以内	10m				0.0370
03-10-1-78	给排水管道 室内薄壁不锈钢管（卡压连接） 公称直径 32mm 以内	10m				0.0430
03-10-1-79	给排水管道 室内薄壁不锈钢管（卡压连接） 公称直径 40mm 以内	10m				0.0330
03-10-1-80	给排水管道 室内薄壁不锈钢管（卡压连接） 公称直径 50mm 以内	10m				0.0170
03-10-2-11	成品管卡安装 公称直径 15mm 以内	个	1.6993	3.4007	0.6760	1.6900
03-10-2-11	成品管卡安装 公称直径 20mm 以内	个	0.6172	1.5862	0.2398	0.4802
03-10-2-12	成品管卡安装 公称直径 25mm 以内	个	0.2669	0.6000	0.1058	0.2468
03-10-2-12	成品管卡安装 公称直径 32mm 以内	个	0.0876	0.2333	0.1075	0.2150
03-10-2-13	成品管卡安装 公称直径 40mm 以内	个		0.0600		
03-10-2-1	管道支架制作 单件重量 5kg 以内	100kg	0.0001		0.0014	0.0014
03-10-2-6	管道支架安装 单件重量 5kg 以内	100kg	0.0001		0.0014	0.0014
03-12-1-107	金属结构刷油 一般钢结构 红丹防锈漆 第一遍	100kg	0.0001		0.0014	0.0014
03-12-1-108	金属结构刷油 一般钢结构 红丹防锈漆 增一遍	100kg	0.0001		0.0014	0.0014
03-12-1-116	金属结构刷油 一般钢结构 调和漆 第一遍	100kg	0.0001		0.0014	0.0014
03-12-1-117	金属结构刷油 一般钢结构 调和漆 增一遍	100kg	0.0001		0.0014	0.0014
03-12-1-66	管道刷油 调和漆 第一遍	$10m^2$			0.0353	
03-12-1-67	管道刷油 调和漆 增一遍	$10m^2$			0.0353	

工作内容： 1,2,3. 管道及管件安装，成品管卡安装，支架制作安装，管道水压试验及水冲洗，支架刷油。
4. 管道及管件安装，成品管卡安装，管道水压试验及水冲洗。

定　额　编　号			B-5-2-202	B-5-2-203	B-5-2-204	B-5-2-205
项　　目			给水系统-冷水			
			医院-薄壁不锈钢管（承插氩弧焊）	医院-铜管（卡压连接）	医院-铜管（氧乙炔焊）	医院-塑料给水管（热熔/电熔连接）
			套	套	套	套
预算定额编号	预算定额名称	预算定额单位	数　　量			
03-10-1-93	给排水管道 室内薄壁不锈钢管（承插氩弧焊）公称直径 15mm 以内	10m	0.1690			
03-10-1-94	给排水管道 室内薄壁不锈钢管（承插氩弧焊）公称直径 20mm 以内	10m	0.0720			
03-10-1-95	给排水管道 室内薄壁不锈钢管（承插氩弧焊）公称直径 25mm 以内	10m	0.0370			
03-10-1-96	给排水管道 室内薄壁不锈钢管（承插氩弧焊）公称直径 32mm 以内	10m	0.0430			
03-10-1-97	给排水管道 室内薄壁不锈钢管（承插氩弧焊）公称直径 40mm 以内	10m	0.0330			
03-10-1-98	给排水管道 室内薄壁不锈钢管（承插氩弧焊）公称直径 50mm 以内	10m	0.0170			
03-10-1-123	给排水管道 室内铜管（卡压连接）公称外径 18mm 以内	10m		0.1690		
03-10-1-124	给排水管道 室内铜管（卡压连接）公称外径 22mm 以内	10m		0.0720		
03-10-1-125	给排水管道 室内铜管（卡压连接）公称外径 28mm 以内	10m		0.0370		
03-10-1-126	给排水管道 室内铜管（卡压连接）公称外径 35mm 以内	10m		0.0430		
03-10-1-127	给排水管道 室内铜管（卡压连接）公称外径 42mm 以内	10m		0.0330		
03-10-1-128	给排水管道 室内铜管（卡压连接）公称外径 54mm 以内	10m		0.0170		
03-10-1-132	给排水管道 室内铜管（氧乙炔焊）公称外径 18mm 以内	10m			0.1690	
03-10-1-133	给排水管道 室内铜管（氧乙炔焊）公称外径 22mm 以内	10m			0.0720	
03-10-1-134	给排水管道 室内铜管（氧乙炔焊）公称外径 28mm 以内	10m			0.0370	
03-10-1-135	给排水管道 室内铜管（氧乙炔焊）公称外径 35mm 以内	10m			0.0430	
03-10-1-136	给排水管道 室内铜管（氧乙炔焊）公称外径 42mm 以内	10m			0.0330	
03-10-1-137	给排水管道 室内铜管（氧乙炔焊）公称外径 54mm 以内	10m			0.0170	

（续表）

定额编号			B-5-2-202	B-5-2-203	B-5-2-204	B-5-2-205
项目			给水系统-冷水			
			医院-薄壁不锈钢管（承插氩弧焊）	医院-铜管（卡压连接）	医院-铜管（氧乙炔焊）	医院-塑料给水管（热熔/电熔连接）
			套	套	套	套
预算定额编号	预算定额名称	预算定额单位	数量			
03-10-1-306	给排水管道 室内塑料给水管（热熔连接）公称外径 20mm 以内	10m				0.0845
03-10-1-307	给排水管道 室内塑料给水管（热熔连接）公称外径 25mm 以内	10m				0.0360
03-10-1-308	给排水管道 室内塑料给水管（热熔连接）公称外径 32mm 以内	10m				0.0185
03-10-1-309	给排水管道 室内塑料给水管（热熔连接）公称外径 40mm 以内	10m				0.0215
03-10-1-310	给排水管道 室内塑料给水管（热熔连接）公称外径 50mm 以内	10m				0.0165
03-10-1-311	给排水管道 室内塑料给水管（热熔连接）公称外径 63mm 以内	10m				0.0085
03-10-1-320	给排水管道 室内塑料给水管（电熔连接）公称外径 20mm 以内	10m				0.0845
03-10-1-321	给排水管道 室内塑料给水管（电熔连接）公称外径 25mm 以内	10m				0.0360
03-10-1-322	给排水管道 室内塑料给水管（电熔连接）公称外径 32mm 以内	10m				0.0185
03-10-1-323	给排水管道 室内塑料给水管（电熔连接）公称外径 40mm 以内	10m				0.0215
03-10-1-324	给排水管道 室内塑料给水管（电熔连接）公称外径 50mm 以内	10m				0.0165
03-10-1-325	给排水管道 室内塑料给水管（电熔连接）公称外径 63mm 以内	10m				0.0085
03-10-2-11	成品管卡安装 公称直径 15mm 以内	个	1.6900	1.4078	1.4078	2.8172
03-10-2-11	成品管卡安装 公称直径 20mm 以内	个	0.4802	0.4003	0.4003	1.0289
03-10-2-12	成品管卡安装 公称直径 25mm 以内	个	0.2468	0.2057	0.2057	0.4625
03-10-2-12	成品管卡安装 公称直径 32mm 以内	个	0.2150	0.1793	0.1793	0.4777
03-10-2-13	成品管卡安装 公称直径 40mm 以内	个				0.3300
03-10-2-14	成品管卡安装 公称直径 50mm 以内	个				0.1545
03-10-2-1	管道支架制作 单件重量 5kg 以内	100kg	0.0014	0.0014	0.0014	
03-10-2-6	管道支架安装 单件重量 5kg 以内	100kg	0.0014	0.0014	0.0014	
03-12-1-107	金属结构刷油 一般钢结构 红丹防锈漆 第一遍	100kg	0.0014	0.0014	0.0014	
03-12-1-108	金属结构刷油 一般钢结构 红丹防锈漆 增一遍	100kg	0.0014	0.0014	0.0014	
03-12-1-116	金属结构刷油 一般钢结构 调和漆 第一遍	100kg	0.0014	0.0014	0.0014	
03-12-1-117	金属结构刷油 一般钢结构 调和漆 增一遍	100kg	0.0014	0.0014	0.0014	

工作内容： 1. 管道及管件安装，成品管卡安装，支架制作安装，管道水压试验及水冲洗，管道及支架刷油。
2，3，4. 管道及管件安装，成品管卡安装，支架制作安装，管道水压试验及水冲洗，支架刷油。

定额编号			B-5-2-206	B-5-2-207	B-5-2-208	B-5-2-209
项目			给水系统-冷水			
			其他公共建筑-镀锌钢管(螺纹连接)	其他公共建筑-薄壁不锈钢管(卡压/卡套连接)	其他公共建筑-薄壁不锈钢管(承插氩弧焊)	其他公共建筑-铜管(卡压连接)
			套	套	套	套
预算定额编号	预算定额名称	预算定额单位	数量			
03-10-1-12	给排水管道 室内镀锌钢管(螺纹连接) 公称直径 15mm 以内	10m	0.0455			
03-10-1-13	给排水管道 室内镀锌钢管(螺纹连接) 公称直径 20mm 以内	10m	0.0412			
03-10-1-14	给排水管道 室内镀锌钢管(螺纹连接) 公称直径 25mm 以内	10m	0.0702			
03-10-1-15	给排水管道 室内镀锌钢管(螺纹连接) 公称直径 32mm 以内	10m	0.0406			
03-10-1-16	给排水管道 室内镀锌钢管(螺纹连接) 公称直径 40mm 以内	10m	0.0282			
03-10-1-17	给排水管道 室内镀锌钢管(螺纹连接) 公称直径 50mm 以内	10m	0.0364			
03-10-1-18	给排水管道 室内镀锌钢管(螺纹连接) 公称直径 65mm 以内	10m	0.0289			
03-10-1-19	给排水管道 室内镀锌钢管(螺纹连接) 公称直径 80mm 以内	10m	0.0409			
03-10-1-75	给排水管道 室内薄壁不锈钢管(卡压连接) 公称直径 15mm 以内	10m		0.0455		
03-10-1-76	给排水管道 室内薄壁不锈钢管(卡压连接) 公称直径 20mm 以内	10m		0.0412		
03-10-1-77	给排水管道 室内薄壁不锈钢管(卡压连接) 公称直径 25mm 以内	10m		0.0702		
03-10-1-78	给排水管道 室内薄壁不锈钢管(卡压连接) 公称直径 32mm 以内	10m		0.0406		
03-10-1-79	给排水管道 室内薄壁不锈钢管(卡压连接) 公称直径 40mm 以内	10m		0.0282		
03-10-1-80	给排水管道 室内薄壁不锈钢管(卡压连接) 公称直径 50mm 以内	10m		0.0364		
03-10-1-81	给排水管道 室内薄壁不锈钢管(卡压连接) 公称直径 65mm 以内	10m		0.0289		
03-10-1-82	给排水管道 室内薄壁不锈钢管(卡压连接) 公称直径 80mm 以内	10m		0.0409		
03-10-1-93	给排水管道 室内薄壁不锈钢管(承插氩弧焊) 公称直径 15mm 以内	10m			0.0455	
03-10-1-94	给排水管道 室内薄壁不锈钢管(承插氩弧焊) 公称直径 20mm 以内	10m			0.0412	
03-10-1-95	给排水管道 室内薄壁不锈钢管(承插氩弧焊) 公称直径 25mm 以内	10m			0.0702	
03-10-1-96	给排水管道 室内薄壁不锈钢管(承插氩弧焊) 公称直径 32mm 以内	10m			0.0406	

（续表）

定额编号			B-5-2-206	B-5-2-207	B-5-2-208	B-5-2-209
项目			给水系统-冷水			
			其他公共建筑-镀锌钢管(螺纹连接)	其他公共建筑-薄壁不锈钢管(卡压/卡套连接)	其他公共建筑-薄壁不锈钢管(承插氩弧焊)	其他公共建筑-铜管(卡压连接)
			套	套	套	套
预算定额编号	预算定额名称	预算定额单位	数量			
03-10-1-97	给排水管道 室内薄壁不锈钢管(承插氩弧焊) 公称直径 40mm 以内	10m			0.0282	
03-10-1-98	给排水管道 室内薄壁不锈钢管(承插氩弧焊) 公称直径 50mm 以内	10m			0.0364	
03-10-1-99	给排水管道 室内薄壁不锈钢管(承插氩弧焊) 公称直径 65mm 以内	10m			0.0289	
03-10-1-100	给排水管道 室内薄壁不锈钢管(承插氩弧焊) 公称直径 80mm 以内	10m			0.0409	
03-10-1-123	给排水管道 室内铜管(卡压连接) 公称外径 18mm 以内	10m				0.0455
03-10-1-124	给排水管道 室内铜管(卡压连接) 公称外径 22mm 以内	10m				0.0412
03-10-1-125	给排水管道 室内铜管(卡压连接) 公称外径 28mm 以内	10m				0.0702
03-10-1-126	给排水管道 室内铜管(卡压连接) 公称外径 35mm 以内	10m				0.0406
03-10-1-127	给排水管道 室内铜管(卡压连接) 公称外径 42mm 以内	10m				0.0282
03-10-1-128	给排水管道 室内铜管(卡压连接) 公称外径 54mm 以内	10m				0.0364
03-10-1-129	给排水管道 室内铜管(卡压连接) 公称外径 76mm 以内	10m				0.0289
03-10-1-130	给排水管道 室内铜管(卡压连接) 公称外径 89mm 以内	10m				0.0409
03-10-2-11	成品管卡安装 公称直径 15mm 以内	个	0.1820	0.4550	0.4550	0.3790
03-10-2-11	成品管卡安装 公称直径 20mm 以内	个	0.1372	0.2748	0.2748	0.2291
03-10-2-12	成品管卡安装 公称直径 25mm 以内	个	0.2008	0.4682	0.4682	0.3903
03-10-2-12	成品管卡安装 公称直径 32mm 以内	个	0.1015	0.2030	0.2030	0.1693
03-10-2-1	管道支架制作 单件重量 5kg 以内	100kg	0.0052	0.0052	0.0052	0.0052
03-10-2-6	管道支架安装 单件重量 5kg 以内	100kg	0.0052	0.0052	0.0052	0.0052
03-12-1-107	金属结构刷油 一般钢结构 红丹防锈漆 第一遍	100kg	0.0052	0.0052	0.0052	0.0052
03-12-1-108	金属结构刷油 一般钢结构 红丹防锈漆 增一遍	100kg	0.0052	0.0052	0.0052	0.0052
03-12-1-116	金属结构刷油 一般钢结构 调和漆 第一遍	100kg	0.0052	0.0052	0.0052	0.0052
03-12-1-117	金属结构刷油 一般钢结构 调和漆 增一遍	100kg	0.0052	0.0052	0.0052	0.0052
03-12-1-66	管道刷油 调和漆 第一遍	$10m^2$	0.0490			
03-12-1-67	管道刷油 调和漆 增一遍	$10m^2$	0.0490			

工作内容： 1. 管道及管件安装，成品管卡安装，支架制作安装，管道水压试验及水冲洗，支架刷油。

2. 管道及管件安装，成品管卡安装，管道水压试验及水冲洗。

3. 管道及管件安装，成品管卡安装，管道保温，管道水压试验及水冲洗，管道刷油。

4. 管道及管件安装，成品管卡安装，管道保温，管道水压试验及水冲洗。

定额编号			B-5-2-210	B-5-2-211	B-5-2-212	B-5-2-213
项目			给水系统-冷水		给水系统-热水	
			其他公共建筑-铜管(氧乙炔焊)	其他公共建筑-塑料给水管(热熔/电熔连接)	住宅-镀锌钢管(螺纹连接)	住宅-薄壁不锈钢管(卡压/卡套连接)
			套	套	套	套
预算定额编号	预算定额名称	预算定额单位	数量			
03-10-1-132	给排水管道 室内铜管(氧乙炔焊) 公称外径 18mm 以内	10m	0.0455			
03-10-1-133	给排水管道 室内铜管(氧乙炔焊) 公称外径 22mm 以内	10m	0.0412			
03-10-1-134	给排水管道 室内铜管(氧乙炔焊) 公称外径 28mm 以内	10m	0.0702			
03-10-1-135	给排水管道 室内铜管(氧乙炔焊) 公称外径 35mm 以内	10m	0.0406			
03-10-1-136	给排水管道 室内铜管(氧乙炔焊) 公称外径 42mm 以内	10m	0.0282			
03-10-1-137	给排水管道 室内铜管(氧乙炔焊) 公称外径 54mm 以内	10m	0.0364			
03-10-1-138	给排水管道 室内铜管(氧乙炔焊) 公称外径 76mm 以内	10m	0.0289			
03-10-1-139	给排水管道 室内铜管(氧乙炔焊) 公称外径 89mm 以内	10m	0.0409			
03-10-1-306	给排水管道 室内塑料给水管(热熔连接) 公称外径 20mm 以内	10m		0.0227		
03-10-1-307	给排水管道 室内塑料给水管(热熔连接) 公称外径 25mm 以内	10m		0.0206		
03-10-1-308	给排水管道 室内塑料给水管(热熔连接) 公称外径 32mm 以内	10m		0.0351		
03-10-1-309	给排水管道 室内塑料给水管(热熔连接) 公称外径 40mm 以内	10m		0.0203		
03-10-1-310	给排水管道 室内塑料给水管(热熔连接) 公称外径 50mm 以内	10m		0.0141		
03-10-1-311	给排水管道 室内塑料给水管(热熔连接) 公称外径 63mm 以内	10m		0.0182		
03-10-1-312	给排水管道 室内塑料给水管(热熔连接) 公称外径 75mm 以内	10m		0.0144		
03-10-1-313	给排水管道 室内塑料给水管(热熔连接) 公称外径 90mm 以内	10m		0.0204		
03-10-1-320	给排水管道 室内塑料给水管(电熔连接) 公称外径 20mm 以内	10m		0.0227		
03-10-1-321	给排水管道 室内塑料给水管(电熔连接) 公称外径 25mm 以内	10m		0.0206		
03-10-1-322	给排水管道 室内塑料给水管(电熔连接) 公称外径 32mm 以内	10m		0.0351		

（续表）

定额编号			B-5-2-210	B-5-2-211	B-5-2-212	B-5-2-213
项目			给水系统-冷水		给水系统-热水	
			其他公共建筑-铜管（氧乙炔焊）	其他公共建筑-塑料给水管（热熔/电熔连接）	住宅-镀锌钢管（螺纹连接）	住宅-薄壁不锈钢管（卡压/卡套连接）
			套	套	套	套
预算定额编号	预算定额名称	预算定额单位	数量			
03-10-1-323	给排水管道 室内塑料给水管（电熔连接） 公称外径 40mm 以内	10m		0.0203		
03-10-1-324	给排水管道 室内塑料给水管（电熔连接） 公称外径 50mm 以内	10m		0.0141		
03-10-1-325	给排水管道 室内塑料给水管（电熔连接） 公称外径 63mm 以内	10m		0.0182		
03-10-1-326	给排水管道 室内塑料给水管（电熔连接） 公称外径 75mm 以内	10m		0.0144		
03-10-1-327	给排水管道 室内塑料给水管（电熔连接） 公称外径 90mm 以内	10m		0.0204		
03-10-1-12	给排水管道 室内镀锌钢管（螺纹连接） 公称直径 15mm 以内	10m			0.2335	
03-10-1-13	给排水管道 室内镀锌钢管（螺纹连接） 公称直径 20mm 以内	10m			0.1920	
03-10-1-14	给排水管道 室内镀锌钢管（螺纹连接） 公称直径 25mm 以内	10m			0.0865	
03-10-1-75	给排水管道 室内薄壁不锈钢管（卡压连接） 公称直径 15mm 以内	10m				0.2335
03-10-1-76	给排水管道 室内薄壁不锈钢管（卡压连接） 公称直径 20mm 以内	10m				0.1920
03-10-1-77	给排水管道 室内薄壁不锈钢管（卡压连接） 公称直径 25mm 以内	10m				0.0865
03-10-2-11	成品管卡安装 公称直径 15mm 以内	个	0.3790	0.7585	1.1675	2.3350
03-10-2-11	成品管卡安装 公称直径 20mm 以内	个	0.2291	0.5887	0.7680	1.2806
03-10-2-12	成品管卡安装 公称直径 25mm 以内	个	0.3903	0.8775	0.3460	0.5770
03-10-2-12	成品管卡安装 公称直径 32mm 以内	个	0.1693	0.4511		
03-10-2-13	成品管卡安装 公称直径 40mm 以内	个		0.2820		
03-10-2-14	成品管卡安装 公称直径 50mm 以内	个		0.3309		
03-10-2-15	成品管卡安装 公称直径 65mm 以内	个		0.2407		
03-10-2-15	成品管卡安装 公称直径 80mm 以内	个		0.3031		
03-10-2-1	管道支架制作 单件重量 5kg 以内	100kg	0.0052			
03-10-2-6	管道支架安装 单件重量 5kg 以内	100kg	0.0052			
03-12-1-107	金属结构刷油 一般钢结构 红丹防锈漆 第一遍	100kg	0.0052			
03-12-1-108	金属结构刷油 一般钢结构 红丹防锈漆 增一遍	100kg	0.0052			
03-12-1-116	金属结构刷油 一般钢结构 调和漆 第一遍	100kg	0.0052			
03-12-1-117	金属结构刷油 一般钢结构 调和漆 增一遍	100kg	0.0052			
03-12-1-66	管道刷油 调和漆 第一遍	$10m^2$			0.0409	
03-12-1-67	管道刷油 调和漆 增一遍	$10m^2$			0.0409	
03-12-8-561	橡塑保温管(板)安装 管道 DN50mm 以下(厚度) 20mm	m^3			0.0152	0.0152

工作内容：管道及管件安装，成品管卡安装，管道保温，管道水压试验及水冲洗。

定额编号			B-5-2-214	B-5-2-215	B-5-2-216	B-5-2-217
项目			给水系统-热水			
			住宅-薄壁不锈钢管(承插氩弧焊)	住宅-铜管(卡压连接)	住宅-铜管(氧乙炔焊)	住宅-塑料给水管(热熔/电熔连接)
			套	套	套	套
预算定额编号	预算定额名称	预算定额单位	数量			
03-10-1-93	给排水管道 室内薄壁不锈钢管(承插氩弧焊) 公称直径 15mm 以内	10m	0.2335			
03-10-1-94	给排水管道 室内薄壁不锈钢管(承插氩弧焊) 公称直径 20mm 以内	10m	0.1920			
03-10-1-95	给排水管道 室内薄壁不锈钢管(承插氩弧焊) 公称直径 25mm 以内	10m	0.0865			
03-10-1-123	给排水管道 室内铜管(卡压连接) 公称外径 18mm 以内	10m		0.2335		
03-10-1-124	给排水管道 室内铜管(卡压连接) 公称外径 22mm 以内	10m		0.1920		
03-10-1-125	给排水管道 室内铜管(卡压连接) 公称外径 28mm 以内	10m		0.0865		
03-10-1-132	给排水管道 室内铜管(氧乙炔焊) 公称外径 18mm 以内	10m			0.2335	
03-10-1-133	给排水管道 室内铜管(氧乙炔焊) 公称外径 22mm 以内	10m			0.1920	
03-10-1-134	给排水管道 室内铜管(氧乙炔焊) 公称外径 28mm 以内	10m			0.0865	
03-10-1-306	给排水管道 室内塑料给水管(热熔连接) 公称外径 20mm 以内	10m				0.1168
03-10-1-307	给排水管道 室内塑料给水管(热熔连接) 公称外径 25mm 以内	10m				0.0960
03-10-1-308	给排水管道 室内塑料给水管(热熔连接) 公称外径 32mm 以内	10m				0.0432
03-10-1-320	给排水管道 室内塑料给水管(电熔连接) 公称外径 20mm 以内	10m				0.1168
03-10-1-321	给排水管道 室内塑料给水管(电熔连接) 公称外径 25mm 以内	10m				0.0960
03-10-1-322	给排水管道 室内塑料给水管(电熔连接) 公称外径 32mm 以内	10m				0.0432
03-10-2-11	成品管卡安装 公称直径 15mm 以内	个	2.3350	1.9451	1.9451	7.7826
03-10-2-11	成品管卡安装 公称直径 20mm 以内	个	1.2806	1.0675	1.0675	5.4854
03-10-2-12	成品管卡安装 公称直径 25mm 以内	个	0.5770	0.4809	0.4809	2.1625
03-12-8-561	橡塑保温管(板)安装 管道 DN50mm 以下(厚度) 20mm	m^3	0.0152	0.0152	0.0152	0.0152

工作内容：1. 管道及管件安装，成品管卡安装，支架制作安装，管道保温，管道水压试验及水冲洗，管道及支架及刷油。
2,3,4. 管道及管件安装，成品管卡安装，支架制作安装，管道保温，管道水压试验及水冲洗，支架及刷油。

定额编号			B-5-2-218	B-5-2-219	B-5-2-220	B-5-2-221
项目			给水系统-热水			
			办公楼-镀锌钢管(螺纹连接)	办公楼-薄壁不锈钢管(卡压/卡套连接)	办公楼-薄壁不锈钢管(承插氩弧焊)	办公楼-铜管(卡压连接)
			套	套	套	套
预算定额编号	预算定额名称	预算定额单位	数量			
03-10-1-12	给排水管道 室内镀锌钢管(螺纹连接) 公称直径 15mm 以内	10m	0.0449			
03-10-1-13	给排水管道 室内镀锌钢管(螺纹连接) 公称直径 20mm 以内	10m	0.2477			
03-10-1-14	给排水管道 室内镀锌钢管(螺纹连接) 公称直径 25mm 以内	10m	0.0624			
03-10-1-15	给排水管道 室内镀锌钢管(螺纹连接) 公称直径 32mm 以内	10m	0.0417			
03-10-1-16	给排水管道 室内镀锌钢管(螺纹连接) 公称直径 40mm 以内	10m	0.0160			
03-10-1-17	给排水管道 室内镀锌钢管(螺纹连接) 公称直径 50mm 以内	10m	0.0152			
03-10-1-75	给排水管道 室内薄壁不锈钢管(卡压连接) 公称直径 15mm 以内	10m		0.0449		
03-10-1-76	给排水管道 室内薄壁不锈钢管(卡压连接) 公称直径 20mm 以内	10m		0.2477		
03-10-1-77	给排水管道 室内薄壁不锈钢管(卡压连接) 公称直径 25mm 以内	10m		0.0624		
03-10-1-78	给排水管道 室内薄壁不锈钢管(卡压连接) 公称直径 32mm 以内	10m		0.0417		
03-10-1-79	给排水管道 室内薄壁不锈钢管(卡压连接) 公称直径 40mm 以内	10m		0.0160		
03-10-1-80	给排水管道 室内薄壁不锈钢管(卡压连接) 公称直径 50mm 以内	10m		0.0152		
03-10-1-93	给排水管道 室内薄壁不锈钢管(承插氩弧焊) 公称直径 15mm 以内	10m			0.0449	
03-10-1-94	给排水管道 室内薄壁不锈钢管(承插氩弧焊) 公称直径 20mm 以内	10m			0.2477	
03-10-1-95	给排水管道 室内薄壁不锈钢管(承插氩弧焊) 公称直径 25mm 以内	10m			0.0624	
03-10-1-96	给排水管道 室内薄壁不锈钢管(承插氩弧焊) 公称直径 32mm 以内	10m			0.0417	

（续表）

定额编号			B-5-2-218	B-5-2-219	B-5-2-220	B-5-2-221
项目			给水系统-热水			
			办公楼-镀锌钢管（螺纹连接）	办公楼-薄壁不锈钢管（卡压/卡套连接）	办公楼-薄壁不锈钢管（承插氩弧焊）	办公楼-铜管（卡压连接）
			套	套	套	套
预算定额编号	预算定额名称	预算定额单位	数量			
03-10-1-97	给排水管道 室内薄壁不锈钢管（承插氩弧焊）公称直径 40mm 以内	10m			0.0160	
03-10-1-98	给排水管道 室内薄壁不锈钢管（承插氩弧焊）公称直径 50mm 以内	10m			0.0152	
03-10-1-123	给排水管道 室内铜管（卡压连接）公称外径 18mm 以内	10m				0.0449
03-10-1-124	给排水管道 室内铜管（卡压连接）公称外径 22mm 以内	10m				0.2477
03-10-1-125	给排水管道 室内铜管（卡压连接）公称外径 28mm 以内	10m				0.0624
03-10-1-126	给排水管道 室内铜管（卡压连接）公称外径 35mm 以内	10m				0.0417
03-10-1-127	给排水管道 室内铜管（卡压连接）公称外径 42mm 以内	10m				0.0160
03-10-1-128	给排水管道 室内铜管（卡压连接）公称外径 54mm 以内	10m				0.0152
03-10-2-11	成品管卡安装 公称直径 15mm 以内	个	0.2245	0.4490	0.4490	0.3740
03-10-2-11	成品管卡安装 公称直径 20mm 以内	个	0.9908	1.6522	1.6522	1.3772
03-10-2-12	成品管卡安装 公称直径 25mm 以内	个	0.2496	0.4162	0.4162	0.3469
03-10-2-12	成品管卡安装 公称直径 32mm 以内	个	0.1668	0.2085	0.2085	0.1739
03-10-2-1	管道支架制作 单件重量 5kg 以内	100kg	0.0017	0.0017	0.0017	0.0017
03-10-2-6	管道支架安装 单件重量 5kg 以内	100kg	0.0017	0.0017	0.0017	0.0017
03-12-1-107	金属结构刷油 一般钢结构 红丹防锈漆 第一遍	100kg	0.0017	0.0017	0.0017	0.0017
03-12-1-108	金属结构刷油 一般钢结构 红丹防锈漆 增一遍	100kg	0.0017	0.0017	0.0017	0.0017
03-12-1-116	金属结构刷油 一般钢结构 调和漆 第一遍	100kg	0.0017	0.0017	0.0017	0.0017
03-12-1-117	金属结构刷油 一般钢结构 调和漆 增一遍	100kg	0.0017	0.0017	0.0017	0.0017
03-12-1-66	管道刷油 调和漆 第一遍	$10m^2$	0.0414			
03-12-1-67	管道刷油 调和漆 增一遍	$10m^2$	0.0414			
03-12-8-561	橡塑保温管（板）安装 管道 DN50mm 以下（厚度）20mm	m^3	0.0142	0.0142	0.0142	0.0142

工作内容： 1. 管道及管件安装，成品管卡安装，支架制作安装，管道保温，管道水压试验及水冲洗，支架及刷油。
2，4. 管道及管件安装，成品管卡安装，管道保温，管道水压试验及水冲洗。
3. 管道及管件安装，成品管卡安装，管道保温，管道水压试验及水冲洗，管道刷油。

定额编号			B-5-2-222	B-5-2-223	B-5-2-224	B-5-2-225
项目			给水系统-热水			
			办公楼-铜管（氧乙炔焊）	办公楼-塑料给水管（热熔/电熔连接）	宾馆（饭店）-镀锌钢管（螺纹连接）	宾馆（饭店）-薄壁不锈钢管（卡压/卡套连接）
			套	套	套	套
预算定额编号	预算定额名称	预算定额单位	数量			
03-10-1-132	给排水管道 室内铜管（氧乙炔焊）公称外径 18mm 以内	10m	0.0449			
03-10-1-133	给排水管道 室内铜管（氧乙炔焊）公称外径 22mm 以内	10m	0.2477			
03-10-1-134	给排水管道 室内铜管（氧乙炔焊）公称外径 28mm 以内	10m	0.0624			
03-10-1-135	给排水管道 室内铜管（氧乙炔焊）公称外径 35mm 以内	10m	0.0417			
03-10-1-136	给排水管道 室内铜管（氧乙炔焊）公称外径 42mm 以内	10m	0.0160			
03-10-1-137	给排水管道 室内铜管（氧乙炔焊）公称外径 54mm 以内	10m	0.0152			
03-10-1-306	给排水管道 室内塑料给水管（热熔连接）公称外径 20mm 以内	10m		0.0225		
03-10-1-307	给排水管道 室内塑料给水管（热熔连接）公称外径 25mm 以内	10m		0.1239		
03-10-1-308	给排水管道 室内塑料给水管（热熔连接）公称外径 32mm 以内	10m		0.0312		
03-10-1-309	给排水管道 室内塑料给水管（热熔连接）公称外径 40mm 以内	10m		0.0209		
03-10-1-310	给排水管道 室内塑料给水管（热熔连接）公称外径 50mm 以内	10m		0.0080		
03-10-1-311	给排水管道 室内塑料给水管（热熔连接）公称外径 63mm 以内	10m		0.0076		
03-10-1-320	给排水管道 室内塑料给水管（电熔连接）公称外径 20mm 以内	10m		0.0225		
03-10-1-321	给排水管道 室内塑料给水管（电熔连接）公称外径 25mm 以内	10m		0.1239		
03-10-1-322	给排水管道 室内塑料给水管（电熔连接）公称外径 32mm 以内	10m		0.0312		
03-10-1-323	给排水管道 室内塑料给水管（电熔连接）公称外径 40mm 以内	10m		0.0209		
03-10-1-324	给排水管道 室内塑料给水管（电熔连接）公称外径 50mm 以内	10m		0.0080		

（续表）

定额编号			B-5-2-222	B-5-2-223	B-5-2-224	B-5-2-225
项目			给水系统-热水			
			办公楼-铜管（氧乙炔焊）	办公楼-塑料给水管（热熔/电熔连接）	宾馆(饭店)-镀锌钢管（螺纹连接）	宾馆(饭店)-薄壁不锈钢管(卡压/卡套连接）
			套	套	套	套
预算定额编号	预算定额名称	预算定额单位	数量			
03-10-1-325	给排水管道 室内塑料给水管（电熔连接）公称外径 63mm 以内	10m		0.0076		
03-10-1-12	给排水管道 室内镀锌钢管（螺纹连接）公称直径 15mm 以内	10m			0.1587	
03-10-1-13	给排水管道 室内镀锌钢管（螺纹连接）公称直径 20mm 以内	10m			0.1095	
03-10-1-14	给排水管道 室内镀锌钢管（螺纹连接）公称直径 25mm 以内	10m			0.0645	
03-10-1-15	给排水管道 室内镀锌钢管（螺纹连接）公称直径 32mm 以内	10m			0.0020	
03-10-1-75	给排水管道 室内薄壁不锈钢管（卡压连接）公称直径 15mm 以内	10m				0.1587
03-10-1-76	给排水管道 室内薄壁不锈钢管（卡压连接）公称直径 20mm 以内	10m				0.1095
03-10-1-77	给排水管道 室内薄壁不锈钢管（卡压连接）公称直径 25mm 以内	10m				0.0645
03-10-1-78	给排水管道 室内薄壁不锈钢管（卡压连接）公称直径 32mm 以内	10m				0.0020
03-10-2-11	成品管卡安装 公称直径 15mm 以内	个	0.3740	1.4965	0.7935	1.5870
03-10-2-11	成品管卡安装 公称直径 20mm 以内	个	1.3772	7.0768	0.4380	0.7304
03-10-2-12	成品管卡安装 公称直径 25mm 以内	个	0.3469	1.5600	0.2580	0.4302
03-10-2-12	成品管卡安装 公称直径 32mm 以内	个	0.1739	0.8340	0.0080	0.0100
03-10-2-13	成品管卡安装 公称直径 40mm 以内	个		0.2667		
03-10-2-14	成品管卡安装 公称直径 50mm 以内	个		0.2172		
03-10-2-1	管道支架制作 单件重量 5kg 以内	100kg	0.0017			
03-10-2-6	管道支架安装 单件重量 5kg 以内	100kg	0.0017			
03-12-1-107	金属结构刷油 一般钢结构 红丹防锈漆 第一遍	100kg	0.0017			
03-12-1-108	金属结构刷油 一般钢结构 红丹防锈漆 增一遍	100kg	0.0017			
03-12-1-116	金属结构刷油 一般钢结构 调和漆 第一遍	100kg	0.0017			
03-12-1-117	金属结构刷油 一般钢结构 调和漆 增一遍	100kg	0.0017			
03-12-1-66	管道刷油 调和漆 第一遍	$10m^2$			0.0269	
03-12-1-67	管道刷油 调和漆 增一遍	$10m^2$			0.0269	
03-12-8-561	橡塑保温管(板)安装 管道 DN50mm 以下(厚度) 20mm	m^3	0.0142	0.0142	0.0100	0.0100

工作内容：管道及管件安装，成品管卡安装，管道保温，管道水压试验及水冲洗。

定额编号			B-5-2-226	B-5-2-227	B-5-2-228	B-5-2-229
项目			给水系统-热水			
			宾馆(饭店)-薄壁不锈钢管(承插氩弧焊)	宾馆(饭店)-铜管(卡压连接)	宾馆(饭店)-铜管(氧乙炔焊)	宾馆(饭店)-塑料给水管(热熔/电熔连接)
			套	套	套	套
预算定额编号	预算定额名称	预算定额单位	数量			
03-10-1-93	给排水管道 室内薄壁不锈钢管(承插氩弧焊) 公称直径 15mm 以内	10m	0.1587			
03-10-1-94	给排水管道 室内薄壁不锈钢管(承插氩弧焊) 公称直径 20mm 以内	10m	0.1095			
03-10-1-95	给排水管道 室内薄壁不锈钢管(承插氩弧焊) 公称直径 25mm 以内	10m	0.0645			
03-10-1-96	给排水管道 室内薄壁不锈钢管(承插氩弧焊) 公称直径 32mm 以内	10m	0.0020			
03-10-1-123	给排水管道 室内铜管(卡压连接) 公称外径 18mm 以内	10m		0.1587		
03-10-1-124	给排水管道 室内铜管(卡压连接) 公称外径 22mm 以内	10m		0.1095		
03-10-1-125	给排水管道 室内铜管(卡压连接) 公称外径 28mm 以内	10m		0.0645		
03-10-1-126	给排水管道 室内铜管(卡压连接) 公称外径 35mm 以内	10m		0.0020		
03-10-1-132	给排水管道 室内铜管(氧乙炔焊) 公称外径 18mm 以内	10m			0.1587	
03-10-1-133	给排水管道 室内铜管(氧乙炔焊) 公称外径 22mm 以内	10m			0.1095	
03-10-1-134	给排水管道 室内铜管(氧乙炔焊) 公称外径 28mm 以内	10m			0.0645	
03-10-1-135	给排水管道 室内铜管(氧乙炔焊) 公称外径 35mm 以内	10m			0.0020	
03-10-1-306	给排水管道 室内塑料给水管(热熔连接) 公称外径 20mm 以内	10m				0.0794
03-10-1-307	给排水管道 室内塑料给水管(热熔连接) 公称外径 25mm 以内	10m				0.0548
03-10-1-308	给排水管道 室内塑料给水管(热熔连接) 公称外径 32mm 以内	10m				0.0323
03-10-1-309	给排水管道 室内塑料给水管(热熔连接) 公称外径 40mm 以内	10m				0.0010
03-10-1-320	给排水管道 室内塑料给水管(电熔连接) 公称外径 20mm 以内	10m				0.0794
03-10-1-321	给排水管道 室内塑料给水管(电熔连接) 公称外径 25mm 以内	10m				0.0548
03-10-1-322	给排水管道 室内塑料给水管(电熔连接) 公称外径 32mm 以内	10m				0.0323
03-10-1-323	给排水管道 室内塑料给水管(电熔连接) 公称外径 40mm 以内	10m				0.0010
03-10-2-11	成品管卡安装 公称直径 15mm 以内	个	1.5870	1.3220	1.3220	5.2895
03-10-2-11	成品管卡安装 公称直径 20mm 以内	个	0.7304	0.6088	0.6088	3.1284
03-10-2-12	成品管卡安装 公称直径 25mm 以内	个	0.4302	0.3586	0.3586	1.6125
03-10-2-12	成品管卡安装 公称直径 32mm 以内	个	0.0100	0.0083	0.0083	0.0400
03-12-8-561	橡塑保温管(板)安装 管道 DN50mm 以下(厚度) 20mm	m^3	0.0100	0.0100	0.0100	0.0100

工作内容： 1. 管道及管件安装，成品管卡安装，管道保温，管道水压试验及水冲洗，管道刷油。
2,3,4. 管道及管件安装，成品管卡安装，管道保温，管道水压试验及水冲洗。

定额编号			B-5-2-230	B-5-2-231	B-5-2-232	B-5-2-233
项目			给水系统-热水			
			医院-镀锌钢管(螺纹连接)	医院-薄壁不锈钢管(卡压/卡套连接)	医院-薄壁不锈钢管(承插氩弧焊)	医院-铜管(卡压连接)
			套	套	套	套
预算定额编号	预算定额名称	预算定额单位	数量			
03-10-1-12	给排水管道 室内镀锌钢管(螺纹连接) 公称直径 15mm 以内	10m	0.2345			
03-10-1-13	给排水管道 室内镀锌钢管(螺纹连接) 公称直径 20mm 以内	10m	0.0476			
03-10-1-14	给排水管道 室内镀锌钢管(螺纹连接) 公称直径 25mm 以内	10m	0.0086			
03-10-1-75	给排水管道 室内薄壁不锈钢管(卡压连接) 公称直径 15mm 以内	10m		0.2345		
03-10-1-76	给排水管道 室内薄壁不锈钢管(卡压连接) 公称直径 20mm 以内	10m		0.0476		
03-10-1-77	给排水管道 室内薄壁不锈钢管(卡压连接) 公称直径 25mm 以内	10m		0.0086		
03-10-1-93	给排水管道 室内薄壁不锈钢管(承插氩弧焊) 公称直径 15mm 以内	10m			0.2345	
03-10-1-94	给排水管道 室内薄壁不锈钢管(承插氩弧焊) 公称直径 20mm 以内	10m			0.0476	
03-10-1-95	给排水管道 室内薄壁不锈钢管(承插氩弧焊) 公称直径 25mm 以内	10m			0.0086	
03-10-1-123	给排水管道 室内铜管(卡压连接) 公称外径 18mm 以内	10m				0.2345
03-10-1-124	给排水管道 室内铜管(卡压连接) 公称外径 22mm 以内	10m				0.0476
03-10-1-125	给排水管道 室内铜管(卡压连接) 公称外径 28mm 以内	10m				0.0086
03-10-2-11	成品管卡安装 公称直径 15mm 以内	个	1.1725	2.3450	2.3450	1.9534
03-10-2-11	成品管卡安装 公称直径 20mm 以内	个	0.1904	0.3175	0.3175	0.2647
03-10-2-12	成品管卡安装 公称直径 25mm 以内	个	0.0344	0.0574	0.0574	0.0478
03-12-1-66	管道刷油 调和漆 第一遍	$10m^2$	0.0206			
03-12-1-67	管道刷油 调和漆 增一遍	$10m^2$	0.0206			
03-12-8-561	橡塑保温管(板)安装 管道 DN50mm 以下(厚度) 20mm	m^3	0.0081	0.0081	0.0081	0.0081

工作内容： 1,2,4. 管道及管件安装,成品管卡安装,管道保温,管道水压试验及水冲洗。
3. 管道及管件安装,成品管卡安装,管道保温,管道水压试验及水冲洗,管道刷油。

定额编号			B-5-2-234	B-5-2-235	B-5-2-236	B-5-2-237
项目			给水系统-热水			
			医院-铜管(氧乙炔焊)	医院-塑料给水管(热熔/电熔连接)	其他公共建筑-镀锌钢管(螺纹连接)	其他公共建筑-薄壁不锈钢管(卡压/卡套连接)
			套	套	套	套
预算定额编号	预算定额名称	预算定额单位	数量			
03-10-1-132	给排水管道 室内铜管(氧乙炔焊) 公称外径 18mm 以内	10m	0.2345			
03-10-1-133	给排水管道 室内铜管(氧乙炔焊) 公称外径 22mm 以内	10m	0.0476			
03-10-1-134	给排水管道 室内铜管(氧乙炔焊) 公称外径 28mm 以内	10m	0.0086			
03-10-1-306	给排水管道 室内塑料给水管(热熔连接) 公称外径 20mm 以内	10m		0.1172		
03-10-1-307	给排水管道 室内塑料给水管(热熔连接) 公称外径 25mm 以内	10m		0.0238		
03-10-1-308	给排水管道 室内塑料给水管(热熔连接) 公称外径 32mm 以内	10m		0.0043		
03-10-1-320	给排水管道 室内塑料给水管(电熔连接) 公称外径 20mm 以内	10m		0.1172		
03-10-1-321	给排水管道 室内塑料给水管(电熔连接) 公称外径 25mm 以内	10m		0.0238		
03-10-1-322	给排水管道 室内塑料给水管(电熔连接) 公称外径 32mm 以内	10m		0.0043		
03-10-1-12	给排水管道 室内镀锌钢管(螺纹连接) 公称直径 15mm 以内	10m			0.2335	
03-10-1-13	给排水管道 室内镀锌钢管(螺纹连接) 公称直径 20mm 以内	10m			0.1920	
03-10-1-14	给排水管道 室内镀锌钢管(螺纹连接) 公称直径 25mm 以内	10m			0.0865	
03-10-1-75	给排水管道 室内薄壁不锈钢管(卡压连接) 公称直径 15mm 以内	10m				0.2335
03-10-1-76	给排水管道 室内薄壁不锈钢管(卡压连接) 公称直径 20mm 以内	10m				0.1920
03-10-1-77	给排水管道 室内薄壁不锈钢管(卡压连接) 公称直径 25mm 以内	10m				0.0865
03-10-2-11	成品管卡安装 公称直径 15mm 以内	个	1.9534	7.8159	1.1675	2.3350
03-10-2-11	成品管卡安装 公称直径 20mm 以内	个	0.2647	1.3599	0.7680	1.2806
03-10-2-12	成品管卡安装 公称直径 25mm 以内	个	0.0478	0.2150	0.3460	0.5770
03-12-1-66	管道刷油 调和漆 第一遍	$10m^2$			0.0409	
03-12-1-67	管道刷油 调和漆 增一遍	$10m^2$			0.0409	
03-12-8-561	橡塑保温管(板)安装 管道 DN50mm 以下(厚度) 20mm	m^3	0.0081	0.0081	0.0152	0.0152

工作内容： 管道及管件安装，成品管卡安装，管道保温，管道水压试验及水冲洗。

定　额　编　号			B-5-2-238	B-5-2-239	B-5-2-240	B-5-2-241
项　目			给水系统-热水			
			其他公共建筑-薄壁不锈钢管(承插氩弧焊)	其他公共建筑-铜管(卡压连接)	其他公共建筑-铜管(氧乙炔焊)	其他公共建筑-塑料给水管(热熔/电熔连接)
			套	套	套	套
预算定额编号	预算定额名称	预算定额单位	数　量			
03-10-1-93	给排水管道 室内薄壁不锈钢管(承插氩弧焊) 公称直径 15mm 以内	10m	0.2335			
03-10-1-94	给排水管道 室内薄壁不锈钢管(承插氩弧焊) 公称直径 20mm 以内	10m	0.1920			
03-10-1-95	给排水管道 室内薄壁不锈钢管(承插氩弧焊) 公称直径 25mm 以内	10m	0.0865			
03-10-1-123	给排水管道 室内铜管(卡压连接) 公称外径 18mm 以内	10m		0.2335		
03-10-1-124	给排水管道 室内铜管(卡压连接) 公称外径 22mm 以内	10m		0.1920		
03-10-1-125	给排水管道 室内铜管(卡压连接) 公称外径 28mm 以内	10m		0.0865		
03-10-1-132	给排水管道 室内铜管(氧乙炔焊) 公称外径 18mm 以内	10m			0.2335	
03-10-1-133	给排水管道 室内铜管(氧乙炔焊) 公称外径 22mm 以内	10m			0.1920	
03-10-1-134	给排水管道 室内铜管(氧乙炔焊) 公称外径 28mm 以内	10m			0.0865	
03-10-1-306	给排水管道 室内塑料给水管(热熔连接) 公称外径 20mm 以内	10m				0.1168
03-10-1-307	给排水管道 室内塑料给水管(热熔连接) 公称外径 25mm 以内	10m				0.0960
03-10-1-308	给排水管道 室内塑料给水管(热熔连接) 公称外径 32mm 以内	10m				0.0432
03-10-1-320	给排水管道 室内塑料给水管(电熔连接) 公称外径 20mm 以内	10m				0.1168
03-10-1-321	给排水管道 室内塑料给水管(电熔连接) 公称外径 25mm 以内	10m				0.0960
03-10-1-322	给排水管道 室内塑料给水管(电熔连接) 公称外径 32mm 以内	10m				0.0432
03-10-2-11	成品管卡安装 公称直径 15mm 以内	个	2.3350	1.9451	1.9451	7.7826
03-10-2-11	成品管卡安装 公称直径 20mm 以内	个	1.2806	1.0675	1.0675	5.4854
03-10-2-12	成品管卡安装 公称直径 25mm 以内	个	0.5770	0.4809	0.4809	2.1625
03-12-8-561	橡塑保温管(板)安装 管道 DN50mm 以下(厚度) 20mm	m^3	0.0152	0.0152	0.0152	0.0152

工作内容：管道及管件安装，成品管卡安装，管道灌水试验。

定额编号			B-5-2-242	B-5-2-243
项目			排水系统-塑料排水管（热熔连接）	排水系统-塑料排水管（粘接）
			套	套
预算定额编号	预算定额名称	预算定额单位	数量	
03-10-1-342	给排水管道 室内塑料排水管（热熔连接）公称外径 40mm 以内	10m	0.1066	
03-10-1-342	给排水管道 室内塑料排水管（热熔连接）公称外径 50mm 以内	10m	0.1520	
03-10-1-343	给排水管道 室内塑料排水管（热熔连接）公称外径 75mm 以内	10m	0.0623	
03-10-1-344	给排水管道 室内塑料排水管（热熔连接）公称外径 110mm 以内	10m	0.1750	
03-10-1-348	给排水管道 室内塑料排水管（粘接）公称外径 40mm 以内	10m		0.1066
03-10-1-348	给排水管道 室内塑料排水管（粘接）公称外径 50mm 以内	10m		0.1520
03-10-1-349	给排水管道 室内塑料排水管（粘接）公称外径 75mm 以内	10m		0.0623
03-10-1-350	给排水管道 室内塑料排水管（粘接）公称外径 110mm 以内	10m		0.1750
03-10-2-13	成品管卡安装 公称直径 40mm 以内	个	2.6650	2.6650
03-10-2-14	成品管卡安装 公称直径 50mm 以内	个	3.0400	3.0400
03-10-2-15	成品管卡安装 公称直径 80mm 以内	个	0.8305	0.8305
03-10-2-16	成品管卡安装 公称直径 100mm 以内	个	1.5908	1.5908

第三章　管 道 附 件

说　　明

一、本章包括螺纹阀门、法兰阀门、沟槽阀门、减压器、疏水器、除污器、水表、热量表、倒流防止器、水锤消除器、补偿器、软接头(软管)、塑料排水管消声器。

二、法兰阀门、法兰式附件安装项目均已包括法兰安装,不再重复计算。

三、过滤器安装执行相应口径的阀门安装定额子目,定额人工乘以系数1.20。

四、水表安装(螺纹连接)与IC卡水表安装(螺纹连接),均不包括水表前的阀门安装。

五、法兰式软接头安装适用于法兰式橡胶及金属挠性接头安装。

六、塑料排水管消声器安装按成品考虑。

七、本章器具组成安装均分别依据现行相关标准图集编制的,其中连接管、管件均按钢制管道、管件及附件考虑;如实际采用其他材质组成安装,则按相应项目分别计算。若设计图示组成与定额不同时,阀门、过滤器、软接头数量可按设计用量进行调整,其他不变。

工程量计算规则

一、各种阀门、补偿器、软接头、水表(螺纹连接)、水锤消除器、塑料排水管消声器安装,按设计图示数量计算,以"个"为计量单位。

二、减压器、疏水器、水表、倒流防止器、热量表成组安装,按设计图示数量计算,以"组"为计量单位。减压器安装按高压侧的直径计算。

第一节　定额消耗量

一、螺纹阀门

工作内容：阀门安装。

定额编号				B-5-3-1	B-5-3-2	B-5-3-3	B-5-3-4
项目				螺纹阀门安装		螺纹浮球阀安装	
				公称直径(mm 以内)			
				50	100	50	100
名称			单位	个	个	个	个
人工	00050101	综合人工 安装	工日	0.2010	0.7320	0.2400	0.5880
材料	Z19010011	螺纹阀门	只	(1.0100)	(1.0100)		
	Z19370401	螺纹浮球阀	只			(1.0100)	(1.0100)
	01290319	热轧钢板(中厚板) δ11～20	kg	0.0711	0.2734		
	02010163	橡胶板(低压) δ0.8～6	kg	0.0073	0.0232		
	02130311	聚四氟乙烯带(生料带) 宽度 20	m	2.8787	6.7070	1.8880	3.3536
	03014101	六角螺栓连母垫	kg	0.1252	0.4040		
	03110215	尼龙砂轮片 ϕ400	片	0.0148	0.0500	0.0210	0.0500
	03130114	电焊条 J422 ϕ3.2	kg	0.0914	0.1486		
	14070101	机油	kg	0.0161	0.0362	0.0210	0.0180
	14390101	氧气	m^3	0.0762	0.1650		
	14390302	乙炔气	kg	0.0254	0.0550		
	17070121	无缝钢管 $\phi22\times2$	m	0.0055	0.0092		
	17252421	输水软管 ϕ25	m	0.0110	0.0178		
	18031116	钢制外接头 DN50	个			1.0100	
	18031117	钢制外接头 DN65	个				0.2020
	18031118	钢制外接头 DN80	个				0.2020
	18031119	钢制外接头 DN100	个				0.6060
	18031302	钢制六角内接头 DN15	个	0.0808			
	18031304	钢制六角内接头 DN20	个	0.0808			
	18031305	钢制六角内接头 DN25	个	0.0808			
	18031306	钢制六角内接头 DN32	个	0.0808			
	18031307	钢制六角内接头 DN40	个	0.0808			
	18031308	钢制六角内接头 DN50	个	0.4040			
	18031309	钢制六角内接头 DN65	个		0.1616		
	18031310	钢制六角内接头 DN80	个		0.1616		
	18031311	钢制六角内接头 DN100	个		0.4848		
	18151226	钢制活接头 DN15	个	0.1010			
	18151227	钢制活接头 DN20	个	0.1010			
	18151228	钢制活接头 DN25	个	0.1010			
	18151229	钢制活接头 DN32	个	0.1010			

（续表）

定　额　编　号				B-5-3-1	B-5-3-2	B-5-3-3	B-5-3-4
项　　目				螺纹阀门安装		螺纹浮球阀安装	
				公称直径(mm 以内)			
				50	100	50	100
名　　称			单位	个	个	个	个
材料	18151230	钢制活接头 DN40	个	0.1010			
	18151231	钢制活接头 DN50	个	0.5050			
	18151232	钢制活接头 DN65	个		0.2020		
	18151233	钢制活接头 DN80	个		0.2020		
	18151234	钢制活接头 DN100	个		0.6060		
	19010012	螺纹阀门 DN15	只	0.0110	0.0178		
	24110331	弹簧压力表 Y-100 0～1.6MPa	块	0.0110	0.0178		
	24590123	压力表弯管 DN15	个	0.0110	0.0178		
	34110101	水	m^3	0.0010	0.0010		
	X0045	其他材料费	%	2.0100	2.0000	2.0000	2.0000
机械	99090005	吊装机械(综合)	台班		0.0078		0.0042
	99190750	管子切断套丝机 ϕ159	台班	0.0267	0.0702	0.0410	0.0356
	99230170	砂轮切割机 ϕ400	台班	0.0037	0.0112	0.0060	0.0112
	99250005	电焊机	台班	0.0135	0.0262		
	99440420	试压泵 3MPa	台班	0.0110	0.0270		

工作内容：自动排气阀安装。

定　额　编　号				B 5-3-5
项　　目				自动排气阀安装
				公称直径(mm 以内)
				25
名　　称			单位	个
人工	00050101	综合人工 安装	工日	0.1500
材料	Z22531111	自动排气阀	只	(1.0000)
	02130311	聚四氟乙烯带(生料带) 宽度 20	m	1.3280
	03110215	尼龙砂轮片 ϕ400	片	0.0080
	14070101	机油	kg	0.0080
	14390101	氧气	m^3	0.0120
	14390302	乙炔气	kg	0.0040
	18030314	钢制弯头 DN25	个	1.0100
	18031113	钢制外接头 DN25	个	1.0100
	18031305	钢制六角内接头 DN25	个	1.0100
	X0045	其他材料费	%	2.0000
机械	99190750	管子切断套丝机 ϕ159	台班	0.0050
	99230170	砂轮切割机 ϕ400	台班	0.0020

二、法兰阀门

工作内容： 阀门、法兰安装。

定额编号				B-5-3-6	B-5-3-7	B-5-3-8	B-5-3-9
项目				法兰阀门安装			
				公称直径(mm 以内)			
				50	100	200	300
名称			单位	个	个	个	个
人工	00050101	综合人工 安装	工日	0.4790	0.9700	1.7560	2.6680
材料	Z19010027	法兰阀门	只	(1.0000)	(1.0000)	(1.0000)	(1.0000)
	20010436	钢制法兰 DN20	片	0.2000			
	20010437	钢制法兰 DN25	片	0.2000			
	20010438	钢制法兰 DN32	片	0.2000			
	20010439	钢制法兰 DN40	片	0.2000			
	20010440	钢制法兰 DN50	片	1.2000			
	20010441	钢制法兰 DN65	片		0.4000		
	20010442	钢制法兰 DN80	片		0.4000		
	20010443	钢制法兰 DN100	片		1.2000		
	20010444	平焊钢法兰 DN125	片			0.4000	
	20010445	钢制法兰 DN150	片			0.4000	
	20010447	钢制法兰 DN200	片			1.2000	
	20010449	钢制法兰 DN250	片				0.8000
	20010450	钢制法兰 DN300	片				1.2000
	01290319	热轧钢板(中厚板) δ11～20	kg	0.1109	0.2938	0.7038	1.4272
	02010163	橡胶板(低压) δ0.8～6	kg	0.1237	0.3190	0.6460	0.8376
	03014101	六角螺栓连母垫	kg	0.1419	0.4040	0.8722	1.5222
	03014149	六角螺栓连母垫 M12×75	套	1.6480			
	03014156	六角螺栓连母垫 M16×80	套	6.5920	4.9440		
	03014157	六角螺栓连母垫 M16×140	套		4.9440	1.6480	
	03014166	六角螺栓连母垫 M20×100	套			18.1280	
	03014167	六角螺栓连母垫 M22×120	套				24.7200

（续表）

定额编号				B-5-3-6	B-5-3-7	B-5-3-8	B-5-3-9
项目				法兰阀门安装			
				公称直径(mm 以内)			
				50	100	200	300
名称			单位	个	个	个	个
材料	03014633	精制六角螺栓连母垫 M16×85～140	套		4.9440	1.6480	
	03110212	尼龙砂轮片 ϕ100	片	0.0588	0.1142	0.2582	0.4366
	03110215	尼龙砂轮片 ϕ400	片	0.0173	0.0364	0.0098	
	03110701	砂纸	张	0.0040	0.0072	0.0192	0.0240
	03130114	电焊条 J422 ϕ3.2	kg	0.1977	0.4278	1.0498	2.9012
	13011011	清油 C01-1	kg	0.0109	0.0208	0.0324	0.0442
	13050201	铅油	kg	0.0716	0.1680	0.3080	0.4540
	14070101	机油	kg	0.0650	0.0954	0.1376	0.1732
	14390101	氧气	m^3	0.0828	0.1842	0.4950	0.9192
	14390302	乙炔气	kg	0.0276	0.0614	0.1650	0.3064
	17070121	无缝钢管 ϕ22×2	m	0.0060	0.0092	0.0100	0.0100
	17252421	输水软管 ϕ25	m	0.0120	0.0178	0.0190	0.0190
	19010012	螺纹阀门 DN15	只	0.0120	0.0178	0.0190	0.0190
	24110331	弹簧压力表 Y-100 0～1.6MPa	块	0.0120	0.0178	0.0190	0.0190
	24590123	压力表弯管 DN15	个	0.0120	0.0178	0.0190	0.0190
	34090311	破布	kg	0.0279	0.0338	0.0536	0.0700
	34110101	水	m^3	0.0010	0.0010	0.0030	0.0144
	34110301	电	kW·h	0.0396	0.0766	0.2082	0.4484
	X0045	其他材料费	%	2.0000	2.0100	2.0000	2.0000
机械	99070530	载重汽车 5t	台班			0.0052	0.0200
	99090005	吊装机械(综合)	台班			0.0580	0.1798
	99230170	砂轮切割机 ϕ400	台班	0.0045	0.0080	0.0024	
	99250005	电焊机	台班	0.0759	0.1446	0.3588	0.7370
	99270060	电焊条烘干箱 600×500×750	台班	0.0061	0.0116	0.0326	0.0694
	99440420	试压泵 3MPa	台班	0.0120	0.0270	0.0760	0.0760

工作内容：阀门、法兰安装。

定额编号				B-5-3-10	B-5-3-11	B-5-3-12	B-5-3-13
项目				法兰阀门安装		法兰浮球阀安装	
				公称直径(mm 以内)			
				400	500	50	100
名称			单位	个	个	个	个
人工	00050101	综合人工 安装	工日	3.6800	4.8980	0.4800	0.8700
材料	Z19010027	法兰阀门	只	(1.0000)	(1.0000)		
	Z19370501	法兰浮球阀	只			(1.0000)	(1.0000)
	20010440	钢制法兰 DN50	片			2.0000	
	20010442	钢制法兰 DN80	片				0.8000
	20010443	钢制法兰 DN100	片				1.2000
	20010451	钢制法兰 DN350	片	0.8000			
	20010452	钢制法兰 DN400	片	1.2000			
	20010453	平焊钢法兰 DN450	片		0.8000		
	20010454	平焊钢法兰 DN500	片		1.2000		
	01290319	热轧钢板(中厚板) δ11～20	kg	2.2974	5.1348		
	02010163	橡胶板(低压) δ0.8～6	kg	1.3740	1.7770	0.1260	0.2772
	03014101	六角螺栓连母垫	kg	2.5120	3.3820		
	03014156	六角螺栓连母垫 M16×80	套			8.2400	9.8880
	03014167	六角螺栓连母垫 M22×120	套	13.1840			
	03014169	六角螺栓连母垫 M27×140	套	19.7760	16.4800		
	03014170	六角螺栓连母垫 M30×160	套		24.7200		
	03014633	精制六角螺栓连母垫 M16×85～140	套				4.9440
	03110212	尼龙砂轮片 ϕ100	片	0.6110	0.7608	0.0680	0.1172
	03110215	尼龙砂轮片 ϕ400	片			0.0210	0.0374
	03110701	砂纸	张	0.0320	0.0400	0.0040	0.0064
	03130114	电焊条 J422 ϕ3.2	kg	4.9074	6.1204	0.1140	0.2862
	13011011	清油 C01-1	kg	0.0518	0.0584	0.0130	0.0218
	13050201	铅油	kg	0.5840	0.6760	0.0800	0.1760
	14070101	机油	kg	0.2238	0.2900	0.0720	0.0970
	14390101	氧气	m^3	1.1766	1.5456		0.0198
	14390302	乙炔气	kg	0.3922	0.5152		0.0066
	17070121	无缝钢管 ϕ22×2	m	0.0100	0.0100		
	17252421	输水软管 ϕ25	m	0.0190	0.0190		
	19010012	螺纹阀门 DN15	只	0.0190	0.0190		
	24110331	弹簧压力表 Y-100 0～1.6MPa	块	0.0190	0.0190		
	24590123	压力表弯管 DN15	个	0.0190	0.0190		
	34090311	破布	kg	0.0896	0.1080	0.0240	0.0336
	34110101	水	m^3	0.0340	0.0520		
	34110301	电	kW·h	0.5506	0.6902	0.0460	0.0784
	X0045	其他材料费	%	2.0000	2.0000	2.0000	2.0000
机械	99070530	载重汽车 5t	台班	0.0366	0.0694		
	99090005	吊装机械(综合)	台班	0.2430	0.3070		
	99230170	砂轮切割机 ϕ400	台班			0.0050	0.0082
			台班	0.9006	1.1234	0.0710	0.1214
	99270060	电焊条烘干箱 600×500×750	台班	0.0850	0.1070	0.0070	0.0118
	99440420	试压泵 3MPa	台班	0.0950	0.1140		

工作内容：阀门、法兰安装。

定额编号				B-5-3-14	B-5-3-15	B-5-3-16
项目				法兰液压式水位控制阀安装		
				公称直径(mm 以内)		
				50	100	200
名称			单位	个	个	个
人工	00050101	综合人工 安装	工日	0.5100	0.9420	1.5940
材料	Z19330101	液压水位控制阀	只	(1.0000)	(1.0000)	(1.0000)
	20010440	钢制法兰 PN1.6 DN50	片	2.0000		
	20010442	钢制法兰 PN1.6 DN80	片		0.8000	
	20010443	钢制法兰 PN1.6 DN100	片		1.2000	
	20010444	平焊钢法兰 PN1.6 DN125	片			0.4000
	20010445	钢制法兰 PN1.6 DN150	片			0.4000
	20010001-11	钢制法兰 DN200	片			1.2000
	02010163	橡胶板(低压) δ0.8～6	kg	0.1400	0.3080	0.6000
	03014156	六角螺栓连母垫 M16×80	套	8.2400	6.5920	
	03014157	六角螺栓连母垫 M16×140	套		4.9440	1.6480
	03014166	六角螺栓连母垫 M20×100	套			18.1280
	03014633	精制六角螺栓连母垫 M16×85～140	套		4.9440	1.6480
	03110212	尼龙砂轮片 ϕ100	片	0.0680	0.1172	0.2582
	03110215	尼龙砂轮片 ϕ400	片	0.0210	0.0374	0.0098
	03110701	砂纸	张	0.0040	0.0080	0.0192
	03130114	电焊条 J422 ϕ3.2	kg	0.1140	0.2862	0.8412
	13011011	清油 C01-1	kg	0.0130	0.0218	0.0324
	13050201	铅油	kg	0.0800	0.1760	0.3080
	14070101	机油	kg	0.0720	0.0982	0.1376
	14390101	氧气	m^3		0.0198	0.1284
	14390302	乙炔气	kg		0.0066	0.0428
	34090311	破布	kg	0.0240	0.0352	0.0536
	34110301	电	kW·h	0.0460	0.0784	0.2082
	20010447	钢制法兰 PN1.6 DN200	片			1.2000
	X0045	其他材料费	%	2.0000	2.0000	2.0000
机械	99070530	载重汽车 5t	台班			0.0066
	99090005	吊装机械(综合)	台班			0.0580
	99230170	砂轮切割机 ϕ400	台班	0.0050	0.0082	0.0024
	99250005	电焊机	台班	0.0710	0.1214	0.3224
	99270060	电焊条烘干箱 600×500×750	台班	0.0070	0.0118	0.0326

三、沟槽阀门

工作内容：阀门安装。

定额编号				B-5-3-17	B-5-3-18	B-5-3-19	B-5-3-20
项目				沟槽阀门安装			
				公称直径(mm以内)			
				50	100	200	300
名称			单位	个	个	个	个
人工	00050101	综合人工 安装	工日	0.1950	0.5300	1.0180	1.6580
材料	Z19010071	沟槽阀门	只	(1.0000)	(1.0000)	(1.0000)	(1.0000)
	18254551-1	卡箍连接件(含胶圈) DN20	套	0.2000			
	18254551-2	卡箍连接件(含胶圈) DN25	套	0.2000			
	18254551-3	卡箍连接件(含胶圈) DN32	套	0.2000			
	18254551-4	卡箍连接件(含胶圈) DN40	套	0.2000			
	18254551-5	卡箍连接件(含胶圈) DN50	套	1.2000			
	18254551-6	卡箍连接件(含胶圈) DN65	套		0.4000		
	18254551-7	卡箍连接件(含胶圈) DN80	套		0.4000		
	18254551-8	卡箍连接件(含胶圈) DN100	套		1.2000		
	18254551-9	卡箍连接件(含胶圈) DN125	套			0.4000	
	18254551-10	卡箍连接件(含胶圈) DN150	套			0.4000	
	18254551-11	卡箍连接件(含胶圈) DN200	套			1.2000	
	18254551-12	卡箍连接件(含胶圈) DN250	套				0.8000
	18254551-13	卡箍连接件(含胶圈) DN300	套				1.2000
	01290319	热轧钢板(中厚板) δ11～20	kg	0.1109	0.2938	0.7038	1.4272
	02010163	橡胶板(低压) δ0.8～6	kg	0.0091	0.0256	0.0458	0.0616
	03014101	六角螺栓连母垫	kg	0.1419	0.4040	0.8722	1.5222
	03130114	电焊条 J422 ϕ3.2	kg	0.0995	0.1486	0.2086	0.2682
	14070201	润滑油	kg	0.0070	0.0110	0.0180	0.0272
	14390101	氧气	m^3	0.0828	0.1654	0.3666	0.6672
	14390302	乙炔气	kg	0.0276	0.0550	0.1222	0.2224
	17070121	无缝钢管 ϕ22×2	m	0.0060	0.0092	0.0100	0.0100
	17252421	输水软管 ϕ25	m	0.0120	0.0178	0.0190	0.0190
	19010012	螺纹阀门 DN15	只	0.0120	0.0178	0.0190	0.0190
	24110331	弹簧压力表 Y-100 0～1.6MPa	块	0.0120	0.0178	0.0190	0.0190
	24111611	压力表弯管 DN15	套	0.0120	0.0178	0.0190	0.0190
	34110101	水	m^3	0.0010	0.0010	0.0030	0.0144
	X0045	其他材料费	%	2.0000	2.0100	2.0000	2.0000
机械	99070530	载重汽车 5t	台班			0.0040	0.0108
	99090005	吊装机械(综合)	台班	0.0012	0.0072	0.0436	0.0960
	99190700	管子切断机 ϕ60	台班	0.0063			
	99190710	管子切断机 ϕ150	台班		0.0086	0.0054	
	99190720	管子切断机 ϕ250	台班			0.0096	
	99191380	滚槽机	台班	0.0167	0.0356	0.0670	0.1064
	99230520	管道切割坡口机 ISD-300	台班				0.0170
	99250005	电焊机	台班	0.0145	0.0262	0.0364	0.0422
	99440420	试压泵 3MPa	台班	0.0120	0.0270	0.0760	0.0760

工作内容： 阀门安装。

定额编号				B-5-3-21
项目				沟槽阀门安装
				公称直径(mm 以内)
				400
名称			单位	个
人工	00050101	综合人工 安装	工日	2.4320
材料	Z19010071	沟槽阀门	只	(1.0000)
	18254551-14	卡箍连接件(含胶圈) DN350	套	0.8000
	18254551-15	卡箍连接件(含胶圈) DN400	套	1.2000
	01290319	热轧钢板(中厚板) δ11～20	kg	2.2974
	02010163	橡胶板(低压) δ0.8～6	kg	0.1040
	03014101	六角螺栓连母垫	kg	2.5120
	03130114	电焊条 J422 ϕ3.2	kg	0.3142
	14070201	润滑油	kg	0.0312
	14390101	氧气	m^3	0.8306
	14390302	乙炔气	kg	0.2738
	17070121	无缝钢管 ϕ22×2	m	0.0100
	17252421	输水软管 ϕ25	m	0.0190
	19010012	螺纹阀门 DN15	只	0.0190
	24110331	弹簧压力表 Y-100 0～1.6MPa	块	0.0190
	24111611	压力表弯管 DN15	套	0.0190
	34110101	水	m^3	0.0352
	X0045	其他材料费	%	2.0000
机械	99070530	载重汽车 5t	台班	0.0208
	99090005	吊装机械(综合)	台班	0.1362
	99191380	滚槽机	台班	0.1396
	99230530	管道切割坡口机 ISD-450	台班	0.0212
	99250005	电焊机	台班	0.0478
	99440420	试压泵 3MPa	台班	0.0972

四、减　压　器

工作内容： 减压器组成安装。

定额编号				B-5-3-22	B-5-3-23	B-5-3-24
项目				减压器组成安装（螺纹连接）	减压器组成安装（法兰连接）	
					公称直径（mm 以内）	
					50	100
名称			单位	组	组	组
人工	00050101	综合人工 安装	工日	3.4180	3.1610	5.7900
材料	Z18190301	Y 型过滤器	只		(1.0000)	(1.0000)
	Z18190311	螺纹 Y 型过滤器	只	(1.0000)		
	Z18210351	螺纹挠性接头	个	(1.0100)		
	Z18210451	法兰挠性接头	个		(1.0000)	(1.0000)
	Z19010011	螺纹阀门	只	(3.0300)		
	Z19010027	法兰阀门	只		(3.0000)	(3.0000)
	Z19270101	螺纹减压阀	只	(1.0000)		
	Z19270301	法兰减压阀	只		(1.0000)	(1.0000)
	20010436	钢制法兰 DN20	片		0.4000	
	20010437	钢制法兰 DN25	片		0.4000	
	20010438	钢制法兰 DN32	片		0.4000	
	20010439	钢制法兰 DN40	片		0.4000	
	20010440	钢制法兰 DN50	片		2.4000	
	20010441	钢制法兰 DN65	片			0.8000
	20010442	钢制法兰 DN80	片			0.8000
	20010443	钢制法兰 DN100	片			2.4000
	01030135	钢丝 ϕ4	kg		0.0119	0.0186
	01290319	热轧钢板(中厚板) δ11～20	kg	0.3753	0.5553	0.9236
	02010163	橡胶板(低压) δ0.8～6	kg	0.0309	0.5036	1.2554
	02130311	聚四氟乙烯带(生料带) 宽度 20	m	41.2288	3.3440	3.3440
	03014101	六角螺栓连母垫	kg	0.4917	0.7167	1.2780
	03014149	六角螺栓连母垫 M12×75	套		6.5920	
	03014156	六角螺栓连母垫 M16×80	套		26.3680	19.7760
	03014157	六角螺栓连母垫 M16×140	套			39.5520
	03110212	尼龙砂轮片 ϕ100	片		0.3524	0.8604
	03110215	尼龙砂轮片 ϕ400	片	0.0946	0.0768	0.1524
	03110701	砂纸	张		0.0320	0.0564
	03130114	电焊条 J422 ϕ3.2	kg	0.3504	0.9147	2.0842

（续表）

定额编号				B-5-3-22	B-5-3-23	B-5-3-24
项目				减压器组成安装（螺纹连接）	减压器组成安装（法兰连接） 公称直径（mm 以内） 50	减压器组成安装（法兰连接） 公称直径（mm 以内） 100
名称			单位	组	组	组
材料	03130152	碳钢气焊条 $\phi<2$	kg		0.1260	0.1826
	13011011	清油 C01-1	kg		0.0375	0.0372
	13050201	铅油	kg		0.0758	0.1680
	14070101	机油	kg	0.1975	0.1704	0.2462
	14390101	氧气	m^3	0.7575	0.9318	1.7580
	14390302	乙炔气	kg	0.2525	0.3106	0.5860
	17010136	焊接钢管 DN20	m	0.1300	0.1300	
	17010137	焊接钢管 DN25	m	0.1488	0.1488	
	17010138	焊接钢管 DN32	m	0.1756	0.1756	
	17010139	焊接钢管 DN40	m	0.1911	0.1911	
	17010140	焊接钢管 DN50	m	1.1970	1.1970	
	17010141	焊接钢管 DN65	m			0.4880
	17010143	焊接钢管 DN80	m			0.5320
	17010144	焊接钢管 DN100	m			1.8180
	17070121	无缝钢管 $\phi22\times2$	m	0.0240	0.0330	0.0330
	17252421	输水软管 $\phi25$	m	0.0480	0.0660	0.0654
	18030313	钢制弯头 DN20	个	0.2020		
	18030314	钢制弯头 DN25	个	0.2020		
	18030315	钢制弯头 DN32	个	0.2020		
	18030316	钢制弯头 DN40	个	0.2020		
	18030317	钢制弯头 DN50	个	1.2120		
	18030414	钢制三通 DN20	个	0.4040		
	18030415	钢制三通 DN25	个	0.4040		
	18030416	钢制三通 DN32	个	0.4040		
	18030417	钢制三通 DN40	个	0.4040		
	18030418	钢制三通 DN50	个	2.4240		
	18031111	钢制外接头 DN15	个	2.0200	2.0200	2.0200
	18031302	钢制六角内接头 DN15	个	2.0200		
	18031304	钢制六角内接头 DN20	个	1.0100		
	18031305	钢制六角内接头 DN25	个	1.0100		
	18031306	钢制六角内接头 DN32	个	1.0100		

（续表）

定额编号				B-5-3-22	B-5-3-23	B-5-3-24
项目				减压器组成安装（螺纹连接）	减压器组成安装（法兰连接） 公称直径(mm 以内)	
					50	100
名称			单位	组	组	组
材料	18031307	钢制六角内接头 DN40	个	1.0100		
	18031308	钢制六角内接头 DN50	个	6.0600		
	18031407	钢制压制弯头 DN20	个		0.2000	
	18031408	钢制压制弯头 DN25	个		0.2000	
	18031409	钢制压制弯头 DN32	个		0.2000	
	18031410	钢制压制弯头 DN40	个		0.2000	
	18031411	钢制压制弯头 DN50	个		1.2000	
	18031412	钢制压制弯头 DN65	个			0.4000
	18031413	钢制压制弯头 DN80	个			0.4000
	18031414	钢制压制弯头 DN100	个			1.2000
	18151227	钢制活接头 DN20	个	0.2020		
	18151228	钢制活接头 DN25	个	0.2020		
	18151229	钢制活接头 DN32	个	0.2020		
	18151230	钢制活接头 DN40	个	0.2020		
	18151231	钢制活接头 DN50	个	1.2120		
	19010114	螺纹截止阀 J11T-16 DN15	只	2.0680	2.0860	2.0854
	24110331	弹簧压力表 Y-100 0～1.6MPa	块	2.0480	2.0480	2.0654
	24111611	压力表弯管 DN15	套	2.0480	2.0480	2.0654
	34090311	破布	kg	0.0130	0.1228	0.2322
	34110101	水	m^3	0.0016	0.0010	0.0020
	34110301	电	kW·h		0.3695	0.6666
	X0045	其他材料费	%	2.0000	2.0100	2.0000
机械	99090005	吊装机械(综合)	台班			0.0114
	99190750	管子切断套丝机 ϕ159	台班	0.1576	0.0060	0.0060
	99230170	砂轮切割机 ϕ400	台班	0.0255	0.0217	0.0340
	99250005	电焊机	台班	0.0583	0.3293	0.8326
	99270060	电焊条烘干箱 600×500×750	台班		0.0231	0.0738
	99440420	试压泵 3MPa	台班	0.0480	0.0660	0.0924

五、疏 水 器

工作内容：疏水器组成安装。

定额编号				B-5-3-25	B-5-3-26	B-5-3-27
项目				疏水器组成安装（螺纹连接）	疏水器组成安装（法兰连接）	
					公称直径（mm 以内）	
					50	100
		名称	单位	组	组	组
人工	00050101	综合人工 安装	工日	2.3850	2.8990	4.9920
材料	Z18190301	Y 型过滤器	只		(1.0000)	(1.0000)
	Z18190311	螺纹 Y 型过滤器	只	(1.0000)		
	Z19010114	螺纹截止阀 J11T-16 DN15	只	(1.3130)		
	Z19010115	螺纹截止阀 J11T-16 DN20	只	(0.4040)		
	Z19010116	螺纹截止阀 J11T-16 DN25	只	(0.3030)		
	Z19010117	螺纹截止阀 J11T-16 DN32	只	(1.0100)		
	Z19010118	螺纹截止阀 J11T-16 DN40	只	(0.8080)		
	Z19010119	螺纹截止阀 J11T-16 DN50	只	(1.2120)		
	Z19010215	法兰截止阀 J41T-16 DN15	只		(0.3000)	
	Z19010216	法兰截止阀 J41T-16 DN20	只		(1.4000)	
	Z19010217	法兰截止阀 J41T-16 DN25	只		(0.4000)	
	Z19010218	法兰截止阀 J41T-16 DN32	只		(0.9000)	
	Z19010219	法兰截止阀 J41T-16 DN40	只		(0.8000)	
	Z19010220	法兰截止阀 J41T-16 DN50	只		(1.2000)	
	Z19170111	螺纹疏水阀	只	(1.0000)		
	Z19170121	法兰疏水阀	只		(1.0000)	(1.0000)
	20010435	钢制法兰 DN15	片		0.6000	
	20010436	钢制法兰 DN20	片		2.8000	2.0000
	20010437	钢制法兰 DN25	片		0.8000	
	20010438	钢制法兰 DN32	片		1.8000	0.4000
	20010439	钢制法兰 DN40	片		1.6000	1.6000
	20010440	钢制法兰 DN50	片		2.4000	0.4000
	20010441	钢制法兰 DN65	片			1.2000
	20010442	钢制法兰 DN80	片			2.0000
	20010443	钢制法兰 DN100	片			2.4000
	01030135	钢丝 ϕ4	kg		0.0232	0.0320
	01290319	热轧钢板（中厚板） δ11～20	kg	0.3212	0.4462	0.8766
	02010163	橡胶板（低压） δ0.8～6	kg	0.0252	0.5844	1.3296
	02130311	聚四氟乙烯带（生料带） 宽度 20	m	34.8188		
	03014101	六角螺栓连母垫	kg	0.4401	0.5904	1.1296
	03014149	六角螺栓连母垫 M12×75	套		18.9520	37.9040

（续表）

定额编号				B-5-3-25	B-5-3-26	B-5-3-27
项目				疏水器组成安装（螺纹连接）	疏水器组成安装（法兰连接） 公称直径(mm 以内) 50	疏水器组成安装（法兰连接） 公称直径(mm 以内) 100
名称			单位	组	组	组
材料	03014156	六角螺栓连母垫 M16×80	套		30.4880	36.2560
	03110212	尼龙砂轮片 ϕ100	片		0.6638	1.0838
	03110215	尼龙砂轮片 ϕ400	片	0.0885	0.0986	0.1784
	03110701	砂纸	张		0.0483	0.0672
	03130114	电焊条 J422 ϕ3.2	kg	0.3504	1.1256	2.5562
	03130152	碳钢气焊条 ϕ<2	kg		0.0348	
	13011011	清油 C01-1	kg		0.0460	0.0732
	13050201	铅油	kg		0.1960	0.3080
	14070101	机油	kg	0.1786	0.3244	0.4226
	14390101	氧气	m^3	0.6678	1.0422	2.3838
	14390302	乙炔气	kg	0.2226	0.3474	0.7946
	17010135	焊接钢管 DN15	m	0.5600	0.2450	
	17010136	焊接钢管 DN20	m	0.2340	0.5870	0.4800
	17010137	焊接钢管 DN25	m	0.2300	0.2570	0.0880
	17010138	焊接钢管 DN32	m	0.4970	0.4590	
	17010139	焊接钢管 DN40	m	1.6800	1.5504	0.3920
	17010140	焊接钢管 DN50	m			0.5832
	17010141	焊接钢管 DN65	m			0.6356
	17010143	焊接钢管 DN80	m			2.2296
	17070121	无缝钢管 ϕ22×2	m	0.0210	0.0270	0.0318
	17252421	输水软管 ϕ25	m	0.0420	0.0540	0.0636
	18030312	钢制弯头 DN15	个	0.2020		
	18030313	钢制弯头 DN20	个	0.2020		
	18030314	钢制弯头 DN25	个	0.2020		
	18030315	钢制弯头 DN32	个	0.2020		
	18030316	钢制弯头 DN40	个	1.2120		
	18030414	钢制三通 DN20	个	0.4040		
	18030415	钢制三通 DN25	个	0.4040		
	18030416	钢制三通 DN32	个	0.4040		
	18030417	钢制三通 DN40	个	0.4040		
	18030418	钢制三通 DN50	个	2.4240		
	18031302	钢制六角内接头 DN15	个	1.3130		
	18031304	钢制六角内接头 DN20	个	1.0100		
	18031305	钢制六角内接头 DN25	个	0.9090		

（续表）

定　额　编　号				B-5-3-25	B-5-3-26	B-5-3-27
项　　目				疏水器组成安装（螺纹连接）	疏水器组成安装（法兰连接）	
					公称直径（mm 以内）	
					50	100
名　　称			单位	组	组	组
材料	18031306	钢制六角内接头 DN32	个	1.6160		
	18031307	钢制六角内接头 DN40	个	1.4140		
	18031308	钢制六角内接头 DN50	个	4.8480		
	18031407	钢制压制弯头 DN20	个		0.2000	
	18031408	钢制压制弯头 DN25	个		0.2000	
	18031409	钢制压制弯头 DN32	个		0.2000	
	18031410	钢制压制弯头 DN40	个		0.2000	
	18031411	钢制压制弯头 DN50	个		1.2000	
	18031412	钢制压制弯头 DN65	个			0.4000
	18031413	钢制压制弯头 DN80	个			0.4000
	18031414	钢制压制弯头 DN100	个			1.2000
	18151226	钢制活接头 DN15	个	0.1010		
	18151227	钢制活接头 DN20	个	0.2020		
	18151228	钢制活接头 DN25	个	0.2020		
	18151229	钢制活接头 DN32	个	0.2020		
	18151230	钢制活接头 DN40	个	0.7070		
	18151231	钢制活接头 DN50	个	0.6060		
	19010012	螺纹阀门 DN15	只	0.0420	0.0540	0.0636
	19010216	法兰截止阀 J41T-16 DN20	只			1.0000
	19010218	法兰截止阀 J41T-16 DN32	只			0.2000
	19010219	法兰截止阀 J41T-16 DN40	只			0.8000
	19010220	法兰截止阀 J41T-16 DN50	只			0.2000
	19010222	法兰截止阀 J41T-16 DN65	只			0.6000
	19010223	法兰截止阀 J41T-16 DN80	只			1.0000
	19010224	法兰截止阀 J41T-16 DN100	只			1.2000
	24110331	弹簧压力表 Y-100 0～1.6MPa	块	0.0420	0.0120	0.0636
	24590123	压力表弯管 DN15	个	0.0420	0.0480	0.0636
	34090311	破布	kg	0.0164	0.2031	0.3302
	34110101	水	m^3	0.0010	0.0010	0.0018
	34110301	电	kW·h		0.7578	0.8692
	X0045	其他材料费	%	2.0000	2.0000	2.0000
机械	99190750	管子切断套丝机 ϕ159	台班	0.1265		
	99230170	砂轮切割机 ϕ400	台班	0.0269	0.0281	0.0350
	99250005	电焊机	台班	0.0583	0.5038	1.1134
	99270060	电焊条烘干箱 600×500×750	台班		0.0422	0.1018
	99440420	试压泵 3MPa	台班	0.0420	0.0540	0.0878

六、除　污　器

工作内容：除污器组成安装。

定额编号				B-5-3-28	B-5-3-29	B-5-3-30	B-5-3-31
项目				除污器组成安装(法兰连接)			
				公称直径(mm以内)			
				50	100	200	300
名称			单位	组	组	组	组
人工	00050101	综合人工 安装	工日	3.6300	5.2940	8.6880	13.9740
材料	Z19010027	法兰阀门	只	(3.0000)	(3.0000)	(3.0000)	(3.0000)
	Z22250101	除污器	个	(1.0000)	(1.0000)	(1.0000)	(1.0000)
	20010440	钢制法兰 DN50	片	4.0000			
	20010441	钢制法兰 DN65	片		0.8000		
	20010442	钢制法兰 DN80	片		0.8000		
	20010443	钢制法兰 DN100	片		2.4000		
	20010444	平焊钢法兰 DN125	片			0.8000	
	20010445	钢制法兰 DN150	片			0.8000	
	20010447	钢制法兰 DN200	片			2.4000	
	20010449	钢制法兰 DN250	片				1.6000
	20010450	钢制法兰 DN300	片				2.4000
	01030135	钢丝 ϕ4	kg	0.0200	0.0200	0.0266	0.0314
	01150103	热轧型钢 综合	kg			0.2916	0.5784
	01290319	热轧钢板(中厚板) δ11～20	kg	0.5230	0.9236	2.1542	4.3252
	02010163	橡胶板(低压) δ0.8～6	kg	0.5960	1.2554	2.5440	3.2480
	02130311	聚四氟乙烯带(生料带) 宽度 20	m	4.5720	4.5720	4.6488	4.6680
	03014101	六角螺栓连母垫	kg	0.6660	1.2780	2.6824	4.6320
	03014156	六角螺栓连母垫 M16×80	套	24.7200	14.8320		
	03014157	六角螺栓连母垫 M16×140	套		29.6640	9.8880	
	03014166	六角螺栓连母垫 M20×100	套			54.3840	
	03014167	六角螺栓连母垫 M22×120	套				74.1600
	03110212	尼龙砂轮片 ϕ100	片	0.5490	0.7678	2.3642	4.9400
	03110215	尼龙砂轮片 ϕ400	片	0.1540	0.2616	0.0750	0.0080
	03110701	砂纸	张	0.2400	0.0420	0.1152	0.1440
	03130114	电焊条 J422 ϕ3.2	kg	1.2350	2.5026	6.2198	16.7714
	03130152	碳钢气焊条 ϕ<2	kg	0.0200	0.0200	0.0200	0.0200
	13011011	清油 C01-1	kg	0.0500	0.0900	0.1580	0.2300
	13050201	铅油	kg	0.2000	0.4200	0.7700	1.1500
	14070101	机油	kg	0.2500	0.3136	0.4858	0.5770
	14390101	氧气	m^3	0.8880	1.8150	4.3656	7.9386
	14390302	乙炔气	kg	0.2960	0.6050	1.4552	2.6462
	17070121	无缝钢管 ϕ22×2	m	0.0300	0.0330	0.0350	0.0350

（续表）

定额编号				B-5-3-28	B-5-3-29	B-5-3-30	B-5-3-31
项目				除污器组成安装(法兰连接)			
				公称直径(mm以内)			
				50	100	200	300
名称			单位	组	组	组	组
材料	17070142	无缝钢管 ϕ57×3.5	m	2.8600			
	17070152	无缝钢管 ϕ76×4	m		0.5920		
	17070155	无缝钢管 ϕ89×4	m		0.6120		
	17070160	无缝钢管 ϕ108×4.5	m		1.8960		
	17070165	无缝钢管 ϕ133×4	m			0.6720	
	17070168	无缝钢管 ϕ159×4.5	m			0.7140	
	17070175	无缝钢管 ϕ219×6	m			2.2920	
	17070178	无缝钢管 ϕ273×7	m				1.6760
	17070182	无缝钢管 ϕ325×8	m				2.7540
	17252421	输水软管 ϕ25	m	0.0600	0.0654	0.0690	0.0690
	18031111	钢制外接头 DN15	个	2.0200	2.0200	2.0200	2.0200
	18031411	钢制压制弯头 DN50	个	2.0000			
	18031412	钢制压制弯头 DN65	个		0.4000		
	18031413	钢制压制弯头 DN80	个		0.4000		
	18031414	钢制压制弯头 DN100	个		1.2000		
	18031415	钢制压制弯头 DN125	个			0.4000	
	18031416	钢制压制弯头 DN150	个			0.4000	
	18031417	钢制压制弯头 DN200	个			1.2000	
	18031418	钢制压制弯头 DN250	个				0.8000
	18031419	钢制压制弯头 DN300	个				1.2000
	19010114	螺纹截止阀 J11T-16 DN15	只	3.0900	3.0954	3.0990	3.0990
	19030112	螺纹闸阀 DN20	只	1.0100	1.0100	0.2020	
	19030113	螺纹闸阀 DN25	只			0.8080	1.0100
	24110331	弹簧压力表 Y-100 0～1.6MPa	块	2.0600	2.0654	2.0690	2.0690
	24111611	压力表弯管 DN15	套	2.0600	2.0654	2.0690	2.0690
	34090311	破布	kg	0.2130	0.2974	0.5050	0.7258
	34110101	水	m^3	0.0010	0.0020	0.0080	0.0080
	34110301	电	kW·h	0.5210	0.7076	1.6394	3.1826
	X0045	其他材料费	%	2.0000	2.0000	2.0000	2.0000
机械	99070530	载重汽车 5t	台班	0.0010	0.0048	0.1154	0.0984
	99090005	吊装机械(综合)	台班	0.0430	0.0544	0.2794	0.6458
	99190750	管子切断套丝机 ϕ159	台班	0.0060	0.0060	0.0060	0.0060
	99230170	砂轮切割机 ϕ400	台班	0.0400	0.0574	0.0180	0.0020
	99250005	电焊机	台班	0.5310	0.9744	2.2018	4.2678
	99270060	电焊条烘干箱 600×500×750	台班	0.0440	0.0880	0.2096	0.4162
	99440420	试压泵 3MPa	台班	0.0600	0.0924	0.2400	0.2400

工作内容： 除污器组成安装。

定额编号				B-5-3-32
项目				除污器组成安装(法兰连接)
				公称直径(mm 以内)
				450
名称			单位	组
人工	00050101	综合人工 安装	工日	22.3720
材料	Z19010027	法兰阀门	只	(3.0000)
	Z22250101	除污器	个	(1.0000)
	20010451	钢制法兰 DN350	片	0.8000
	20010452	钢制法兰 DN400	片	0.8000
	20010453	钢制法兰 DN450	片	2.4000
	01030135	钢丝 ϕ4	kg	0.0354
	01150103	热轧型钢 综合	kg	0.6400
	01290319	热轧钢板(中厚板) δ11～20	kg	10.9312
	02010163	橡胶板(低压) δ0.8～6	kg	6.1982
	02130311	聚四氟乙烯带(生料带) 宽度 20	m	4.6680
	03014101	六角螺栓连母垫	kg	9.1120
	03014110	六角螺栓连母垫	套	93.9360
	03014167	六角螺栓连母垫 M22×120	套	19.7760
	03110212	尼龙砂轮片 ϕ100	片	8.3636
	03110215	尼龙砂轮片 ϕ400	片	0.0080
	03110701	砂纸	张	0.2208
	03130114	电焊条 J422 ϕ3.2	kg	30.5326
	03130152	碳钢气焊条 ϕ<2	kg	0.0200
	13011011	清油 C01-1	kg	0.3060
	13050201	铅油	kg	1.4600
	14070101	机油	kg	0.8574
	14390101	氧气	m^3	11.8086
	14390302	乙炔气	kg	3.9362
	17070121	无缝钢管 ϕ22×2	m	0.0350

（续表）

定额编号				B-5-3-32
项目				除污器组成安装（法兰连接）
				公称直径（mm 以内）
				450
名称			单位	组
材料	17070184	无缝钢管 ϕ377×10	m	0.9900
	17070188	无缝钢管 ϕ426×10	m	1.0720
	17070193	无缝钢管 ϕ480×10	m	3.4800
	17252421	输水软管 ϕ25	m	0.0690
	18031111	钢制外接头 DN15	个	2.0200
	18031420	钢制压制弯头 DN350	个	0.4000
	18031421	钢制压制弯头 DN400	个	0.4000
	18031422	钢制压制弯头 DN450	个	1.2000
	19010114	螺纹截止阀 J11T-16 DN15	只	3.0990
	19030113	螺纹闸阀 DN25	只	1.0100
	24110331	弹簧压力表 Y-100 0～1.6MPa	块	2.0690
	24111611	压力表弯管 DN15	套	2.0690
	34090311	破布	kg	0.9992
	34110101	水	m^3	0.1162
	34110301	电	kW·h	4.5300
	X0045	其他材料费	%	2.0000
机械	99070530	载重汽车 5t	台班	0.1998
	99090005	吊装机械（综合）	台班	1.1260
	99190750	管子切断套丝机 ϕ159	台班	0.0060
	99230170	砂轮切割机 ϕ400	台班	0.0020
	99250005	电焊机	台班	6.0024
	99270060	电焊条烘干箱 600×500×750	台班	0.5958
	99440420	试压泵 3MPa	台班	0.3198

七、水　表

工作内容： 1,2. 水表安装。
3,4. 水表组成安装。

定额编号				B-5-3-33	B-5-3-34	B-5-3-35	B-5-3-36
项目				水表安装（螺纹连接）	IC卡水表安装（螺纹连接）	螺纹水表组成安装	法兰水表组成安装（无旁通）
				公称直径（mm以内）			公称直径（mm以内）
				50			50
名称			单位	个	个	组	组
人工	00050101	综合人工 安装	工日	0.3130	0.3230	0.7060	1.4000
材料	Z18210351	螺纹挠性接头	个			(1.0100)	
	Z18210451	法兰挠性接头	个				(1.0000)
	Z19030101	螺纹闸阀	只			(2.0200)	
	Z19030301	法兰闸阀	只				(2.0000)
	Z19090101	螺纹止回阀	只			(1.0100)	
	Z19090210	法兰止回阀	只				(1.0000)
	Z24010001	螺纹水表	只	(1.0000)		(1.0000)	
	Z24010211	法兰式水表	只				(1.0000)
	Z24010411	螺纹IC卡水表	只		(1.0000)		
	20010440	钢制法兰 DN50	片				2.0000
	01290319	热轧钢板(中厚板) δ11～20	kg			0.1358	0.4800
	02010163	橡胶板(低压) δ0.8～6	kg			0.0144	0.4490
	02130311	聚四氟乙烯带(生料带) 宽度20	m	3.0952	3.0952	3.9778	
	03014101	六角螺栓连母垫	kg			0.2016	0.6000
	03014156	六角螺栓连母垫 M16×80	套				24.7200
	03110212	尼龙砂轮片 ϕ100	片				0.0680
	03110215	尼龙砂轮片 ϕ400	片			0.0208	0.0210
	03110701	砂纸	张				0.0120
	03130114	电焊条 J422 ϕ3.2	kg			0.2294	0.5100
	13011011	清油 C01-1	kg				0.0100
	13050201	铅油	kg				0.0400
	14070101	机油	kg	0.0233	0.0233	0.0112	0.1510
	14390101	氧气	m^3	0.0254	0.0254	0.1686	0.3390
	14390302	乙炔气	kg	0.0099	0.0099	0.0562	0.1130
	17070121	无缝钢管 ϕ22×2	m			0.0120	0.0240

（续表）

定额编号				B-5-3-33	B-5-3-34	B-5-3-35	B-5-3-36
项目				水表安装（螺纹连接）	IC卡水表安装（螺纹连接）	螺纹水表组成安装	法兰水表组成安装（无旁通）
				公称直径（mm以内）			公称直径（mm以内）
				50			50
名称			单位	个	个	组	组
材料	17252421	输水软管 ϕ25	m			0.0240	0.0480
	18031111	钢制外接头 DN15	个	0.1010	0.1010		
	18031112	钢制外接头 DN20	个	0.1010	0.1010		
	18031113	钢制外接头 DN25	个	0.1010	0.1010		
	18031114	钢制外接头 DN32	个	0.1010	0.1010		
	18031115	钢制外接头 DN40	个	0.1010	0.1010		
	18031116	钢制外接头 DN50	个	0.5050	0.5050		
	18031302	钢制六角内接头 DN15	个			0.4040	
	18031304	钢制六角内接头 DN20	个			0.4040	
	18031305	钢制六角内接头 DN25	个			0.4040	
	18031306	钢制六角内接头 DN32	个			0.4040	
	18031307	钢制六角内接头 DN40	个			0.4040	
	18151226	钢制活接头 DN15	个			0.2020	
	18151227	钢制活接头 DN20	个			0.2020	
	18151228	钢制活接头 DN25	个			0.2020	
	18151229	钢制活接头 DN32	个			0.2020	
	18151230	钢制活接头 DN40	个			0.2020	
	19010012	螺纹阀门 DN15	只			0.0240	0.0480
	24110331	弹簧压力表 Y-100 0～1.6MPa	块			0.0240	0.0480
	24590123	压力表弯管 DN15	个			0.0240	0.0480
	34090311	破布	kg				0.0320
	34110101	水	m^3			0.0010	0.0010
	34110301	电	kW·h				0.0460
	X0045	其他材料费	%	2.0100	2.0100	2.0000	2.0000
机械	99190750	管子切断套丝机 ϕ159	台班	0.0237	0.0237	0.0154	
	99230170	砂轮切割机 ϕ400	台班			0.0064	0.0050
	99250005	电焊机	台班			0.0418	0.0880
	99270060	电焊条烘干箱 600×500×750	台班				0.0080
	99440420	试压泵 3MPa	台班			0.0240	0.0480

工作内容： 水表组成安装。

定额编号				B-5-3-37	B-5-3-38	B-5-3-39	B-5-3-40
项目				法兰水表组成安装(无旁通)			法兰水表组成安装(带旁通)
				公称直径(mm 以内)			
				100	200	300	50
名称			单位	组	组	组	组
人工	00050101	综合人工 安装	工日	2.6840	4.5700	6.8900	3.3400
材料	Z18210451	法兰挠性接头	个	(1.0000)	(1.0000)	(1.0000)	(2.0000)
	Z19030301	法兰闸阀	只	(2.0000)	(2.0000)	(2.0000)	(4.0000)
	Z19090210	法兰止回阀	只	(1.0000)	(1.0000)	(1.0000)	(2.0000)
	Z24010211	法兰式水表	只	(1.0000)	(1.0000)	(1.0000)	(1.0000)
	20010440	钢制法兰 DN50	片				12.0000
	20010442	钢制法兰 DN80	片	0.8000			
	20010443	钢制法兰 DN100	片	1.2000			
	20010445	钢制法兰 DN150	片		0.8000		
	20010447	钢制法兰 DN200	片		1.2000		
	20010449	钢制法兰 DN250	片			0.8000	
	20010450	钢制法兰 DN300	片			1.2000	
	01290319	热轧钢板(中厚板) δ11～20	kg	0.9026	2.1940	4.2822	0.9600
	02010163	橡胶板(低压) δ0.8～6	kg	1.0044	1.9970	2.5124	1.1780
	03014101	六角螺栓连母垫	kg	1.2168	2.8500	4.5660	1.2000
	03014156	六角螺栓连母垫 M16×80	套	49.4400			65.9200
	03014166	六角螺栓连母垫 M20×100	套		64.5420		
	03014167	六角螺栓连母垫 M22×120	套			74.1600	
	03110212	尼龙砂轮片 ϕ100	片	0.1172	0.2674	0.4366	0.4090
	03110215	尼龙砂轮片 ϕ400	片	0.0374			0.1250
	03110701	砂纸	张	0.0240	0.0624	0.0720	0.0240
	03130114	电焊条 J422 ϕ3.2	kg	0.7266	1.3346	3.1034	1.4760
	13011011	清油 C01-1	kg	0.0184	0.0300	0.0460	0.0600

（续表）

定额编号				B-5-3-37	B-5-3-38	B-5-3-39	B-5-3-40
项目				法兰水表组成安装(无旁通)			法兰水表组成安装(带旁通)
				公称直径(mm 以内)			
				100	200	300	50
名称			单位	组	组	组	组
材料	13050201	铅油	kg	0.0880	0.1580	0.2300	0.2400
	14070101	机油	kg	0.1830	0.2130	0.3504	0.5820
	14390101	氧气	m^3	0.5214	1.2642	2.2476	0.6780
	14390302	乙炔气	kg	0.1738	0.4214	0.7492	0.2260
	17010140	焊接钢管 DN50	m				1.1100
	17070121	无缝钢管 $\phi22\times2$	m	0.0270	0.0290	0.0290	0.0480
	17252421	输水软管 $\phi25$	m	0.0534	0.0570	0.0570	0.0960
	18030418	钢制三通 DN50	个				2.0000
	18031411	钢制压制弯头 DN50	个				2.0000
	19010012	螺纹阀门 DN15	只	0.0534	0.0570	0.0570	0.0960
	24110331	弹簧压力表 Y-100 0～1.6MPa	块	0.0534	0.0570	0.0570	0.0960
	24590123	压力表弯管 DN15	个	0.0534	0.0570	0.0570	0.0960
	34090311	破布	kg	0.0500	0.0924	0.1180	0.1440
	34110101	水	m^3	0.0020	0.0080	0.0432	0.0010
	34110301	电	kW·h	0.0784	0.2138	0.4484	0.2770
	X0045	其他材料费	%	2.0000	2.0100	2.0000	2.0000
机械	99070530	载重汽车 5t	台班		0.0146	0.0678	
	99090005	吊装机械(综合)	台班		0.1452	0.5558	
	99230170	砂轮切割机 $\phi400$	台班	0.0082			0.0320
	99250005	电焊机	台班	0.1330	0.3782	0.7806	0.5720
	99270060	电焊条烘干箱 600×500×750	台班	0.0122	0.0334	0.0694	0.0430
	99440420	试压泵 3MPa	台班	0.0804	0.2280	0.2280	0.0960

工作内容：1,2,3. 水表组成安装。
4. 成品表箱安装。

定额编号				B-5-3-41	B-5-3-42	B-5-3-43	B-5-3-44
项目				法兰水表组成安装(带旁通)			成品表箱安装
				公称直径(mm 以内)			
				100	200	300	
名称			单位	组	组	组	个
人工	00050101	综合人工 安装	工日	6.0100	10.4680	18.1220	0.6375
材料	Z18210451	法兰挠性接头	个	(2.0000)	(2.0000)	(2.0000)	
	Z19030301	法兰闸阀	只	(4.0000)	(4.0000)	(4.0000)	
	Z19090210	法兰止回阀	只	(2.0000)	(2.0000)	(2.0000)	
	Z24010211	法兰式水表	只	(1.0000)	(1.0000)	(1.0000)	
	Z33410401	计量表箱	只				(1.0000)
	20010442	钢制法兰 DN80	片	4.8000			
	20010443	钢制法兰 DN100	片	7.2000			
	20010445	钢制法兰 DN150	片		4.8000		
	20010447	钢制法兰 DN200	片		7.2000		
	20010449	钢制法兰 DN250	片			4.8000	
	20010450	钢制法兰 DN300	片			7.2000	
	01010421	热轧光圆钢筋(HPB300) ϕ8～14	kg				0.3160
	01290319	热轧钢板(中厚板) δ11～20	kg	1.8052	4.3880	8.5650	
	02010163	橡胶板(低压) δ0.8～6	kg	2.6242	5.2340	6.5774	
	03014101	六角螺栓连母垫	kg	2.4336	5.7000	9.1314	
	03014156	六角螺栓连母垫 M16×80	套	131.8400			
	03014166	六角螺栓连母垫 M20×100	套		171.3920		
	03014167	六角螺栓连母垫 M22×120	套			197.7600	
	03018173	膨胀螺栓(钢制) M10	套				2.0600
	03018174	膨胀螺栓(钢制) M12	套				4.1200
	03110212	尼龙砂轮片 ϕ100	片	0.7040	1.6018	2.6200	
	03110215	尼龙砂轮片 ϕ400	片	0.2244			
	03110701	砂纸	张	0.0480	0.1248	0.1440	
	03130114	电焊条 J422 ϕ3.2	kg	2.5968	6.1244	16.7380	0.0272
	03210134	硬质合金冲击钻头 ϕ14	根				0.0320
	03210135	硬质合金冲击钻头 ϕ16	根				0.0840
	13011011	清油 C01-1	kg	0.1440	0.1980	0.2760	
	13050201	铅油	kg	0.5280	0.9480	1.3800	
	14070101	机油	kg	0.7470	0.9412	1.0080	
	14390101	氧气	m^3	1.1238	3.1050	5.5014	0.0607

（续表）

定　额　编　号				B-5-3-41	B-5-3-42	B-5-3-43	B-5-3-44
项　　目				法兰水表组成安装(带旁通)			成品表箱安装
				公称直径(mm 以内)			
				100	200	300	
		名　　称	单位	组	组	组	个
材料	14390302	乙炔气	kg	0.3746	1.0350	1.8338	0.0208
	17010143	焊接钢管 DN80	m	0.5000			
	17010144	焊接钢管 DN100	m	0.8760			
	17010146	焊接钢管 DN150	m		0.6600		
	17070121	无缝钢管 $\phi22\times2$	m	0.0534	0.0570	0.0570	
	17070175	无缝钢管 $\phi219\times6$	m		1.0200		
	17070178	无缝钢管 $\phi273\times7$	m			0.6920	
	17070182	无缝钢管 $\phi325\times8$	m			1.0920	
	17252421	输水软管 $\phi25$	m	0.1068	0.1140	0.1140	
	18030420	钢制三通 DN80	个	0.8000			
	18030421	钢制三通 DN100	个	1.2000			
	18030422	钢制三通 DN150	个		0.8000		
	18030423	钢制三通 DN200	个		1.2000		
	18030424	钢制三通 DN250	个			0.8000	
	18030425	钢制三通 DN300	个			1.2000	
	18031413	钢制压制弯头 DN80	个	0.8000			
	18031414	钢制压制弯头 DN100	个	1.2000			
	18031416	钢制压制弯头 DN150	个		0.8000		
	18031417	钢制压制弯头 DN200	个		1.2000		
	18031418	钢制压制弯头 DN250	个			0.8000	
	18031419	钢制压制弯头 DN300	个			1.2000	
	19010012	螺纹阀门 DN15	只	0.1068	0.1140	0.1140	
	24110331	弹簧压力表 Y-100 0～1.6MPa	块	0.1068	0.1140	0.1140	
	24590123	压力表弯管 DN15	个	0.1068	0.1140	0.1140	
	34090311	破布	kg	0.2040	0.3048	0.4200	
	34110101	水	m^3	0.0040	0.0150	0.0870	
	34110301	电	kW·h	0.4690	1.2826	2.6912	0.1000
	80060111	干混砌筑砂浆 DM M5.0	m^3				0.0059
	X0045	其他材料费	%	2.0000	2.0000	2.0000	2.0000
机械	99070530	载重汽车 5t	台班		0.0328	0.1444	
	99090005	吊装机械(综合)	台班		0.4066	1.3642	
	99230170	砂轮切割机 $\phi400$	台班	0.0492			
	99250005	电焊机	台班	0.8872	2.1566	4.3394	0.0107
	99270060	电焊条烘干箱 $600\times500\times750$	台班	0.0726	0.1986	0.4168	
	99440420	试压泵 3MPa	台班	0.1602	0.4560	0.4560	

八、热　量　表

工作内容： 热量表组成安装。

定额编号				B-5-3-45	B-5-3-46	B-5-3-47	B-5-3-48
项目				热水采暖入口热量表组成安装(螺纹连接)	热水采暖入口热量表组成安装(法兰连接) 入口管道公称直径(mm以内) 50	热水采暖入口热量表组成安装(法兰连接) 入口管道公称直径(mm以内) 100	户用热量表组成安装(螺纹连接)
名称			单位	组	组	组	组
人工	00050101	综合人工 安装	工日	3.1416	4.7690	7.2672	1.0990
材料	Z18190301	Y型过滤器	只	(2.0000)	(2.0000)	(2.0000)	(1.0000)
	Z19010011	螺纹阀门	只				(3.0300)
	Z19030101	螺纹闸阀	只	(4.0400)			
	Z19030301	法兰闸阀	只		(4.0000)	(4.0000)	
	Z24050211	螺纹式热量表	只	(1.0000)			(1.0000)
	Z24050311	法兰式热量表	只		(1.0000)	(1.0000)	
	20010437	钢制法兰 DN25	片		2.0000	2.0000	
	20010439	钢制法兰 DN40	片		4.0000		
	20010440	钢制法兰 DN50	片		12.0000	4.0000	
	20010441	钢制法兰 DN65	片			2.4000	
	20010442	钢制法兰 DN80	片			2.4000	
	20010443	钢制法兰 DN100	片			7.2000	
	01290319	热轧钢板(中厚板) δ11～20	kg	0.1862	0.6400	1.1752	0.1250
	02010163	橡胶板(低压) δ0.8～6	kg	0.0274	0.8860	1.8800	0.0153
	02130311	聚四氟乙烯带(生料带) 宽度20	m				7.5058
	02290701	线麻	kg	0.0168	0.0910	0.0910	
	03014101	六角螺栓连母垫	kg	0.2952	0.8000	0.8960	0.1881
	03014149	六角螺栓连母垫 M12×75	套		8.2400	8.2400	
	03014156	六角螺栓连母垫 M16×80	套		65.9200	46.1440	
	03014621	精制六角螺栓连母垫 M6×14～75	套			59.3280	
	03110212	尼龙砂轮片 ϕ100	片	0.7040	0.5590	0.9218	
	03110215	尼龙砂轮片 ϕ400	片	0.1394	0.2480	0.3114	0.0679
	03110701	砂纸	张		1.5680	2.4264	
	03130114	电焊条 J422 ϕ3.2	kg	0.4120	0.9370	2.9046	0.2042

（续表）

定　额　编　号				B-5-3-45	B-5-3-46	B-5-3-47	B-5-3-48
项　　目				热水采暖入口热量表组成安装（螺纹连接）	热水采暖入口热量表组成安装（法兰连接） 入口管道公称直径（mm 以内）		户用热量表组成安装（螺纹连接）
					50	100	
名　　称			单位	组	组	组	组
材料	03130152	碳钢气焊条 $\phi<2$	kg		0.2520	0.2520	
	13011011	清油 C01-1	kg		0.0800	0.1280	
	13050201	铅油	kg	0.1674	0.1120	0.1120	
	13050211	白铅油	kg		0.3200	0.5000	
	14070101	机油	kg	0.2468	0.7720	0.9032	0.0699
	14390101	氧气	m^3	0.5618	1.2330	2.3202	0.1356
	14390302	乙炔气	kg	0.1976	0.4110	0.7734	0.0452
	17010135	焊接钢管 DN15	m	0.9000	0.9000	0.9000	
	17010137	焊接钢管 DN25	m	1.2620	1.3000	1.4000	
	17070121	无缝钢管 $\phi22\times2$	m	0.0120	0.0320	0.0356	0.0090
	17252421	输水软管 $\phi25$	m	0.0240	0.0640	0.0712	0.0180
	18030314	钢制弯头 DN25	个	2.0200			
	18030413	钢制三通 DN15	个				0.2020
	18030414	钢制三通 DN20	个				0.2020
	18030415	钢制三通 DN25	个				0.2020
	18030416	钢制三通 DN32	个	0.8080			0.2020
	18030417	钢制三通 DN40	个	1.2120			1.2120
	18031111	钢制外接头 DN15	个	4.0400	4.0400	4.0400	0.2020
	18031112	钢制外接头 DN20	个				0.2020
	18031113	钢制外接头 DN25	个				0.2020
	18031114	钢制外接头 DN32	个	0.8080			0.2020
	18031115	钢制外接头 DN40	个	1.2120			1.2120
	18031302	钢制六角内接头 DN15	个				0.5050
	18031304	钢制六角内接头 DN20	个				0.5050
	18031305	钢制六角内接头 DN25	个	1.0100			0.5050
	18031306	钢制六角内接头 DN32	个	1.4140			0.5050
	18031307	钢制六角内接头 DN40	个	1.2120			3.0300

（续表）

定额编号				B-5-3-45	B-5-3-46	B-5-3-47	B-5-3-48
项目				热水采暖入口热量表组成安装(螺纹连接)	热水采暖入口热量表组成安装(法兰连接) 入口管道公称直径(mm以内) 50	热水采暖入口热量表组成安装(法兰连接) 入口管道公称直径(mm以内) 100	户用热量表组成安装(螺纹连接)
名称			单位	组	组	组	组
材料	18031321	钢制压制异径接头 DN50	个		2.0000		
	18031322	钢制压制异径接头 DN65	个			0.4000	
	18031323	钢制压制异径接头 DN80	个			0.4000	
	18031324	钢制压制异径接头 DN100	个			1.2000	
	18151226	钢制活接头 DN15	个				0.2020
	18151227	钢制活接头 DN20	个				0.2020
	18151228	钢制活接头 DN25	个	1.4140			0.2020
	18151229	钢制活接头 DN32	个	1.0100			0.2020
	18151230	钢制活接头 DN40	个	0.6060			1.2120
	19010012	螺纹阀门 DN15	只	0.0240	0.0640	0.0712	0.0180
	19010114	螺纹截止阀 J11T-16 DN15	只	5.0500	5.0500	5.0500	
	19010116	螺纹截止阀 J11T-16 DN25	只	1.0100			
	19010201	法兰截止阀 J41H-6 DN25	只		1.0000	1.0080	
	24090112	温度计 0～120℃	支	2.0200	2.0200	2.0200	
	24110127	压力表(带弯、补芯、阀) 0～2.5MPa	套	4.0400	4.0400	4.0400	
	24110331	弹簧压力表 Y-100 0～1.6MPa	块	0.0240	0.0640	0.0584	0.0180
	24590123	压力表弯管 DN15	个	0.0240	0.0640	0.0712	0.0180
	34090311	破布	kg		0.2180	0.3164	
	34110101	水	m^3		0.7160	1.6240	0.0010
	34110301	电	kW·h	1.0860	0.3790	0.6228	
	X0045	其他材料费	%	2.0000	2.0000	2.0100	2.0000
机械	99190750	管子切断套丝机 ϕ159	台班	0.3668	0.0340	0.0340	0.1039
	99190880	电动弯管机 ϕ108	台班		0.0310	0.0310	
	99230170	砂轮切割机 ϕ400	台班	0.0420	0.0420	0.0700	0.0210
	99250005	电焊机	台班	0.2420	0.7960	1.1890	0.0361
	99270060	电焊条烘干箱 600×500×750	台班	0.0240	0.0790	0.1188	
	99440420	试压泵 3MPa	台班	0.0240	0.0640	0.1068	0.0180

九、倒流防止器

工作内容：倒流防止器组成安装。

		定额编号		B-5-3-49	B-5-3-50	B-5-3-51	B-5-3-52
		项目		倒流防止器组成安装（螺纹连接不带水表）	倒流防止器组成安装（螺纹连接带水表）	倒流防止器组成安装（法兰连接不带水表）	
				公称直径(mm 以内)			
				50			100
		名称	单位	组	组	组	组
人工	00050101	综合人工 安装	工日	0.9650	1.1110	1.5400	2.8580
材料	Z18190301	Y 型过滤器	只	(1.0000)	(1.0000)	(1.0000)	(1.0000)
	Z18210451	法兰挠性接头	个			(1.0000)	(1.0000)
	Z19010011	螺纹阀门	只	(2.0200)	(2.0200)		
	Z19030301	法兰闸阀	只			(2.0000)	(2.0000)
	Z22611301	倒流防止器	个	(1.0000)	(1.0000)	(1.0000)	(1.0000)
	Z24010001	螺纹水表	只		(1.0000)		
	20010440	钢制法兰 DN50	片			2.0000	
	20010441	钢制法兰 DN65	片				0.4000
	20010442	钢制法兰 DN80	片				0.4000
	20010443	钢制法兰 DN100	片				1.2000
	01290319	热轧钢板(中厚板) δ11～20	kg	0.4698	0.4698	0.6000	0.9798
	02010163	橡胶板(低压) δ0.8～6	kg	0.0380	0.0380	0.4560	0.9660
	02130311	聚四氟乙烯带(生料带) 宽度 20	m	7.1969	8.6363		
	03014101	六角螺栓连母垫	kg	0.6270	0.6270	0.7500	1.3260
	03014156	六角螺栓连母垫 M16×80	套			24.7200	44.4960
	03110212	尼龙砂轮片 ϕ100	片			0.0450	0.0858
	03110215	尼龙砂轮片 ϕ400	片	0.0135	0.0135	0.0210	0.0364
	03130114	电焊条 J422 ϕ3.2	kg	0.6710	0.6710	0.6090	0.7814
	13011011	清油 C01-1	kg			0.0100	0.0220
	13050201	铅油	kg			0.0400	0.0840
	14070101	机油	kg	0.0233	0.0233		
	14390101	氧气	m^3	0.4530	0.4530	0.4230	0.5664
	14390302	乙炔气	kg	0.1510	0.1510	0.1410	0.1888
	17010135	焊接钢管 DN15	m	0.0600	0.0600		
	17010137	焊接钢管 DN25	m	0.0900	0.0900		
	17010140	焊接钢管 DN50	m	0.1500	0.1500	0.3000	0.1200

（续表）

定额编号				B-5-3-49	B-5-3-50	B-5-3-51	B-5-3-52
项目				倒流防止器组成安装（螺纹连接不带水表）	倒流防止器组成安装（螺纹连接带水表）	倒流防止器组成安装（法兰连接不带水表）	
				公称直径(mm 以内)			
				50			100
名称			单位	组	组	组	组
材料	17010143	焊接钢管 DN80	m				0.1800
	17070121	无缝钢管 $\phi22\times2$	m	0.0300	0.0300	0.0300	0.0300
	17252421	输水软管 $\phi25$	m	0.0600	0.0600	0.0600	0.0600
	18031302	钢制六角内接头 DN15	个	0.4040	0.5050		
	18031304	钢制六角内接头 DN20	个	0.4040	0.5050		
	18031305	钢制六角内接头 DN25	个	0.4040	0.5050		
	18031306	钢制六角内接头 DN32	个	0.4040	0.5050		
	18031307	钢制六角内接头 DN40	个	0.4040	0.5050		
	18031308	钢制六角内接头 DN50	个	2.0200	2.5250		
	18151226	钢制活接头 DN15	个	0.1010	0.1010		
	18151227	钢制活接头 DN20	个	0.1010	0.1010		
	18151228	钢制活接头 DN25	个	0.1010	0.1010		
	18151229	钢制活接头 DN32	个	0.1010	0.1010		
	18151230	钢制活接头 DN40	个	0.1010	0.1010		
	18151231	钢制活接头 DN50	个	0.5050	0.5050		
	19010012	螺纹阀门 DN15	只	0.0600	0.0600	0.0600	0.0600
	24110331	弹簧压力表 Y-100 0～1.6MPa	块	0.0600	0.0600	0.0600	0.0600
	24590123	压力表弯管 DN15	个	0.0600	0.0600	0.0600	0.0600
	34090311	破布	kg			0.0200	0.0260
	34110101	水	m^3	0.0010	0.0010	0.0010	0.0020
	34110301	电	kW·h			0.0310	0.0520
	X0045	其他材料费	%	2.0000	2.0000	2.0000	2.0000
机械	99190750	管子切断套丝机 $\phi159$	台班	0.0282	0.0282		
	99230170	砂轮切割机 $\phi400$	台班	0.0034	0.0034	0.0050	0.0080
	99250005	电焊机	台班	0.0897	0.0897	0.1470	0.1868
	99270060	电焊条烘干箱 600×500×750	台班			0.0060	0.0096
	99440420	试压泵 3MPa	台班	0.0600	0.0600	0.0600	0.0900

工作内容：倒流防止器组成安装。

定额编号			B-5-3-53	B-5-3-54	B-5-3-55	B-5-3-56
项目			倒流防止器组成安装（法兰连接不带水表）			倒流防止器组成安装（法兰连接带水表）
			公称直径(mm 以内)			
			200	300	400	50
名称		单位	组	组	组	组
人工	00050101	综合人工 安装	工日	4.7400	7.5800	10.5500	2.0800
材料	Z18190301	Y 型过滤器	只	(1.0000)	(1.0000)	(1.0000)	(1.0000)
	Z18210451	法兰挠性接头	个	(1.0000)	(1.0000)	(1.0000)	(1.0000)
	Z19030301	法兰闸阀	只	(2.0000)	(2.0000)	(2.0000)	(2.0000)
	Z22611301	倒流防止器	个	(1.0000)	(1.0000)	(1.0000)	(1.0000)
	Z24010211	法兰式水表	只				(1.0000)
	20010440	钢制法兰 DN50	片				4.0000
	20010445	钢制法兰 DN150	片	0.8000			
	20010447	钢制法兰 DN200	片	1.2000			
	20010449	钢制法兰 DN250	片		0.8000		
	20010450	钢制法兰 DN300	片		1.2000		
	20010451	钢制法兰 DN350	片			0.8000	
	20010452	钢制法兰 DN400	片			1.2000	
	01290319	热轧钢板(中厚板) δ11～20	kg	2.3094	4.5078	7.2540	0.6000
	02010163	橡胶板(低压) δ0.8～6	kg	2.0214	2.5370	4.1400	0.5960
	03014101	六角螺栓连母垫	kg	3.0000	4.8060	7.9320	0.7500
	03014156	六角螺栓连母垫 M16×80	套				37.0800
	03014166	六角螺栓连母垫 M20×100	套	64.2720			
	03014167	六角螺栓连母垫 M22×120	套		74.1600	39.5960	
	03014169	六角螺栓连母垫 M27×140	套			59.3940	
	03110212	尼龙砂轮片 ϕ100	片	0.1778	0.2908	0.4072	0.0910
	03110215	尼龙砂轮片 ϕ400	片				0.0210
	03130114	电焊条 J422 ϕ3.2	kg	1.3592	3.1280	5.0882	0.7240

（续表）

定额编号				B-5-3-53	B-5-3-54	B-5-3-55	B-5-3-56
项目				倒流防止器组成安装（法兰连接不带水表）			倒流防止器组成安装（法兰连接带水表）
				公称直径(mm以内)			
				200	300	400	50
名称			单位	组	组	组	组
材料	13011011	清油 C01-1	kg	0.0300	0.0460	0.0580	0.0200
	13050201	铅油	kg	0.1580	0.2300	0.2920	0.0800
	14390101	氧气	m^3	1.3542	2.3544	2.9472	0.4230
	14390302	乙炔气	kg	0.4514	0.7848	0.9824	0.1410
	17010140	焊接钢管 DN50	m				0.3000
	17010143	焊接钢管 DN80	m	0.3000			
	17010144	焊接钢管 DN100	m		0.1200		
	17010146	焊接钢管 DN150	m		0.1800	0.3000	
	17070121	无缝钢管 ϕ22×2	m	0.0300	0.0300	0.0300	0.0300
	17252421	输水软管 ϕ25	m	0.0600	0.0600	0.0600	0.0600
	19010012	螺纹阀门 DN15	只	0.0600	0.0600	0.0600	0.0600
	24110331	弹簧压力表 Y-100 0～1.6MPa	块	0.0600	0.0600	0.0600	0.0600
	24590123	压力表弯管 DN15	个	0.0600	0.0600	0.0600	0.0600
	34090311	破布	kg	0.0300	0.0460	0.0560	0.0400
	34110101	水	m^3	0.0146	0.0640	0.1070	0.0010
	34110301	电	kW·h	0.1422	0.2988	0.3664	0.0620
	X0045	其他材料费	%	2.0000	2.0000	2.0000	2.0000
机械	99070530	载重汽车 5t	台班	0.0194	0.0906	0.1638	
	99090005	吊装机械(综合)	台班	0.2696	0.6500	0.8490	
	99230170	砂轮切割机 ϕ400	台班				0.0050
	99250005	电焊机	台班	0.3544	0.6462	0.7722	0.2040
	99270060	电焊条烘干箱 600×500×750	台班	0.0264	0.0556	0.0678	0.0120
	99440420	试压泵 3MPa	台班	0.2400	0.2400	0.3000	0.0600

工作内容：倒流防止器组成安装。

		定额编号		B-5-3-57	B-5-3-58	B-5-3-59	B-5-3-60
		项目		倒流防止器组成安装(法兰连接带水表)			
				公称直径(mm以内)			
				100	200	300	400
		名称	单位	组	组	组	组
人工	00050101	综合人工 安装	工日	3.8280	6.5320	10.2480	14.4040
材料	Z18190301	Y型过滤器	只	(1.0000)	(1.0000)	(1.0000)	(1.0000)
	Z18210451	法兰挠性接头	个	(1.0000)	(1.0000)	(1.0000)	(1.0000)
	Z19030301	法兰闸阀	只	(2.0000)	(2.0000)	(2.0000)	(2.0000)
	Z22611301	倒流防止器	个	(1.0000)	(1.0000)	(1.0000)	(1.0000)
	Z24010211	法兰式水表	只	(1.0000)	(1.0000)	(1.0000)	(1.0000)
	20010440	钢制法兰 DN50	片	1.6000			
	20010441	钢制法兰 DN65	片	0.8000			
	20010442	钢制法兰 DN80	片	3.2000			
	20010443	钢制法兰 DN100	片	2.4000	1.6000		
	20010445	钢制法兰 DN150	片		4.0000		
	20010447	钢制法兰 DN200	片		2.4000	1.6000	
	20010449	钢制法兰 DN250	片			4.0000	
	20010450	钢制法兰 DN300	片			2.4000	4.0000
	20010451	钢制法兰 DN350	片				1.6000
	20010452	钢制法兰 DN400	片				2.4000
	01290319	热轧钢板(中厚板) δ11～20	kg	0.9798	2.3094	4.5078	7.2540
	02010163	橡胶板(低压) δ0.8～6	kg	1.4700	3.1134	4.0210	6.2000
	03014101	六角螺栓连母垫	kg	1.3260	3.0000	4.8060	7.9320
	03014156	六角螺栓连母垫 M16×80	套	71.6880	9.8880		
	03014166	六角螺栓连母垫 M20×100	套		89.8160	14.8320	
	03014167	六角螺栓连母垫 M22×120	套			108.7680	90.6400
	03014169	六角螺栓连母垫 M27×140	套				69.2160
	03110212	尼龙砂轮片 ϕ100	片	0.2906	0.6118	1.0562	1.4350
	03110215	尼龙砂轮片 ϕ400	片	0.0364			
	03130114	电焊条 J422 ϕ3.2	kg	1.4544	3.0752	9.4098	15.3920
	13011011	清油 C01-1	kg	0.0680	0.1120	0.1640	0.2120
	13050201	铅油	kg	0.2840	0.5640	0.8360	1.0600
	14390101	氧气	m^3	0.5664	1.3542	2.3544	2.9472

（续表）

定额编号				B-5-3-57	B-5-3-58	B-5-3-59	B-5-3-60
项目				倒流防止器组成安装(法兰连接带水表)			
				公称直径(mm 以内)			
				100	200	300	400
名称			单位	组	组	组	组
材料	14390302	乙炔气	kg	0.1888	0.4514	0.7848	0.9824
	17010140	焊接钢管 DN50	m	0.1200			
	17010143	焊接钢管 DN80	m	0.1800	0.3000		
	17010144	焊接钢管 DN100	m			0.1200	
	17010146	焊接钢管 DN150	m			0.1800	0.3000
	17070121	无缝钢管 ϕ22×2	m	0.0300	0.0300	0.0300	0.0300
	17252421	输水软管 ϕ25	m	0.0600	0.0600	0.0600	0.0600
	18030219	钢制异径管管件 DN65×50	个	0.4000			
	18030220	钢制异径管管件 DN80×50	个	0.4000			
	18030222	钢制异径管管件 DN100×80	个	1.2000			
	18030225	钢制异径管管件 DN150×100	个		0.8000		
	18030227	钢制异径管管件 DN200×150	个		1.2000		
	18030228	钢制异径管管件 DN250×200	个			0.8000	
	18030229	钢制异径管管件 DN300×250	个			1.2000	
	18030231	钢制异径管管件 DN350×300	个				0.8000
	18030232	钢制异径管管件 DN400×300	个				1.2000
	19010012	螺纹阀门 DN15	只	0.0600	0.0600	0.0600	0.0600
	24110331	弹簧压力表 Y-100 0～1.6MPa	块	0.0600	0.0600	0.0600	0.0600
	24590123	压力表弯管 DN15	个	0.0600	0.0600	0.0600	0.0600
	34090311	破布	kg	0.0920	0.1200	0.1640	0.2120
	34110101	水	m^3	0.0020	0.0146	0.0640	0.1070
	34110301	电	kW·h	0.1826	0.4298	1.0582	1.3818
	X0045	其他材料费	%	2.0000	2.0000	2.0000	2.0000
机械	99070530	载重汽车 5t	台班		0.0214	0.1022	0.1920
	99090005	吊装机械(综合)	台班		0.4822	1.0350	1.3200
	99230170	砂轮切割机 ϕ400	台班	0.0080			
	99250005	电焊机	台班	0.4298	0.8890	2.0564	2.6588
	99270060	电焊条烘干箱 600×500×750	台班	0.0342	0.0796	0.1968	0.2566
	99440420	试压泵 3MPa	台班	0.0900	0.2400	0.2400	0.3000

十、水锤消除器

工作内容：水锤消除器安装。

		定额编号		B-5-3-61	B-5-3-62	B-5-3-63
		项目		水锤消除器安装（螺纹连接）	水锤消除器安装（法兰连接）	
				公称直径（mm 以内）		
				50	100	300
		名称	单位	个	个	个
人工	00050101	综合人工 安装	工日	0.1430	0.7240	1.7630
材料	Z22290301	水锤消除器	个	(1.0000)	(1.0000)	(1.0000)
	20010440	钢制法兰 DN50	片		0.4000	
	20010441	钢制法兰 DN65	片		0.4000	
	20010442	钢制法兰 DN80	片		0.4000	
	20010443	钢制法兰 DN100	片		0.8000	
	20010444	钢制法兰 DN125	片			0.3000
	20010445	钢制法兰 DN150	片			0.3000
	20010447	钢制法兰 DN200	片			0.3000
	20010449	钢制法兰 DN250	片			0.3000
	20010450	钢制法兰 DN300	片			0.8000
	02010163	橡胶板（低压）δ0.8～6	kg		0.1890	0.5923
	02130311	聚四氟乙烯带（生料带）宽度 20	m	1.4416		
	03014156	六角螺栓连母垫 M16×80	套		9.8880	1.2360
	03014166	六角螺栓连母垫 M20×100	套			6.1800
	03014167	六角螺栓连母垫 M22×120	套			13.5960
	03014633	精制六角螺栓连母垫 M16×85～140	套		3.2960	1.2360
	03110212	尼龙砂轮片 ϕ100	片		0.1026	0.3491
	03110215	尼龙砂轮片 ϕ400	片		0.0324	0.0073
	03110701	砂纸	张		0.0058	0.0204
	03130114	电焊条 J422 ϕ3.2	kg		0.2394	1.7846
	13011011	清油 C01-1	kg		0.0378	0.0784
	13050201	铅油	kg		0.1060	0.3195
	14070101	机油	kg		0.0888	0.1549
	14390101	氧气	m^3		0.0150	0.1896
	14390302	乙炔气	kg		0.0050	0.0632
	18031302	钢制六角内接头 DN15	个	0.1010		
	18031304	钢制六角内接头 DN20	个	0.1010		
	18031305	钢制六角内接头 DN25	个	0.1010		
	18031306	钢制六角内接头 DN32	个	0.1010		
	18031307	钢制六角内接头 DN40	个	0.1010		
	18031308	钢制六角内接头 DN50	个	0.5050		
	34090311	破布	kg		0.0308	0.0711
	34110301	电	kW·h		0.0686	0.3268
	X0045	其他材料费	%	2.0000	2.0000	2.0100
机械	99070530	载重汽车 5t	台班			0.0083
	99090005	吊装机械（综合）	台班			0.1108
	99230170	砂轮切割机 ϕ400	台班		0.0072	0.0018
	99250005	电焊机	台班		0.1060	0.5065
	99270060	电焊条烘干箱 600×500×750	台班		0.0104	0.0507

十一、补　偿　器

工作内容：成品补偿器安装。

定额编号				B-5-3-64	B-5-3-65	B-5-3-66	B-5-3-67
项目				成品补偿器安装			
				公称直径(mm以内)			
				50	100	200	300
		名称	单位	个	个	个	个
人工	00050101	综合人工 安装	工日	0.4500	0.9370	1.4830	2.3960
材料	Z18211131	法兰补偿器	个	(1.0000)	(1.0000)	(1.0000)	(1.0000)
	20010437	钢制法兰 DN25	片	0.4000			
	20010438	钢制法兰 DN32	片	0.4000			
	20010439	钢制法兰 DN40	片	0.4000			
	20010440	钢制法兰 DN50	片	0.8000			
	20010441	钢制法兰 DN65	片		0.6000		
	20010442	钢制法兰 DN80	片		0.6000		
	20010443	钢制法兰 DN100	片		0.8000		
	20010444	钢制法兰 DN125	片			0.6000	
	20010445	钢制法兰 DN150	片			0.6000	
	20010447	钢制法兰 DN200	片			0.8000	
	20010449	钢制法兰 DN250	片				0.8000
	20010450	钢制法兰 DN300	片				1.2000
	02010163	橡胶板(低压) δ0.8～6	kg	0.1162	0.2680	0.5700	0.7760
	03014149	六角螺栓连母垫 M12×75	套	1.6480			
	03014156	六角螺栓连母垫 M16×80	套	6.5920	4.9440		
	03014157	六角螺栓连母垫 M16×140	套		5.7680	2.4720	
	03014166	六角螺栓连母垫 M20×100	套			14.8320	
	03014167	六角螺栓连母垫 M22×120	套				24.7200
	03014633	精制六角螺栓连母垫 M16×85～140	套		3.2960	2.4720	
	03110212	尼龙砂轮片 ϕ100	片	0.0560	0.1083	0.2378	0.4366
	03110215	尼龙砂轮片 ϕ400	片	0.0168	0.0341	0.0147	
	03110701	砂纸	张	0.0040	0.0068	0.0168	0.0240
	03130114	电焊条 J422 ϕ3.2	kg	0.0938	0.2623	0.7063	2.6330
	13011011	清油 C01-1	kg	0.0104	0.0197	0.0311	0.0442
	13050201	铅油	kg	0.0692	0.1520	0.2920	0.4540
	14070101	机油	kg	0.0634	0.0906	0.1324	0.1732
	14390101	氧气	m^3		0.0183	0.1101	0.2520
	14390302	乙炔气	kg		0.0061	0.0367	0.0840
	34090311	破布	kg	0.0198	0.0327	0.0504	0.0700
	34110301	电	kW·h	0.0378	0.0719	0.1748	0.4484
	X0045	其他材料费	%	2.0000	2.0000	2.0000	2.0100
机械	99070530	载重汽车 5t	台班			0.0048	0.0200
	99090005	吊装机械(综合)	台班			0.0618	0.1780
	99230170	砂轮切割机 ϕ400	台班	0.0048	0.0075	0.0036	
	99250005	电焊机	台班	0.0588	0.1111	0.2706	0.6948
	99270060	电焊条烘干箱 600×500×750	台班	0.0058	0.0109	0.0274	0.0694

工作内容： 成品补偿器安装。

定　额　编　号				B-5-3-68
项　　目				成品补偿器安装
				公称直径(mm 以内)
				500
名　　称			单位	个
人工	00050101	综合人工 安装	工日	3.5840
材料	Z18211131	法兰补偿器	个	(1.0000)
	20010451	钢制法兰 DN350	片	0.4000
	20010452	钢制法兰 DN400	片	0.4000
	20010453	钢制法兰 DN450	片	0.4000
	20010454	钢制法兰 DN500	片	0.8000
	02010163	橡胶板(低压) δ0.8～6	kg	1.4800
	03014167	六角螺栓连母垫 M22×120	套	6.5920
	03014169	六角螺栓连母垫 M27×140	套	14.8320
	03014170	六角螺栓连母垫 M30×160	套	16.4800
	03110212	尼龙砂轮片 ϕ100	片	0.7010
	03110701	砂纸	张	0.0368
	03130114	电焊条 J422 ϕ3.2	kg	5.2942
	13011011	清油 C01-1	kg	0.0558
	13050201	铅油	kg	0.6400
	14070101	机油	kg	0.2638
	14390101	氧气	m^3	0.4338
	14390302	乙炔气	kg	0.1446
	34090311	破布	kg	0.1006
	34110301	电	kW·h	0.6344
	X0045	其他材料费	%	2.0000
机械	99070530	载重汽车 5t	台班	0.0564
	99090005	吊装机械(综合)	台班	0.2548
	99250005	电焊机	台班	0.9826
	99270060	电焊条烘干箱 600×500×750	台班	0.0982

十二、软接头(软管)

工作内容：软接头安装。

		定额编号		B-5-3-69	B-5-3-70	B-5-3-71	B-5-3-72
		项目		螺纹软接头安装	法兰式软接头安装 公称直径(mm以内)		
					100	200	300
		名称	单位	个	个	个	个
人工	00050101	综合人工 安装	工日	0.2330	0.8100	1.4860	2.2840
材料	Z18210301	螺纹式软接头	个	(1.0000)			
	Z18210401	法兰式软接头	个		(1.0000)	(1.0000)	(1.0000)
	20010440	钢制法兰 DN50	片		0.4000		
	20010441	钢制法兰 DN65	片		0.4000		
	20010442	钢制法兰 DN80	片		0.4000		
	20010443	钢制法兰 DN100	片		0.8000		
	20010444	钢制法兰 DN125	片			0.4000	
	20010445	钢制法兰 DN150	片			0.4000	
	20010447	钢制法兰 DN200	片			1.2000	
	20010449	钢制法兰 DN250	片				0.8000
	20010450	钢制法兰 DN300	片				1.2000
	02010163	橡胶板(低压) δ0.8～6	kg		0.2520	0.6000	0.7760
	02130311	聚四氟乙烯带(生料带) 宽度 20	m	1.4416			
	03014156	六角螺栓连母垫 M16×80	套		6.5920		
	03014157	六角螺栓连母垫 M16×140	套		3.2960	1.6480	
	03014166	六角螺栓连母垫 M20×100	套			18.1280	
	03014167	六角螺栓连母垫 M22×120	套				24.7200
	03014633	精制六角螺栓连母垫 M16×85～140	套		3.2960	1.6480	
	03110212	尼龙砂轮片 φ100	片		0.1026	0.2582	0.4366
	03110215	尼龙砂轮片 φ400	片	0.0156	0.0324	0.0098	
	03110701	砂纸	张		0.0064	0.0192	0.0240
	03130114	电焊条 J422 φ3.2	kg		0.2394	0.8412	2.6330
	13011011	清油 C01-1	kg		0.0188	0.0324	0.0442
	13050201	铅油	kg		0.1440	0.3080	0.4540
	14070101	机油	kg	0.0233	0.1556	0.2440	0.3024
	14390101	氧气	m^3	0.0297	0.0150	0.1284	0.2520
	14390302	乙炔气	kg	0.0099	0.0050	0.0428	0.0840
	34090311	破布	kg		0.0314	0.0536	0.0700
	34110301	电	kW·h		0.0686	0.2082	0.4484
	X0045	其他材料费	%	2.0000	2.0000	2.0000	2.0000
机械	99070530	载重汽车 5t	台班			0.0020	0.0096
	99090005	吊装机械(综合)	台班			0.0576	0.1660
	99190750	管子切断套丝机 φ159	台班	0.0282			
	99230170	砂轮切割机 φ400	台班	0.0041	0.0072	0.0024	
	99250005	电焊机	台班		0.1060	0.3224	0.6948
	99270060	电焊条烘干箱 600×500×750	台班		0.0104	0.0326	0.0694

工作内容：软接头安装。

定额编号				B-5-3-73
项目				法兰式软接头安装
				公称直径(mm以内)
				400
名称			单位	个
人工	00050101	综合人工 安装	工日	2.9680
材料	Z18210401	法兰式软接头	个	(1.0000)
	20010451	钢制法兰 DN350	片	0.8000
	20010452	钢制法兰 DN400	片	1.2000
	02010163	橡胶板(低压) δ0.8～6	kg	1.2600
	03014167	六角螺栓连母垫 M22×120	套	13.1840
	03014169	六角螺栓连母垫 M27×140	套	22.2480
	03110212	尼龙砂轮片 φ100	片	0.6110
	03110701	砂纸	张	0.0320
	03130114	电焊条 J422 φ3.2	kg	4.5932
	13011011	清油 C01-1	kg	0.0518
	13050201	铅油	kg	0.5840
	14070101	机油	kg	0.4100
	14390101	氧气	m^3	0.3552
	14390302	乙炔气	kg	0.1184
	34090311	破布	kg	0.0896
	34110301	电	kW·h	0.5506
	X0045	其他材料费	%	2.0000
机械	99070530	载重汽车 5t	台班	0.0152
	99090005	吊装机械(综合)	台班	0.2070
	99250005	电焊机	台班	0.8528
	99270060	电焊条烘干箱 600×500×750	台班	0.0850

十三、塑料排水管消声器

工作内容：塑料排水管消声器安装。

定额编号				B-5-3-74
项目				塑料排水管消声器
名称			单位	10个
人工	00050101	综合人工　安装	工日	0.9790
材料	Z18092651	塑料排水管消声器	只	(1.0000)
	20010440	钢制法兰　DN50	片	0.2000
	20010441	钢制法兰　DN65	片	0.2000
	20010443	钢制法兰　DN100	片	0.4000
	20010445	钢制法兰　DN150	片	0.4000
	20010447	钢制法兰　DN200	片	0.4000
	20010449	钢制法兰　DN250	片	0.4000
	02010163	橡胶板(低压)　δ0.8～6	kg	0.2460
	03014156	六角螺栓连母垫　M16×80	套	0.8240
	03014166	六角螺栓连母垫　M20×100	套	4.1200
	03014167	六角螺栓连母垫　M22×120	套	2.4720
	03014633	精制六角螺栓连母垫　M16×85～140	套	1.6480
	03110212	尼龙砂轮片　ϕ100	片	0.2235
	03110215	尼龙砂轮片　ϕ400	片	0.0130
	03130114	电焊条　J422　ϕ3.2	kg	0.8761
	13011011	清油　C01-1	kg	0.0284
	13050201	铅油	kg	0.1310
	14070101	机油	kg	0.1144
	14330601	丙酮	kg	0.0552
	14390101	氧气	m^3	0.1047
	14390302	乙炔气	kg	0.0349
	14411801	胶粘剂	kg	0.0348
	34090311	破布	kg	0.0709
	34110301	电	kW·h	0.1854
	X0045	其他材料费	%	2.0000
机械	99070530	载重汽车　5t	台班	0.0008
	99090005	吊装机械(综合)	台班	0.0270
	99230170	砂轮切割机　ϕ400	台班	0.0029
	99250005	电焊机	台班	0.2868
	99270060	电焊条烘干箱　600×500×750	台班	0.0288

第二节　定额含量

一、螺纹阀门

工作内容： 阀门安装。

定额编号			B-5-3-1	B-5-3-2	B-5-3-3	B-5-3-4
项目			螺纹阀门安装		螺纹浮球阀安装	
			公称直径(mm 以内)			
			50	100	50	100
			个	个	个	个
预算定额编号	预算定额名称	预算定额单位	数量			
03-10-3-1	螺纹阀门安装 公称直径 15mm 以内	个	0.1000			
03-10-3-2	螺纹阀门安装 公称直径 20mm 以内	个	0.1000			
03-10-3-3	螺纹阀门安装 公称直径 25mm 以内	个	0.1000			
03-10-3-4	螺纹阀门安装 公称直径 32mm 以内	个	0.1000			
03-10-3-5	螺纹阀门安装 公称直径 40mm 以内	个	0.1000			
03-10-3-6	螺纹阀门安装 公称直径 50mm 以内	个	0.5000			
03-10-3-7	螺纹阀门安装 公称直径 65mm 以内	个		0.2000		
03-10-3-8	螺纹阀门安装 公称直径 80mm 以内	个		0.2000		
03-10-3-9	螺纹阀门安装 公称直径 100mm 以内	个		0.6000		
03-10-3-24	螺纹浮球阀安装 公称直径 50mm 以内	个			1.0000	
03-10-3-25	螺纹浮球阀安装 公称直径 65mm 以内	个				0.2000
03-10-3-26	螺纹浮球阀安装 公称直径 80mm 以内	个				0.2000
03-10-3-27	螺纹浮球阀安装 公称直径 100mm 以内	个				0.6000

工作内容： 自动排气阀安装。

定额编号			B-5-3-5
项目			自动排气阀安装
			公称直径(mm 以内)
			25
			个
预算定额编号	预算定额名称	预算定额单位	数量
03-10-3-30	自动排气阀安装 公称直径 25mm 以内	个	1.0000

二、法兰阀门

工作内容： 阀门、法兰安装。

定额编号			B-5-3-6	B-5-3-7	B-5-3-8	B-5-3-9
项目			法兰阀门安装			
			公称直径(mm 以内)			
			50	100	200	300
			个	个	个	个
预算定额编号	预算定额名称	预算定额单位	数量			
03-10-3-35	法兰阀门安装 公称直径 20mm 以内	个	0.1000			
03-10-3-36	法兰阀门安装 公称直径 25mm 以内	个	0.1000			
03-10-3-37	法兰阀门安装 公称直径 32mm 以内	个	0.1000			
03-10-3-38	法兰阀门安装 公称直径 40mm 以内	个	0.1000			
03-10-3-39	法兰阀门安装 公称直径 50mm 以内	个	0.6000			
03-10-3-40	法兰阀门安装 公称直径 65mm 以内	个		0.2000		
03-10-3-41	法兰阀门安装 公称直径 80mm 以内	个		0.2000		
03-10-3-42	法兰阀门安装 公称直径 100mm 以内	个		0.6000		
03-10-3-43	法兰阀门安装 公称直径 125mm 以内	个			0.2000	
03-10-3-44	法兰阀门安装 公称直径 150mm 以内	个			0.2000	
03-10-3-45	法兰阀门安装 公称直径 200mm 以内	个			0.6000	
03-10-3-46	法兰阀门安装 公称直径 250mm 以内	个				0.4000
03-10-3-47	法兰阀门安装 公称直径 300mm 以内	个				0.6000
03-10-3-135	碳钢平焊法兰安装 公称直径 20mm 以内	副	0.1000			
03-10-3-136	碳钢平焊法兰安装 公称直径 25mm 以内	副	0.1000			
03-10-3-137	碳钢平焊法兰安装 公称直径 32mm 以内	副	0.1000			
03-10-3-138	碳钢平焊法兰安装 公称直径 40mm 以内	副	0.1000			
03-10-3-139	碳钢平焊法兰安装 公称直径 50mm 以内	副	0.6000			
03-10-3-140	碳钢平焊法兰安装 公称直径 65mm 以内	副		0.2000		
03-10-3-141	碳钢平焊法兰安装 公称直径 80mm 以内	副		0.2000		
03-10-3-142	碳钢平焊法兰安装 公称直径 100mm 以内	副		0.6000		
03-10-3-143	碳钢平焊法兰安装 公称直径 125mm 以内	副			0.2000	
03-10-3-144	碳钢平焊法兰安装 公称直径 150mm 以内	副			0.2000	
03-10-3-145	碳钢平焊法兰安装 公称直径 200mm 以内	副			0.6000	
03-10-3-146	碳钢平焊法兰安装 公称直径 250mm 以内	副				0.4000
03-10-3-147	碳钢平焊法兰安装 公称直径 300mm 以内	副				0.6000

工作内容： 阀门、法兰安装。

定额编号			B-5-3-10	B-5-3-11	B-5-3-12	B-5-3-13
项目			法兰阀门安装		法兰浮球阀安装	
			公称直径(mm 以内)			
			400	500	50	100
			个	个	个	个
预算定额编号	预算定额名称	预算定额单位	数量			
03-10-3-48	法兰阀门安装 公称直径 350mm 以内	个	0.4000			
03-10-3-49	法兰阀门安装 公称直径 400mm 以内	个	0.6000			
03-10-3-50	法兰阀门安装 公称直径 450mm 以内	个		0.4000		
03-10-3-51	法兰阀门安装 公称直径 500mm 以内	个		0.6000		
03-10-3-81	法兰浮球阀安装 公称直径 50mm 以内	个			1.0000	
03-10-3-82	法兰浮球阀安装 公称直径 80mm 以内	个				0.4000
03-10-3-83	法兰浮球阀安装 公称直径 100mm 以内	个				0.6000
03-10-3-139	碳钢平焊法兰安装 公称直径 50mm 以内	副			1.0000	
03-10-3-141	碳钢平焊法兰安装 公称直径 80mm 以内	副				0.4000
03-10-3-142	碳钢平焊法兰安装 公称直径 100mm 以内	副				0.6000
03-10-3-148	碳钢平焊法兰安装 公称直径 350mm 以内	副	0.4000			
03-10-3-149	碳钢平焊法兰安装 公称直径 400mm 以内	副	0.6000			
03-10-3-150	碳钢平焊法兰安装 公称直径 450mm 以内	副		0.4000		
03-10-3-151	碳钢平焊法兰安装 公称直径 500mm 以内	副		0.6000		

工作内容： 阀门、法兰安装。

定额编号			B-5-3-14	B-5-3-15	B-5-3-16
项目			法兰液压式水位控制阀安装		
			公称直径(mm 以内)		
			50	100	200
			个	个	个
预算定额编号	预算定额名称	预算定额单位	数量		
03-10-3-86	法兰液压式水位控制阀安装 公称直径 50mm 以内	个	1.0000		
03-10-3-87	法兰液压式水位控制阀安装 公称直径 80mm 以内	个		0.4000	
03-10-3-88	法兰液压式水位控制阀安装 公称直径 100mm 以内	个		0.6000	
03-10-3-89	法兰液压式水位控制阀安装 公称直径 125mm 以内	个			0.2000
03-10-3-90	法兰液压式水位控制阀安装 公称直径 150mm 以内	个			0.2000
03-10-3-91	法兰液压式水位控制阀安装 公称直径 200mm 以内	个			0.6000
03-10-3-139	碳钢平焊法兰安装 公称直径 50mm 以内	副	1.0000		
03-10-3-141	碳钢平焊法兰安装 公称直径 80mm 以内	副		0.4000	
03-10-3-142	碳钢平焊法兰安装 公称直径 100mm 以内	副		0.6000	
03-10-3-143	碳钢平焊法兰安装 公称直径 125mm 以内	副			0.2000
03-10-3-144	碳钢平焊法兰安装 公称直径 150mm 以内	副			0.2000
03-10-3-145	碳钢平焊法兰安装 公称直径 200mm 以内	副			0.6000

三、沟槽阀门

工作内容： 阀门安装。

定额编号			B-5-3-17	B-5-3-18	B-5-3-19	B-5-3-20
项目			沟槽阀门安装			
			公称直径(mm 以内)			
			50	100	200	300
			个	个	个	个
预算定额编号	预算定额名称	预算定额单位	数量			
03-10-3-110	沟槽阀门 公称直径 20mm 以内	个	0.1000			
03-10-3-111	沟槽阀门 公称直径 25mm 以内	个	0.1000			
03-10-3-112	沟槽阀门 公称直径 32mm 以内	个	0.1000			
03-10-3-113	沟槽阀门 公称直径 40mm 以内	个	0.1000			
03-10-3-114	沟槽阀门 公称直径 50mm 以内	个	0.6000			
03-10-3-115	沟槽阀门 公称直径 65mm 以内	个		0.2000		
03-10-3-116	沟槽阀门 公称直径 80mm 以内	个		0.2000		
03-10-3-117	沟槽阀门 公称直径 100mm 以内	个		0.6000		
03-10-3-118	沟槽阀门 公称直径 125mm 以内	个			0.2000	
03-10-3-119	沟槽阀门 公称直径 150mm 以内	个			0.2000	
03-10-3-120	沟槽阀门 公称直径 200mm 以内	个			0.6000	
03-10-3-121	沟槽阀门 公称直径 250mm 以内	个				0.4000
03-10-3-122	沟槽阀门 公称直径 300mm 以内	个				0.6000

工作内容：阀门安装。

定额编号			B-5-3-21
项目			沟槽阀门安装
			公称直径(mm以内)
			400
			个
预算定额编号	预算定额名称	预算定额单位	数量
03-10-3-123	沟槽阀门 公称直径 350mm以内	个	0.4000
03-10-3-124	沟槽阀门 公称直径 400mm以内	个	0.6000

四、减 压 器

工作内容：减压器组成安装。

定额编号			B-5-3-22	B-5-3-23	B-5-3-24
项目			减压器组成安装(螺纹连接)	减压器组成安装(法兰连接)	
				公称直径(mm以内)	
				50	100
			组	组	组
预算定额编号	预算定额名称	预算定额单位	数量		
03-10-3-246	减压器组成安装(螺纹连接) 公称直径 20mm以内	组	0.1000		
03-10-3-247	减压器组成安装(螺纹连接) 公称直径 25mm以内	组	0.1000		
03-10-3-248	减压器组成安装(螺纹连接) 公称直径 32mm以内	组	0.1000		
03-10-3-249	减压器组成安装(螺纹连接) 公称直径 40mm以内	组	0.1000		
03-10-3-250	减压器组成安装(螺纹连接) 公称直径 50mm以内	组	0.6000		
03-10-3-254	减压器组成安装(法兰连接) 公称直径 20mm以内	组		0.1000	
03-10-3-255	减压器组成安装(法兰连接) 公称直径 25mm以内	组		0.1000	
03-10-3-256	减压器组成安装(法兰连接) 公称直径 32mm以内	组		0.1000	
03-10-3-257	减压器组成安装(法兰连接) 公称直径 40mm以内	组		0.1000	
03-10-3-258	减压器组成安装(法兰连接) 公称直径 50mm以内	组		0.6000	
03-10-3-259	减压器组成安装(法兰连接) 公称直径 65mm以内	组			0.2000
03-10-3-260	减压器组成安装(法兰连接) 公称直径 80mm以内	组			0.2000
03-10-3-261	减压器组成安装(法兰连接) 公称直径 100mm以内	组			0.6000

五、疏　水　器

工作内容： 疏水器组成安装。

定额编号			B-5-3-25	B-5-3-26	B-5-3-27
项目			疏水器组成安装（螺纹连接）	疏水器组成安装（法兰连接）	
				公称直径（mm 以内）	
				50	100
			组	组	组
预算定额编号	预算定额名称	预算定额单位	数量		
03-10-3-262	疏水器组成安装（螺纹连接）公称直径 20mm 以内	组	0.1000		
03-10-3-263	疏水器组成安装（螺纹连接）公称直径 25mm 以内	组	0.1000		
03-10-3-264	疏水器组成安装（螺纹连接）公称直径 32mm 以内	组	0.1000		
03-10-3-265	疏水器组成安装（螺纹连接）公称直径 40mm 以内	组	0.1000		
03-10-3-266	疏水器组成安装（螺纹连接）公称直径 50mm 以内	组	0.6000		
03-10-3-267	疏水器组成安装（法兰连接）公称直径 20mm 以内	组		0.1000	
03-10-3-268	疏水器组成安装（法兰连接）公称直径 25mm 以内	组		0.1000	
03-10-3-269	疏水器组成安装（法兰连接）公称直径 32mm 以内	组		0.1000	
03-10-3-270	疏水器组成安装（法兰连接）公称直径 40mm 以内	组		0.1000	
03-10-3-271	疏水器组成安装（法兰连接）公称直径 50mm 以内	组		0.6000	
03-10-3-272	疏水器组成安装（法兰连接）公称直径 65mm 以内	组			0.2000
03-10-3-273	疏水器组成安装（法兰连接）公称直径 80mm 以内	组			0.2000
03-10-3-274	疏水器组成安装（法兰连接）公称直径 100mm 以内	组			0.6000

六、除 污 器

工作内容： 除污器组成安装。

定 额 编 号			B-5-3-28	B-5-3-29	B-5-3-30	B-5-3-31
项 目			除污器组成安装(法兰连接)			
			公称直径(mm 以内)			
			50	100	200	300
			组	组	组	组
预算定额编号	预算定额名称	预算定额单位	数 量			
03-10-3-275	除污器组成安装(法兰连接) 公称直径 50mm 以内	组	1.0000			
03-10-3-276	除污器组成安装(法兰连接) 公称直径 65mm 以内	组		0.2000		
03-10-3-277	除污器组成安装(法兰连接) 公称直径 80mm 以内	组		0.2000		
03-10-3-278	除污器组成安装(法兰连接) 公称直径 100mm 以内	组		0.6000		
03-10-3-279	除污器组成安装(法兰连接) 公称直径 125mm 以内	组			0.2000	
03-10-3-280	除污器组成安装(法兰连接) 公称直径 150mm 以内	组			0.2000	
03-10-3-281	除污器组成安装(法兰连接) 公称直径 200mm 以内	组			0.6000	
03-10-3-282	除污器组成安装(法兰连接) 公称直径 250mm 以内	组				0.4000
03-10-3-283	除污器组成安装(法兰连接) 公称直径 300mm 以内	组				0.6000

工作内容： 除污器组成安装。

定 额 编 号			B-5-3-32
项 目			除污器组成安装(法兰连接)
			公称直径(mm 以内)
			450
			组
预算定额编号	预算定额名称	预算定额单位	数 量
03-10-3-284	除污器组成安装(法兰连接) 公称直径 350mm 以内	组	0.2000
03-10-3-285	除污器组成安装(法兰连接) 公称直径 400mm 以内	组	0.2000
03-10-3-286	除污器组成安装(法兰连接) 公称直径 450mm 以内	组	0.6000

七、水　　表

工作内容： 1,2. 水表安装。
3,4. 水表组成安装。

定额编号			B-5-3-33	B-5-3-34	B-5-3-35	B-5-3-36
项目			水表安装(螺纹连接)	IC卡水表安装(螺纹连接)	螺纹水表组成安装	法兰水表组成安装(无旁通)
			公称直径(mm以内)			公称直径(mm以内)
			50			50
			个	个	组	组
预算定额编号	预算定额名称	预算定额单位	数量			
03-10-3-287	普通水表安装(螺纹连接) 公称直径 15mm以内	个	0.1000			
03-10-3-288	普通水表安装(螺纹连接) 公称直径 20mm以内	个	0.1000			
03-10-3-289	普通水表安装(螺纹连接) 公称直径 25mm以内	个	0.1000			
03-10-3-290	普通水表安装(螺纹连接) 公称直径 32mm以内	个	0.1000			
03-10-3-291	普通水表安装(螺纹连接) 公称直径 40mm以内	个	0.1000			
03-10-3-292	普通水表安装(螺纹连接) 公称直径 50mm以内	个	0.5000			
03-10-3-293	IC卡水表安装(螺纹连接) 公称直径 15mm以内	个		0.1000		
03-10-3-294	IC卡水表安装(螺纹连接) 公称直径 20mm以内	个		0.1000		
03-10-3-295	IC卡水表安装(螺纹连接) 公称直径 25mm以内	个		0.1000		
03-10-3-296	IC卡水表安装(螺纹连接) 公称直径 32mm以内	个		0.1000		
03-10-3-297	IC卡水表安装(螺纹连接) 公称直径 40mm以内	个		0.1000		
03-10-3-298	IC卡水表安装(螺纹连接) 公称直径 50mm以内	个		0.5000		
03-10-3-299	螺纹水表组成安装 公称直径 15mm以内	组			0.2000	
03-10-3-300	螺纹水表组成安装 公称直径 20mm以内	组			0.2000	
03-10-3-301	螺纹水表组成安装 公称直径 25mm以内	组			0.2000	
03-10-3-302	螺纹水表组成安装 公称直径 32mm以内	组			0.2000	
03-10-3-303	螺纹水表组成安装 公称直径 40mm以内	组			0.2000	
03-10-3-304	法兰水表组成安装(无旁通管) 公称直径 50mm以内	组				1.0000

工作内容：水表组成安装。

定额编号			B-5-3-37	B-5-3-38	B-5-3-39	B-5-3-40
项目			法兰水表组成安装(无旁通)			法兰水表组成安装(带旁通)
			公称直径(mm以内)			
			100	200	300	50
			组	组	组	组
预算定额编号	预算定额名称	预算定额单位	数量			
03-10-3-305	法兰水表组成安装(无旁通管) 公称直径 80mm以内	组	0.4000			
03-10-3-306	法兰水表组成安装(无旁通管) 公称直径 100mm以内	组	0.6000			
03-10-3-307	法兰水表组成安装(无旁通管) 公称直径 150mm以内	组		0.4000		
03-10-3-308	法兰水表组成安装(无旁通管) 公称直径 200mm以内	组		0.6000		
03-10-3-309	法兰水表组成安装(无旁通管) 公称直径 250mm以内	组			0.4000	
03-10-3-310	法兰水表组成安装(无旁通管) 公称直径 300mm以内	组			0.6000	
03-10-3-311	法兰水表组成安装(带旁通管) 公称直径 50mm以内	组				1.0000

工作内容：1,2,3. 水表组成安装。
4. 成品表箱安装。

定额编号			B-5-3-41	B-5-3-42	B-5-3-43	B-5-3-44
项目			法兰水表组成安装(带旁通)			成品表箱安装
			公称直径(mm以内)			
			100	200	300	
			组	组	组	个
预算定额编号	预算定额名称	预算定额单位	数量			
03-10-2-154	成品表箱安装 半周长 500mm以内	个				0.2500
03-10-2-155	成品表箱安装 半周长 1000mm以内	个				0.2500
03-10-2-156	成品表箱安装 半周长 1000mm以上	个				0.5000
03-10-3-312	法兰水表组成安装(带旁通管) 公称直径 80mm以内	组	0.4000			
03-10-3-313	法兰水表组成安装(带旁通管) 公称直径 100mm以内	组	0.6000			
03-10-3-314	法兰水表组成安装(带旁通管) 公称直径 150mm以内	组		0.4000		
03-10-3-315	法兰水表组成安装(带旁通管) 公称直径 200mm以内	组		0.6000		
03-10-3-316	法兰水表组成安装(带旁通管) 公称直径 250mm以内	组			0.4000	
03-10-3-317	法兰水表组成安装(带旁通管) 公称直径 300mm以内	组			0.6000	

八、热 量 表

工作内容： 热量表组成安装。

定额编号			B-5-3-45	B-5-3-46	B-5-3-47	B-5-3-48
项目			热水采暖入口热量表组成安装(螺纹连接)	热水采暖入口热量表组成安装(法兰连接) 入口管道公称直径(mm 以内) 50	热水采暖入口热量表组成安装(法兰连接) 入口管道公称直径(mm 以内) 100	户用热量表组成安装(螺纹连接)
			组	组	组	组
预算定额编号	预算定额名称	预算定额单位	数量			
03-10-3-318	热水采暖入口热量表组成安装(螺纹连接) 入口管道公称直径 32mm	组	0.4000			
03-10-3-319	热水采暖入口热量表组成安装(螺纹连接) 入口管道公称直径 40mm	组	0.6000			
03-10-3-320	热水采暖入口热量表组成安装(法兰连接) 入口管道公称直径 50mm	组		1.0000		
03-10-3-321	热水采暖入口热量表组成安装(法兰连接) 入口管道公称直径 65mm	组			0.2000	
03-10-3-322	热水采暖入口热量表组成安装(法兰连接) 入口管道公称直径 80mm	组			0.2000	
03-10-3-323	热水采暖入口热量表组成安装(法兰连接) 入口管道公称直径 100mm	组			0.6000	
03-10-3-324	户用热量表组成安装(螺纹连接) 公称直径 15mm 以内	组				0.1000
03-10-3-325	户用热量表组成安装(螺纹连接) 公称直径 20mm 以内	组				0.1000
03-10-3-326	户用热量表组成安装(螺纹连接) 公称直径 25mm 以内	组				0.1000
03-10-3-327	户用热量表组成安装(螺纹连接) 公称直径 32mm 以内	组				0.1000
03-10-3-328	户用热量表组成安装(螺纹连接) 公称直径 40mm 以内	组				0.6000

九、倒流防止器

工作内容：倒流防止器组成安装。

定额编号			B-5-3-49	B-5-3-50	B-5-3-51	B-5-3-52
项目			倒流防止器组成安装（螺纹连接不带水表）	倒流防止器组成安装（螺纹连接带水表）	倒流防止器组成安装（法兰连接不带水表）	
			公称直径(mm 以内)			
			50			100
			组	组	组	组
预算定额编号	预算定额名称	预算定额单位	数量			
03-10-3-329	倒流防止器组成安装(螺纹连接不带水表）公称直径 15mm	组	0.1000			
03-10-3-330	倒流防止器组成安装(螺纹连接不带水表）公称直径 20mm	组	0.1000			
03-10-3-331	倒流防止器组成安装(螺纹连接不带水表）公称直径 25mm	组	0.1000			
03-10-3-332	倒流防止器组成安装(螺纹连接不带水表）公称直径 32mm	组	0.1000			
03-10-3-333	倒流防止器组成安装(螺纹连接不带水表）公称直径 40mm	组	0.1000			
03-10-3-334	倒流防止器组成安装(螺纹连接不带水表）公称直径 50mm	组	0.5000			
03-10-3-335	倒流防止器组成安装(螺纹连接带水表）公称直径 15mm	组		0.1000		
03-10-3-336	倒流防止器组成安装(螺纹连接带水表）公称直径 20mm	组		0.1000		
03-10-3-337	倒流防止器组成安装(螺纹连接带水表）公称直径 25mm	组		0.1000		
03-10-3-338	倒流防止器组成安装(螺纹连接带水表）公称直径 32mm	组		0.1000		
03-10-3-339	倒流防止器组成安装(螺纹连接带水表）公称直径 40mm	组		0.1000		
03-10-3-340	倒流防止器组成安装(螺纹连接带水表）公称直径 50mm	组		0.5000		
03-10-3-341	倒流防止器组成安装(法兰连接不带水表）公称直径 50mm	组			1.0000	
03-10-3-342	倒流防止器组成安装(法兰连接不带水表）公称直径 65mm	组				0.2000
03-10-3-343	倒流防止器组成安装(法兰连接不带水表）公称直径 80mm	组				0.2000
03-10-3-344	倒流防止器组成安装(法兰连接不带水表）公称直径 100mm	组				0.6000

工作内容：倒流防止器组成安装。

定额编号			B-5-3-53	B-5-3-54	B-5-3-55	B-5-3-56
项目			倒流防止器组成安装（法兰连接不带水表）			倒流防止器组成安装（法兰连接带水表）
			公称直径(mm以内)			
			200	300	400	50
			组	组	组	组
预算定额编号	预算定额名称	预算定额单位	数量			
03-10-3-345	倒流防止器组成安装(法兰连接不带水表) 公称直径 150mm	组	0.4000			
03-10-3-346	倒流防止器组成安装(法兰连接不带水表) 公称直径 200mm	组	0.6000			
03-10-3-347	倒流防止器组成安装(法兰连接不带水表) 公称直径 250mm	组		0.4000		
03-10-3-348	倒流防止器组成安装(法兰连接不带水表) 公称直径 300mm	组		0.6000		
03-10-3-349	倒流防止器组成安装(法兰连接不带水表) 公称直径 350mm	组			0.4000	
03-10-3-350	倒流防止器组成安装(法兰连接不带水表) 公称直径 400mm	组			0.6000	
03-10-3-351	倒流防止器组成安装(法兰连接带水表) 公称直径 50mm	组				1.0000

工作内容：倒流防止器组成安装。

定额编号			B-5-3-57	B-5-3-58	B-5-3-59	B-5-3-60
项目			倒流防止器组成安装(法兰连接带水表)			
			公称直径(mm以内)			
			100	200	300	400
			组	组	组	组
预算定额编号	预算定额名称	预算定额单位	数量			
03-10-3-352	倒流防止器组成安装(法兰连接带水表) 公称直径 65mm	组	0.2000			
03-10-3-353	倒流防止器组成安装(法兰连接带水表) 公称直径 80mm	组	0.2000			
03-10-3-354	倒流防止器组成安装(法兰连接带水表) 公称直径 100mm	组	0.6000			
03-10-3-355	倒流防止器组成安装(法兰连接带水表) 公称直径 150mm	组		0.4000		
03-10-3-356	倒流防止器组成安装(法兰连接带水表) 公称直径 200mm	组		0.6000		
03-10-3-357	倒流防止器组成安装(法兰连接带水表) 公称直径 250mm	组			0.4000	
03-10-3-358	倒流防止器组成安装(法兰连接带水表) 公称直径 300mm	组			0.6000	
03-10-3-359	倒流防止器组成安装(法兰连接带水表) 公称直径 350mm	组				0.4000
03-10-3-360	倒流防止器组成安装(法兰连接带水表) 公称直径 400mm	组				0.6000

十、水 锤 消 除 器

工作内容： 水锤消除器安装。

定　额　编　号			B-5-3-61	B-5-3-62	B-5-3-63
项　目			水锤消除器安装（螺纹连接）	水锤消除器安装（法兰连接）	
			公称直径（mm 以内）		
			50	100	300
			个	个	个
预算定额编号	预算定额名称	预算定额单位	数　量		
03-10-3-361	水锤消除器安装（螺纹连接）公称直径 15mm	个	0.1000		
03-10-3-362	水锤消除器安装（螺纹连接）公称直径 20mm	个	0.1000		
03-10-3-363	水锤消除器安装（螺纹连接）公称直径 25mm	个	0.1000		
03-10-3-364	水锤消除器安装（螺纹连接）公称直径 32mm	个	0.1000		
03-10-3-365	水锤消除器安装（螺纹连接）公称直径 40mm	个	0.1000		
03-10-3-366	水锤消除器安装（螺纹连接）公称直径 50mm	个	0.5000		
03-10-3-367	水锤消除器安装（法兰连接）公称直径 50mm	个		0.2000	
03-10-3-368	水锤消除器安装（法兰连接）公称直径 65mm	个		0.2000	
03-10-3-369	水锤消除器安装（法兰连接）公称直径 80mm	个		0.2000	
03-10-3-370	水锤消除器安装（法兰连接）公称直径 100mm	个		0.4000	
03-10-3-371	水锤消除器安装（法兰连接）公称直径 125mm	个			0.1500
03-10-3-372	水锤消除器安装（法兰连接）公称直径 150mm	个			0.1500
03-10-3-373	水锤消除器安装（法兰连接）公称直径 200mm	个			0.1500
03-10-3-374	水锤消除器安装（法兰连接）公称直径 250mm	个			0.1500
03-10-3-375	水锤消除器安装（法兰连接）公称直径 300mm	个			0.4000
03-10-3-139	碳钢平焊法兰安装 公称直径 50mm 以内	副		0.2000	
03-10-3-140	碳钢平焊法兰安装 公称直径 65mm 以内	副		0.2000	
03-10-3-141	碳钢平焊法兰安装 公称直径 80mm 以内	副		0.2000	
03-10-3-142	碳钢平焊法兰安装 公称直径 100mm 以内	副		0.4000	
03-10-3-143	碳钢平焊法兰安装 公称直径 125mm 以内	副			0.1500
03-10-3-144	碳钢平焊法兰安装 公称直径 150mm 以内	副			0.1500
03-10-3-145	碳钢平焊法兰安装 公称直径 200mm 以内	副			0.1500
03-10-3-146	碳钢平焊法兰安装 公称直径 250mm 以内	副			0.1500
03-10-3-147	碳钢平焊法兰安装 公称直径 300mm 以内	副			0.4000

十一、补　偿　器

工作内容： 成品补偿器安装。

定额编号			B-5-3-64	B-5-3-65	B-5-3-66	B-5-3-67
项目			成品补偿器安装			
			公称直径(mm 以内)			
			50	100	200	300
			个	个	个	个
预算定额编号	预算定额名称	预算定额单位	数量			
03-10-3-421	法兰式成品补偿器安装 公称直径 25mm 以内	个	0.2000			
03-10-3-422	法兰式成品补偿器安装 公称直径 32mm 以内	个	0.2000			
03-10-3-423	法兰式成品补偿器安装 公称直径 40mm 以内	个	0.2000			
03-10-3-424	法兰式成品补偿器安装 公称直径 50mm 以内	个	0.4000			
03-10-3-425	法兰式成品补偿器安装 公称直径 65mm 以内	个		0.3000		
03-10-3-426	法兰式成品补偿器安装 公称直径 80mm 以内	个		0.3000		
03-10-3-427	法兰式成品补偿器安装 公称直径 100mm 以内	个		0.4000		
03-10-3-428	法兰式成品补偿器安装 公称直径 125mm 以内	个			0.3000	
03-10-3-429	法兰式成品补偿器安装 公称直径 150mm 以内	个			0.3000	
03-10-3-430	法兰式成品补偿器安装 公称直径 200mm 以内	个			0.4000	
03-10-3-431	法兰式成品补偿器安装 公称直径 250mm 以内	个				0.4000
03-10-3-432	法兰式成品补偿器安装 公称直径 300mm 以内	个				0.6000
03-10-3-136	碳钢平焊法兰安装 公称直径 25mm 以内	副	0.2000			
03-10-3-137	碳钢平焊法兰安装 公称直径 32mm 以内	副	0.2000			
03-10-3-138	碳钢平焊法兰安装 公称直径 40mm 以内	副	0.2000			
03-10-3-139	碳钢平焊法兰安装 公称直径 50mm 以内	副	0.4000			
03-10-3-140	碳钢平焊法兰安装 公称直径 65mm 以内	副		0.3000		
03-10-3-141	碳钢平焊法兰安装 公称直径 80mm 以内	副		0.3000		

（续表）

定额编号			B-5-3-64	B-5-3-65	B-5-3-66	B-5-3-67
项目			成品补偿器安装			
			公称直径(mm 以内)			
			50	100	200	300
			个	个	个	个
预算定额编号	预算定额名称	预算定额单位	数量			
03-10-3-142	碳钢平焊法兰安装 公称直径 100mm 以内	副		0.4000		
03-10-3-143	碳钢平焊法兰安装 公称直径 125mm 以内	副			0.3000	
03-10-3-144	碳钢平焊法兰安装 公称直径 150mm 以内	副			0.3000	
03-10-3-145	碳钢平焊法兰安装 公称直径 200mm 以内	副			0.4000	
03-10-3-146	碳钢平焊法兰安装 公称直径 250mm 以内	副				0.4000
03-10-3-147	碳钢平焊法兰安装 公称直径 300mm 以内	副				0.6000

工作内容：成品补偿器安装。

定额编号			B-5-3-68
项目			成品补偿器安装
			公称直径(mm 以内)
			500
			个
预算定额编号	预算定额名称	预算定额单位	数量
03-10-3-433	法兰式成品补偿器安装 公称直径 350mm 以内	个	0.2000
03-10-3-434	法兰式成品补偿器安装 公称直径 400mm 以内	个	0.2000
03-10-3-435	法兰式成品补偿器安装 公称直径 450mm 以内	个	0.2000
03-10-3-436	法兰式成品补偿器安装 公称直径 500mm 以内	个	0.4000
03-10-3-148	碳钢平焊法兰安装 公称直径 350mm 以内	副	0.2000
03-10-3-149	碳钢平焊法兰安装 公称直径 400mm 以内	副	0.2000
03-10-3-150	碳钢平焊法兰安装 公称直径 450mm 以内	副	0.2000
03-10-3-151	碳钢平焊法兰安装 公称直径 500mm 以内	副	0.4000

十二、软接头(软管)

工作内容：软接头安装。

定额编号			B-5-3-69	B-5-3-70	B-5-3-71	B-5-3-72
项目			螺纹软接头安装	法兰式软接头安装 公称直径(mm以内)		
				100	200	300
			个	个	个	个
预算定额编号	预算定额名称	预算定额单位	数量			
03-10-3-448	螺纹式软接头安装 公称直径 15mm 以内	个	0.1000			
03-10-3-449	螺纹式软接头安装 公称直径 20mm 以内	个	0.1000			
03-10-3-450	螺纹式软接头安装 公称直径 25mm 以内	个	0.1000			
03-10-3-451	螺纹式软接头安装 公称直径 32mm 以内	个	0.1000			
03-10-3-452	螺纹式软接头安装 公称直径 40mm 以内	个	0.1000			
03-10-3-453	螺纹式软接头安装 公称直径 50mm 以内	个	0.5000			
03-10-3-437	法兰式软接头安装 公称直径 50mm 以内	个		0.2000		
03-10-3-438	法兰式软接头安装 公称直径 65mm 以内	个		0.2000		
03-10-3-439	法兰式软接头安装 公称直径 80mm 以内	个		0.2000		
03-10-3-440	法兰式软接头安装 公称直径 100mm 以内	个		0.4000		
03-10-3-441	法兰式软接头安装 公称直径 125mm 以内	个			0.2000	
03-10-3-442	法兰式软接头安装 公称直径 150mm 以内	个			0.2000	
03-10-3-443	法兰式软接头安装 公称直径 200mm 以内	个			0.6000	
03-10-3-444	法兰式软接头安装 公称直径 250mm 以内	个				0.4000
03-10-3-445	法兰式软接头安装 公称直径 300mm 以内	个				0.6000
03-10-3-139	碳钢平焊法兰安装 公称直径 50mm 以内	副		0.2000		
03-10-3-140	碳钢平焊法兰安装 公称直径 65mm 以内	副		0.2000		
03-10-3-141	碳钢平焊法兰安装 公称直径 80mm 以内	副		0.2000		
03-10-3-142	碳钢平焊法兰安装 公称直径 100mm 以内	副		0.4000		
03-10-3-143	碳钢平焊法兰安装 公称直径 125mm 以内	副			0.2000	
03-10-3-144	碳钢平焊法兰安装 公称直径 150mm 以内	副			0.2000	
03-10-3-145	碳钢平焊法兰安装 公称直径 200mm 以内	副			0.6000	
03-10-3-146	碳钢平焊法兰安装 公称直径 250mm 以内	副				0.4000
03-10-3-147	碳钢平焊法兰安装 公称直径 300mm 以内	副				0.6000

工作内容：软接头安装。

定额编号			B-5-3-73
项目			法兰式软接头安装 公称直径(mm 以内) 400 个
预算定额编号	预算定额名称	预算定额单位	数量
03-10-3-446	法兰式软接头安装 公称直径 350mm 以内	个	0.4000
03-10-3-447	法兰式软接头安装 公称直径 400mm 以内	个	0.6000
03-10-3-148	碳钢平焊法兰安装 公称直径 350mm 以内	副	0.4000
03-10-3-149	碳钢平焊法兰安装 公称直径 400mm 以内	副	0.6000

十三、塑料排水管消声器

工作内容：塑料排水管消声器安装。

定额编号			B-5-3-74
项目			塑料排水管消声器 10 个
预算定额编号	预算定额名称	预算定额单位	数量
03-10-3-458	塑料排水管消声器 公称直径 50mm	10 个	0.1000
03-10-3-459	塑料排水管消声器 公称直径 70mm	10 个	0.1000
03-10-3-460	塑料排水管消声器 公称直径 100mm	10 个	0.2000
03-10-3-461	塑料排水管消声器 公称直径 150mm	10 个	0.2000
03-10-3-462	塑料排水管消声器 公称直径 200mm	10 个	0.2000
03-10-3-463	塑料排水管消声器 公称直径 250mm	10 个	0.2000
03-10-3-139	碳钢平焊法兰安装 公称直径 50mm 以内	副	0.1000
03-10-3-140	碳钢平焊法兰安装 公称直径 65mm 以内	副	0.1000
03-10-3-142	碳钢平焊法兰安装 公称直径 100mm 以内	副	0.2000
03-10-3-144	碳钢平焊法兰安装 公称直径 150mm 以内	副	0.2000
03-10-3-145	碳钢平焊法兰安装 公称直径 200mm 以内	副	0.2000
03-10-3-146	碳钢平焊法兰安装 公称直径 250mm 以内	副	0.2000

第四章　卫 生 器 具

说　　明

一、本章包括浴缸(盆)、净身盆、洗脸盆、洗涤盆、化验盆、大便器、小便器、拖布池、烘手器、淋浴器、淋浴间、桑拿浴房、大小便槽自动冲洗水箱、给排水附件及隔油器。

二、各类卫生器具安装项目包括卫生器具本体、配套附件、成品支托架安装。各类卫生器具配套附件包含给水附件(水嘴、金属软管、阀门、冲洗管、喷头等)和排水附件(下水口、排水栓、存水弯、与地面或墙面排水口间的排水连接管等)。

三、普通浴盆综合考虑了各种常用材质浴盆,不区分冷热水形式,执行同一定额。按摩浴盆包括配套小型循环设备(过滤罐、水泵、按摩泵、气泵等)安装,其循环管路材料、配件等均按成套供货考虑。

四、与卫生器具配套的电气安装,应执行本定额第一册《电气设备安装工程》相关定额项目。

五、各类卫生器具的混凝土或砖基础、周边砌砖、瓷砖粘贴,蹲式大便器蹲台砌筑、台式洗脸盆的台面,浴厕配件安装,执行《上海市建筑和装饰工程概算定额(SH 01—21—2020)》相关定额项目。

工程量计算规则

一、各种卫生器具均按设计图示数量计算,以“组”或“套”为计量单位。

二、大便槽、小便槽自动冲洗水箱安装,按设计图示数量计算,以“套”为计量单位。

三、湿蒸房,按设计图示数量计算,以“座”为计量单位。

四、排水附件,按设计图示数量计算,以“个”为计量单位。

五、隔油器,按设计图示数量计算,以“套”为计量单位。

第一节　定额消耗量

一、浴　缸　(盆)

工作内容： 1. 普通浴盆安装。
2. 按摩浴盆安装。

定额编号				B-5-4-1	B-5-4-2
项目				普通浴盆	按摩浴盆
名称			单位	10组	10组
人工	00050101	综合人工 安装	工日	9.7500	14.0420
材料	Z21011101	浴缸(盆)及附件	套	(10.1000)	
	Z21011801	按摩浴缸及附件	套		(10.0000)
	02130311	聚四氟乙烯带(生料带) 宽度 20	m	41.2000	39.6000
	03018114	膨胀螺栓(钢制) M6～12×50～120	套	20.6000	20.6000
	03072011	角阀 DN15	只		20.2000
	03210208	硬质合金冲击钻头 ϕ8～16	根	0.2200	0.2200
	13351251	防水密封胶	支	3.9000	4.8000
	17190153	金属进水软管 DN15 长 300	根		20.2000
	18034411	镀锌管件 DN15	个	20.2000	20.2000
	34110101	水	m^3	6.0000	10.4000
	34110301	电	kW·h	0.3200	0.3200
	X0045	其他材料费	%	3.0000	3.0100

二、净　身　盆

工作内容： 净身盆安装。

定额编号				B-5-4-3
项目				净身盆
名称			单位	10组
人工	00050101	综合人工 安装	工日	4.5280
材料	Z21030201	净身盆及附件	套	(10.1000)
	02130311	聚四氟乙烯带(生料带) 宽度 20	m	37.2000
	03018114	膨胀螺栓(钢制) M6～12×50～120	套	28.8400
	03072011	角阀 DN15	只	20.2000
	03072765	净身盆金属框架	副	4.0400
	03210208	硬质合金冲击钻头 ϕ8～16	根	0.0344
	13351251	防水密封胶	支	1.3000
	17190153	金属进水软管 DN15 长 300	根	20.2000
	18034411	镀锌管件 DN15	个	20.2000
	34110101	水	m^3	0.2000
	34110301	电	kW·h	0.0496
	X0045	其他材料费	%	3.0000

三、洗 脸 盆

工作内容： 1. 洗脸盆安装。
2. 洗发盆安装。

定 额 编 号				B-5-4-4	B-5-4-5
项 目				洗脸盆	洗发盆
				冷热水	
名 称			单位	10 组	10 组
人工	00050101	综合人工 安装	工日	5.7620	9.6500
材料	Z21090101	洗脸盆及附件	套	(10.1000)	
	Z21090131	洗发盆及附件	套		(10.1000)
	02010105	橡胶板 δ1～3	kg	0.1300	0.1300
	02130311	聚四氟乙烯带(生料带) 宽度 20	m	36.0000	43.2000
	03018114	膨胀螺栓(钢制) M6～12×50～120	套	37.0800	61.8000
	03072011	角阀 DN15	只	20.2000	20.2000
	03210208	硬质合金冲击钻头 ϕ8～16	根	0.3960	0.6600
	13351251	防水密封胶	支	2.0000	2.0000
	17190153	金属进水软管 DN15 长 300	根	20.2000	20.2000
	18034411	镀锌管件 DN15	个	20.2000	20.2000
	21311901	洗脸盆托架	副	6.0600	
	34110101	水	m^3	0.2000	0.3000
	34110301	电	kW·h	0.5760	0.9600
	80060111	干混砌筑砂浆 DM M5.0	m^3		0.0090
	X0045	其他材料费	%	3.0000	

四、洗 涤 盆

工作内容： 洗涤盆安装。

定 额 编 号				B-5-4-6	B-5-4-7
项 目				洗涤盆	
				冷水	冷热水
名 称			单位	10 组	10 组
人工	00050101	综合人工 安装	工日	3.5080	3.7430
材料	Z21130101	洗涤盆及附件	套	(10.1000)	(10.1000)
	02130311	聚四氟乙烯带(生料带) 宽度 20	m	5.0000	10.0000
	03018114	膨胀螺栓(钢制) M6～12×50～120	套	41.2000	41.2000
	03072011	角阀 DN15	只	10.1000	20.2000
	03210208	硬质合金冲击钻头 ϕ8～16	根	0.4400	0.4400
	13351251	防水密封胶	支	1.5000	1.5000
	17190153	金属进水软管 DN15 长 300	根	10.1000	20.2000
	18034411	镀锌管件 DN15	个	10.1000	20.2000
	21311911	洗涤盆托架	副	10.1000	10.1000
	34110101	水	m^3	0.4000	0.4000
	34110301	电	kW·h	0.3200	0.3200
	X0045	其他材料费	%	3.0000	3.0000

五、化　验　盆

工作内容：化验盆安装。

定额编号				B-5-4-8
项目				化验盆
名称			单位	10 组
人工	00050101	综合人工 安装	工日	3.6500
材料	Z21130301	化验盆及附件	套	(10.1000)
	02130311	聚四氟乙烯带(生料带) 宽度 20	m	28.0000
	03072011	角阀 DN15	只	10.1000
	13351251	防水密封胶	支	1.0000
	17190153	金属进水软管 DN15 长 300	根	10.1000
	18034411	镀锌管件 DN15	个	10.1000
	21311921	化验盆托架	副	10.1000
	34110101	水	m^3	0.3000
	X0045	其他材料费	%	3.0100

六、大　便　器

工作内容：大便器安装。

定额编号				B-5-4-9	B-5-4-10
项目				蹲式大便器	坐式大便器
名称			单位	10 套	10 套
人工	00050101	综合人工 安装	工日	5.1700	6.5900
材料	Z03072753	感应控制器(埋入式)	个	(10.1000)	
	Z21150701	蹲式大便器及附件	套	(10.1000)	
	Z21150731	坐便器(含水箱)及附件	套		(10.1000)
	02130311	聚四氟乙烯带(生料带) 宽度 20	m	16.0000	12.0000
	03018114	膨胀螺栓(钢制) M6～12×50～120	套		20.6000
	03071135	存水弯 DN100	个	10.1000	
	03071701	大便器排水接头 DN100	个	10.1000	10.1000
	03073042	冲水管 DN32	根	10.1000	
	03210208	硬质合金冲击钻头 $\phi8$～16	根		0.2400
	04030103	黄砂	m^3	0.0900	
	04090608	石灰膏	m^3	0.1850	
	04131754	蒸压灰砂砖 240×115×53	1000 块	0.1600	
	13351251	防水密封胶	支	5.0000	5.0000
	18034411	镀锌管件 DN15	个		10.1000
	21251011	支架及冲洗管	套		10.1000
	34110101	水	m^3	0.1200	0.1200
	34110301	电	kW·h		0.3200
	X0045	其他材料费	%	3.0000	3.0000

七、小 便 器

工作内容：1. 小便器安装安装。
2. 小便器安装、感应开关安装。

定 额 编 号				B-5-4-11	B-5-4-12
项 目				小便器	
				自闭式冲洗阀	感应开关埋入式
名 称			单位	10 套	10 套
人工	00050101	综合人工 安装	工日	3.0900	3.4780
材料	Z03071971	自闭式冲洗阀 DN15	只	(10.1000)	
	Z03072739	小便器及附件	套	(10.1000)	(10.1000)
	Z03072753	感应控制器(埋入式)	个		(10.1000)
	02130311	聚四氟乙烯带(生料带) 宽度 20	m	26.0000	26.8000
	03018114	膨胀螺栓(钢制) M6～12×50～120	套	37.0800	37.0800
	03071503	排水栓 DN50	套	6.0600	6.0600
	03071601	排水接头 DN50	个	6.0600	6.0600
	03073045	小便器冲水连接管 DN15	根	10.1000	10.1000
	03210208	硬质合金冲击钻头 ϕ8～16	根	0.3960	0.3960
	13351241	密封胶	支		0.6000
	13351251	防水密封胶	支	0.8800	0.2800
	18034411	镀锌管件 DN15	个	10.1000	
	34110101	水	m^3	0.1000	0.1000
	34110301	电	kW·h	0.5760	0.5760
	X0045	其他材料费	%	3.0000	3.0000

八、拖 布 池

工作内容：成品拖布池安装。

定 额 编 号				B-5-4-13
项 目				成品拖布池安装
名 称			单位	10 套
人工	00050101	综合人工 安装	工日	3.2000
材料	Z21130203	成品拖布池及附件	套	(10.1000)
	02130311	聚四氟乙烯带(生料带) 宽度 20	m	5.0000
	03018114	膨胀螺栓(钢制) M6～12×50～120	套	30.9000
	03071133	存水弯 DN50	个	10.1000
	03071601	排水接头 DN50	个	10.5000
	03210208	硬质合金冲击钻头 ϕ8～16	根	0.3300
	13351251	防水密封胶	支	1.5000
	18034411	镀锌管件 DN15	个	10.1000
	34110101	水	m^3	0.3000
	34110301	电	kW·h	0.4800
	X0045	其他材料费	%	3.0000

九、烘　手　器

工作内容：烘手器安装。

定　额　编　号				B-5-4-14
项　　目				烘手器
名　　称			单位	10个
人工	00050101	综合人工 安装	工日	0.9500
材料	Z21270201	烘手器	个	(10.0000)
	03018114	膨胀螺栓(钢制) M6～12×50～120	套	41.6000
	03210208	硬质合金冲击钻头 ϕ8～16	根	0.4400
	34110301	电	kW·h	0.6400
	X0045	其他材料费	%	3.0000

十、淋　浴　器

工作内容：成套淋浴器安装。

定　额　编　号				B-5-4-15
项　　目				成套淋浴器
				冷热水
名　　称			单位	10套
人工	00050101	综合人工 安装	工日	1.5800
材料	Z03070351	成套淋浴器(含固定件)及附件	套	(10.0000)
	02130311	聚四氟乙烯带(生料带) 宽度 20	m	28.0000
	03210208	硬质合金冲击钻头 ϕ8～16	根	0.1100
	18034411	镀锌管件 DN15	个	20.2000
	34110101	水	m^3	0.1600
	34110301	电	kW·h	0.1800
	X0045	其他材料费	%	3.0100

十一、淋 浴 间

工作内容：整体淋浴室安装。

定 额 编 号				B-5-4-16
项 目				整体淋浴室安装
名 称			单位	10 套
人工	00050101	综合人工 安装	工日	15.7000
材料	Z21070201	整体淋浴室	套	(10.0000)
	02130311	聚四氟乙烯带(生料带) 宽度 20	m	16.0000
	03071133	存水弯 DN50	个	10.1000
	03071601	排水接头 DN50	个	10.5000
	03072011	角阀 DN15	只	20.2000
	13351251	防水密封胶	支	9.0000
	17190153	金属进水软管 DN15 长 300	根	20.2000
	18034411	镀锌管件 DN15	个	20.2000
	34110101	水	m^3	0.1600
	80060111	干混砌筑砂浆 DM M5.0	m^3	0.0200
	X0045	其他材料费	%	3.0000
机械	99070530	载重汽车 5t	台班	0.8000
	99090005	吊装机械(综合)	台班	0.0700

十二、桑 拿 浴 房

工作内容：湿蒸房安装。

定 额 编 号				B-5-4-17
项 目				湿蒸房安装
名 称			单位	座
人工	00050101	综合人工 安装	工日	12.9500
材料	Z21070211	湿蒸房	座	(1.0000)
	02130311	聚四氟乙烯带(生料带) 宽度 20	m	3.0000
	03018114	膨胀螺栓(钢制) M6～12×50～120	套	37.0800
	03150101	圆钉	kg	0.6000
	03210208	硬质合金冲击钻头 ϕ8～16	根	28.8000
	05032151	杉木方材 30×40	m^3	0.1480
	13351251	防水密封胶	支	4.0000
	18034411	镀锌管件 DN15	个	2.0200
	34110301	电	kW·h	7.0200
	X0045	其他材料费	%	3.0000

十三、大、小便槽自动冲洗水水箱

工作内容： 1. 大便槽自动冲洗水箱安装。
2. 小便槽自动冲洗水箱安装。

定额编号				B-5-4-18	B-5-4-19
项目				大便槽自动冲洗水箱安装	小便槽自动冲洗水箱安装
名称			单位	10套	10套
人工	00050101	综合人工 安装	工日	4.9200	4.1200
材料	Z21250501	大便槽自动冲洗水箱	套	(10.0000)	
	Z21250601	小便槽自动冲水箱	套		(10.0000)
	02010105	橡胶板 δ1～3	kg	0.3700	0.3000
	02130311	聚四氟乙烯带(生料带) 宽度 20	m	22.0000	16.0000
	03018114	膨胀螺栓(钢制) M6～12×50～120	套	82.4000	41.2000
	03071964	水箱自动冲洗阀 DN32	只		10.1000
	03071966	水箱自动冲洗阀 DN50	只	10.1000	
	03072311	水箱进水阀 DN15	只	10.1000	10.1000
	03210208	硬质合金冲击钻头 ϕ8～16	根	1.1200	0.5200
	14411801	胶粘剂	kg	0.0900	
	17250144	硬聚氯乙烯管(PVC-U) DN50	m	22.0000	
	18034411	镀锌管件 DN15	个	10.1000	10.1000
	18091516	塑料管弯头 DN50	个	10.1000	
	18091816	塑料转换接头 DN50	个	10.1000	
	18255647	塑料管卡 DN50	个	10.0500	
	21251017	大便自动冲洗水箱托架 108L	副	10.0000	
	21251101	小便槽自动冲洗水箱托架	副		10.0000
	34110101	水	m^3	0.1600	0.0380
	34110301	电	kW·h	1.7600	0.8800
	X0045	其他材料费	%	3.0000	3.0000

十四、给 排 水 附 件

工作内容： 1. 水龙头安装。
2. 排水栓安装。
3. 地漏安装。
4. 地面扫除口安装。

定额编号				B-5-4-20	B-5-4-21	B-5-4-22	B-5-4-23
项目				水龙头安装	排水栓安装	地漏安装	地面扫除口安装
							公称直径(mm以内)100
名称			单位	10个	10个	10个	10个
人工	00050101	综合人工 安装	工日	0.3300	1.7800	2.6560	0.8900
材料	Z03070103	普通水嘴 DN25	只	(10.1000)			
	Z03070501	地漏	套			(10.1000)	
	Z03070715	地面扫除口 DN100	个				(10.1000)
	Z03071621	排水栓带链堵 DN50	个		(10.1000)		
	02010105	橡胶板 δ1～3	kg		0.4000		
	02130311	聚四氟乙烯带(生料带) 宽度 20	m	6.0000	17.0000		
	03071123	S型存水弯(PVC-U) DN50	个		10.1000		
	13351251	防水密封胶	支		2.0000		
	14411801	胶粘剂	kg		0.1200	0.1640	0.2000
	17250217	硬聚氯乙烯排水管(PVC-U) DN63	m		4.0000		
	X0045	其他材料费	%	3.0000	3.0000	3.0000	3.0000

工作内容： 1. 地面扫除口安装。
2. 普通雨水斗安装。
3. 虹吸式雨水斗安装。

定额编号				B-5-4-24	B-5-4-25	B-5-4-26
项目				地面扫除口安装	普通雨水斗安装	虹吸式雨水斗安装
				公称直径(mm以内)150		
名称			单位	10个	10个	10个
人工	00050101	综合人工 安装	工日	1.1400	3.1500	3.9800
材料	Z03070719	地面扫除口 DN150	个	(10.1000)		
	Z18019600	普通雨水斗	套		(10.0000)	
	Z18095191	虹吸式雨水斗	套			(10.0000)
	13350501	建筑密封膏	kg		0.4500	0.3000
	14411801	胶粘剂	kg	0.3600		
	X0045	其他材料费	%	3.0000	3.0000	3.0000

十五、隔　油　器

工作内容： 隔油器安装。

定　额　编　号				B-5-4-27
项　　目				隔油器
名　　称			单位	10 套
人工	00050101	综合人工　安装	工日	1.1400
材料	Z21470201	隔油器	台	(1.0000)
	02010105	橡胶板　δ1～3	kg	1.4400
	13351251	防水密封胶	支	0.9000
	18254111	卡箍	套	2.0200
	34110101	水	m^3	1.3200
	X0045	其他材料费	%	3.0000
机械	99070530	载重汽车　5t	台班	0.0050
	99090005	吊装机械(综合)	台班	0.0100

第二节　定 额 含 量

一、浴　缸　(盆)

工作内容： 1. 普通浴盆安装。
2. 按摩浴盆安装。

定　额　编　号			B-5-4-1	B-5-4-2
项　　目			普通浴盆	按摩浴盆
			10 组	10 组
预算定额编号	预算定额名称	预算定额单位	数　　量	
03-10-4-3	搪瓷浴盆　冷热水带喷头	10 组	1.0000	
03-10-4-8	按摩浴盆　体积≤1200L	10 组		0.4000
03-10-4-9	按摩浴盆　体积>1200L	10 组		0.6000

二、净 身 盆

工作内容： 净身盆安装。

定 额 编 号			B-5-4-3
项 目			净身盆
			10 组
预算定额编号	预算定额名称	预算定额单位	数 量
03-10-4-10	净身盆 落地式	10 组	0.6000
03-10-4-11	净身盆 壁挂式	10 组	0.4000

三、洗 脸 盆

工作内容： 1. 洗脸盆安装。
2. 洗发盆安装。

定 额 编 号			B-5-4-4	B-5-4-5
项 目			洗脸盆	洗发盆
			冷热水	
			10 组	10 组
预算定额编号	预算定额名称	预算定额单位	数 量	
03-10-4-20	洗脸盆 台上式 冷热水	10 组	0.4000	
03-10-4-21	洗脸盆 台下式 冷热水	10 组	0.6000	
03-10-4-22	洗发盆	10 组		1.0000

四、洗 涤 盆

工作内容： 洗涤盆安装。

定 额 编 号			B-5-4-6	B-5-4-7
项 目			洗涤盆	
			冷水	冷热水
			10 组	10 组
预算定额编号	预算定额名称	预算定额单位	数 量	
03-10-4-23	洗涤盆 单嘴	10 组	0.6000	
03-10-4-24	洗涤盆 双嘴	10 组		0.9000
03-10-4-25	洗涤盆 肘式开关 冷水	10 组	0.4000	
03-10-4-26	洗涤盆 肘式开关 冷热水	10 组		0.1000

五、化　验　盆

工作内容： 化验盆安装。

定　额　编　号			B-5-4-8
项　　目			化验盆
			10 组
预算定额编号	预算定额名称	预算定额单位	数　　量
03-10-4-29	化验盆 双联水嘴	10 组	1.0000

六、大　便　器

工作内容： 大便器安装。

定　额　编　号			B-5-4-9	B-5-4-10
项　　目			蹲式大便器	坐式大便器
			10 套	10 套
预算定额编号	预算定额名称	预算定额单位	数　　量	
03-10-4-37	蹲式大便器安装 感应开关 埋入式	10 套	1.0000	
03-10-4-41	坐式大便器安装 隐蔽水箱	10 套		1.0000

七、小　便　器

工作内容： 1. 小便器安装安装。
2. 小便器安装、感应开关安装。

定　额　编　号			B-5-4-11	B-5-4-12
项　　目			小便器	
			自闭式冲洗阀	感应开关埋入式
			10 套	10 套
预算定额编号	预算定额名称	预算定额单位	数　　量	
03-10-4-43	壁挂式小便器安装 自闭式冲洗阀	10 套	0.4000	
03-10-4-45	壁挂式小便器安装 感应开关埋入式	10 套		0.4000
03-10-4-46	落地式小便器安装 自闭式冲洗阀	10 套	0.6000	
03-10-4-48	落地式小便器安装 感应开关埋入式	10 套		0.6000

八、拖　布　池

工作内容：成品拖布池安装。

定　额　编　号			B-5-4-13
项　　目			成品拖布池安装
			10套
预算定额编号	预算定额名称	预算定额单位	数　　量
03-10-4-49	成品拖布池安装	10套	1.0000

九、烘　手　器

工作内容：烘手器安装。

定　额　编　号			B-5-4-14
项　　目			烘手器
			10个
预算定额编号	预算定额名称	预算定额单位	数　　量
03-10-4-50	烘手器安装	10个	1.0000

十、淋　浴　器

工作内容：成套淋浴器安装。

定　额　编　号			B-5-4-15
项　　目			成套淋浴器
			冷热水
			10套
预算定额编号	预算定额名称	预算定额单位	数　　量
03-10-4-58	成套淋浴器 手动开关 冷热水	10套	1.0000

十一、淋　浴　间

工作内容：整体淋浴室安装。

定　额　编　号			B-5-4-16
项　　目			整体淋浴室安装
			10套
预算定额编号	预算定额名称	预算定额单位	数　　量
03-10-4-61	整体淋浴室安装 冷热水	10套	1.0000

十二、桑拿浴房

工作内容： 湿蒸房安装。

定额编号			B-5-4-17
项目			湿蒸房安装
			座
预算定额编号	预算定额名称	预算定额单位	数量
03-10-4-65	湿蒸房安装 10人以内	座	1.0000

十三、大、小便槽自动冲洗水水箱

工作内容： 1. 大便槽自动冲洗水箱安装。
　　　　　2. 小便槽自动冲洗水箱安装。

定额编号			B-5-4-18	B-5-4-19
项目			大便槽自动冲洗水箱安装	小便槽自动冲洗水箱安装
			10套	10套
预算定额编号	预算定额名称	预算定额单位	数量	
03-10-4-73	大便槽自动冲洗水箱安装容积 108L	10套	1.0000	
03-10-4-78	小便槽自动冲洗水箱安装容积 25.9L	10套		1.0000

十四、给排水附件

工作内容： 1. 水龙头安装。
　　　　　2. 排水栓安装。
　　　　　3. 地漏安装。
　　　　　4. 地面扫除口安装。

定额编号			B-5-4-20	B-5-4-21	B-5-4-22	B-5-4-23
项目			水龙头安装	排水栓安装	地漏安装	地面扫除口安装
						公称直径(mm以内)100
			10个	10个	10个	10个
预算定额编号	预算定额名称	预算定额单位	数量			
03-10-4-83	水龙头安装 公称直径 25mm	10个	1.0000			
03-10-4-86	排水栓安装 公称直径 50mm以内带存水弯	10组		1.0000		
03-10-4-90	地漏安装 公称直径 50mm以内	10个			0.4000	
03-10-4-92	地漏安装 公称直径 100mm以内	10个			0.6000	
03-10-4-96	地面扫除口安装 公称直径 100mm以内	10个				1.0000

工作内容： 1. 地面扫除口安装。
2. 普通雨水斗安装。
3. 虹吸式雨水斗安装。

定 额 编 号			B-5-4-24	B-5-4-25	B-5-4-26
项 目			地面扫除口安装 公称直径（mm 以内）150	普通雨水斗安装	虹吸式雨水斗安装
			10 个	10 个	10 个
预算定额编号	预算定额名称	预算定额单位	数 量		
03-10-4-98	地面扫除口安装 公称直径 150mm 以内	10 个	1.0000		
03-10-4-101	普通雨水斗安装 公称直径 150mm 以内	10 个		1.0000	
03-10-4-104	虹吸式雨水斗安装 公称直径 150mm 以内	10 个			1.0000

十五、隔 油 器

工作内容： 隔油器安装。

定 额 编 号			B-5-4-27
项 目			隔油器
			10 套
预算定额编号	预算定额名称	预算定额单位	数 量
03-10-4-118	隔油器 悬挂式 DN150	套	1.0000

第五章　采暖、给排水设备

说　明

一、本章包括给排水泵安装、变频给水设备、稳压给水设备、无负压给水设备、气压罐、太阳能集热装置、热水器/开水炉/容积式热交换器安装、消毒器/消毒锅、直饮水设备、水箱。

二、本章设备安装定额中均包括设备本体以及与其配套的管道附件、部件的安装和单机试运转或水压试验、通水调试、设备减震台座安装，电动机检查接线，设备基础灌浆等内容。其中：

（一）给排水泵安装定额已包括阀门、过滤器、软接头、压力表、法兰等常规附件，使用时可按设计图示附件数量、规格调整主材价格，其他不变。

（二）变频给水设备、稳压给水设备及无负压给水设备安装项目中包括与本体配套的管道附件、部件的安装，如实际未随设备供应附件时，其材料费另行计入，其他不变。

（三）除另有说明外，均不包括与设备外接的第一片法兰或第一个连接口以外的管道安装工程量，应另行计算。

三、水箱安装适用于玻璃钢、不锈钢、钢板等各种材质，不分圆形、方形，均按箱体容积执行相应项目。

四、随设备配备的各种控制箱（柜）、电气接线及电气调试等，执行本定额第一册《电气设备安装工程》相应项目。

工程量计算规则

一、给水泵、排水泵，区分流量，按设计图示数量计算，以“台”为计量单位。

二、变频给水设备、稳压给水设备、无负压给水设备、气压罐，按设计图示数量计算，以“套”为计量单位。

三、太阳能集热装置，按设计图示数量计算，以“m^2”为计量单位。

四、开水炉、电热水器，按设计图示数量计算，以“台”为计量单位。

五、容积式热交换器安装，区分容量，按设计图示数量计算，以“台”为计量单位。

六、消毒器、消毒锅、直饮水设备，按设计图示数量计算，以“台”为计量单位。

七、水箱安装，区分水箱容量，按设计图示数量计算，以“台”为计量单位。

第一节　定额消耗量

一、给排水泵安装

工作内容： 水泵安装，与设备连接的阀门、水过滤器、软接头、法兰、压力表等安装，设备减震台座安装，电动机检查接线，设备基础灌浆。

定额编号				B-5-5-1	B-5-5-2	B-5-5-3	B-5-5-4
项目				给水泵流量(m^3/h 以内)			
				10	30	50	100
名称			单位	台	台	台	台
人工	00050101	综合人工 安装	工日	14.8437	17.3629	19.9447	21.0277
材料	Z19010027-6	法兰阀门 DN50	只	(2.0000)			
	Z19010027-8	法兰阀门 DN80	只		(2.0000)		
	Z19010027-9	法兰阀门 DN100	只			(2.0000)	
	Z19010027-10	法兰阀门 DN125	只				(2.0000)
	Z19010027-36	法兰止回阀 DN50	只	(1.0000)			
	Z19010027-38	法兰止回阀 DN80	只		(1.0000)		
	Z19010027-39	法兰止回阀 DN100	只			(1.0000)	
	Z19010027-40	法兰止回阀 DN125	只				(1.0000)
	Z18210401-1	法兰式软接头 DN50	个	(2.0000)			
	Z18210401-3	法兰式软接头 DN80	个		(2.0000)		
	Z18210401-4	法兰式软接头 DN100	个			(2.0000)	
	Z18210401-5	法兰式软接头 DN125	个				(2.0000)
	Z19010027-66	Y 型过滤器 DN50	只	(1.0000)			
	Z19010027-68	Y 型过滤器 DN80	只		(1.0000)		
	Z19010027-69	Y 型过滤器 DN100	只			(1.0000)	
	Z19010027-70	Y 型过滤器 DN125	只				(1.0000)
	20010001-5	钢制法兰 DN50	片	10.0000			
	20010001-7	钢制法兰 DN80	片		10.0000		
	20010001-8	钢制法兰 DN100	片			10.0000	
	20010001-9	钢制法兰 DN125	片				10.0000
	01130336	热轧镀锌扁钢 50～75	kg	1.6800	1.6800	2.4000	2.4000

（续表）

定额编号				B-5-5-1	B-5-5-2	B-5-5-3	B-5-5-4
项目				给水泵流量(m³/h以内)			
				10	30	50	100
名称			单位	台	台	台	台
材料	01290102	热轧钢板 综合	kg	1.0000	1.0000	1.0000	1.0000
	01290215	热轧钢板(薄板) δ1.6～1.9	kg	0.3000	0.3000	0.3000	0.3000
	01350502	紫铜板	kg	0.0600	0.0600	0.0600	0.0600
	02010163	橡胶板(低压) δ0.8～6	kg	0.1400	0.2600	0.3400	0.4600
	02010173	橡胶板(低中压) δ0.8～6	kg	0.6300	1.1700	1.5300	2.0700
	02070291	橡胶衬垫	kg	0.1300	0.1300	0.1300	0.1300
	02271811	细白布 宽900	m	0.0200	0.0200	0.0200	0.0200
	03014156	六角螺栓连母垫 M16×80	套	8.2400	16.4800		
	03014157	六角螺栓连母垫 M16×140	套			16.4800	16.4800
	03014653	精制六角螺栓连母垫 M16×50～80	10套		7.4160	7.4160	7.4160
	03014662	精制六角螺栓连母垫 M12～16×60～90	10套	3.7080			
	03017208	半圆头镀锌螺栓连母垫 M2～5×15～50	10套	0.4000	0.4000	0.4000	0.4000
	03110212	尼龙砂轮片 ϕ100	片	0.3000	0.7200	1.0550	1.2700
	03110216	尼龙砂轮片 ϕ500	片	0.1300			
	03110701	砂纸	张	0.0080	0.0160	0.0160	0.0160
	03130101	电焊条	kg	1.3250	2.0150	2.4750	2.7750
	03130111	电焊条 J422	kg	0.1260	0.1260	0.1260	0.1260
	03130114	电焊条 J422 ϕ3.2	kg	0.0700	0.1000	0.1000	0.1000
	03131901	焊锡	kg	0.1400	0.2000	0.2000	0.2000
	03131941	焊锡膏 50g/瓶	kg	0.0100	0.0200	0.0200	0.0200
	03152361	金属滤网	m²	0.0650	0.0650	0.0650	0.0650
	05030236	木板板材	m³	0.0060	0.0060	0.0060	0.0060
	13010101	调和漆	kg	0.0200	0.0200	0.0200	0.0200
	13050201	铅油	kg	0.0800	0.1400	0.2000	0.2400
	14030101	汽油	kg	0.2200	0.3100	0.3100	0.6100
	14030501	煤油	kg	1.1080	1.1080	1.1080	1.1080
	14070101	机油	kg	0.7180	0.7460	0.7780	0.7900

（续表）

定额编号				B-5-5-1	B-5-5-2	B-5-5-3	B-5-5-4
项目				给水泵流量(m^3/h以内)			
				10	30	50	100
名称			单位	台	台	台	台
材料	14070201	润滑油	kg	0.2100	0.3000	0.3000	0.6000
	14090401	钙基润滑脂	kg	0.2020	0.2020	0.2020	0.2020
	14090611	电力复合酯 一级	kg	0.0300	0.0400	0.0400	0.0600
	14390101	氧气	m^3	0.2490	0.5990	0.7290	0.8140
	14390302	乙炔气	kg	0.0830	0.2030	0.2430	0.2730
	18252314	镀锌钢管卡子 DN32	个	2.0000	2.0000	2.0000	2.0000
	24110111	压力表 0～1.6MPa	套			2.0000	2.0000
	24111601	压力表弯管	套	2.0000	2.0000	2.0000	2.0000
	24590101	仪表接头	套	2.0000	2.0000	2.0000	2.0000
	24690401	取源部件	套	2.0000	2.0000	2.0000	2.0000
	27170211-1	黄蜡带 20×10m	卷	1.4000	2.0000	2.0000	2.0000
	27170513	自粘性橡胶绝缘胶带 20×5m	卷	0.4500	0.6000	0.6000	1.0000
	33331701	平垫铁	kg	4.5000	4.5000	4.5000	4.5000
	33331801	斜垫铁	kg	4.4640	4.4640	4.4640	4.4640
	34090311	破布	kg	0.0080	0.0160	0.0160	0.0160
	34090711	白纱带 20×20m	卷	0.1400	0.2000	0.2000	0.2000
	34130214	位号牌	个	2.0000	2.0000	2.0000	2.0000
	80210519	预拌混凝土(非泵送型) C30 粒径 5～16	m^3	0.0653	0.0653	0.0653	0.0653
	X0045	其他材料费	%	4.7300	4.2300	4.2200	4.1900
机械	98430280	标准压力发生器	台班	0.0080	0.0080	0.0080	0.0080
	98510090	铭牌打印机	台班	0.0240	0.0240	0.0240	0.0240
	99070530	载重汽车 5t	台班				0.0020
	99090005	吊装机械(综合)	台班				0.0480
	99090640	叉式起重机 5t	台班	0.3000	0.3000	0.3000	0.3000
	99230180	砂轮切割机 ϕ500	台班	0.0350			
	99250005	电焊机	台班	0.5050	0.6800	0.8400	0.8800
	99250010	交流弧焊机 21kV·A	台班	0.1700	0.2000	0.2000	0.2000
	99270060	电焊条烘干箱 600×500×750	台班	0.0300	0.0450	0.0600	0.0600
	99430200	电动空气压缩机 0.6m^3/min	台班	0.1000	0.1300	0.1300	0.1300

工作内容： 1,2. 水泵安装，与设备连接的阀门、水过滤器、软接头、法兰、压力表等安装，设备减震台座安装，电动机检查接线，设备基础灌浆。

3,4. 水泵安装，与设备连接的阀门、软接头、法兰、压力表等安装，设备减震台座安装，电动机检查接线，设备基础灌浆。

定额编号				B-5-5-5	B-5-5-6	B-5-5-7	B-5-5-8
项目				给水泵流量(m^3/h以内)		排水泵流量(m^3/h以内)	
				150	300	30	50
名称			单位	台	台	台	台
人工	00050101	综合人工 安装	工日	21.5917	31.6106	13.5045	14.1175
材料	Z19010027-8	法兰阀门 DN80	只			(1.0000)	
	Z19010027-9	法兰阀门 DN100	只				(1.0000)
	Z19010027-11	法兰阀门 DN150	只	(2.0000)			
	Z19010027-12	法兰阀门 DN200	只		(2.0000)		
	Z19010027-38	法兰止回阀 DN80	只			(1.0000)	
	Z19010027-39	法兰止回阀 DN100	只				(1.0000)
	Z19010027-41	法兰止回阀 DN150	只	(1.0000)			
	Z19010027-42	法兰止回阀 DN200	只		(1.0000)		
	Z18210401-3	法兰式软接头 DN80	个			(1.0000)	
	Z18210401-4	法兰式软接头 DN100	个				(1.0000)
	Z18210401-6	法兰式软接头 DN150	个	(2.0000)			
	Z18210401-7	法兰式软接头 DN200	个		(2.0000)		
	Z19010027-71	Y型过滤器 DN150	只	(1.0000)			
	Z19010027-72	Y型过滤器 DN200	只		(1.0000)		
	20010001-7	钢制法兰 DN80	片			5.0000	
	20010001-8	钢制法兰 DN100	片				5.0000
	20010001-10	钢制法兰 DN150	片	10.0000			
	20010001-11	钢制法兰 DN200	片		10.0000		
	01130336	热轧镀锌扁钢 50～75	kg	2.4000	2.4000	1.6800	1.6800
	01290102	热轧钢板 综合	kg	1.0000	1.0000	1.0000	1.0000
	01290215	热轧钢板(薄板) δ1.6～1.9	kg	0.3000	0.4000	0.3000	0.3000
	01350502	紫铜板	kg	0.0600	0.1500	0.0600	0.0600
	02010163	橡胶板(低压) δ0.8～6	kg	0.5600	0.6600	0.1300	0.1700
	02010173	橡胶板(低中压) δ0.8～6	kg	2.5200	2.9700	0.5850	0.7650
	02070291	橡胶衬垫	kg	0.1300	0.1350	0.1300	0.1300
	02271811	细白布 宽900	m	0.0200	0.0200	0.0100	0.0100
	03014156	六角螺栓连母垫 M16×80	套			8.2400	
	03014157	六角螺栓连母垫 M16×140	套				8.2400
	03014166	六角螺栓连母垫 M20×100	套	16.4800	24.7200		
	03014653	精制六角螺栓连母垫 M16×50～80	10套			3.7080	3.7080
	03014663	精制六角螺栓连母垫 M16～20×65～110	10套	7.4160	11.1240		
	03017208	半圆头镀锌螺栓连母垫 M2～5×15～50	10套	0.4000	0.4000	0.2000	0.2000
	03110212	尼龙砂轮片 ϕ100	片	1.5350	2.5900	0.3600	0.5275
	03110701	砂纸	张	0.0320	0.0480	0.0080	0.0080

(续表)

定额编号				B-5-5-5	B-5-5-6	B-5-5-7	B-5-5-8
项目				给水泵流量(m^3/h以内)		排水泵流量(m^3/h以内)	
				150	300	30	50
名称			单位	台	台	台	台
材料	03130101	电焊条	kg	3.0300	6.6200	1.0075	1.2375
	03130111	电焊条 J422	kg	0.1260	0.1890	0.1260	0.1260
	03130114	电焊条 J422 ϕ3.2	kg	0.1000	0.1000	0.0700	0.0700
	03131901	焊锡	kg	0.2000	0.2000	0.1400	0.1400
	03131941	焊锡膏 50g/瓶	kg	0.0200	0.0200	0.0100	0.0100
	03152361	金属滤网	m^2	0.0650	0.0680	0.0650	0.0650
	05030236	木板板材	m^3	0.0060	0.0090	0.0060	0.0060
	13010101	调和漆	kg	0.0200	0.0200	0.0100	0.0100
	13050201	铅油	kg	0.2800	0.3400	0.0700	0.1000
	14030101	汽油	kg	0.6100	0.6100	0.2150	0.2150
	14030501	煤油	kg	1.1080	1.2650	1.1080	1.1080
	14070101	机油	kg	0.8060	1.1290	0.6760	0.6920
	14070201	润滑油	kg	0.6000	0.6000	0.2100	0.2100
	14090401	钙基润滑脂	kg	0.2020	0.5560	0.2020	0.2020
	14090611	电力复合酯 一级	kg	0.0600	0.0600	0.0300	0.0300
	14390101	氧气	m^3	0.9990	2.2940	0.4015	0.4665
	14390302	乙炔气	kg	0.3330	0.7630	0.1355	0.1555
	18252314	镀锌钢管卡子 DN32	个	2.0000	2.0000	1.0000	1.0000
	24110111	压力表 0～1.6MPa	套	2.0000	2.0000	1.0000	1.0000
	24111601	压力表弯管	套	2.0000	2.0000	1.0000	1.0000
	24590101	仪表接头	套	2.0000	2.0000	1.0000	1.0000
	24690401	取源部件	套	2.0000	2.0000	1.0000	1.0000
	27170211-1	黄蜡带 20×10m	卷	2.0000	2.0000	1.4000	1.4000
	27170513	自粘性橡胶绝缘胶带 20×5m	卷	1.0000	1.0000	0.4500	0.4500
	33331701	平垫铁	kg	4.5000	5.6250	4.5000	4.5000
	33331801	斜垫铁	kg	4.4640	5.5800	4.4640	4.4640
	34090311	破布	kg	0.0320	0.0480	0.0080	0.0080
	34090711	白纱带 20×20m	卷	0.2000	0.2000	0.1400	0.1400
	34130214	位号牌	个	2.0000	2.0000	1.0000	1.0000
	80210519	预拌混凝土(非泵送型) C30 粒径5～16	m^3	0.0653	0.0979	0.0653	0.0653
	X0045	其他材料费	%	4.1600	3.9900	4.2800	4.3000
机械	98430280	标准压力发生器	台班	0.0080	0.0080	0.0040	0.0040
	98510090	铭牌打印机	台班	0.0240	0.0240	0.0120	0.0120
	99070530	载重汽车 5t	台班	0.0020	0.0020		
	99070550	载重汽车 8t	台班		0.0100		
	99090005	吊装机械(综合)	台班	0.0520	0.3420		
	99090360	汽车式起重机 8t	台班		0.0100		
	99090640	叉式起重机 5t	台班	0.3000	0.4000	0.3000	0.3000
	99250005	电焊机	台班	0.9800	2.1400	0.3400	0.4200
	99250010	交流弧焊机 21kV·A	台班	0.2000	0.2000	0.1700	0.1700
	99270060	电焊条烘干箱 600×500×750	台班	0.0700	0.1800	0.0225	0.0300
	99430200	电动空气压缩机 0.6m^3/min	台班	0.1300	0.1300	0.1000	0.1000

工作内容： 水泵安装，与设备连接的阀门、软接头、法兰、压力表等安装，设备减震台座安装，电动机检查接线，设备基础灌浆。

定额编号				B-5-5-9	B-5-5-10	B-5-5-11
项目				排水泵流量(m^3/h 以内)		
				100	150	300
名称			单位	台	台	台
人工	00050101	综合人工 安装	工日	15.4595	15.7345	22.6442
材料	Z19010027-10	法兰阀门 DN125	只	(1.0000)		
	Z19010027-11	法兰阀门 DN150	只		(1.0000)	
	Z19010027-12	法兰阀门 DN200	只			(1.0000)
	Z19010027-40	法兰止回阀 DN125	只	(1.0000)		
	Z19010027-41	法兰止回阀 DN150	只		(1.0000)	
	Z19010027-42	法兰止回阀 DN200	只			(1.0000)
	Z18210401-5	法兰式软接头 DN125	个	(1.0000)		
	Z18210401-6	法兰式软接头 DN150	个		(1.0000)	
	Z18210401-7	法兰式软接头 DN200	个			(1.0000)
	20010001-9	钢制法兰 DN125	片	5.0000		
	20010001-10	钢制法兰 DN150	片		5.0000	
	20010001-11	钢制法兰 DN200	片			5.0000
	01130336	热轧镀锌扁钢 50～75	kg	1.6800	1.6800	1.6800
	01290102	热轧钢板 综合	kg	1.0000	1.0000	1.0000
	01290215	热轧钢板(薄板) δ1.6～1.9	kg	0.3000	0.3000	0.4000
	01350502	紫铜板	kg	0.0600	0.0600	0.1500
	02010163	橡胶板(低压) δ0.8～6	kg	0.2300	0.2800	0.3300
	02010173	橡胶板(低中压) δ0.8～6	kg	1.0350	1.2600	1.4850
	02070291	橡胶衬垫	kg	0.1300	0.1300	0.1350
	02271811	细白布 宽 900	m	0.0100	0.0100	0.0100
	03014157	六角螺栓连母垫 M16×140	套	8.2400		
	03014166	六角螺栓连母垫 M20×100	套		8.2400	12.3600
	03014653	精制六角螺栓连母垫 M16×50～80	10 套	3.7080		
	03014663	精制六角螺栓连母垫 M16～20×65～110	10 套		3.7080	5.5620
	03017208	半圆头镀锌螺栓连母垫 M2～5×15～50	10 套	0.2000	0.2000	0.2000
	03110212	尼龙砂轮片 ϕ100	片	0.6350	0.7675	1.2950
	03110701	砂纸	张	0.0080	0.0160	0.0240
	03130101	电焊条	kg	1.3875	1.5150	3.3100
	03130111	电焊条 J422	kg	0.1260	0.1260	0.1890
	03130114	电焊条 J422 ϕ3.2	kg	0.1000	0.1000	0.1000
	03131901	焊锡	kg	0.2000	0.2000	0.2000
	03131941	焊锡膏 50g/瓶	kg	0.0200	0.0200	0.0200
	03152361	金属滤网	m^2	0.0650	0.0650	0.0680
	05030236	木板板材	m^3	0.0060	0.0060	0.0090

（续表）

定额编号				B-5-5-9	B-5-5-10	B-5-5-11
项目				排水泵流量(m^3/h以内)		
				100	150	300
名称			单位	台	台	台
材料	13010101	调和漆	kg	0.0100	0.0100	0.0100
	13050201	铅油	kg	0.1200	0.1400	0.1700
	14030101	汽油	kg	0.3050	0.3050	0.3050
	14030501	煤油	kg	1.1080	1.1080	1.2650
	14070101	机油	kg	0.6980	0.7060	0.9940
	14070201	润滑油	kg	0.3000	0.3000	0.3000
	14090401	钙基润滑脂	kg	0.2020	0.2020	0.5560
	14090611	电力复合酯 一级	kg	0.0400	0.0400	0.0400
	14390101	氧气	m^3	0.5090	0.6015	1.2490
	14390302	乙炔气	kg	0.1705	0.2005	0.4155
	18252314	镀锌钢管卡子 DN32	个	1.0000	1.0000	1.0000
	24110111	压力表 0～1.6MPa	套	1.0000	1.0000	1.0000
	24111601	压力表弯管	套	1.0000	1.0000	1.0000
	24590101	仪表接头	套	1.0000	1.0000	1.0000
	24690401	取源部件	套	1.0000	1.0000	1.0000
	27170211-1	黄蜡带 20×10m	卷	2.0000	2.0000	2.0000
	27170513	自粘性橡胶绝缘胶带 20×5m	卷	0.6000	0.6000	0.6000
	33331701	平垫铁	kg	4.5000	4.5000	5.6250
	33331801	斜垫铁	kg	4.4640	4.4640	5.5800
	34090311	破布	kg	0.0080	0.0160	0.0240
	34090711	白纱带 20×20m	卷	0.2000	0.2000	0.2000
	34130214	位号牌	个	1.0000	1.0000	1.0000
	80210519	预拌混凝土(非泵送型) C30 粒径5～16	m^3	0.0653	0.0653	0.0979
	X0045	其他材料费	%	4.2700	4.2400	4.0700
机械	98430280	标准压力发生器	台班	0.0040	0.0040	0.0040
	98510090	铭牌打印机	台班	0.0120	0.0120	0.0120
	99070530	载重汽车 5t	台班	0.0010	0.0010	0.0010
	99070550	载重汽车 8t	台班			0.0050
	99090005	吊装机械(综合)	台班	0.0240	0.0260	0.1710
	99090360	汽车式起重机 8t	台班			0.0050
	99090640	叉式起重机 5t	台班	0.3000	0.3000	0.4000
	99250005	电焊机	台班	0.4400	0.4900	1.0700
	99250010	交流弧焊机 21kV·A	台班	0.2000	0.2000	0.2000
	99270060	电焊条烘干箱 600×500×750	台班	0.0300	0.0350	0.0900
	99430200	电动空气压缩机 0.6m^3/min	台班	0.1300	0.1300	0.1300

二、变频给水设备

工作内容： 变频给水设备及配套的部件、附件安装，设备减震台座安装，电动机检查接线，设备基础灌浆。

定额编号				B-5-5-12
项目				变频给水设备
名称			单位	套
人工	00050101	综合人工 安装	工日	30.0670
材料	01130336	热轧镀锌扁钢 50～75	kg	2.4000
	01290102	热轧钢板 综合	kg	1.0000
	01290215	热轧钢板(薄板) δ1.6～1.9	kg	0.5760
	02010107	橡胶板 δ3～6	kg	5.2440
	03130114	电焊条 J422 ϕ3.2	kg	0.5100
	03131901	焊锡	kg	0.2000
	03131941	焊锡膏 50g/瓶	kg	0.0200
	03152508	镀锌铁丝 8#～12#	kg	5.0400
	05030102	一般木成材	m^3	0.0070
	05032752	道木 2000×250×200	根	0.0050
	13050201	铅油	kg	0.5260
	14030101	汽油	kg	1.1400
	14030501	煤油	kg	3.9700
	14070101	机油	kg	2.1900
	14070201	润滑油	kg	0.6000
	14090401	钙基润滑脂	kg	0.8760
	14090611	电力复合酯 一级	kg	0.0600
	14390101	氧气	m^3	0.3900
	14390302	乙炔气	kg	0.1300
	15131511	聚苯乙烯泡沫板	kg	0.5900
	27170211-1	黄蜡带 20×10m	卷	2.0000
	27170513	自粘性橡胶绝缘胶带 20×5m	卷	1.0000
	33331701	平垫铁	kg	5.0800
	33331801	斜垫铁	kg	5.1000
	34090711	白纱带 20×20m	卷	0.2000
	80210519	预拌混凝土(非泵送型) C30 粒径 5～16	m^3	0.0979
	X0045	其他材料费	%	4.2000
机械	99070530	载重汽车 5t	台班	0.7680
	99090005	吊装机械(综合)	台班	1.8500
	99090640	叉式起重机 5t	台班	0.2000
	99250005	电焊机	台班	0.1580
	99250010	交流弧焊机 21kV·A	台班	0.1000
	99430200	电动空气压缩机 0.6m^3/min	台班	0.1300

三、稳压给水设备

工作内容：稳压给水设备及配套的部件、附件安装，设备减震台座安装，电动机检查接线，设备基础灌浆。

定额编号				B-5-5-13
项目				稳压给水设备
名称			单位	套
人工	00050101	综合人工 安装	工日	29.5593
材料	01130336	热轧镀锌扁钢 50～75	kg	2.4000
	01290215	热轧钢板(薄板) δ1.6～1.9	kg	0.5760
	02010107	橡胶板 δ3～6	kg	5.4520
	03130114	电焊条 J422 ϕ3.2	kg	0.5100
	03131901	焊锡	kg	0.2000
	03131941	焊锡膏 50g/瓶	kg	0.0200
	03152508	镀锌铁丝 8#～12#	kg	3.7980
	05030102	一般木成材	m^3	0.0040
	05032752	道木 2000×250×200	根	0.0050
	13050201	铅油	kg	0.5260
	14030101	汽油	kg	0.8400
	14030501	煤油	kg	3.6500
	14070101	机油	kg	2.1900
	14070201	润滑油	kg	0.3000
	14090401	钙基润滑脂	kg	0.8760
	14090611	电力复合酯 一级	kg	0.0400
	14390101	氧气	m^3	0.3900
	14390302	乙炔气	kg	0.1300
	15131511	聚苯乙烯泡沫板	kg	0.7930
	27170211-1	黄蜡带 20×10m	卷	2.0000
	27170513	自粘性橡胶绝缘胶带 20×5m	卷	0.6000
	33331701	平垫铁	kg	5.0800
	33331801	斜垫铁	kg	5.1000
	34090711	白纱带 20×20m	卷	0.2000
	80210519	预拌混凝土(非泵送型) C30 粒径 5～16	m^3	0.0653
	X0045	其他材料费	%	4.0300
机械	99070530	载重汽车 5t	台班	0.8000
	99090005	吊装机械(综合)	台班	1.8500
	99250005	电焊机	台班	0.1580
	99250010	交流弧焊机 21kV·A	台班	0.1000
	99430200	电动空气压缩机 0.6m^3/min	台班	0.1300

四、无负压给水设备

工作内容： 无负压给水设备及配套的部件、附件安装，设备减震台座安装，电动机检查接线，设备基础灌浆。

定额编号				B-5-5-14
项目				无负压给水设备
名称			单位	套
人工	00050101	综合人工 安装	工日	29.6580
材料	01130336	热轧镀锌扁钢 50～75	kg	2.4000
	01290215	热轧钢板(薄板) δ1.6～1.9	kg	0.5760
	02010107	橡胶板 δ3～6	kg	5.7640
	03130114	电焊条 J422 ϕ3.2	kg	0.5100
	03131901	焊锡	kg	0.2000
	03131941	焊锡膏 50g/瓶	kg	0.0200
	03152508	镀锌铁丝 8#～12#	kg	1.7560
	05030102	一般木成材	m^3	0.0040
	05032752	道木 2000×250×200	根	0.0050
	13011001	清油	kg	0.1440
	13050201	铅油	kg	0.5260
	14030101	汽油	kg	1.1400
	14030501	煤油	kg	3.6500
	14070101	机油	kg	2.1900
	14070201	润滑油	kg	0.6000
	14090401	钙基润滑脂	kg	0.8760
	14090611	电力复合酯 一级	kg	0.0600
	14390101	氧气	m^3	0.3900
	14390302	乙炔气	kg	0.1300
	15131511	聚苯乙烯泡沫板	kg	1.4780
	27170211-1	黄蜡带 20×10m	卷	2.0000
	27170513	自粘性橡胶绝缘胶带 20×5m	卷	1.0000
	33331701	平垫铁	kg	5.0800
	33331801	斜垫铁	kg	5.1000
	34090711	白纱带 20×20m	卷	0.2000
	80210519	预拌混凝土(非泵送型) C30 粒径 5～16	m^3	0.0979
	X0045	其他材料费	%	3.9900
机械	99070530	载重汽车 5t	台班	0.8000
	99090005	吊装机械(综合)	台班	1.8500
	99250005	电焊机	台班	0.1580
	99250010	交流弧焊机 21kV·A	台班	0.1000
	99430200	电动空气压缩机 0.6m^3/min	台班	0.1300

五、气 压 罐

工作内容： 气压罐安装。

定额编号				B-5-5-15
项目				气压罐
名称			单位	套
人工	00050101	综合人工 安装	工日	6.9500
材料	03130114	电焊条 J422 ϕ3.2	kg	0.3300
	03152508	镀锌铁丝 8# ～12#	kg	1.3960
	05032752	道木 2000×250×200	根	0.0610
	14030501	煤油	kg	1.4550
	14390101	氧气	m^3	0.3660
	14390302	乙炔气	kg	0.1220
	15131511	聚苯乙烯泡沫板	kg	1.3440
	33331701	平垫铁	kg	4.1320
	33331801	斜垫铁	kg	2.1580
	34110101	水	m^3	4.3200
	X0045	其他材料费	%	3.0000
机械	99070530	载重汽车 5t	台班	0.4570
	99090005	吊装机械(综合)	台班	0.6500
	99250005	电焊机	台班	0.1270
	99440470	试压泵 30MPa	台班	0.0150

六、太阳能集热装置

工作内容： 太阳能集热装置安装。

定额编号				B-5-5-16
项目				太阳能集热装置
名称			单位	m^2
人工	00050101	综合人工 安装	工日	1.5192
材料	02130311	聚四氟乙烯带(生料带) 宽度 20	m	0.2368
	03014146	六角螺栓连母垫 M12×50	套	2.4030
	03130114	电焊条 J422 ϕ3.2	kg	0.3326
	14030101	汽油	kg	1.1890
	14070101	机油	kg	0.0090
	14390101	氧气	m^3	0.0900
	14390302	乙炔气	kg	0.0300
	18151214	镀锌活接头 DN32	个	0.2358
	33330801	预埋铁件	kg	1.9710
	34110101	水	m^3	0.0258
	80210517	预拌混凝土(非泵送型) C25 粒径 5～20	m^3	0.0170
	X0045	其他材料费	%	3.0100
机械	99070530	载重汽车 5t	台班	0.0800
	99090005	吊装机械(综合)	台班	0.0498
	99250005	电焊机	台班	0.1280

七、热水器、开水炉、容积式热交换器安装

工作内容： 1. 开水炉安装。
2,3. 电热水器安装。
4. 电开水炉安装。

定额编号				B-5-5-17	B-5-5-18	B-5-5-19	B-5-5-20
项目				蒸汽间断式开水炉安装	电热水器安装		立式电开水炉安装
					挂式	立式	
名称			单位	台	台	台	台
人工	00050101	综合人工 安装	工日	1.7170	0.7456	1.7298	0.8080
材料	Z52010101	电开水炉	台				(1.0000)
	Z52010201	电热水器	台		(1.0000)	(1.0000)	
	Z52010501	蒸汽间断式开水炉	台	(1.0000)			
	02130311	聚四氟乙烯带(生料带) 宽度 20	m	0.7570	0.7158	1.1680	0.5650
	03014144	六角螺栓连母垫 M10×130	套		4.1200		
	13050201	铅油	kg	0.1000	0.0700		0.0500
	14070101	机油	kg	0.0200			
	15011841	硅酸铝松绳 ϕ13～19	kg	0.0140			
	18035311	镀锌外接头 DN15	个		1.2120		2.0200
	18035313	镀锌外接头 DN25	个		0.8080	1.2120	
	18035315	镀锌外接头 DN40	个			0.8080	
	34110101	水	m^3	0.1440	0.0501	0.2115	0.3000
	X0045	其他材料费	%	3.0000	3.0100	3.0000	3.0000

工作内容： 容积式热交换器安装。

定额编号				B-5-5-21	B-5-5-22	B-5-5-23
项目				容积式热交换器安装		
				容积(L)2000 以内	容积(L)3000 以下	容积(L)5000 以下
名称			单位	台	台	台
人工	00050101	综合人工 安装	工日	5.0474	8.8740	11.5050
材料	Z52010611	容器式水加热器	台	(1.0000)	(1.0000)	(1.0000)
	02010163	橡胶板(低压) δ0.8～6	kg	2.4200	3.6200	3.6200
	02130311	聚四氟乙烯带(生料带) 宽度 20	m	3.7670	3.7670	3.7670
	03014151	六角螺栓连母垫 M14×75	套	4.9440		
	13050201	铅油	kg	0.1760	0.2000	0.2000
	14070101	机油	kg	0.1000	0.1000	0.1000
	34110101	水	m^3	1.3680	3.6000	6.0000
	X0045	其他材料费	%	3.0000	3.0000	3.0000
机械	99070530	载重汽车 5t	台班	0.0448	0.0500	0.0600
	99090005	吊装机械(综合)	台班	0.1176	0.1500	0.1700

八、消毒器、消毒锅

工作内容： 1. 消毒器安装。
2. 消毒锅安装。

定额编号				B-5-5-24	B-5-5-25
项目				消毒器安装	消毒锅安装
名称			单位	台	台
人工	00050101	综合人工 安装	工日	0.7150	1.2925
材料	Z21430101	消毒器	台	(1.0000)	
	Z21430514	消毒锅	台		(1.0000)
	02010163	橡胶板(低压) δ0.8～6	kg	0.1500	
	02130311	聚四氟乙烯带(生料带) 宽度 20	m	0.5650	0.5650
	13011001	清油	kg	0.0100	0.0200
	13050201	铅油	kg	0.4200	0.3000
	14070101	机油	kg	0.1000	0.1000
	14230201	红丹粉	kg	0.0100	0.0100
	15011861	油浸硅酸铝绳	kg	0.1400	0.1960
	X0045	其他材料费	%	3.0000	3.0000

九、直饮水设备

工作内容： 直饮水设备安装。

定额编号				B-5-5-26	B-5-5-27
项目				直饮水设备	
				2t/h 以内	6t/h 以内
名称			单位	台	台
人工	00050101	综合人工 安装	工日	3.2396	6.1084
材料	02130311	聚四氟乙烯带(生料带) 宽度 20	m	1.6300	2.7960
	03130114	电焊条 J422 ϕ3.2	kg	0.3520	0.8100
	14390101	氧气	m^3	0.3300	0.6780
	14390302	乙炔气	kg	0.1100	0.2260
	33331501	垫铁	kg	6.4264	14.0468
	X0045	其他材料费	%	3.0000	3.0000
机械	99070530	载重汽车 5t	台班	0.0900	0.1000
	99090005	吊装机械(综合)	台班	0.2020	0.2900
	99250005	电焊机	台班	0.1360	0.3360

十、水　　箱

工作内容： 水箱安装。

定　额　编　号				B-5-5-28	B-5-5-29	B-5-5-30	B-5-5-31
项　　目				整体式水箱安装			
				水箱总容量(m^3 以内)3	水箱总容量(m^3 以内)10	水箱总容量(m^3 以内)35	水箱总容量(m^3 以内)60
名　　称			单位	台	台	台	台
人工	00050101	综合人工 安装	工日	3.2040	3.9612	7.6064	10.1500
材料	Z33110101	水箱	个	(1.0000)	(1.0000)	(1.0000)	(1.0000)
	02130311	聚四氟乙烯带(生料带) 宽度 20	m	2.0100	2.0100	2.2108	2.5120
	03130111	电焊条 J422	kg	0.1870	0.2368	0.6455	1.2500
	05031701	道木	m^3	0.0150	0.0268	0.0428	0.0650
	14390101	氧气	m^3	0.1800	0.2280	0.6201	1.2030
	14390302	乙炔气	kg	0.0600	0.0760	0.2067	0.4010
	33331501	垫铁	kg	3.5320	4.4720	12.1892	23.5920
	X0045	其他材料费	%	3.0000	3.0000	3.0100	3.0000
机械	99070530	载重汽车 5t	台班		0.0900	0.0970	
	99070550	载重汽车 8t	台班				0.1200
	99090005	吊装机械(综合)	台班	0.1340	0.1592	0.2754	0.3460
	99250005	电焊机	台班	0.0750	0.0944	0.2568	0.5200

第二节　定 额 含 量

一、给排水泵安装

工作内容： 水泵安装，与设备连接的阀门、水过滤器、软接头、法兰、压力表等安装，设备减震台座安装，电动机检查接线，设备基础灌浆。

定　额　编　号			B-5-5-1	B-5-5-2	B-5-5-3	B-5-5-4
项　　目			给水泵流量(m^3/h 以内)			
			10	30	50	100
			台	台	台	台
预算定额编号	预算定额名称	预算定额单位	数　　量			
03-1-8-2	单级离心泵及离心式耐腐蚀泵 设备重量 0.5t 以内	台	1.0000	1.0000	1.0000	1.0000
03-8-7-30	低压法兰阀门 公称直径 50mm 以内	个	2.0000			
03-8-7-32	低压法兰阀门 公称直径 80mm 以内	个		2.0000		
03-8-7-33	低压法兰阀门 公称直径 100mm 以内	个			2.0000	
03-8-7-34	低压法兰阀门 公称直径 125mm 以内	个				2.0000

（续表）

定额编号			B-5-5-1	B-5-5-2	B-5-5-3	B-5-5-4
项目			给水泵流量(m³/h 以内)			
			10	30	50	100
			台	台	台	台
预算定额编号	预算定额名称	预算定额单位	数量			
03-8-7-30	止回阀 公称直径 50mm 以内	个	1.0000			
03-8-7-32	止回阀 公称直径 80mm 以内	个		1.0000		
03-8-7-33	止回阀 公称直径 100mm 以内	个			1.0000	
03-8-7-34	止回阀 公称直径 125mm 以内	个				1.0000
03-8-7-30【系】	Y 型过滤器 公称直径 50mm 以内	个	1.0000			
03-8-7-32【系】	Y 型过滤器 公称直径 80mm 以内	个		1.0000		
03-8-7-33【系】	Y 型过滤器公称直径 100mm 以内	个			1.0000	
03-8-7-34【系】	Y 型过滤器 公称直径 125mm 以内	个				1.0000
03-10-3-437	法兰式软接头安装 公称直径 50mm 以内	个	2.0000			
03-10-3-439	法兰式软接头安装 公称直径 80mm 以内	个		2.0000		
03-10-3-440	法兰式软接头安装 公称直径 100mm 以内	个			2.0000	
03-10-3-441	法兰式软接头安装 公称直径 125mm 以内	个				2.0000
03-8-10-15	低压碳钢平焊法兰 电弧焊 公称直径 50mm 以内	副	5.0000			
03-8-10-17	低压碳钢平焊法兰 电弧焊 公称直径 80mm 以内	副		5.0000		
03-8-10-18	低压碳钢平焊法兰 电弧焊 公称直径 100mm 以内	副			5.0000	
03-8-10-19	低压碳钢平焊法兰 电弧焊 公称直径 125mm 以内	副				5.0000
03-6-1-37【系】	压力表真空表安装 就地	台(块)	2.0000	2.0000	2.0000	2.0000
03-6-11-37	压力表弯安装	10 套	0.2000	0.2000	0.2000	0.2000
03-6-1-51	压力表、真空表调试	台(块)	2.0000	2.0000	2.0000	2.0000
03-1-13-80	设备减振台座 台座重量 0.5t 以内	座	1.0000	1.0000	1.0000	1.0000
03-4-6-13	交流电动机检查接线 13kW 以内	台	1.0000			
03-4-6-14	交流电动机检查接线 30kW 以内	台		1.0000		
03-4-6-15	交流电动机检查接线 55kW 以内	台			1.0000	
03-4-6-16	交流电动机检查接线 100kW 以内	台				1.0000
03-1-13-69	地脚螺栓孔灌浆 一台设备的灌浆体积 0.10m³ 以内	m³	0.0640	0.0640	0.0640	0.0640

工作内容： 1,2. 水泵安装，与设备连接的阀门、水过滤器、软接头、法兰、压力表等安装，设备减震台座安装，电动机检查接线，设备基础灌浆。

3,4. 水泵安装，与设备连接的阀门、软接头、法兰、压力表等安装，设备减震台座安装，电动机检查接线，设备基础灌浆。

定额编号			B-5-5-5	B-5-5-6	B-5-5-7	B-5-5-8
项目			给水泵流量(m^3/h 以内)		排水泵流量(m^3/h 以内)	
			150	300	30	50
			台	台	台	台
预算定额编号	预算定额名称	预算定额单位	数量			
03-1-8-2	单级离心泵及离心式耐腐蚀泵 设备重量 0.5t 以内	台	1.0000		1.0000	1.0000
03-1-8-3	单级离心泵及离心式耐腐蚀泵 设备重量 1.0t 以内	台		1.0000		
03-8-7-32	低压法兰阀门 公称直径 80mm 以内	个			1.0000	
03-8-7-33	低压法兰阀门 公称直径 100mm 以内	个				1.0000
03-8-7-35	低压法兰阀门 公称直径 150mm 以内	个	2.0000			
03-8-7-36	低压法兰阀门 公称直径 200mm 以内	个		2.0000		
03-8-7-32	止回阀 公称直径 80mm 以内	个			1.0000	
03-8-7-33	止回阀 公称直径 100mm 以内	个				1.0000
03-8-7-35	止回阀 公称直径 150mm 以内	个	1.0000			
03-8-7-36	止回阀 公称直径 200mm 以内	个		1.0000		
03-10-3-439	法兰式软接头安装 公称直径 80mm 以内	个			1.0000	
03-10-3-440	法兰式软接头安装 公称直径 100mm 以内	个				1.0000
03-10-3-442	法兰式软接头安装 公称直径 150mm 以内	个	2.0000			
03-10-3-443	法兰式软接头安装 公称直径 200mm 以内	个		2.0000		
03-8-7-35【系】	Y 型过滤器 公称直径 150mm 以内	个	1.0000			
03-8-7-36【系】	Y 型过滤器 公称直径 200mm 以内	个		1.0000		
03-8-10-17	低压碳钢平焊法兰 电弧焊 公称直径 80mm 以内	副			2.5000	
03-8-10-18	低压碳钢平焊法兰 电弧焊 公称直径 100mm 以内	副				2.5000
03-8-10-20	低压碳钢平焊法兰 电弧焊 公称直径 150mm 以内	副	5.0000			
03-8-10-21	低压碳钢平焊法兰 电弧焊 公称直径 200mm 以内	副		5.0000		
03-6-1-37【系】	压力表真空表安装 就地	台(块)	2.0000	2.0000	1.0000	1.0000
03-6-11-37	压力表弯安装	10 套	0.2000	0.2000	0.1000	0.1000
03-6-1-51	压力表、真空表调试	台(块)	2.0000	2.0000	1.0000	1.0000
03-1-13-80	设备减振台座 台座重量 0.5t 以内	座	1.0000	1.0000	1.0000	1.0000
03-4-6-13	交流电动机检查接线 13kW 以内	台			1.0000	1.0000
03-4-6-16	交流电动机检查接线 100kW 以内	台	1.0000	1.0000		
03-1-13-69	地脚螺栓孔灌浆 一台设备的灌浆体积 0.10m^3 以内	m^3	0.0640	0.0960	0.0640	0.0640

工作内容： 水泵安装，与设备连接的阀门、软接头、法兰、压力表等安装，设备减震台座安装，电动机检查接线，设备基础灌浆。

定　额　编　号			B-5-5-9	B-5-5-10	B-5-5-11
项　目			排水泵流量(m^3/h 以内)		
			100	150	300
			台	台	台
预算定额编号	预算定额名称	预算定额单位	数　量		
03-1-8-2	单级离心泵及离心式耐腐蚀泵 设备重量 0.5t 以内	台	1.0000	1.0000	
03-1-8-3	单级离心泵及离心式耐腐蚀泵 设备重量 1.0t 以内	台			1.0000
03-8-7-34	低压法兰阀门　公称直径 125mm 以内	个	1.0000		
03-8-7-35	低压法兰阀门　公称直径 150mm 以内	个		1.0000	
03-8-7-36	低压法兰阀门　公称直径 200mm 以内	个			1.0000
03-8-7-34	止回阀　公称直径 125mm 以内	个	1.0000		
03-8-7-35	止回阀　公称直径 150mm 以内	个		1.0000	
03-8-7-36	止回阀　公称直径 200mm 以内	个			1.0000
03-10-3-441	法兰式软接头安装 公称直径　125mm 以内	个	1.0000		
03-10-3-442	法兰式软接头安装 公称直径　150mm 以内	个		1.0000	
03-10-3-443	法兰式软接头安装 公称直径　200mm 以内	个			1.0000
03-8-10-19	低压碳钢平焊法兰　电弧焊 公称直径 125mm 以内	副	2.5000		
03-8-10-20	低压碳钢平焊法兰　电弧焊 公称直径 150mm 以内	副		2.5000	
03-8-10-21	低压碳钢平焊法兰　电弧焊 公称直径 200mm 以内	副			2.5000
03-6-1-37 【系】	压力表真空表安装　就地	台(块)	1.0000	1.0000	1.0000
03-6-11-37	压力表弯安装	10 套	0.1000	0.1000	0.1000
03-6-1-51	压力表、真空表调试	台(块)	1.0000	1.0000	1.0000
03-4-6-14	交流电动机检查接线　30kW 以内	台	1.0000	1.0000	1.0000
03-1-13-80	设备减振台座　台座重量 0.5t 以内	座	1.0000	1.0000	1.0000
03-1-13-69	地脚螺栓孔灌浆　一台设备的灌浆 体积 0.10m^3 以内	m^3	0.0640	0.0640	0.0960

二、变频给水设备

工作内容： 变频给水设备及配套的部件、附件安装，设备减震台座安装，电动机检查接线，设备基础灌浆。

定额编号			B-5-5-12
项目			变频给水设备
			套
预算定额编号	预算定额名称	预算定额单位	数量
03-10-6-4	变频给水设备 设备重量 1t 以内	套	1.0000
03-1-13-80	设备减振台座 台座重量 0.5t 以内	座	1.0000
03-4-6-16	交流电动机检查接线 100kW 以内	台	1.0000
03-1-13-69	地脚螺栓孔灌浆 一台设备的灌浆体积0.10m^3 以内	m^3	0.0960

三、稳压给水设备

工作内容： 稳压给水设备及配套的部件、附件安装，设备减震台座安装，电动机检查接线，设备基础灌浆。

定额编号			B-5-5-13
项目			稳压给水设备
			套
预算定额编号	预算定额名称	预算定额单位	数量
03-10-6-10	稳压给水设备 设备重量 1t 以内	套	1.0000
03-4-6-15	交流电动机检查接线 55kW 以内	台	1.0000
03-1-13-69	地脚螺栓孔灌浆 一台设备的灌浆体积0.10m^3 以内	m^3	0.0640

四、无负压给水设备

工作内容： 无负压给水设备及配套的部件、附件安装，设备减震台座安装，电动机检查接线，设备基础灌浆。

定额编号			B-5-5-14
项目			无负压给水设备
			套
预算定额编号	预算定额名称	预算定额单位	数量
03-10-6-16	无负压给水设备 设备重量 1t 以内	套	1.0000
03-4-6-16	交流电动机检查接线 100kW 以内	台	1.0000
03-1-13-69	地脚螺栓孔灌浆 一台设备的灌浆体积0.10m^3 以内	m^3	0.0960

五、气　压　罐

工作内容： 气压罐安装。

定　额　编　号			B-5-5-15
项　　目			气压罐
			套
预算定额编号	预算定额名称	预算定额单位	数　　量
03-10-6-22	气压罐 罐体直径 1000mm 以内	台	1.0000

六、太阳能集热装置

工作内容： 太阳能集热装置安装。

定　额　编　号			B-5-5-16
项　　目			太阳能集热装置
			m^2
预算定额编号	预算定额名称	预算定额单位	数　　量
03-10-6-25	太阳能集热装置 平板式	m^2	0.4000
03-10-6-26	太阳能集热装置 全玻璃真空管	m^2	0.6000

七、热水器、开水炉、容积式热交换器安装

工作内容： 1. 开水炉安装。
2,3. 电热水器安装。
4. 电开水炉安装。

定　额　编　号			B-5-5-17	B-5-5-18	B-5-5-19	B-5-5-20
项　　目			蒸汽间断式开水炉安装	电热水器安装		立式电开水炉安装
				挂式	立式	
			台	台	台	台
预算定额编号	预算定额名称	预算定额单位	数　　量			
03-10-6-73	蒸汽间断式开水炉安装 型号/容积(L) 1#/60	台	0.3000			
03-10-6-74	蒸汽间断式开水炉安装 型号/容积(L) 2#/100	台	0.3000			
03-10-6-75	蒸汽间断式开水炉安装 型号/容积(L) 3#/160	台	0.4000			
03-10-6-76	电热水器安装 挂式 RS15 型	台		0.3000		
03-10-6-77	电热水器安装 挂式 RS30 型	台		0.3000		
03-10-6-78	电热水器安装 挂式 RS50 型	台		0.4000		
03-10-6-79	电热水器安装 立式 RS50 型	台			0.3000	
03-10-6-80	电热水器安装 立式 RS100 型	台			0.3000	
03-10-6-81	电热水器安装 立式 RS300 型	台			0.4000	
03-10-6-82	立式电开水炉安装	台				1.0000

工作内容： 容积式热交换器安装。

定额编号			B-5-5-21	B-5-5-22	B-5-5-23
项目			容积式热交换器安装		
			容积(L)2000 以内	容积(L)3000 以下	容积(L)5000 以下
			台	台	台
预算定额编号	预算定额名称	预算定额单位	数量		
03-10-6-83	容积式热交换器安装 型号/容积(L) 1#/500	台	0.2000		
03-10-6-84	容积式热交换器安装 型号/容积(L) 2#/720	台	0.2000		
03-10-6-85	容积式热交换器安装 型号/容积(L) 3#/1000	台	0.2000		
03-10-6-86	容积式热交换器安装 型号/容积(L) 4#/1500	台	0.2000		
03-10-6-87	容积式热交换器安装 型号/容积(L) 5#/2000	台	0.2000		
03-10-6-88	容积式热交换器安装 型号/容积(L) 6#/3000	台		1.0000	
03-10-6-89	容积式热交换器安装 型号/容积(L) 7#/5000	台			1.0000

八、消毒器、消毒锅

工作内容： 1. 消毒器安装。
2. 消毒锅安装。

定额编号			B-5-5-24	B-5-5-25
项目			消毒器安装	消毒锅安装
			台	台
预算定额编号	预算定额名称	预算定额单位	数量	
03-10-6-90	消毒器安装 湿式 250×400	台	0.3000	
03-10-6-91	消毒器安装 湿式 900×900	台	0.3000	
03-10-6-92	消毒器安装 干式 700×1600	台	0.4000	
03-10-6-93	消毒锅安装 1#	台		0.2500
03-10-6-94	消毒锅安装 2#	台		0.2500
03-10-6-95	消毒锅安装 3#	台		0.2500
03-10-6-96	消毒锅安装 4#	台		0.2500

九、直饮水设备

工作内容： 直饮水设备安装。

定　额　编　号			B-5-5-26	B-5-5-27
项　　目			直饮水设备	
			2t/h 以内	6t/h 以内
			台	台
预算定额编号	预算定额名称	预算定额单位	数　　量	
03-10-6-97	直饮水设备　设备供水量 1t/h 以内	台	0.4000	
03-10-6-98	直饮水设备　设备供水量 2t/h 以内	台	0.6000	
03-10-6-99	直饮水设备　设备供水量 4t/h 以内	台		0.4000
03-10-6-100	直饮水设备　设备供水量 6t/h 以内	台		0.6000

十、水　　箱

工作内容： 水箱安装。

定　额　编　号			B-5-5-28	B-5-5-29	B-5-5-30	B-5-5-31
项　　目			整体式水箱安装			
			水箱总容量(m^3 以内)3	水箱总容量(m^3 以内)10	水箱总容量(m^3 以内)35	水箱总容量(m^3 以内)60
			台	台	台	台
预算定额编号	预算定额名称	预算定额单位	数　　量			
03-10-6-101	整体水箱安装　水箱总容量 $3m^3$ 以内	台	1.0000			
03-10-6-102	整体水箱安装　水箱总容量 $6m^3$ 以内	台		0.4000		
03-10-6-103	整体水箱安装　水箱总容量 $10m^3$ 以内	台		0.6000		
03-10-6-104	整体水箱安装　水箱总容量 $15m^3$ 以内	台			0.3000	
03-10-6-105	整体水箱安装　水箱总容量 $25m^3$ 以内	台			0.3000	
03-10-6-106	整体水箱安装　水箱总容量 $35m^3$ 以内	台			0.4000	
03-10-6-108	整体水箱安装　水箱总容量 $60m^3$ 以内	台				1.0000

第六章　燃气器具及其他

说　　明

一、本章包括燃气开水炉、燃气采暖炉、燃气快速热水器、燃气灶具等的安装。

二、各种燃气炉(器)具安装项目,均包括本体及随炉(器)具配套附件的安装。

三、燃气采暖炉安装子目综合了壁挂式和落地式两种安装方式,壁挂式燃气采暖炉安装子目,考虑了随设备配备的托盘、挂装支架的安装。

工程量计算规则

一、燃气开水炉、采暖炉、热水器以“台”为计量单位。

二、燃气灶具区分民用灶具和公用灶具,以“台”为计量单位。

第一节　定额消耗量

一、燃气开水炉安装

工作内容： 燃气开水炉安装。

定额编号				B-5-6-1
项目				燃气开水炉安装
名称			单位	台
人工	00050101	综合人工 安装	工日	1.3400
材料	Z52010301	燃气开水炉	台	(1.0000)
	02010163	橡胶板(低压) δ0.8～6	kg	0.0100
	X0045	其他材料费	%	3.0100

二、燃气采暖炉安装

工作内容： 燃气采暖炉安装。

定额编号				B-5-6-2
项目				燃气采暖炉安装
名称			单位	台
人工	00050101	综合人工 安装	工日	0.8280
材料	Z52090401	燃气采暖炉	台	(1.0000)
	02130311	聚四氟乙烯带(生料带) 宽度 20	m	1.2000
	03018172	膨胀螺栓(钢制) M8	套	1.2360
	03210133	硬质合金冲击钻头 ϕ12	根	0.0132
	34110301	电	kW·h	0.0192
	X0045	其他材料费	%	3.0100

三、燃气快速热水器安装

工作内容： 燃气快速热水器安装。

定额编号				B-5-6-3
项目				燃气快速热水器安装
名称			单位	台
人工	00050101	综合人工 安装	工日	0.6300
材料	Z52010401	燃气热水器	台	(1.0000)
	02130311	聚四氟乙烯带(生料带) 宽度 20	m	2.2000
	03018172	膨胀螺栓(钢制) M8	套	3.0900
	03210133	硬质合金冲击钻头 ϕ12	根	0.0330
	34110301	电	kW·h	0.0480
	X0045	其他材料费	%	3.0000

四、燃气灶具

工作内容：燃气灶具安装。

定额编号				B-5-6-4	B-5-6-5
项目				燃气灶具安装	
				民用灶具安装	公用灶具安装
名称			单位	台	台
人工	00050101	综合人工 安装	工日	0.2280	0.6468
材料	Z54290201	民用燃气灶具	台	(1.0000)	
	Z54290301	公用燃气灶具	台		(1.0000)
	02130311	聚四氟乙烯带（生料带）宽度20	m		0.4976
	X0045	其他材料费	%		3.0100

第二节　定额含量

一、燃气开水炉安装

工作内容：燃气开水炉安装。

定额编号			B-5-6-1
项目			燃气开水炉安装
			台
预算定额编号	预算定额名称	预算定额单位	数量
03-10-7-1	燃气开水炉 水容量100L	台	0.4000
03-10-7-2	燃气开水炉 水容量200L	台	0.6000

二、燃气采暖炉安装

工作内容：燃气采暖炉安装。

定额编号			B-5-6-2
项目			燃气采暖炉安装
			台
预算定额编号	预算定额名称	预算定额单位	数量
03-10-7-3	燃气采暖炉 壁挂式	台	0.4000
03-10-7-4	燃气采暖炉 落地式	台	0.6000

三、燃气快速热水器安装

工作内容：燃气快速热水器安装。

定　额　编　号			B-5-6-3
项　　目			燃气快速热水器安装
			台
预算定额编号	预算定额名称	预算定额单位	数　　量
03-10-7-8	燃气快速热水器	台	1.0000

四、燃 气 灶 具

工作内容：燃气灶具安装。

定　额　编　号			B-5-6-4	B-5-6-5
项　　目			燃气灶具安装	
			民用灶具安装	公用灶具安装
			台	台
预算定额编号	预算定额名称	预算定额单位	数　　量	
03-10-7-9	民用灶具安装　台式	台	0.4000	
03-10-7-10	民用灶具安装　内嵌式	台	0.6000	
03-10-7-11	公用灶具安装　进气管公称直径15mm 以内	台		0.2000
03-10-7-12	公用灶具安装　进气管公称直径20mm 以内	台		0.2000
03-10-7-13	公用灶具安装　进气管公称直径25mm 以内	台		0.2000
03-10-7-14	公用灶具安装　进气管公称直径32mm 以内	台		0.2000
03-10-7-15	公用灶具安装　进气管公称直径40mm 以内	台		0.2000

第七章　绝 热 工 程

说　明

一、本章包括带铝箔离心玻璃棉安装、橡塑管壳安装(管道)、防潮层/防护层安装。

二、布面保护层安装适用于玻璃丝布、麻袋布、塑料布等布面保护层安装,主材可以换算,其他不变。

三、金属薄板保护层定额,板厚度是按镀锌钢板厚度 0.8mm 以下综合考虑的,若厚度大于 0.8mm 时,主材可以换算,其定额人工乘以系数 1.2。

四、铝板保护层执行金属薄板保护层定额子目,主材可以换算,若厚度大于 1.0mm 时,其定额人工乘以系数 1.2。

五、不锈钢薄板保护层执行金属薄板保护层定额子目,主材可以换算,人工乘以系数 1.25,机械乘以系数 1.15。

六、根据绝热工程施工及验收技术规范,保温层厚度大于 100mm,保冷层厚度大于 75mm 时,应分为两层安装的,其工程量可按两层计算,分别执行相应定额子目。

工程量计算规则

一、绝热保温安装,区分保温材质、类型、保温厚度,按设计图示数量计算,以"m^3"为计量单位。

二、保护层安装,区分材质、类型,按设计图示数量计算,以"m^2"为计量单位。

第一节　定额消耗量

一、带铝箔离心玻璃棉安装

工作内容：管道绝热安装。

定额编号				B-5-7-1	B-5-7-2	B-5-7-3	B-5-7-4
项目				带铝箔离心玻璃棉保温			
				管道 DN50 以下(厚度) 50mm	管道 DN50 以下(厚度) 100mm	管道 DN125 以下(厚度) 50mm	管道 DN125 以下(厚度) 100mm
名称			单位	m^3	m^3	m^3	m^3
人工	00050101	综合人工 安装	工日	3.4850	1.4750	2.1120	0.9280
材料	Z15070331	离心玻璃棉管壳	m^3	(1.0300)	(1.0300)	(1.0300)	(1.0300)
	03152525	镀锌铁丝 ϕ1.5～2.5	kg	4.2500	4.2500	2.9000	2.9000
	14430615	铝箔胶带 长 45m	卷	3.2000	1.4100	3.7100	1.1600
	34090311	破布	kg	0.2000	0.2000	0.2000	0.2000

工作内容：管道绝热安装。

定额编号				B-5-7-5	B-5-7-6	B-5-7-7	B-5-7-8
项目				带铝箔离心玻璃棉保温			
				管道 DN300 以下(厚度) 50mm	管道 DN300 以下(厚度) 100mm	管道 DN500 以下(厚度) 50mm	管道 DN500 以下(厚度) 100mm
名称			单位	m^3	m^3	m^3	m^3
人工	00050101	综合人工 安装	工日	1.5380	0.6790	1.3280	0.6500
材料	Z15070331	离心玻璃棉管壳	m^3	(1.0300)	(1.0300)	(1.0300)	(1.0300)
	03152525	镀锌铁丝 ϕ1.5～2.5	kg	2.9300	2.9300	3.1100	3.1100
	14430615	铝箔胶带 长 45m	卷	1.6800	0.8700	1.4600	0.7500
	34090311	破布	kg	0.2000	0.2000	0.2000	0.2000

工作内容：1,2. 管道绝热安装。
3,4. 设备绝热安装。

定 额 编 号				B-5-7-9	B-5-7-10	B-5-7-11	B-5-7-12
项 目				带铝箔离心玻璃棉保温			
				管道 DN700 以下(厚度) 50mm	管道 DN700 以下(厚度) 100mm	立(卧)式设备(厚度) 50mm	立(卧)式设备(厚度) 100mm
名 称			单位	m^3	m^3	m^3	m^3
人工	00050101	综合人工 安装	工日	1.1000	0.5620	3.3560	1.9004
材料	Z15070331	离心玻璃棉管壳	m^3	(1.0300)	(1.0300)		
	Z15070401	离心玻璃棉板	m^3			(1.0300)	(1.0300)
	03152525	镀锌铁丝 ϕ1.5～2.5	kg	3.2400	3.2400	11.1000	11.1000
	14430615	铝箔胶带 长 45m	卷	1.3700	0.7100	3.5000	1.6700
	34090311	破布	kg	0.2000	0.2000	0.2000	0.2000

工作内容：设备绝热安装。

定 额 编 号				B-5-7-13	B-5-7-14
项 目				带铝箔离心玻璃棉保温	
				球形设备设备(厚度) 50mm	球形设备设备(厚度) 100mm
名 称			单位	m^3	m^3
人工	00050101	综合人工 安装	工日	4.0210	2.3660
材料	Z15070401	离心玻璃棉板	m^3	(1.1500)	(1.1500)
	03152525	镀锌铁丝 ϕ1.5～2.5	kg	11.1000	11.1000
	14430615	铝箔胶带 长 45m	卷	3.8500	1.8400
	34090311	破布	kg	0.2000	0.2000

二、橡塑管壳安装(管道)

工作内容：管道绝热安装。

定 额 编 号				B-5-7-15	B-5-7-16	B-5-7-17	B-5-7-18
项 目				橡塑保温管(板)			
				管道 DN50mm 以下(厚度) 30mm	管道 DN50mm 以下(厚度) 50mm	管道 DN125mm 以下(厚度) 30mm	管道 DN125mm 以下(厚度) 50mm
名 称			单位	m^3	m^3	m^3	m^3
人工	00050101	综合人工 安装	工日	4.2700	3.2500	2.9800	2.2800
材料	Z15133105	橡塑保温管	m^3	(1.0300)	(1.0300)	(1.0300)	(1.0300)
	14411801	胶粘剂	kg	9.4000	5.5000	9.4000	6.5000
	14430211	胶带 9m/卷	卷	16.5000	8.0000	12.3000	8.3000
	34090311	破布	kg	0.2000	0.2000	0.2000	0.2000

工作内容： 管道绝热安装。

定额编号				B-5-7-19	B-5-7-20	B-5-7-21	B-5-7-22
项目				橡塑保温管(板)			
				管道DN300mm以下(厚度)30mm	管道DN300mm以下(厚度)50mm	管道DN500mm以下(厚度)30mm	管道DN500mm以下(厚度)50mm
名称			单位	m^3	m^3	m^3	m^3
人工	00050101	综合人工 安装	工日	2.4800	2.0200	2.3800	1.8300
材料	Z15133105	橡塑保温管	m^3	(1.0300)	(1.0300)	(1.0300)	(1.0300)
	14411801	胶粘剂	kg	9.4000	6.5000	9.4000	6.5000
	14430211	胶带 9m/卷	卷	5.6000	3.2000	4.5000	2.5000
	34090311	破布	kg	0.2000	0.2000	0.2000	0.2000

工作内容： 管道绝热安装。

定额编号				B-5-7-23	B-5-7-24
项目				橡塑保温管(板)	
				管道DN700mm以下(厚度)30mm	管道DN700mm以下(厚度)50mm
名称			单位	m^3	m^3
人工	00050101	综合人工 安装	工日	1.6300	1.2600
材料	Z15133105	橡塑保温管	m^3	(1.0300)	(1.0300)
	14411801	胶粘剂	kg	9.4000	6.0000
	14430211	胶带 9m/卷	卷	3.6500	2.1000
	34090311	破布	kg	0.2000	0.2000

三、防潮层、防护层安装

工作内容： 1. 管道防潮层安装。
2. 设备防潮层安装。
3. 管道保护层安装。
4. 设备保护层安装。

定额编号				B-5-7-25	B-5-7-26	B-5-7-27	B-5-7-28
项目				布面保护层安装		铁丝网保护层	
				管道	设备	管道	设备
名称			单位	$10m^2$	$10m^2$	$10m^2$	$10m^2$
人工	00050101	综合人工 安装	工日	0.3430	0.3000	0.9000	0.6870
材料	03152111	镀锌铁丝网 $\phi0.9\times10\times10$	m^2			12.0000	11.5000
	03152525	镀锌铁丝 $\phi1.5\sim2.5$	kg	0.0300	0.0300	0.5000	0.5000
	15071520	玻璃丝布 δ0.5	m^2	14.0000	14.0000		

工作内容：1,3,4. 管道保护层安装。
2. 设备保护层安装。

定 额 编 号				B-5-7-29	B-5-7-30	B-5-7-31	B-5-7-32
项 目				铝箔-复合玻璃钢保护层		铝箔保护层	抹面保护层
				管道	设备	管道	
							厚 10m
名 称			单位	$10m^2$	$10m^2$	$10m^2$	$10m^2$
人工	00050101	综合人工 安装	工日	1.6650	1.5200	1.0300	1.0300
材料	Z01430401	铝箔	m^2			(14.0000)	
	Z15070711	铝箔复合玻璃钢	m^2	(12.0000)	(12.0000)		
	Z80060351	防潮(防水)抹面材料	m^3				(0.1100)
	03012234	镀锌自攻螺钉 M6×30	10 个	21.0000	18.0000		
	03152525	镀锌铁丝 ϕ1.5～2.5	kg			0.0300	
	14411801	胶粘剂	kg	1.8000	1.8000		
	34110101	水	m^3				0.1000
机械	99050170	涡浆式混凝土搅拌机 250L	台班				0.0100

工作内容：1,3. 设备保护层安装。
2. 管道保护层安装。

定 额 编 号				B-5-7-33	B-5-7-34	B-5-7-35
项 目				抹面保护层	金属薄板保护层	
				设备	管道	设备
				厚 10m		
名 称			单位	$10m^2$	$10m^2$	$10m^2$
人工	00050101	综合人工 安装	工日	0.6730	3.0416	3.6568
材料	Z01290603	镀锌薄钢板	m^2		(12.3000)	(12.9000)
	Z80060351	防潮(防水)抹面材料	m^3	(0.1100)		
	03012208	镀锌自攻螺钉 M4～6×20～35	10 个		10.5600	9.4800
	03210101	麻花钻头	根		0.9200	0.9200
	34110101	水	m^3	0.1000		
	X0045	其他材料费	%		1.3000	1.2600
机械	99050170	涡浆式混凝土搅拌机 250L	台班	0.0100		
	99190390	剪板机 20×2500	台班		0.1200	0.1020
	99190670	咬口机 δ1.5	台班		0.0900	0.0840
	99450950	压线机	台班		0.0160	0.0280

第二节 定额含量

一、带铝箔离心玻璃棉安装

工作内容：管道绝热安装。

定额编号			B-5-7-1	B-5-7-2	B-5-7-3	B-5-7-4
项目			带铝箔离心玻璃棉保温			
			管道 DN50 以下(厚度) 50mm	管道 DN50 以下(厚度) 100mm	管道 DN125 以下(厚度) 50mm	管道 DN125 以下(厚度) 100mm
			m^3	m^3	m^3	m^3
预算定额编号	预算定额名称	预算定额单位	数量			
03-12-8-485	带铝箔离心玻璃棉管壳安装(管道) 离心玻璃棉保温 管道 DN50mm 以下(厚度) 50mm	m^3	1.0000			
03-12-8-490	带铝箔离心玻璃棉管壳安装(管道) 离心玻璃棉保温 管道 DN50mm 以下(厚度) 100mm	m^3		1.0000		
03-12-8-493	带铝箔离心玻璃棉管壳安装(管道) 离心玻璃棉保温 管道 DN125mm 以下(厚度) 50mm	m^3			1.0000	
03-12-8-498	带铝箔离心玻璃棉管壳安装(管道) 离心玻璃棉保温 管道 DN125mm 以下(厚度) 100mm	m^3				1.0000

工作内容：管道绝热安装。

定额编号			B-5-7-5	B-5-7-6	B-5-7-7	B-5-7-8
项目			带铝箔离心玻璃棉保温			
			管道 DN300 以下(厚度) 50mm	管道 DN300 以下(厚度) 100mm	管道 DN500 以下(厚度) 50mm	管道 DN500 以下(厚度) 100mm
			m^3	m^3	m^3	m^3
预算定额编号	预算定额名称	预算定额单位	数量			
03-12-8-501	带铝箔离心玻璃棉管壳安装(管道) 离心玻璃棉保温 管道 DN300mm 以下(厚度) 50mm	m^3	1.0000			
03-12-8-506	带铝箔离心玻璃棉管壳安装(管道) 离心玻璃棉保温 管道 DN300mm 以下(厚度) 100mm	m^3		1.0000		
03-12-8-509	带铝箔离心玻璃棉管壳安装(管道) 离心玻璃棉保温 管道 DN500mm 以下(厚度) 50mm	m^3			1.0000	
03-12-8-514	带铝箔离心玻璃棉管壳安装(管道) 离心玻璃棉保温 管道 DN500mm 以下(厚度) 100mm	m^3				1.0000

工作内容： 1,2. 管道绝热安装。
3,4. 设备绝热安装。

定额编号			B-5-7-9	B-5-7-10	B-5-7-11	B-5-7-12
项目			带铝箔离心玻璃棉保温			
			管道 DN700 以下(厚度) 50mm	管道 DN700 以下(厚度) 100mm	立(卧)式设备(厚度) 50mm	立(卧)式设备(厚度) 100mm
			m^3	m^3	m^3	m^3
预算定额编号	预算定额名称	预算定额单位	数量			
03-12-8-517	带铝箔离心玻璃棉管壳安装(管道) 离心玻璃棉保温 管道 DN700mm 以下(厚度) 50mm	m^3	1.0000			
03-12-8-522	带铝箔离心玻璃棉管壳安装(管道) 离心玻璃棉保温 管道 DN700mm 以下(厚度) 100mm	m^3		1.0000		
03-12-8-525	带铝箔离心玻璃棉板安装(设备) 离心玻璃棉保温 设备 立式 50mm 厚度	m^3			0.4000	
03-12-8-530	带铝箔离心玻璃棉板安装(设备) 离心玻璃棉保温 设备 立式 100mm 厚度	m^3				0.4000
03-12-8-533	带铝箔离心玻璃棉板安装(设备) 离心玻璃棉保温 设备 卧式 50mm 厚度	m^3			0.6000	
03-12-8-538	带铝箔离心玻璃棉板安装(设备) 离心玻璃棉保温 设备 卧式 100mm 厚度	m^3				0.6000

工作内容： 设备绝热安装。

定额编号			B-5-7-13	B-5-7-14
项目			带铝箔离心玻璃棉保温	
			球形设备设备(厚度)50mm	球形设备设备(厚度)100mm
			m^3	m^3
预算定额编号	预算定额名称	预算定额单位	数量	
03-12-8-541	带铝箔离心玻璃棉板安装(设备) 离心玻璃棉保温 设备 球形 50mm 厚度	m^3	1.0000	
03-12-8-546	带铝箔离心玻璃棉板安装(设备) 离心玻璃棉保温 设备 球形 100mm 厚度	m^3		1.0000

二、橡塑管壳安装(管道)

工作内容： 管道绝热安装。

定额编号			B-5-7-15	B-5-7-16	B-5-7-17	B-5-7-18
项目			橡塑保温管(板)			
			管道 DN50mm 以下(厚度) 30mm	管道 DN50mm 以下(厚度) 50mm	管道 DN125mm 以下(厚度) 30mm	管道 DN125mm 以下(厚度) 50mm
			m^3	m^3	m^3	m^3
预算定额编号	预算定额名称	预算定额单位	数量			
03-12-8-562	橡塑保温管(板)安装 管道 DN50mm 以下(厚度) 30mm	m^3	1.0000			
03-12-8-564	橡塑保温管(板)安装 管道 DN50mm 以下(厚度) 50mm	m^3		1.0000		
03-12-8-567	橡塑保温管(板)安装 管道 DN125mm 以下(厚度) 30mm	m^3			1.0000	
03-12-8-569	橡塑保温管(板)安装 管道 DN125mm 以下(厚度) 50mm	m^3				1.0000

工作内容： 管道绝热安装。

定额编号			B-5-7-19	B-5-7-20	B-5-7-21	B-5-7-22
项目			橡塑保温管(板)			
			管道 DN300mm 以下(厚度) 30mm	管道 DN300mm 以下(厚度) 50mm	管道 DN500mm 以下(厚度) 30mm	管道 DN500mm 以下(厚度) 50mm
			m^3	m^3	m^3	m^3
预算定额编号	预算定额名称	预算定额单位	数量			
03-12-8-572	橡塑保温管(板)安装 管道 DN300mm 以下(厚度) 30mm	m^3	1.0000			
03-12-8-574	橡塑保温管(板)安装 管道 DN300mm 以下(厚度) 50mm	m^3		1.0000		
03-12-8-577	橡塑保温管(板)安装 管道 DN500mm 以下(厚度) 30mm	m^3			1.0000	
03-12-8-579	橡塑保温管(板)安装 管道 DN500mm 以下(厚度) 50mm	m^3				1.0000

工作内容：管道绝热安装。

定　额　编　号			B-5-7-23	B-5-7-24
项　　目			橡塑保温管(板)	
			管道 DN700mm 以下(厚度)30mm	管道 DN700mm 以下(厚度)50mm
			m^3	m^3
预算定额编号	预算定额名称	预算定额单位	数　　量	
03-12-8-582	橡塑保温管(板)安装 管道 DN700mm 以下(厚度) 30mm	m^3	1.0000	
03-12-8-584	橡塑保温管(板)安装 管道 DN700mm 以下(厚度) 50mm	m^3		1.0000

三、防潮层、防护层安装

工作内容：1. 管道防潮层安装。
2. 设备防潮层安装。
3. 管道保护层安装。
4. 设备保护层安装。

定　额　编　号			B-5-7-25	B-5-7-26	B-5-7-27	B-5-7-28
项　　目			布面保护层安装		铁丝网保护层	
			管道	设备	管道	设备
			$10m^2$	$10m^2$	$10m^2$	$10m^2$
预算定额编号	预算定额名称	预算定额单位	数　　量			
03-12-8-616	防潮层、保护层安装 玻璃布 管道	$10m^2$	1.0000			
03-12-8-617	防潮层、保护层安装 玻璃布 设备	$10m^2$		1.0000		
03-12-8-624	防潮层、保护层安装 铁丝网 管道	$10m^2$			1.0000	
03-12-8-625	防潮层、保护层安装 铁丝网 设备	$10m^2$				1.0000

工作内容： 1,3,4. 管道保护层安装。
2. 设备保护层安装。

定额编号			B-5-7-29	B-5-7-30	B-5-7-31	B-5-7-32
项目			铝箔-复合玻璃钢保护层		铝箔保护层	抹面保护层
			管道	设备	管道	
					*	厚 10m
			$10m^2$	$10m^2$	$10m^2$	$10m^2$
预算定额编号	预算定额名称	预算定额单位	数量			
03-12-8-626	防潮层、保护层安装 铝箔-复合玻璃钢 管道	$10m^2$	1.0000			
03-12-8-627	防潮层、保护层安装 铝箔-复合玻璃钢 设备	$10m^2$		1.0000		
03-12-8-628	防潮层、保护层安装 铝箔 管道	$10m^2$			1.0000	
03-12-8-629	防潮层、保护层安装 抹面保护层 管道(厚度) 10mm	$10m^2$				1.0000

工作内容： 1,3. 设备保护层安装。
2. 管道保护层安装。

定额编号			B-5-7-33	B-5-7-34	B-5-7-35
项目			抹面保护层	金属薄板保护层	
			设备	管道	设备
			厚 10m		
			$10m^2$	$10m^2$	$10m^2$
预算定额编号	预算定额名称	预算定额单位	数量		
03-12-8-637	防潮层、保护层安装 抹面保护层 设备(厚度) 10mm	$10m^2$	1.0000		
03-12-8-659	防潮层、保护层安装 金属薄板钉口安装 管道	$10m^2$		0.4000	
03-12-8-660	防潮层、保护层安装 金属薄板钉口安装 一般设备	$10m^2$			0.2000
03-12-8-661	防潮层、保护层安装 金属薄板钉口安装 球形设备	$10m^2$			0.2000
03-12-8-662	防潮层、保护层安装 金属薄板挂口安装 管道	$10m^2$		0.6000	
03-12-8-663	防潮层、保护层安装 金属薄板挂口安装 一般设备	$10m^2$			0.3000
03-12-8-664	防潮层、保护层安装 金属薄板挂口安装 球形设备	$10m^2$			0.3000